R. Laufen

Kraftwerke

Grundlagen, Wärmekraftwerke, Wasserkraftwerke

Mit 160 Abbildungen

Springer-Verlag
Berlin Heidelberg NewYork Tokyo 1984

Dr.-Ing. Dr. phil. Richard Laufen
Professor für Gewinnung und Übertragung elektrischer Energie
an der Bergischen Universität Gesamthochschule Wuppertal

CIP-Kurztitelaufnahme der Deutschen Bibliothek.
Laufen, Richard:
Kraftwerke: Grundlagen, Wärmekraftwerke, Wasserkraftwerke/
R. Laufen. – Berlin; Heidelberg; New York; Tokyo: Springer, 1984.

ISBN-13: 978-3-540-13218-9   e-**ISBN-13: 978-3-642-95451-1**
DOI: 10.1007/978-3-642-95451-1

Offsetdruck: Brüder Hartmann, Berlin
Bindearbeiten: Buchbinderei Bruno Helm, Berlin
2362/3020-543210

Vorwort

Ausreichende, zuverlässige, kostengünstige und umweltfreundliche Versorgung mit Energie ist eine der Grundvoraussetzungen zur Befriedigung der Lebensbedürfnisse des Menschen. Der Nutzenergiebedarf der Menschheit wächst. Die Deckung dieses Bedarfes erfolgt durch Einsatz von Primärenergie (aus fossilen Brennstoffen, Kernbrennstoffen, Wasserkräften und anderen), die zum großen Teil vor ihrer eigentlichen Nutzung aus verschiedenen Gründen zunächst in Sekundärenergie (in Form von Elektrizität, Treibstoffen und anderen) umgewandelt wird. Die Umwandlung in Elektrizität geschieht in den Kraftwerken.

Fragen des Umweltschutzes, steigende Energiekosten und drohender Energiemangel haben das Bewußtsein der Öffentlichkeit für diese Dinge in letzter Zeit geschärft.

Das vorliegende Buch über Kraftwerke entstand aus einer diesbezüglichen Vorlesung, die ich im Fachbereich Elektrotechnik der Universität Wuppertal halte. Es befaßt sich in der Hauptsache mit den Wärmekraftwerken auf der Basis von fossilen Brennstoffen oder Kernbrennstoffen und mit den Wasserkraftwerken. Ein historischer Abriß zu Beginn und einige allgemeinere Ausführungen zur Energieversorgung bilden den Auftakt der Abhandlung. Kurze Abschnitte über Möglichkeiten zur Nutzbarmachung bisher wenig genutzter Energiereserven und über weitere Methoden zur Energieumwandlung sowie für Transport und Speicherung von Energie runden den Themenkreis ab.

Entwurf und Gestaltung der Kraftwerke verknüpfen verschiedenartige naturwissenschaftlich-technische Disziplinen, darunter je nachdem Thermodynamik, Kernphysik, Wasserwirtschaft, Strömungsmaschinenbau, Elektromaschinenbau, Regelungstechnik und weitere. Innerhalb des hier gestellten Rahmens, der eine knappe Gesamtschau ermöglichen soll, muß die Detailliertheit der Betrachtung dieser Disziplinen oft eng begrenzt bleiben. Literaturhinweise erlauben dann eingehendere Studien. Kernpunkt der Wärmekraftwerke ist die Umwandlung thermischer Energie in mechanische Energie. Die diesem Umwandlungsschritt zugrundeliegenden naturgesetzlichen Zusammenhänge liefern zugleich die Begründung für den unvermeidlich relativ geringen Gesamtwirkungsgrad dieser Kraftwerke. Ein Zahlenbeispiel dient hier der weiteren Verdeutlichung.

Bei Drucklegung des Buches bleibt mir die angenehme Pflicht, zu danken. Meinem Mitarbeiter, Herrn Dipl.-Ing. Gerd Rothbrust, danke ich für die sorgfältige Anfertigung der Zeichnungen. Darstellungen und Fotografien ausgeführter Anlagen stellten darüberhinaus dankenswerterweise zur Verfügung die Firmen Brown, Boveri & Cie AG in Mannheim, Interatom GmbH in Bensberg, Kraftwerk Union AG in Mülheim an der Ruhr, Rheinisch-Westfälisches Elektrizitätswerk AG in Essen, Schnellbrüter-Kernkraftwerksgesellschaft mbH in Essen und Vereinigte Kesselwerke AG in Düsseldorf. Mein besonderer Dank gilt dem Springer-Verlag für die ansehnliche Ausgestaltung des Buches.

Meiner lieben Frau und unseren Kindern danke ich herzlich dafür, daß sie in der letzten Zeit auf manche gemeinsame Stunde mit mir verzichtet haben.

Hilden, im Januar 1984   Richard Laufen

Inhaltsverzeichnis

Verwendete Formelzeichen und ihre Bedeutung

A	Aktivität; Fläche; Massezahl; Querschnitt
a	Anzahl der durch parasitäre Effekte verlorengehenden Neutronen; Anzahl der Tage im Regeljahr mit einem Abfluß gleich dem mittleren Abfluß oder größer als ihm; Aschegehalt
B	Brennwert
b	spez. Brennstoffverbrauch
C	Konversionsrate
c	Absolutgeschwindigkeit; Geschwindigkeit; Kohlenstoff-Masseanteil; spez. Wärmekapazität
c_p	spez. Wärmekapazität bei konstantem Druck
c_s	Strahlungszahl des Schwarzen Körpers
c_u	Umfangskomponente der Absolutgeschwindigkeit
c_v	spez. Wärmekapazität bei konstantem Volumen
D	Laufradaußendurchmesser
d	Schichtdicke
E_B	Bindungsenergie
E_B'	mittlere Bindungsenergie je Nukleon
E_λ	spektrale Strahlungsflußdichte
e	Elektron
F	Kraft
f	Ausbaugrad
g	Erdbeschleunigung
H	Enthalpie; Fallhöhe; Heizwert
H_f	Freifall
H_{nutz}	Nutzfallhöhe
H_s	Saugschlauchhöhe
HHQ	höchster beobachteter Hochwasserabfluß
h	spez. Enthalpie; Wasserstoff-Masseanteil
K	gesamte Jahreskosten
K_f	fester Jahreskostenanteil
K_v	veränderlicher Jahreskostenanteil
k	Boltzmann-Konstante; Gestehungskosten; Wärmedurchgangszahl
k_{eff}	effektiver Vermehrungsfaktor
L	tatsächlicher Luftbedarf
L_{min}	Mindestluftbedarf
M	Drehmoment
MHQ	mittlerer Hochwasserabfluß
MNQ	mittlerer Niedrigwasserabfluß
MQ	mittlerer Abfluß

m	Masse
$\dot{m}$	Massestrom
m'	Flüssigkeitsanteil von Naßdampf
m''	Sattdampfanteil von Naßdampf
m_e	Ruhemasse des Elektrons
m_{ges}	Ruhemasse eines Atoms
m_n	Ruhemasse des Neutrons
m_p	Ruhemasse des Protons
$\dot{m}_B$	Brennstoffdurchsatz
$\dot{m}_D$	Dampfstrom
$\dot{m}_K$	Kühlwasserstrom
N	Dichte reaktionsfähiger Kerne pro Volumeneinheit; Neutronenzahl
n	Anzahl radioaktiver Kerne; Neutron; Polytropenexponent; Stickstoff-Masseanteil
n_d	Durchgangsdrehzahl
n_q	spez. Drehzahl bei Reduzierung hinsichtlich des Durchflusses
n_s	spez. Drehzahl bei Reduzierung hinsichtlich der Leistung
O_{min}	Mindestsauerstoffbedarf eines Brennstoffes
o	Sauerstoff-Masseanteil
o_{min}	Mindestsauerstoffbedarf einer Brennstoffkomponente
P	Leistung; Nutzleistung
P_D	Dampferzeugerleistung
P_{el}	elektrische Leistung
P_L	Laufradleistung
P_{inst}	installierte Leistung
P_{max}	Höchstleistung
$(P_{max})_a$	Jahreshöchstleistung
$(P_{max})_d$	Tageshöchstleistung
$(P_{min})_a$	Jahresmindestleistung
P_{roh}	Rohleistung
P_{th}	thermische Leistung
p	Druck; Impuls; Proton
p_k	kritischer Druck
p_{tr}	Druck des Tripelpunktes von Wasser
$p_{ü}$	Überdruck
Q	Durchfluß; Wärmemenge
Q_a	Ausbauzufluß
Q_T	Turbinendurchfluß
q	Benutzungsfaktor; spez. Wärmemenge
R	Gaskonstante; Reaktionsrate
R_c	Einfangrate
R_f	Spaltungsrate
R_s	Streurate
R_{th}	thermischer Widerstand
r	Radius
S	Entropie
s	spez. Entropie; Schwefel-Masseanteil; Wegstrecke
T	Halbwertzeit; Temperatur (speziell Thermodynamische oder Kelvin-Temperatur)
T_m	Jahresbenutzungsdauer

T_{tr}	Thermodynamische Temperatur des Tripelpunktes von Wasser
t	Temperatur (speziell Celsius-Temperatur); Zeit
t_k	kritische Temperatur
t_{tr}	Celsius-Temperatur des Tripelpunktes von Wasser
U	innere Energie
u	atomare Masseeinheit; spez. innere Energie; Umfangsgeschwindigkeit
V	Volumen
V_m	Molvolumen
V_R	Rauchgasvolumen
v	Geschwindigkeit; spez. Volumen
v_k	kritisches spez. Volumen
W	Arbeit; Volumenänderungsarbeit; Energie
W_a	Jahresarbeit
W_t	technische Arbeit
w	spez. Arbeit; Nutzarbeit; Relativgeschwindigkeit; spez. Wärmeverbrauch; Wassergehalt
w_t	spez. technische Arbeit
x	Dampfnässe; Koordinate der Breite eines Flußbettes; Wegstrecke
y	Koordinate der Tiefe eines Flußbettes
Z	Protonenzahl
α	Eintrittswinkel; Wärmeübergangszahl
α_{fl}	Wärmeübergangszahl Flüssigkeit/Wand
α_g	Wärmeübergangszahl Gas/Wand
β	Austrittswinkel
γ	Gammaquant
γ_0	Volumenänderungskoeffizient des idealen Gases
ε	relative Teildampfmenge
ε_h	Heizleistungszahl
ε_k	Kühlleistungszahl
η	Spaltungsneutronenausbeute; Wirkungsgrad
η_D	Dampferzeugerwirkungsgrad
η_e	effektiver Turbinenwirkungsgrad
η_{el}	elektrischer Wirkungsgrad
η_i	innerer Wirkungsgrad
η_m	mechanischer Wirkungsgrad
η_t	tatsächlicher thermischer Wirkungsgrad
η_{th}	thermischer Wirkungsgrad
$\varkappa$	Isentropenexponent
λ	Luftverhältnis; Wärmeleitfähigkeit; Wellenlänge; Zerfallskonstante
μ	relative Anzapfdampfmenge
ν	Anzahl
π	Druckverhältnis-Potenz
ϱ	Dichte; Reaktivität
Σ	makroskopischer Wirkungsquerschnitt
σ	Kavitationsbeiwert; Stromkennziffer; Wirkungsquerschnitt
σ_{ab}	Absorptionsquerschnitt
σ_c	Einfangquerschnitt
σ_f	Spaltungsquerschnitt

σ_s	Streuquerschnitt
σ_T	totaler Wirkungsquerschnitt
τ	Zeit
Φ	Wärmestrom
φ	Neutronenflußdichte
ω	Winkelgeschwindigkeit

1 Historische Entwicklung

1.1 Von den Anfängen der Elektrotechnik bis zum Dynamoelektrischen Prinzip

Die Nutzenergieformen, derer sich der Mensch bedient, sind Licht, Kraft und Wärme. Licht und Wärme — Licht zum Beleuchten seiner Behausung; Wärme unter anderem zu deren Heizung und zum Bereiten von Speisen — gewinnt er seit alters her aus Brennstoffen. Zur Deckung seines Bedarfes an Kraft — zum Bearbeiten oder Verarbeiten von Stoffen, zum Bewegen von Lasten — bleibt er dagegen lange auf menschliche und tierische Arbeitskraft angewiesen; in Einzelfällen macht er sich auch Wasserkraft oder Windkraft nutzbar.

Die Gewinnung von Kraft aus Brennstoffen gelingt erst James Watt 1769 mit seiner Dampfmaschine. Sie erlaubt es hinfort, in praktisch beliebigem Umfang und an beliebigem Ort Kraft — oder, moderner und präziser, mechanische Energie — für den Antrieb von Maschinen bereitzustellen. Sie leitet über zur Industriellen Revolution.

Allerdings ist mechanische Energie noch mit dem Nachteil behaftet, nur auf sehr umständliche Weise, und zwar in der Regel mittels Transmissionen, von einer zentralen Stelle aus verteilt werden zu können. Erst als Werner von Siemens 1866 das Dynamoelektrische Prinzip erkennt und in speziellen Generatoren realisiert, läßt sich in großtechnischem Umfang eine andere Energieform erzeugen, die diese Umstände vermeidet, nämlich elektrische Energie. Dieses Ereignis bedeutet einen weiteren umwälzenden Entwicklungsschritt in der Geschichte der Menschheit. Neben vielem anderen beginnt damit der Bau von Kraftwerken.

Der Mensch besitzt kein Sinnesorgan für Elektrizität. Elektrische Vorgänge muß er sich vielmehr anhand ihrer Wirkungen deutlich machen. Die Entwicklung der Elektrotechnik setzt folglich erst spät ein.

Einige Erscheinungen, deren elektrische Natur heute bekannt ist, beobachtet man schon im Altertum. Dazu gehören der Blitz und die Anziehungskraft des geriebenen Bernsteins (griech. élektron). Sie bleiben lange geheimnisvoll; den Blitz beispielsweise schreibt man dem Walten einer Gottheit zu.

1672 berichtet der Magdeburger Bürgermeister Guericke im Zusammenhang mit seinen „Versuchen über den leeren Raum" [1.2] auch von Untersuchungen zur später so genannten Reibungselektrizität: eine rotierende, mit der trockenen Hand geriebene Schwefelkugel zeigt schwache Anziehungskräfte sowie ein Knistern und Leuchteffekte. Die Energiearmut dieser Erscheinungen läßt aber bei den in der Folgezeit vielfach wiederholten und abgewandelten Versuchen noch auf lange Sicht zunächst nur sehr zögernd wissenschaftliche Erkenntnisse zustandekommen: als erster exakter Zusammenhang wird 1786 das Coulombsche Gesetz der Kräfte zwischen Ladungen formuliert. Eine spezielle Entwicklungslinie verfolgt Franklin mit seinen Mutmaßungen über die Verwandtschaft zwischen Reibungselektrizität und Gewitterelektrizität: er stellt eindrucksvolle Experimente zur Spitzenwirkung an und schlägt schon 1753 den Blitzableiter vor.

1800 führen die Untersuchungen von Galvani und Volta zu einer Stromquelle, die erstmals — zumal als Grundlage für weitere Experimente — einigermaßen konstante Ströme über nennenswerte Zeiten liefern kann. Es folgen dann 1820 Oersteds Entdeckung der Ablenkung einer Magnetnadel durch den elektrischen Strom und wenig später Ampères scharfsinnige Untersuchungen zu den elektromagnetischen Kraftwirkungen zweier Ströme aufeinander, die 1827 zum Durchflutungsgesetz führen. Ebenfalls im Jahre 1827 erscheint der gesetzmäßige Zusammenhang der Elektrotechnik schlechthin, das Ohmsche Gesetz. 1832 gelingt Faraday der Nachweis der Induktionswirkung eines sich ändernden magnetischen Flusses als Grundlage für das später formulierte Induktionsgesetz. Die Kirchhoffschen Gesetze erscheinen 1848. Ausgehend von Feldvorstellungen und Materialkonstanten entwickelt Maxwell in den Jahren 1861 bis 1864 seine Theorie des Elektromagnetischen Feldes, die die wesentlichen bisherigen Erkenntnisse zusammenfaßt und verallgemeinert.

Mit Galvani und Volta beginnt die „Schwachstromtechnik". Zur ersten leidlich brauchbaren technischen Anwendung gewisser Erkenntnisse aus ihrem Bereich wird 1833 der elektrische Telegraph von Gauß und Weber in Göttingen. Später entstehen unter anderem Relais, Morseapparat und Telefon.

Im folgenden von besonderer Bedeutung ist hier indessen die Faradaysche Induktion. Sie bildet die Grundlage der „Dynamoelektrischen Maschinen" (griech. dýnamis = Kraft), mit deren Hilfe man dann mechanische Energie — etwa aus Dampfmaschinen — in elektrische Energie umwandeln kann. Diese heute als Generatoren bezeichneten Maschinen verwenden zu ihrer Erregung zunächst Permanentmagnete oder fremderregte Elektromagnete; während jedoch die einen seinerzeit noch schwach und alterungsempfindlich sind, erfordern die anderen zur Speisung kostspielige Galvanische Elemente. Von beidem wird man unabhängig, als Siemens gemäß seinem Dynamoelektrischen Prinzip einen Generator baut, der für seine Elektromagnete deren eigene Remanenz nutzt, das ist die Tatsache, daß einmal erregt gewesenes Eisen ein schwaches magnetisches Restfeld behält, das bei erneuter Inbetriebnahme des Generators in geschickter Weise zum Aufbau des nötigen stärkeren Magnetfeldes durch „Selbsterregung" eingesetzt werden kann.

Siemens wird damit zum Begründer der „Starkstromtechnik", der heutigen Elektrischen Energietechnik. Voll Stolz kann er am 17. Januar 1867 in einem Vortrag vor der Preußischen Akademie der Wissenschaften in Berlin erklären [1.3]:

„Der Technik sind gegenwärthig die Mittel gegeben, elektrische Ströme von ungegrenzter Stärke auf billige und bequeme Weise überall da zu erzeugen, wo Arbeitskraft disponibel ist. Diese Thatsache wird auf mehreren Gebieten derselben von wesentlicher Bedeutung werden."

1.2 Elektrische Energietechnik

Die „mechanische Kraftübertragung" von einer zentralen Stelle aus mit den erwähnten Transmissionen war problematisch: die Transmissionen erforderten robuste Stützkonstruktionen, hohen Investitionsaufwand und laufende Wartung; sie verursachten Geräusche und Erschütterungen sowie Lichtabdämpfungen und Schmutz in den Werkhallen; ihr Betrieb war mit beträchtlichen Reibungsverlusten verbunden und verlangte voluminöse Schaltkupplungen an den einzelnen Abgängen. Den Hauptnutzen seiner neuartigen Generatoren sieht Siemens folglich zunächst darin, zu der aufgrund ihrer Masselosigkeit und des Fehlens bewegter Teile vorteilhafteren „elektrischen Kraftübertragung" übergehen zu können: man würde „Elektrische Centralen" losgelöst vom Standort der Verbraucher an günstigen Stellen errichten können; man würde auch abgelegene Wasserkräfte nutzbar machen können. Die weiteren bedeutenden Vorteile einer zentralen elektrischen Energieversorgung, nämlich die Elektrizität bei Übergang auf höhere Spannungen nochmals verlustärmer und auch über größere Entfernungen transportieren zu können, sie in den Versorgungsgebieten einfach und übersichtlich verteilen und bei den Abnehmern exakt dosieren und messen und auf einfache Weise in die jeweils gewünschte Nutzenergie umwandeln zu können, sieht man zunächst erst in zweiter Linie; zum Teil stellen sie sich auch erst mit der Zeit heraus. Der grundsätzliche Nachteil der elektrischen Energie, nämlich unmittelbar nur in sehr beschränktem Maße speicherfähig zu sein, hat zunächst kaum Bedeutung, da die hierfür in Frage kommenden Energiemengen so gering sind, daß man zur Pufferung der Netze Akkumulatorbatterien einsetzen kann, ohne damit schon technisch oder wirtschaftlich in Grenzgebiete zu geraten. Sich der hervorragenden Umweltfreundlichkeit der elektrischen Energie voll bewußt zu werden sollte der jüngsten Zeit vorbehalten bleiben.

Zuerst hat die elektrische Energieversorgung jedoch mit einem anderen flächendeckenden Energieversorgungssystem in Konkurrenz zu treten, das sich inzwischen eingeführt hat und nun der raschen Erzielung ausreichenden Absatzes und entsprechender Preiswürdigkeit der elektrischen Energie vielfach entgegensteht, mit dem „Leuchtgas" nämlich.

Zwar ist das „Elektrische Bogenlicht" im Prinzip schon seit 1821 bekannt. Es erweist sich jedoch für die meisten denkbaren Anwendungen als zu grell und zu heiß und ferner, solange zur Speisung nur das Galvanische Element zur Verfügung steht, auch als zu teuer; außerdem führt der gleichzeitige Betrieb mehrerer Bogenlampen an einer gemeinsamen Stromquelle zu störenden Beeinflussungen der einzelnen Lampen untereinander. Auch das „Elektrische Glühlicht" kennt man grundsätzlich seit der Mitte des 19. Jahrhunderts. Die ersten primitiven Glühlampen sind jedoch lichtschwach und äußerst kurzlebig; im übrigen ist auch ihr Betrieb bei Speisung aus den Galvanischen Elementen zu teuer. Beide Varianten sind jedenfalls so nicht geeignet, sich bei Erscheinen einer voraussichtlich billigen Möglichkeit zur Stromversorgung etwa rasch durchzusetzen. Die Konkurrenz der elektrischen Energie mit dem Leuchtgas wird vielmehr zunächst durch das Erscheinen zuverlässiger mit Leuchtgas betreibbarer Verbrennungsmotoren noch verschärft.

Ein weiteres retardierendes Moment bildet vorerst die bald einsetzende und schließlich bis in den Anfang der neunziger Jahre des vorigen Jahrhunderts reichende Auseinandersetzung zwischen verschiedenen konkurrierenden Versorgungssystemen innerhalb der jungen Elektrischen Energietechnik selbst. Das ursprüngliche Gleichstromsystem erlaubt die unmittelbare Einbeziehung der damals schon recht zuverlässigen Akkumulatoren in das Versorgungssystem zur Spitzendeckung und zur Erzielung eines gewissen Schutzes gegen Ausfälle im Kraftwerk; seine räumliche Ausdehnung ist jedoch eng begrenzt. Das bald hinzugekommene Wechselstromsystem kennt zwar bei Ausnutzung der Möglichkeit des Überganges auf höhere Spannungen durch Transformation praktisch keine Entfernungsbeschränkungen; Wechselstrommotoren sind aber zunächst empfindlicher und teurer als Gleichstrommotoren. Das spätere Drehstromsystem schließlich erlaubt im Gegensatz zum Wechselstromsystem auch den Bau billiger und robuster Motoren, ist aber — zumal bei der anfänglichen Ausrüstung der Netze mit den verschiedensten zusätzlichen „Prüfdrähten" — viel komplizierter als dieses.

1881 präsentiert Edison auf der Internationalen Elektrotechnischen Ausstellung in Paris seine Kohlefaden-Glühlampe. Ihre Entwicklung hatte unberührt von den erwähnten Systemfragen ablaufen können und bringt große Vorteile: ihr Licht ist heller und ruhiger als Gaslicht; im Gegensatz zum Bogenlicht sind handliche kleine Lampen möglich; sie ist einfacher zu handhaben und die Wärmeentwicklung ist geringer als bei Gas- oder Bogenlicht; Feuersgefahr und Luftverschlechterung infolge des „offenen Lichtes" werden vermieden; der reibungslose Betrieb zahlreicher Lampen an einer gemeinsamen Stromquelle wird möglich. Man geht daran, die Glühlampe durch Errichtung von Demonstrationsanlagen in den großen Städten zu popularisieren; die Anfänge einer elektrischen Energieversorgung zeichnen sich ab.

Der endgültige Durchbruch gelingt 1891 anläßlich der Internationalen Elektrotechnischen Ausstellung in Frankfurt am Main, wo die spektakuläre Drehstrom-Fernübertragung von einem kleinen Wasserkraftwerk in Lauffen am Neckar zum Ausstellungsgelände in Frankfurt über eine Entfernung von 175 km (3×25 kV; 160 kW; $\eta > 75\%$) in Verbindung mit dem robusten Drehstrommotor klar die Vorzüge des Drehstromsystems gegenüber den beiden anderen elektrischen Systemen erweist [1.1]. Das Ereignis löst eine stürmische Entwicklung aus. Insbesondere setzt nun in ganzer Breite der Bau von Kraftwerken ein, um elektrische Energie rasch in ausreichender Menge, zuverlässig und kostengünstig zur Verfügung stellen zu können. Ausgehend von den ersten bald nach Erscheinen der Edisonschen Glühlampe gebauten kleinen Gleichstrom- oder Wechselstrom-Dampfkraftwerken mit handgefeuertem Flammrohrkessel und Kolbendampfmaschine im Auspuffbetrieb verläuft die Entwicklung in diesem Bereich bis zu den heutigen Blockleistungen von 900 MW bei fossil gefeuerten Kraftwerksblöcken und von 1300 MW bei Kernkraftwerksblöcken. Um die Jahrhundertwende beginnt der Übergang zu den Dampfturbinen und zu dem den Kraftwerkswirkungsgrad wesentlich verbessernden Kondensationsbetrieb, wenige Jahre später zum Wasserrohrkessel; um 1915 erscheint der Wanderrost, um 1925 die Kohlestaubfeuerung. Nachdem die begrenzte Leistung der Roste lange ein entscheidendes Kriterium für die mögliche Kesselleistung gebildet hatte, so daß auch kleinere Maschinensätze oft aus mehreren parallelen Dampferzeugern versorgt werden mußten und ganze Kraftwerke mit ihren verschiedenen Dampferzeugern und Turbosätzen im Sammelschienenbetrieb arbeiteten, wird mit den leistungsfähigeren Feuerungen und auch mit der Entwicklung höherwertiger Stähle der Weg frei für Großdampferzeuger, die in ihrer Leistung den jeweils gängigen Turbinenleistungen als Einzelanlagen angepaßt werden können, so daß man ab etwa 1930 bei Neuanlagen zunehmend dem Sammelschienenkraftwerk das Blockkraftwerk vorzieht. Nach Perfektionierung des Wasser-Dampf-Kreislaufes durch mehrstufige Anzapfdampf-Speisewasservorwärmung und schließlich auch durch Zwischenüberhitzung setzen sich bis 1940 Anfangsdampfzustände um 180 bar und 500 °C allgemein durch. Der spezifische Grundflächen- und Materialbedarf der Kraftwerksanlagen und der spezifische Wärmebedarf der erzeugten elektrischen Energie waren im Verlauf dieser Entwicklung stetig gefallen. Mit Anfangsdampfzuständen um 200 bis 250 bar und 550 °C in den fünfziger Jahren bei Wirkungsgraden bis ca. 40 % ist die Entwicklung des einfachen Dampfkraftwerkes zu einem gewissen Abschluß gelangt. Anlagen mit überkritischen Drücken bis rund 350 bar, zum Teil bei Temperaturen bis rund 650 °C, bleiben in der Folgezeit wegen der dann bei nur noch geringen Wirkungsgradsteigerungen stark wachsenden Anlagekosten zunächst Ausnahmen;

bei steigenden Brennstoffpreisen und schwindenden Brennstoffvorräten kann ihr Anteil jedoch zunehmen. Weitere Steigerungen der Ausnutzung der eingesetzten Primärenergie durch Erhöhung der Wirkungsgrade der Kraftwerkskomponenten und durch weitergehende Annäherung des Kraftwerksprozesses an den Idealprozeß sowie durch kombinierte Gaskraftanlagen-Dampfkraftanlagen-Prozesse und durch vermehrte Anwendung der Kraft-Wärme-Kopplung können ebenfalls wirtschaftlich sinnvoll werden.

Der mechanische Ausbau der Wasserkräfte war durch die an beliebigem Ort betreibbare Dampfmaschine lange in den Hintergrund gedrängt worden. Er wird erst mit dem Erscheinen der Elektrischen Energieübertragung, speziell mit der Klärung der Systemfrage durch die Drehstrom-Fernübertragung 1891, wieder interessant. Entsprechend setzt um die Zeit anknüpfend an frühere Ansätze die Entwicklung von Turbinentypen verbesserter Regulierbarkeit und brauchbarer Drehzahlen ein. Um 1895 beginnt der Einsatz von Francis-Turbinen für Gefälle von etwa 2,5 bis 40 m bei Leistungen bis ca. 1 MW, desgleichen von Pelton-Turbinen für etwa 75 bis 350 m bis ca. 0,4 MW. Um 1925 erscheint die besonders gut regulierbare Kaplan-Turbine, geeignet für Gefälle von etwa 2,5 bis 20 m, mit Leistungen von einigen MW; der Einsatzbereich der Francis-Turbine verschiebt sich mit der Zeit auf mittlere Gefälle, der der Pelton-Turbine auf große Gefälle bis ca. 1000 m, beide bei Leistungen von einigen 10 MW. Heute ist man im Bereich der Wasserkraftwerke in der Lage, bei nochmals gesteigerter Anwendungsbreite in weiten Grenzen die denkbaren Kombinationen aus abzuarbeitender Abflußmenge und verfügbarer Fallhöhe zu bewältigen. Dabei können Einheiten von mehreren 100 MW zustandekommen. Andererseits werden angesichts der zunehmenden Energieknappheit nach wie vor unter bestimmten Voraussetzungen auch Kleinanlagen in der Größenordnung von wenigen MW errichtet.

Die Erforschung atom- und kernphysikalischer Zusammenhänge und Gesetzmäßigkeiten setzt noch später ein als diejenige im Bereich der Elektrizität, da der Mensch einerseits auch für das Hauptindiz dieser Vorgänge, die Radioaktivität nämlich, kein Sinnesorgan besitzt und da andererseits die natürliche Spielart dieser Vorgänge im gegenwärtigen Erdzeitalter weitgehend abgeklungen ist. Auch sind die Einzelheiten hier nochmals wesentlich komplizierter und abstrakter, so daß man oft zur Erzielung einer gewissen Anschaulichkeit Modelle oder Vorstellungshilfen heranzieht.

Schon die Philosophen des Altertums stellen Betrachtungen an über die Teilbarkeit der Materie: Leukipp und Demokrit kommen im 5. Jahrhundert v. Chr. zu der Auffassung [1.4], daß es eine untere Grenze geben müsse, von der an die Materie nicht weiter teilbar sei (griech. átomon = unteilbar). Von diesem rein spekulativen Ansatz ausgehend reicht beispielsweise noch für die quantitativen Untersuchungen der Chemie im 18. und 19. Jahrhundert ein Kügelchen mit homogener Masseverteilung als Atommodell aus.

Die später offenbar werdende Eigenschaft der Atome, Elektronen aufnehmen oder abgeben zu können, führt 1904 zum Thomsonschen Atommodell, bei dem das Kügelchen aus homogen verteilter positiv geladener Masse besteht, in die wesentlich kleinere negativ geladene Teilchen, die Elektronen, in einer solchen Zahl eingebettet sind, daß das Gebilde als Ganzes elektrisch neutral bleibt. Andere Beobachtungen führen dann über Zwischenstadien 1913 zum Bohrschen Atommodell, das unter anderem dadurch charakterisiert ist, daß praktisch die gesamte Masse in einem sehr kleinen, aus positiv geladenen Protonen und ungeladenen Neutronen bestehenden Atomkern konzentriert ist, der in großem Abstand von einer entsprechenden Anzahl negativ geladener Elektronen auf definierten Bahnen umkreist wird. Unsere heutigen Vorstellungen vom Atom fußen weitgehend auf diesem Modell.

Becquerel beobachtet 1896, daß gewisse phosphoreszierende Mineralien abgeschirmte Photoplatten „belichten" können; er vermutet einen Zusammenhang mit den soeben bekanntgewordenen Röntgenstrahlen; er erkennt, daß an diesen Vorgängen immer Uran beteiligt ist. Damit beginnt die Erforschung der Kernprozesse. 1902 isolieren Marie und Pierre Curie das neue Element Radium als diejenige Substanz, die die Quelle der eigenartigen Strahlung ist, und bezeichnen das Strahlen als Radioaktivität. In den folgenden Jahren zeigt sich, daß die Strahlung aus drei Komponenten besteht: aus Alphateilchen (zweifach positiv geladene Teilchen mit etwa der vierfachen Masse des Wasserstoffatoms, also sozusagen Heliumkerne), Betateilchen (Elektronen) und Gammateilchen (Quanten einer sehr kurzwelligen elektromagnetischen Strahlung). Man erkennt ferner, daß es sich um einen Atomzerfall handelt: das Radium geht über Zwischenstufen in Blei über, das nicht weiter zerfällt; verglichen etwa mit chemischen Reaktionen werden dabei sehr viel größere Energien freigesetzt, die aus dem Atomkern zu stammen scheinen; bei der Strahlung muß es sich um Zerfallsprodukte des Kerns, also um Kernbausteine, handeln. Später erkennt man, daß das Radium seinerseits ein Zerfallsprodukt des Urans ist. 1919 gelingt Rutherford eine künstliche Kernumwandlung: durch Beschießen mit Alphateilchen überführt er Stickstoff in Sauerstoff; bei jeder Kernumwandlung wird ein Proton frei. Zugleich wird per Saldo Energie freigesetzt. Eine Deutung dieser Mechanismen gelingt, als man erkennt, daß beim Entstehen eines Kerns aus seinen Bausteinen grundsätzlich ein sogenannter Massendefekt auftritt: die Masse eines Atomkerns ist geringer als die Summe der Ruhemassen der einzelnen Bausteine vor seiner Bildung; das Äquivalent der Differenz wird bei der Bildung des Kerns nach Einstein in Energie umgesetzt und nach außen abgegeben. Diese sogenannte Kernbindungsenergie muß umgekehrt zur Aufhebung der Bindungskräfte etwa zur Einleitung einer Kernumwandlung wieder aufgewendet werden. Die spezifische Bindungsenergie für einen Kern, das heißt ihr durchschnittlicher Wert pro Kernbaustein, ist abhängig von der Anzahl seiner Bausteine verschieden groß; sie durchläuft bei Kernen mittlerer Größe ein Maximum. Hierin liegt die heute geläufige Tatsache begründet, daß vor allem extrem schwere oder extrem leichte Kerne (Uran bzw. Wasserstoff) Kernprozessen mit positiver Energietönung unterworfen werden können.

Später zeigt sich, daß bei einigen Kernumwandlungen auch Atomkerne entstehen, die radioaktiv sind; damit wird erstmals künstliche Radioaktivität erzeugt. 1938 weisen Hahn und Straßmann beim Beschießen von Uran mit Neutronen als Folgeprodukte unter anderem Barium und Krypton nach, zwei Elemente, deren Kernmassen zusammen annähernd die Masse des Urankerns ergeben. Statt einer einfachen Kernumwandlung hat also eine Kernspaltung stattgefunden. Es wird wieder Energie freigesetzt. Da pro Spaltungsvorgang ferner zwei bis drei Neutronen frei werden, muß eine Kettenreaktion möglich sein. Als unmittelbar spaltbar erweist sich jedoch nur das seltene Isotop U 235. Es gelingt indessen bald, in einem sogenannten Konversions- oder Brutprozeß das hauptsächlich vorhandene Isotop U 238 über Zwischenstufen in das Transuran Plutonium zu überführen, das seinerseits spaltbar ist. Unter der Leitung von Fermi wird 1942 in den Vereinigten Staaten erstmals ein Versuchsreaktor kritisch.

Zur Energiegewinnung macht man die Kernprozesse heute in Leistungsreaktoren nutzbar. Nachdem man anfangs eine Vielzahl von Reaktorlinien theoretisch untersucht und teilweise auch praktisch erprobt hat, steht heute eindeutig der Leichtwasser-Reaktor im Vordergrund. Er arbeitet in zahlreichen Kernkraftwerken und hat sich als sicher, zuverlässig und wirtschaftlich erwiesen. Er liefert jedoch nur eine begrenzte Ausgangstemperatur und arbeitet entsprechend mit relativ geringem Wirkungsgrad; außerdem nutzt er im wesentlichen nur das Isotop U 235. Der Brutreaktor soll dagegen neben der Energiegewinnung in erster Linie das Isotop U 238 in Plutonium umwandeln und damit ebenfalls der Energiegewinnung zugänglich machen. Der Hochtemperaturreaktor schließlich soll durch Erhöhung der Ausgangstemperatur bessere Wirkungsgrade liefern und neben der Elektrizitätserzeugung auch der Lieferung von Hochtemperatur-Prozeßwärme dienen. Eine gewisse Bedeutung hat ferner der Schwerwasserreaktor erlangt.

Heute erfolgt die Deckung des Bedarfes an elektrischer Energie nahezu ausschließlich durch Wärmekraftwerke auf der Basis von fossilen Brennstoffen oder von Kernbrennstoffen oder durch Wasserkraftwerke. Daneben wurden in der Vergangenheit für Sonderfälle auch schon andere spezielle Apparaturen zur Umwandlung von Primär- oder Sekundärenergie in elektrische Energie entwickelt, wie zum Beispiel die Brennstoffzelle. Die harten Zwänge der jüngsten Zeit, sowohl die Abhängigkeit der Industrieländer vom Erdöl zu mindern als auch speziell die fossilen Primärenergievorkommen aus mehreren Erwägungen zu schonen, haben mannigfache Bemühungen zur weiteren Perfektionierung der herkömmlichen Kraftwerkstypen, zur Erschließung bisher wenig genutzter Primärenergiequellen, zur Entwicklung von weiteren grundsätzlich neuen Verfahren zur Energieumwandlung und von Koppelprozessen usw. geweckt. Dabei ergeben sich im gesamten Bereich der Energiewirtschaft (Elektrizität, Heizwärme, Prozeßwärme, Treibstoffe, Energietransport, Energiespeicherung usw.) vielschichtige Verflechtungen.

Neben der Gewinnung elektrischer Energie in den Kraftwerken haben schließlich auch die beiden anderen großen Bereiche der Elektrischen Energietechnik — die Übertragung und die Nutzung elektrischer Energie — hinsichtlich der beteiligten Leistungen und der Sicherheit, Zuverlässigkeit und Wirtschaftlichkeit ihrer Verfahren und Anlagen eine analoge Entwicklung genommen. Diesbezügliche Betrachtungen im einzelnen anzustellen ist jedoch nicht Gegenstand der vorliegenden Abhandlung.

2 Energieversorgung

2.1 Energie im physikalisch-technischen Sinne

Ausreichende, zuverlässige, kostengünstige und umweltfreundliche Versorgung mit Energie ist heute eine fundamentale Voraussetzung für die Befriedigung der Lebensbedürfnisse des Menschen. Bisher entfällt der größte Teil des Energieverbrauchs auf eine Minderheit der Weltbevölkerung. Vor allem in den Entwicklungsländern — mit starkem Bevölkerungswachstum und einsetzender Industrialisierung — ist mit einem hohen Energiebedarfszuwachs zu rechnen.

Im physikalisch-technischen Sinne bedeutet Energie die Fähigkeit eines Systems, äußere Wirkungen hervorzubringen. Es gibt Energieformen — vor allem thermische Energie —, bei denen das Ausmaß dieser Fähigkeit für gegebene Energiemengen von den jeweils herrschenden Randbedingungen abhängt.

Das Prinzip der Erhaltung der Energie besagt, daß die Gesamtenergie eines abgeschlossenen Systems, in dem beliebige Vorgänge ablaufen, konstant ist; bei Einbeziehung der Äquivalenz von Energie und Masse ist diese Aussage entsprechend weiter zu fassen. Obwohl also Energie weder erzeugt noch verbraucht werden kann, sind die betreffenden unscharfen Begriffe weit verbreitet. Sie bedürfen der Klärung.

Beim sogenannten Energieverbrauch — Einsatz bestimmter Energiemengen zum Hervorbringen gewünschter Wirkungen (Beleuchten oder Heizen eines Raumes, Heben einer Last usw.) — bleiben die Energiemengen als solche erhalten; sie werden lediglich ganz oder teilweise von einer Form in eine andere übergeführt. Als Folge von Unvollkommenheiten der jeweiligen apparativen Anordnung entstehen sogenannte Energieverluste, indem Teile der eingesetzten Energie nicht die gewünschte Wirkung, sondern andere Wirkungen hervorbringen (Reibung, Joulesche Wärme usw.). Auch bei der sogenannten Energieerzeugung — beispielsweise Erzeugung elektrischer Energie in Kraftwerken — handelt es sich genauer gesagt nur um die Umwandlung von Energie einer Form in eine andere Form; diese Vorgänge sind ebenfalls verlustbehaftet.

Es gibt verschiedene Energieformen: mechanische, thermische, elektrische Energie, physikalische und chemische Bindungsenergie und weitere. Energiemengen sind an Energieträger gebunden. In der Natur vorkommende Energieträger sind Kohle, Erdöl, Erdgas, natürliche Kernbrennstoffe und andere. Weitere Energieträger werden aus den genannten durch Umwandlung gewonnen: Heißdampf, Benzin, Heizöl, künstliche Kernbrennstoffe und andere. Elektrische Energie ist eine nichtstoffliche Erscheinungsform von Energie; als Energieträger ist hier das elektromagnetische Feld anzusehen.

Energiewandler (Dampferzeuger, Kernreaktor, Glühlampe, Elektromotor usw.) weisen, wie gesagt, Umwandlungsverluste auf (durch Reibung, Drosselung, Wärmeleitung, durch Unverbranntes und „fühlbare Wärme“ in den Abgasen, durch Joulesche Wärme usw.), die meist letztlich in thermischer Form anfallen und an die Umgebung abgegeben werden. Speziell bei der im folgenden bedeutsamen Umwandlung thermischer Energie in mechanische Energie tritt der Umstand hinzu, daß auch bei Annahme von Verlustlosigkeit im obigen Sinne die eingesetzte thermische Energie aufgrund physikalischer Gesetzmäßigkeiten nur im theoretischen Grenzfall restlos umgewandelt werden kann: der umwandelbare Anteil, ihre sogenannte Exergie, hängt neben der Ausgangstemperatur des betreffenden Energieträgers ab von der herrschenden Umgebungstemperatur bzw. von seiner zu Beginn vorliegenden Übertemperatur gegenüber dieser. Im Verlauf der Umwandlung der thermischen Energie sinkt die Übertemperatur des Energieträgers. Die bei Erreichen der Umgebungstemperatur noch vorhandene restliche thermische Energie, die sogenannte Anergie der Ausgangsenergie, kann nicht mehr umgewandelt werden; sie fließt — ebenfalls also in thermischer Form — in die Umgebung ab. Der theoretische Grenzfall wäre dann gegeben, wenn die Umgebungstemperatur gleich dem Absoluten Nullpunkt der Temperatur wäre.

Auch die bereitgestellten Nutzenergien selbst werden meist im Verlauf der Nutzung letztlich in thermische Energie unterschiedlichen Temperaturniveaus übergeführt, die dann auf das Temperaturniveau der Umgebung sinkt: die vom Antriebsmotor einer Drehbank gelieferte Energie deckt deren Reibungsverluste und die Zerspanungs- und Verformungsarbeit am Werkstück, die zur Erwärmung von Werkstück, Drehstahl und Span führt; die Energie aus dem Antriebsmotor eines Fahrzeugs dient der Lieferung der während des Beschleunigens aufgenommenen kinetischen Energie, die — von der Nutzbremsung bei gewissen Fahrzeugen abgesehen — beim Bremsen in Wärme umgewandelt wird, und während der gesamten Fahrt der Deckung der Reibungsverluste; die Fördermaschine im Bergwerk indessen deckt die Reibungsverluste der Förderanlage und erhöht die potentielle Energie des geförderten Gutes, die hernach als solche darin verbleibt. Resultat des Energieaufwandes ist im ersten Fall das bearbeitete Werkstück, im zweiten Fall die Ortsveränderung, im dritten Fall das gehobene Fördergut.

Nutzung von Energie bewirkt also neben dem jeweils angestrebten Effekt vor allem das Auftreten verschiedener Arten von Verlusten bei den einzelnen Umwandlungsstufen und im Verlauf der eigentlichen Nutzung: unmittelbar und mittelbar fließt thermische Energie in die Umgebung ab. Auch bei Transport und Lagerung von Energie entstehen im allgemeinen Verluste; hier gilt das gleiche. Unter dem Aspekt der Energieeinsparung durch Energierückgewinnung (recycling) zeichnet sich angesichts dieser vielfältigen auf dem Niveau der Umgebungstemperatur sich ansammelnden Mengen thermischer Energie für die Wärmepumpe unter Umständen erhebliche Bedeutung ab: sie ist in der Lage, unter Aufwand relativ geringer Mengen von Antriebsenergie relativ große Mengen thermischer Energie aus der Umgebung von deren Temperatur um gewisse Temperaturdifferenzen anzuheben und die Summe beider Energiemengen auf dem entsprechenden erhöhten Temperaturniveau in thermischer Form wieder abzugeben. Vor allem im Bereich der Raumheizung („Niedertemperaturwärme") können sich so Möglichkeiten zur Primärenergieeinsparung ergeben.

Neben der Deckung des Bedarfes an Energie in dem hier besprochenen physikalisch-technischen Sinne werden Energieträger auch herangezogen, um den sogenannten nichtenergetischen Verbrauch zu decken. Das ist ihre Umwandlung in Produkte, die nicht als neue Energieform zu sehen sind (Kunststoffe, Düngemittel, Schmierstoffe, Medikamente usw.).

Im Rahmen von Erörterungen zur Energieversorgung sind unter anderem folgende Begriffe zu unterscheiden:

Primärenergie als Bezeichnung für den Energieinhalt von in der Natur vorkommenden Energieträgern; sie ist vielfach zur unmittelbaren Energiebedarfsdeckung schlecht geeignet, so daß ihre vorherige Umwandlung in geeignetere Energieformen naheliegt; dabei spielen auch Gesichtspunkte der Transportierbarkeit und der Speicherfähigkeit eine Rolle;

Sekundärenergie als Bezeichnung für den Energieinhalt von durch Umwandlung aus Primärenergieträgern oder aus anderen Sekundärenergieträgern gewonnenen Energieträgern; eine besonders vorteilhafte Sekundärenergie ist elektrische Energie; hinsichtlich ein und derselben Sekundärenergie können Primärenergien untereinander oder durch Sekundärenergien substituiert werden;

Bezugsenergie als Bezeichnung für den Energieinhalt der vom Verbraucher insgesamt abgenommenen Primär- und Sekundärenergieträger;

Endenergie als Bezeichnung für die Differenz

aus Bezugsenergie und nichtenergetischem Verbrauch des Verbrauchers; auch hier sind Substitutionen möglich; mit fortschreitender technisch-wirtschaftlichen Entwicklung steigt der Anteil der Sekundärenergieträger an der Endenergie;

Nutzenergie als Bezeichnung für die nach Umwandlung der Endenergie in Licht, mechanische Energie oder Wärme verfügbare Energie.

2.2 Nutzbare Energiereserven

Außer der thermischen und der nuklearen Energie der Erde und der Gezeitenenergie stammt alle irdische Energie aus den Kernumwandlungsvorgängen in der Sonne. Die Energie von der Sonne gelangt als Strahlung zur Erde; die Erde empfängt sie mit einer Leistung von rund 173 PW (1 PW = 10^6 GW; vgl. Anhang). Im Rahmen des natürlichen, das heißt, vom Menschen zunächst nicht beeinflußten Energiehaushaltes der Erde werden etwa 30 % dieser Energieströmung ohne weitere Umwandlung unmittelbar in Form kurzwelliger Strahlung wieder reflektiert; ein Anteil von etwa 47 % wird zunächst in Erdreich, Wasser und Luft direkt in thermische Energie umgewandelt und dann in langwelliger Form wieder abgestrahlt; der Rest wird indirekt — und zwar nahezu ausschließlich über den so in Bewegung gesetzten Kreislauf des Wassers — in thermische Energie umgewandelt und dann ebenfalls in langwelliger Form wieder abgestrahlt (Bild 2.1). Ein geringer Anteil dieses Restes wird über Luftbewegungen, Meeresströmungen usw. in thermische Energie umgewandelt und abgestrahlt, ein weiterer geringer Anteil desgleichen über die Photosynthese und die spätere Verwesung der daraus unmittelbar bzw. mittelbar resultierenden pflanzlichen bzw. tierischen Substanz (Biomasse). Teile der pflanzlichen oder tierischen Substanz werden jedoch in der Erde gespeichert und im Verlauf von Zeiträumen in der Größenordnung von 100 Mill. Jahren in allmählich höherwertig werdende fossile

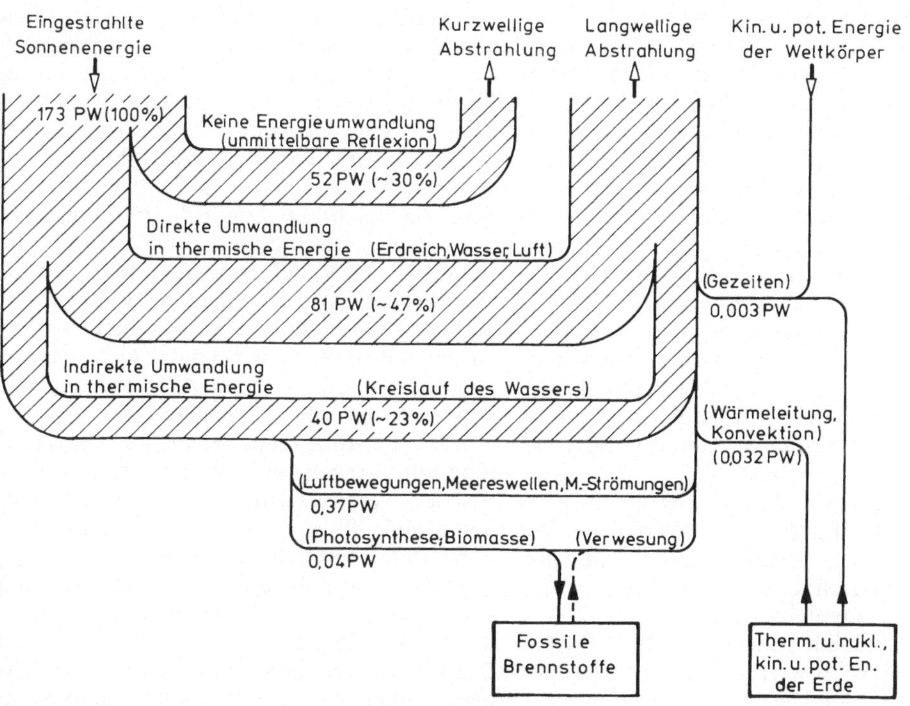

Bild 2.1. Natürlicher Energiehaushalt der Erde. Nach [2.11]

Brennstoffe übergeführt; im Zusammenhang mit tektonischen Bewegungen kann deren Energie grundsätzlich auch wieder freigesetzt werden. Die aus der thermischen und der nuklearen Energie der Erde unmittelbar (Wärmeleitung; heiße Quellen; Vulkane) bzw. aus der kinetischen und potentiellen Energie der Weltkörper — hauptsächlich Erde, Mond und Sonne — mittelbar (Gezeiten) freigesetzte thermische Energie ist ebenfalls vergleichsweise gering.

Zur Deckung seines Energiebedarfes stehen dem Menschen im wesentlichen folgende Primärenergieträger zur Verfügung:
fossile Brennstoffe (in Form chemischer Bindungsenergie langfristig gespeicherte Sonnenenergie enthaltend);
Biomasse (dsgl. kurzfristig gespeicherte Sonnenenergie enthaltend);
oberflächennahes erwärmtes Erdreich oder Wasser, erwärmte Luft (in Form thermischer Energie kurzfristig gespeicherte Sonnenenergie enthaltend);
Flußwasser und Gletschereis (in Form potentieller Energie kurz- bzw. längerfristig gespeicherte Sonnenenergie enthaltend);
Luftbewegungen, Meereswellen, Meeresströmungen (in Form kinetischer und teilweise auch potentieller Energie kurzfristig gespeicherte Sonnenenergie enthaltend);
Sonnenstrahlung (nichtstoffliche physikalische Erscheinungsform von Sonnenenergie);
Kernbrennstoffe (irdische Energie in Form physikalischer Bindungsenergie enthaltend, durch natürliche Kernumwandlungen allmählich in thermische Energie übergehend);
erwärmtes Erdreich oder Wasser im Erdinnern (irdische Energie in thermischer Form auf erhöhtem Temperaturniveau enthaltend, die zum Teil „terrestrische" Wärme ist, zum Teil aus natürlichen Kernumwandlungsvorgängen stammt);
Wasser der Gezeitenbewegungen (kinetische und potentielle Energie der Weltkörper in Form potentieller Energie enthaltend, die dem Wasser durch Gravitations- bzw. Zentrifugalkräfte mitgeteilt wurde).
Schließlich sind Luft, auch Wasser und Erdreich anzuführen, soweit sie Fortwärmeströme aus den verschiedensten Energieumwandlungsvorgängen aufnehmen. Es handelt sich dann jedoch um Sekundärenergie, die so Teile der sogenannten *Umgebungswärme* bildet.

Fossile Brennstoffe und Kernbrennstoffe bilden erschöpfliche, „nicht regenerative" Primärenergievorkommen. Bei Flußwasser, Sonnenstrahlung usw. handelt es sich dagegen um nach irdischen Maßstäben unerschöpfliche, „regenerative" Vorkommen. Während daher die einen bei Erörterungen über die Energiereserven der Erde als konkrete Energiemengen auftreten, bemessen die anderen sich nach Leistungen bzw. Leistungsdichten. Die thermische Energie des Erdinneren und die kinetische oder potentielle Energie der Weltkörper sind zwar strenggenommen ebenfalls als erschöpfliche Primärenergievorkommen zu bezeichnen; aufgrund der Größe dieser Vorkommen kann man sie aber als praktisch unerschöpflich ansehen.

Im wesentlichen genutzt werden bisher die fossilen Brennstoffe und Kernbrennstoffe und die Wasserkräfte der Flußläufe. Die Nutzung der nicht regenerativen Primärenergieträger ist grundsätzlich mit in weiten Grenzen frei wählbarer Leistung möglich; die Umweltbelastungen durch Rückstände und Fortwärme können aber — eben weil bisher gespeicherte, ruhende Vorräte herangezogen werden — einen deutlichen Umfang annehmen. Demgegenüber führen die regenerativen Vorkommen im allgemeinen zu geringeren Nebenwirkungen; von den Wasserkräften abgesehen, bei denen die potentielle Energie des Wassers durch Sammeln in Flußläufen vor ihrer Umwandlung bereits durch die Natur stark verdichtet wurde, führt jedoch ihre meist mehr oder weniger, teilweise äußerst geringe Leistungsdichte bei niedrigen erzielbaren Umwandlungswirkungsgraden zu Energiewandlern oft extremer Abmessungen mit entsprechend hohen Anlagekosten bei begrenzter Leistung (zum Beispiel bei Umwandlung von Sonnen- oder Windenergie in elektrische Energie). Durch die Notwendigkeit, auftretende Pulsationen des Leistungsdargebotes durch zusätzliche Energiespeicher auszugleichen, werden die Kosten der Nutzung der regenerativen Vorkommen unter Umständen noch gesteigert.

Die Primärenergievorkommen sind ungleichmäßig über die Erde verteilt. Quantitative Betrachtungen müssen einerseits die Genauigkeit, mit der die Vorkommen nach Art und Umfang bekannt sind, und andererseits technisch-wirtschaftliche Gesichtspunkte ihrer Nutzung einbeziehen; dabei ist das Kriterium der Nutzbarkeit mit fortschreitender Entwicklung Änderungen in beiden Richtungen unterworfen. Insbesondere bei den fossilen Brennstoffen und Kernbrennstoffen sind auch die Kosten für Prospektion, Erschließung und Förderung, für den Transport vom Ort des Vorkommens zum Verbrauchszentrum usw. von Bedeutung. Entsprechend unterscheidet man dort zwischen nachgewiesenen Vorräten (den sogenannten Energiereserven) und vermuteten zusätzlichen Vorräten (den sogenannten Energieressourcen); die ersteren sind überdies in der Regel nur zum Teil technisch ausbringbar und wirtschaftlich nutzbar.

Nur die nutzbaren Energiereserven können Grundlage von Erörterungen zur Energieversorgung sein. Die Weltenergiekonferenz ermittelte nach dem Stand von 1980 die in Tabelle 2.1 wiedergegebenen Vorräte der Welt an fossilen Brennstoffen und Kernbrennstoffen, deren geographische Verteilung nach Tabelle 2.2 und das Wasserkraftpotential der Erde nach Tabelle 2.3. Vor allem das Erdöl — lange Zeit sehr preisgünstig verfügbar gewesen und äußerst vielseitig verwendbar — ist bereits stark ausgebeutet. Seine nutzbaren Reserven reichen schon bei konstanter Förderung nur noch für wenige Jahrzehnte. In abgeschwächter Form gilt das auch für das Erdgas. Der bedeutendste Primärenergieträger ist die Kohle. Kernenergie kann auf wirtschaftliche Weise die Kohlevorräte im Hinblick auf anderweitige Verwendungszwecke als Rohstoff schonen und den Anstieg der Kohlendioxidfracht der irdischen Atmosphäre verlangsamen; die anfallenden Rückstände sind jedoch radioaktiv und bedürfen sorgfältiger Handhabung.

Die Erschöpflichkeit der nicht regenerativen Primärenergievorkommen bei wachsendem Energiebedarf und steigenden Energiekosten, Gesichtspunkte des Umweltschutzes und weitere Erwägungen haben in letzter Zeit zu verstärkten Bemühungen um die Erforschung und Entwicklung neuer Techniken im Bereich der Energieversorgung geführt. Im Vordergrund steht dabei die Substitution von Erdöl durch Kohle und Kernenergie: es wird zum großen Teil von den Verbrauchergruppen Haushalt (Raumheizung) und Verkehr aufgenommen, die zum Beispiel in der Bundesrepublik Deutschland ihren Endenergiebedarf zur Zeit etwa zu 59 % bzw. 98 % aus Erdöl decken [2.13]. Im Raumheizungsbereich wird seine teilweise Substitution mit Hilfe der Wärmepumpe angestrebt; im Verkehrsbereich sucht man seine Substitution durch Kohleverflüssigung zu erreichen, die ihrerseits bei

Tabelle 2.1. Vorräte der Welt an fossilen Brennstoffen und Kernbrennstoffen (Angaben in EJ, teilweise geschätzt; 1 EJ $= 10^9$ GJ, vgl. Anhang)[a] ([2.4], Auszug)

Primärenergieträger	Nachgewiesene Vorräte („Reserven")		Vermutete zusätzliche Vorräte („Ressourcen")
	Gesamtwert	nutzbarer Anteil	
Steinkohle	22 700	14 300	181 000
Braunkohle	8 380	5 850	112 600
Torf	606	170	2 970
Erdöl	16 200	4 050	24 050
Gaskondensate	375	300	526
Erdgas	3 650	2 920	9 450
Öl aus Ölschiefern	2 100	?	13 290
Öl aus Ölsanden	1 820	?	3 460
Uran[b]	1 920	1 460	2 600

[a] Zum Teil werden Energiemengen auch noch in der älteren Einheit t SKE (Steinkohleneinheit — 7000 kcal/kg) angegeben: 10^9 t SKE $=$ 29,3 EJ.

[b] Energieinhalt entsprechend dem in heutigen Leichtwasserreaktoren durch Spaltung des U 235 erzielbaren Nutzungsgrad von Natururan; bei Einsatz von Brutreaktoren etwa 60fache Werte.

Tabelle 2.2. Geographische Verteilung der wichtigsten nutzbaren Primärenergiereserven der Welt (Angaben in EJ, teilweise geschätzt; p = Summe der angegebenen Einzelwerte als prozentualer Anteil des entsprechenden Gesamtwertes nach Tabelle 2.1) ([2.4], Auszug)

Steinkohle		Erdgas		Öl aus Ölschiefern	
USA	3140	UdSSR	864	(*Gesamt*reserven)	
UdSSR	3050	Iran	552	USA	1271
VR China	2900	USA	218	Marokko	336
Großbritannien	1320	Algerien	203	UdSSR	310
Polen	791	Saudi-Arabien	106		———
Australien	744	Venezuela	77		$p = 91,2\%$
Südafrika	741	Kanada	71	Öl aus Ölsanden	
Bu.-Rep. Deutschland	703	Mexiko	66		
	———	Niederlande	65	(*Gesamt*reserven)	
	$p = 93,6\%$	Nigeria	47	Venezuela	908
Braunkohle		Katar	43	Kanada	876
		Großbritannien	41		———
USA	2450	Kuwait	35		$p = 98,0\%$
UdSSR	1800	Malaysia	33	Uran	
Australien	319	Irak	31		
Bu.-Rep. Deutschland	309	VR China	28	USA	334
Jugoslawien	254	Libyen	27	Australien	183
DDR	220	Indonesien	27	Südafrika	156
	———	V. Arab. Emirate	24	Kanada	135
	$p = 91,3\%$	Pakistan	23	VR China	105
Erdöl		Argentinien	17	UdSSR	101
		Norwegen	16	Nigeria	101
Saudi-Arabien	1044	Australien	12	Namibia	74
UdSSR	440	Brunei	9	Brasilien	47
Kuwait	413		———	DDR	38
Iran	368		$p = 90,4\%$	Frankreich	25
Irak	200			Gabun	23
V. Arab. Emirate	195				———
Mexiko	184				$p = 90,6\%$
USA	170				
Libyen	150				
VR China	123				
Venezuela	119				
Nigeria	114				
Großbritannien	87				
Indonesien	64				
	———				
	$p = 90,6\%$				

Bereitstellung der dazu nötigen Prozeßwärme aus Kernenergie aus Erwägungen hinsichtlich Umweltschutz und Streckung der Kohlevorräte weitere Vorteile eröffnet. Die Kohlevergasung kann Erdgas substituieren; auch hier strebt man den Einsatz von Prozeßwärme aus Kernenergie an.

Neben den Bemühungen um eine Substitution vor allem des Erdöls sucht man in verstärktem Maße den Energieverbrauch allgemein zu drosseln. In der Bundesrepublik Deutschland dient der Endenergiebedarf zur Zeit beispielsweise etwa zu 39% der Bereitstellung von Niedertemperaturwärme, zu 36% von Prozeßwärme und zu 25% von Licht und mechanischer Energie [2.13]; Energiesparmaßnahmen richten sich folglich sinnvollerweise vorrangig auf den Wärmebereich.

Tabelle 2.3. Wasserkraftpotential der Welt (Angaben in PWh/a, teilweise geschätzt) ([2.4], Auszug)

Land	Potential			
	theoretisch	nutzbar	ausgebaut	gepl. o. im Bau
Asien (ohne UdSSR)	16,49	5,34	0,47	0,45
Afrika	10,12	3,14	0,15	0,25
Nordamerika	6,15	3,12	1,13	0,65
Mittel- und Südamerika	5,67	3,78	0,30	1,16
Europa (ohne UdSSR)	4,36	1,43	0,84	0,29
UdSSR	3,94	2,19	0,27	0,36
Australien und Ozeanien	1,50	0,39	0,06	0,05
Summe	48,23	19,39	3,22	3,21

Gesichtspunkten der Energieersparnis und des Umweltschutzes dienen schließlich weitere Maßnahmen oder Entwicklungen. So erlauben beispielsweise Heizkraftwerke bei Vorliegen einer ausreichenden Verbrauchsdichte einen rationelleren Einsatz der Brennstoffe durch Kraft-Wärme-Kopplung; insbesondere die großen Fortwärmeströme der Kernkraftwerke mit Leichtwasser-Reaktoren legen Bemühungen um eine verstärkte Anwendung dieses an sich bekannten Verfahrens nahe. Die neuartige Wirbelschichtfeuerung erlaubt eine umweltschonendere Feuerführung in den Dampferzeugern der Kraftwerke; sie ermöglicht zugleich auch die Verfeuerung minderwertigerer Kohlen.

Neben den bisher im wesentlichen genutzten fossilen Brennstoffen und Kernbrennstoffen und den Wasserkräften der Flußkräfte sollen hier schließlich einige Einzelheiten zu den wichtigsten sonstigen regenerativen Primärenergievorkommen folgen [2.4; 2.6; 2.8].

Die *Sonnenstrahlung* erreicht die Erdatmosphäre mit einer Leistungsdichte von ca. $1,39 \text{ kW/m}^2$ (extraterrestrische Solarkonstante), entsprechend einer eingestrahlten Gesamtleistung von ca. $1,5 \cdot 10^6$ PWh/a (vgl. Bild 2.1). Sie wird teilweise unmittelbar reflektiert, teilweise auf verschiedene Art vorübergehend absorbiert und gespeichert. Bei senkrechter Einstrahlung und wolkenlosem Himmel steht sie an der Erdoberfläche mit einer Leistungsdichte von ca. 1 kW/m^2 zur Verfügung (terrestrische Solarkonstante).

Die dem Luftgürtel der Erde mitgeteilte *Windenergie* wird auf 3000 PWh/a geschätzt.

Ihre Nutzbarkeit ist neben Ort und Zeit auch von der Oberflächenstruktur der Erde abhängig.

Die Energie der *Meereswellen* beträgt schätzungsweise 3 PWh/a. Wesentliche Grundlage für die Beurteilung einer eventuellen Nutzbarkeit ist die Häufigkeitsverteilung der Wellenhöhe.

Die aus *Biomasse* gewinnbare Energie beträgt etwa 300 PWh/a. Rund 3 % dieses Wertes werden für die Ernährung von Menschen und Tieren benötigt.

Geothermische Energie ist genaugenommen eine Form nicht regenerativer Energie. Aufgrund der extremen Relation zwischen dem Gesamtvorrat an thermischer Energie (auf einem Temperaturniveau über dem Jahresmittel der Temperatur an der Erdoberfläche) in Höhe von rund $278 \cdot 10^9$ PWh (ohne die zusätzliche thermische Energie aus natürlicher Radioaktivität) und dem daraus resultierenden natürlichen Wärmestrom an der Erdoberfläche von ca. 282 PWh/a kann man sie jedoch als quasi regenerativ auffassen. Ihre durchschnittliche Leistungsdichte in der Nähe der Erdoberfläche ist indessen mit ca. $0,063 \text{ W/m}^2$ sehr gering.

In der Umgebung tektonischer Anomalien liegen gelegentlich günstigere Bedingungen vor. So werden in solchen Fällen bisher an verschiedenen Orten der Erde insgesamt ca. 1500 MW_e (gleich ca. 0,013 PWh/a bei ununterbrochenem Betrieb mit Nennleistung) in Form von Hochtemperaturwärme zur Elektrizitätserzeugung und ca. 7000 MW_t in Form von Niedertemperaturwärme für sonstige

Zwecke genutzt. Der weitere Ausbau von einigen 1000 MW_e ist geplant.

Auch die *Gezeitenenergie* ist als quasi regenerativ zu bezeichnen. Sie kann nur an den Meeresküsten genutzt werden, und zwar unter der Voraussetzung ausreichenden Tidenhubes und geeigneter Topographie. An etwa 25 solchermaßen denkbaren Küstenbereichen der Erde wird eine Energie von ca. 0,6 PWh/a als in Gezeitenkraftwerken gewinnbar angesehen. Eine Anlage für etwa 0,5 TWh/a ist in Betrieb.

2.3 Energiebedarf

Der Energiebedarf der Menschheit wächst. Wichtige Einflußgrößen für den Energiebedarf sind Bevölkerungszahl, Industrialisierungsgrad und Lebensstandard eines Landes. Wesentliche Voraussetzungen für die Einrichtung einer langfristig technisch und wirtschaftlich gesicherten Energieversorgung sind fundierte Schätzungen der voraussichtlichen weiteren Entwicklung des Energiebedarfes und detaillierte Kenntnisse von den nutzbaren Energiereserven. Weitere Kriterien sind die für die benötigten Energieversorgungsanlagen gegebenen Finanzierungsmöglichkeiten und die für die Versorgung verfügbaren großtechnischen Verfahren.

Die Weltenergiekonferenz lieferte 1978 eine Schätzung des voraussichtlichen Primärenergiebedarfes der Welt bis zum Jahre 2020. Danach ist unter der Voraussetzung sparsamen Energieverbrauches in allen Bereichen von Energieversorgung und Energieanwendung während der nächsten Jahrzehnte mit einem durchschnittlichen jährlichen Bedarfszuwachs um 2,8 % zu rechnen (Bild 2.2; [2.7]).

Während Erdöl und Erdgas 1978 noch zu ca. 55 % an der Deckung des gesamten Primärenergiebedarfes beteiligt waren, wird ihr Anteil — bei absolutem Anstieg des Gesamtbedarfes etwa auf das Dreifache — nach der Schätzung im Jahre 2020 relativ auf ca. 27 % zurückgegangen sein. Der Anteil der Kernenergie wird dann bei ca. 33 %, der der Kohle bei ca. 28 % liegen; den Restbedarf decken regenerative Vorkommen

(hauptsächlich Wasserkraft, Brennholz, Sonnenenergie).

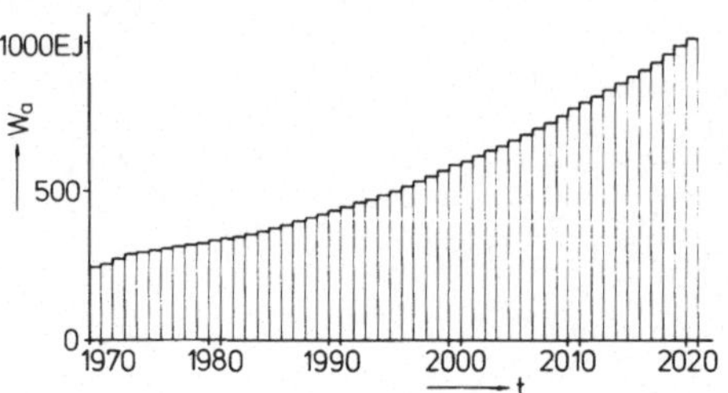

Bild 2.2. Schätzung des Primärenergiebedarfes der Welt

In den Jahren seit 1950 bis zu der deutlichen Abflachung des Primärenergiebedarfsanstieges gegen Mitte der siebziger Jahre, zunächst als unmittelbare Folge der gravierenden Einschränkungen im Bereich des Erdöls, betrug der Bedarfszuwachs der Welt im Durchschnitt rund 5 % pro Jahr [2.9]. Während der Primärenergiebedarf absolut gesehen bisher zum großen Teil in den Industrieländern anfällt, ist der relative Bedarfszuwachs inzwischen in vielen Entwicklungsländern höher als in den Industrieländern. Der Anteil des Bedarfes der Entwicklungsländer am gesamten Primärenergiebedarf der Welt wird absolut und relativ weiter anwachsen. Aufgrund ihrer vorerst nur knapp entwickelten Infrastruktur werden die Entwicklungsländer dabei mit besonderer Dringlichkeit das knappe Erdöl in Anspruch nehmen müssen.

2.4 Elektrizitätsbedarf

Der Endenergiebedarf eines Landes wird, abhängig von seiner Infrastruktur zu mehr oder weniger großen Teilen, unter anderem gedeckt in Form von Elektrizität. Die Infrastruktur der Industrieländer ist hoch entwickelt.

Das gesamte Energieaufkommen der Bundesrepublik Deutschland als eines Industrielandes der gemäßigten Zonen der Erde belief sich im Jahre 1980 auf rund 13,0 EJ (Bild 2.3; [2.3; 2.10]). Es wurde zu etwa 63 % durch Importe gedeckt und bestand nicht ausschließlich aus Primärenergien, sondern zu geringen Teilen (in Form von Stromimporten) auch aus Sekundärenergie. Zu ca. 32% wurde das Energieaufkommen aus Kohle, zu ca. 47% aus Öl gedeckt.

Nach Abzug der Werte für Eigenverbrauch und Verluste bei Aufbereitung, Umwandlung und Transport sowie für Export, Bunkerung und nichtenergetischen Verbrauch belief sich der Endenergieverbrauch in dem betrachteten Jahr auf ca. 7,5 EJ. Etwa 15% dieses Verbrauches wurden in Form von elektrischer Energie bereitgestellt; diesen Teil des Endenergieverbrauches decken also die Kraftwerke. Langfristig gesehen weist der Wert aufgrund der bekannten Vorzüge der elektrischen Energie voraussichtlich eine weiterhin steigende Tendenz auf.

Die Endenergie wird von den Verbrauchergruppen Industrie, Verkehr, Haushalt, Kleinverbraucher aufgenommen. Zahlreiche weitere Einzelheiten sind aus dem Energieflußbild nach Bild 2.3 zu entnehmen.

Bild 2.4 zeigt die Entwicklung des Elektrizitätsverbrauches der Verbrauchergruppen in der Bundesrepublik Deutschland in den Jahren 1950 bis 1980 ([2.2]; 1 TWh = 3,6 PJ), etwas weitergehend unterteilt. Es fällt auf, daß bei einer Steigerung des Gesamtverbrauches etwa um den Faktor 9 in diesem Zeitraum der Verbrauch der Haushalte weit überproportional um den Faktor 27,5 gestiegen ist.

Dieser Elektrizitätsverbrauch, vermehrt um Netzverluste und Nichterfaßtes, Pumpstromverbrauch, Eigenverbrauch der Erzeugungsanlagen, Export und Lieferung an die DDR, ergibt den gesamten Elektrizitätsbedarf des Landes. Er ist in Bild 2.5 dargestellt, unterteilt in die Elektrizitätserzeugung der Öffentlichen Kraftwerke, den im wesentlichen in das Öffentliche Netz fließenden Stromimport, die Erzeugung der Industrieeigenen und diejenige der Bahn-Kraftwerke.

Der Umfang, in dem sich die verschiedenen Primärenergieträger an der Deckung des gesamten Elektrizitätsbedarfes, ohne den Import, beteiligen, geht aus Bild 2.6 hervor: das Energiedargebot aus Wasserkraft zeigt Pulsationen entsprechend den jeweiligen Jahresniederschlägen und weist im übrigen nur noch eine geringfügig steigende Tendenz auf,

da die verfügbaren Vorkommen im wesentlichen ausgebaut sind; in Übereinstimmung mit den aus der Begrenzheit der nutzbaren Erdölreserven resultierenden Notwendigkeiten zeigt der aus Erdöl gedeckte Anteil des Elektrizitätsbedarfes in den letzten Jahren bereits eine rückläufige Tendenz.

Bild 2.7 zeigt die sogenannte Engpaßleistung der Kraftwerke in der Bundesrepublik Deutschland, unterteilt in Öffentliche, Industrieeigene und Bahn-Kraftwerke.

Der Elektrizitätsbedarf eines Versorgungsgebietes ist abhängig von Tages- und Jahreszeiten, Wochentagen usw. unterschiedlich: die in Anspruch genommene Leistung pulsiert in charakteristischer Weise.

Die gesamte Elektrizitätsversorgung läßt sich um so wirtschaftlicher gestalten, je geringer diese Pulsationen sind: bei einem sehr gleichmäßigen Belastungsverlauf, bei dem also die auftretenden größten Belastungsspitzen nur geringfügig über dem Durchschnitt lägen, könnte man ein und denselben Elektrizitätsbedarf eines Betrachtungszeitraumes mit einer kleineren installierten Leistung aller Komponenten des Versorgungssystems bereitstellen als bei ungleichmäßigerem Verlauf.

In einem Betrachtungszeitraum beschreibt die Ganglinie des Leistungsbedarfes aus dem das Gebiet versorgenden Netz den zeitlichen Verlauf dieses Bedarfes, eben seinen „Gang" (Bild 2.8 und 2.9): die Tagesganglinie spiegelt die Tageszeiten wieder; die Jahresganglinie zeigt eine sommerliche Absenkung des Niveaus der Tagespulsationen, die im übrigen gemäß dem im Verlauf eines Jahres üblicherweise eingetretenen Bedarfszuwachs am Jahresende die Werte des betreffenden Jahresanfanges entsprechend übersteigt. Als wichtige Kenngröße — zunächst für den Verlauf des Leistungsbedarfes, also seinen Gang — liefert die Jahresganglinie die Jahres-Leistungsspitze $(P_{max})_a$; sie liefert ferner die Jahresmindestleistung $(P_{min})_a$.

Die Dauerlinie des Leistungsbedarfes ergibt sich aus der Ganglinie durch Ordnen der Ordinatenwerte nach der Leistung (Bild 2.10 — siehe auch [2.1]); sie ist zwar abstrakter, aber auch übersichtlicher als die erstere. Es erscheinen wieder die Leistungsextremwerte $(P_{max})_a$ und $(P_{min})_a$; es erscheint ferner wie an sich schon bei der Ganglinie so auch

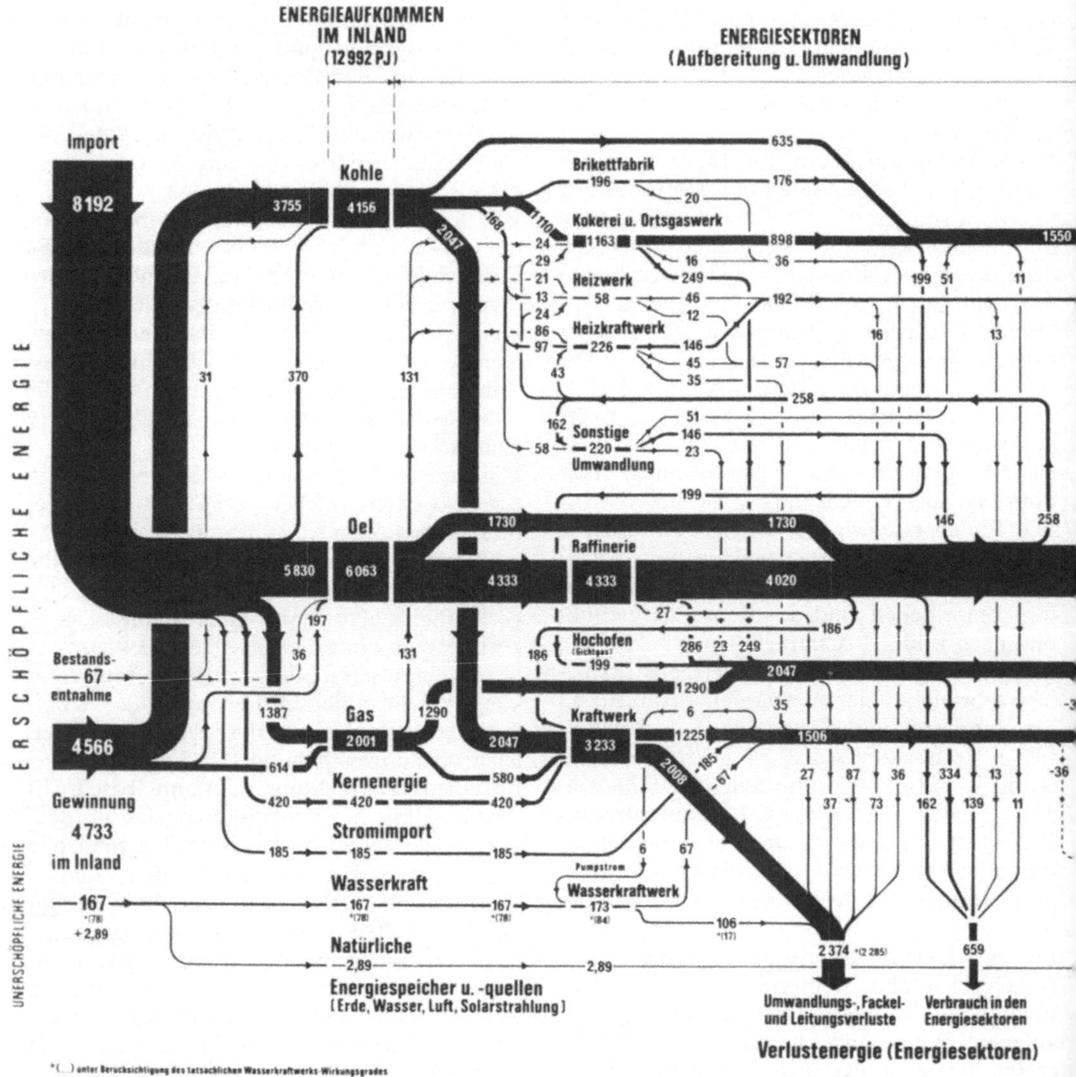

Bild 2.3. Energieflußbild der Bundesrepublik Deutschland 1980. (RWE)

hier die abgenommene Jahresarbeit W_a nach der Beziehung

$$W_a = \int_{t=0}^{1\,a} P(t)\, \mathrm{d}t \qquad (2.1)$$

als Fläche unter der Kurve. Dieser Wert seinerseits liefert eine weitere wichtige Kenngröße für den Leistungsbedarf und damit zusammenhängende Wirtschaftlichkeitsbe-

trachtungen, die sogenannte Jahresbenutzungsdauer T_m der Höchstlast:

$$T_m = \frac{W_a}{(P_{max})_a} \qquad (2.2)$$

Das ist sozusagen derjenige Zeitraum, in dem das speisende Netz die gesamte Jahresarbeit hätte liefern können, wenn es statt einer pulsierenden Last konstant die Jahreshöchst-

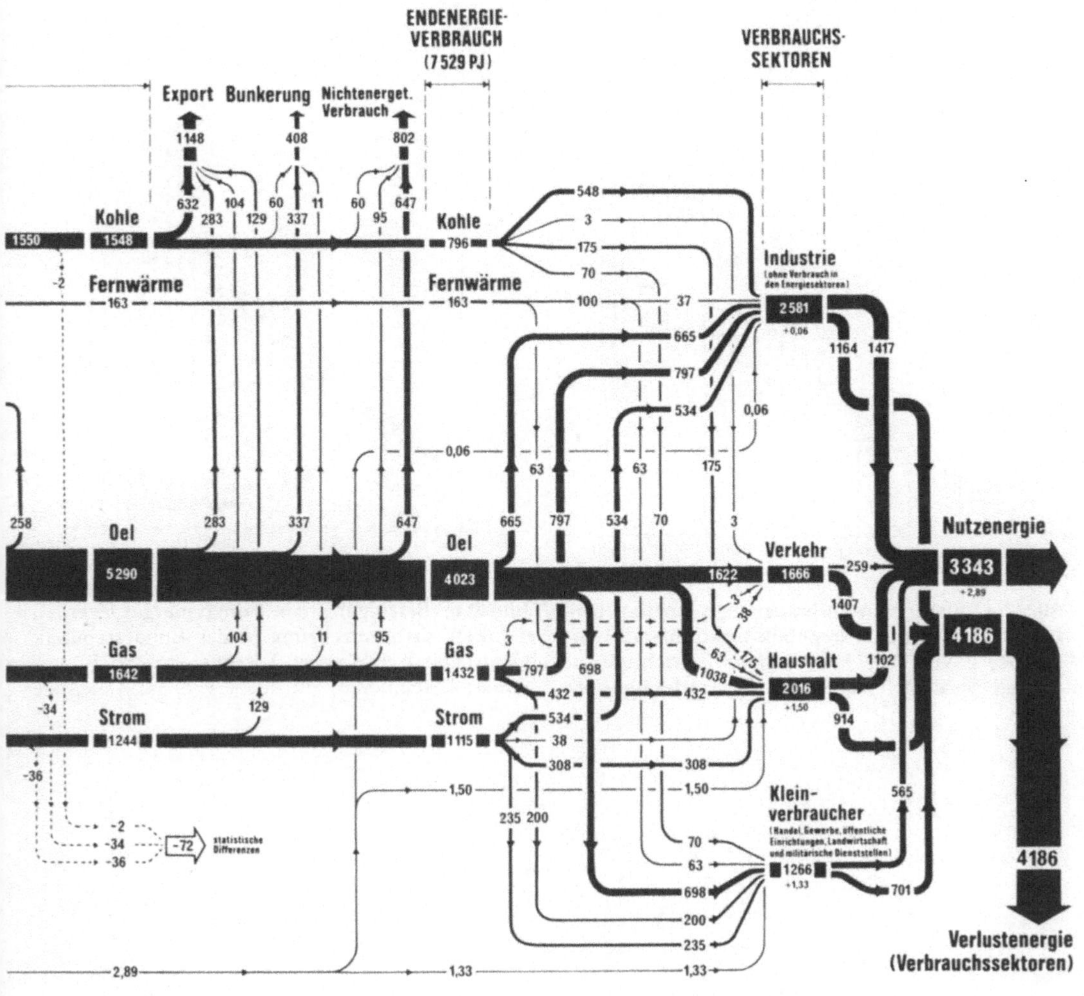

last geführt hätte (Bild 2.10); in diesen Kategorien weitergedacht wäre das Netz dann während der übrigen Zeit des Jahres ungenutzt geblieben. Die Benutzungsdauer steigt und die Leistungsspitze des Bedarfes und damit die erforderliche installierte Leistung der Übertragungsanlagen bei gleicher Jahresarbeit sinkt, wenn es gelingt, den Belastungsverlauf zu vergleichmäßigen.

Die Jahresbenutzungsdauer der Höchstlast ist also ein anschauliches Kriterium für den Grad der Ausgeglichenheit des Belastungsverlaufes in einem Netz und damit für seine Auslastung: als Voraussetzung für wirtschaftlichen Betrieb strebt man immer einen möglichst ausgeglichenen Belastungsverlauf und damit eine hohe Benutzungsdauer an.

Auch die ein Netz speisenden Kraftwerke erfahren abhängig von der Art und Weise, in der sie an der Deckung der gesamten Netz-

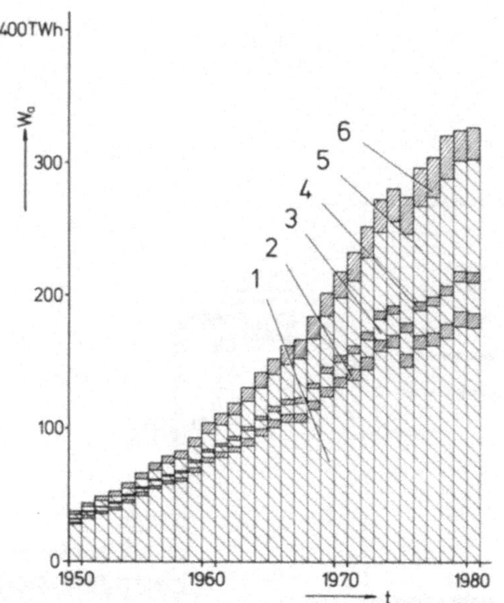

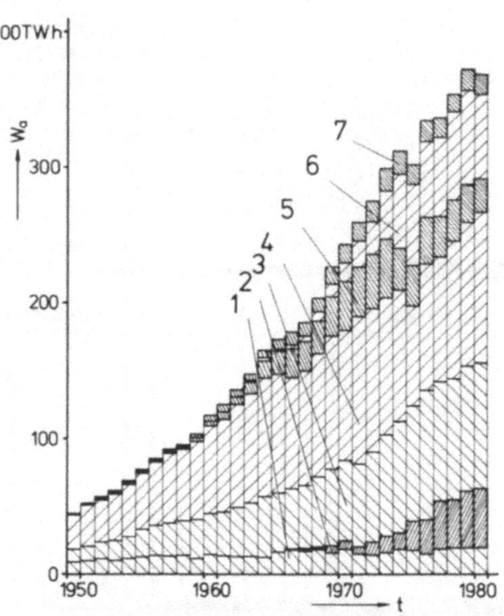

Bild 2.4. Elektrizitätsverbrauch der Verbrauchergruppen in der Bundesrepublik Deutschland. 1 Industrie; 2 Verkehr; 3 Öffentliche Einrichtungen; 4 Landwirtschaft; 5 Haushalt; 6 Handel und Gewerbe

Bild 2.6. Beteiligung der Primärenergieträger an der Elektrizitätserzeugung in der Bundesrepublik Deutschland. 1 Wasser; 2 Kernenergie; 3 Braunkohle; 4 Steinkohle; 5 Erdöl; 6 Erdgas; 7 Sonstige

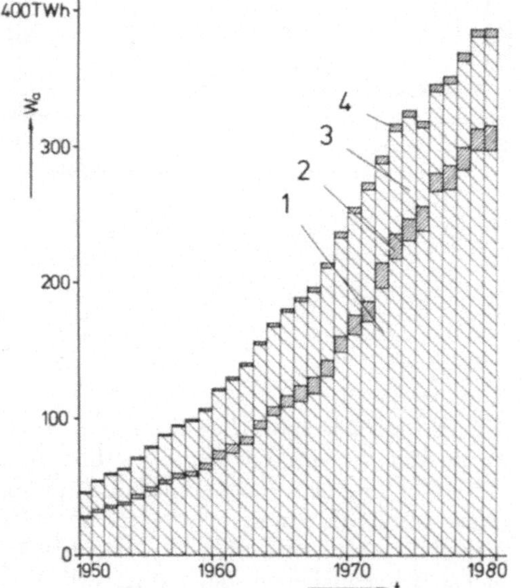

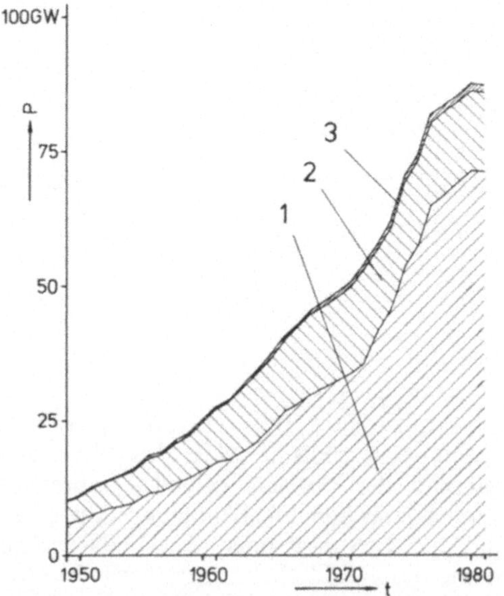

Bild 2.5. Deckung des Elektrizitätsbedarfes der Bundesrepublik Deutschland. 1 Öffentliche Kraftwerke; 2 Import; 3 Industrie; 4 Bundesbahn

Bild 2.7. Engpaßleistung der Kraftwerke in der Bundesrepublik Deutschland. 1 Öffentliche Kraftwerke; 2 Industrie; 3 Bundesbahn

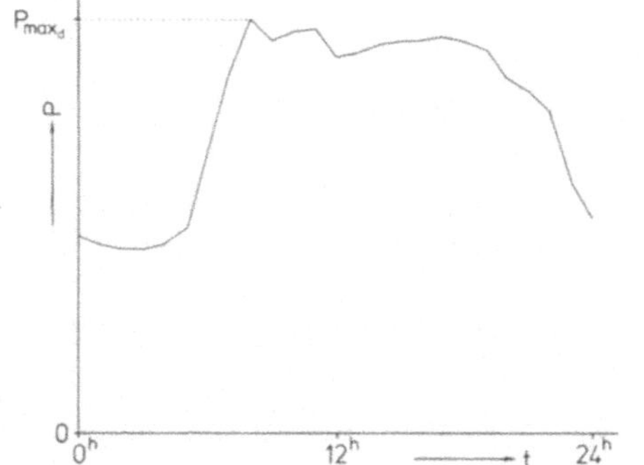

Bild 2.8. Tagesganglinie des Leistungsbedarfes in einem Versorgungsgebiet

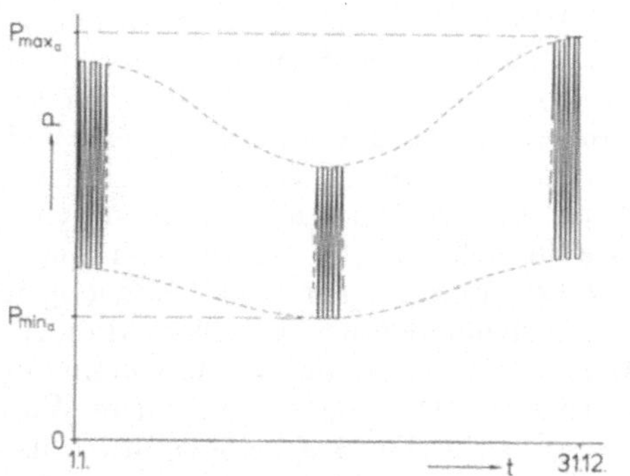

Bild 2.9. Jahresganglinie des Leistungsbedarfes in einem Versorgungsgebiet

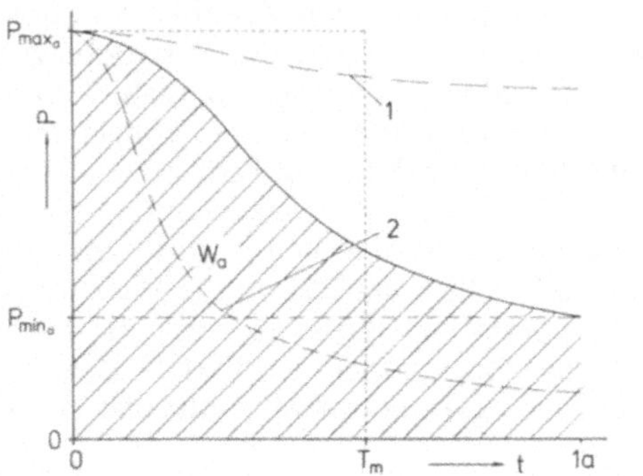

Bild 2.10. Jahresdauerlinien des Leistungsbedarfes in einem Versorgungsgebiet. 1 extrem hohe Benutzungsdauer; 2 extrem geringe Benutzungsdauer

belastung beteiligt werden, einen mehr oder weniger pulsierenden Belastungsverlauf. Als wesentliches Kriterium für die Wirtschaftlichkeit der Kraftwerke liefert er dort analog

die Jahresbenutzungsdauer der installierten Kraftwerksleistung.

2.5 Elektrizitätserzeugung in Kraftwerken

Von bisher unbedeutenden Ausnahmen abgesehen (Solarzelle, Brennstoffzelle usw.) wird Elektrizität in den Generatoren der Kraftwerke erzeugt. Die Bereitstellung der mechanischen Energie zum Antrieb der Generatoren erfolgt im wesentlichen auf dreierlei Weise.

Im herkömmlichen Dampfkraftwerk werden fossile Brennstoffe zur Elektrizitätserzeugung eingesetzt. Kernstück ist dort der von Wasser bzw. Dampf als Energieträger im geschlossenen Kreis stetig durchströmte Wasser-Dampf-Kreislauf zur Umwandlung chemischer Bindungsenergie in mechanische Energie über eine thermische Zwischenstufe. Er umfaßt im einfachsten Fall Dampferzeuger, Turbine, Kondensator und Speisewasserpumpe. Im Dampferzeuger wird der Brennstoff unter Zufuhr von Verbrennungsluft verbrannt. Dabei geht seine chemische Bindungsenergie in thermische Energie über; die stofflichen Rückstände werden in Form von Asche und Rauchgas wieder abgegeben (Bild 2.11). Das dem Dampferzeuger unter hohem Druck zugeführte Speisewasser nimmt die thermische Energie auf; es wird dabei verdampft. Bei der anschließenden Expansion des Dampfes in der Turbine sinken sein Druck und seine Temperatur; die thermische Energie geht teilweise in mechanische Energie über, die über die Turbinenwelle dem Generator zugeführt und dort in elektrische Energie umgewandelt wird. Die übrige im Dampferzeuger zugeführte thermische Energie wohnt dem Turbinenabdampf noch inne. Sie ist beim einfachen Dampfkraftwerk auf ein Temperaturniveau nahe der Umgebungstemperatur gesunken und damit wertlos geworden; sie wird dem Abdampf anschließend zu seiner Kondensation im Kondensator wieder entzogen, ehe das entstehende Kondensat als Speisewasser von der Speisewasserpumpe wieder in den Damperzeuger gedrückt werden kann. Die anfallende Kondensationswärme wird ebenfalls als eine Art Rückstand an die

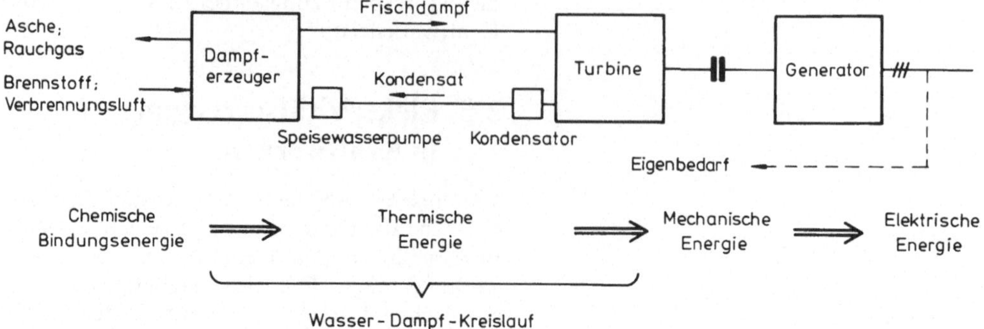

Bild 2.11. Schematische Darstellung des Dampfkraftwerksprozesses in seiner einfachsten Form

Umgebung abgegeben. Zum Antrieb der Speisewasserpumpe ist Energie aufzuwenden.

Bei der klassischen Dampflokomotive, die im „Auspuffbetrieb", das heißt, mit offenem Kreislauf arbeitete, wurde der Abdampf als solcher unmittelbar in die Umgebung ausgestoßen. Das führte neben der Abwärme zu einer zusätzlichen Umweltbelastung durch den Abdampf selbst, erforderte die Einspeisung stets neuen Speisewassers in den Dampferzeuger und ließ über die an sich in dieser Hinsicht beim späteren Dampfkraftwerk schon begrenzten Verhältnisse hinaus nur nochmals geringere Umwandlungswirkungsgrade der thermischen Energie in mechanische Energie zu. Eingehendere diesbezügliche Erörterungen im Zusammenhang mit der Schließung des Wasser-Dampf-Kreislaufes beim Dampfkraftwerk auf dem Weg über den Kondensator lassen sich hier erst in späteren Abschnitten anstellen.

Moderne Dampfkraftwerke besitzen über die vorstehend beschriebene einfachste Form hinaus immer verschiedene Zusatzaggregate zur thermischen Perfektionierung des Prozesses; neuerdings können auch zwei thermische Kreisläufe in Reihe mit jeweils eigenem Turbogeneratorsatz vorhanden sein.

Der Gesamtwirkungsgrad der Energieumwandlung im Dampfkraftwerk wird von fünf Komponenten bestimmt. Die Energieverluste des Dampferzeugers berücksichtigt der Dampferzeugerwirkungsgrad η_D. Der thermische Wirkungsgrad η_{th} des Wasser-Dampf-Kreislaufes (nach Clausius-Rankine; vgl. Abschnitt 3.1.6) beschreibt die Relation zwischen der in der Turbine theoretisch nutzbaren und

der im Dampferzeuger an den Kreislauf übertragenen thermischen Energie. Maßgebend für den Gesamtwirkungsgrad ist in erster Linie dieser Teilwirkungsgrad; ausgehend von physikalischen Gesetzmäßigkeiten im Zusammenhang mit der Umwandlung thermischer Energie in mechanische Energie verknüpft mit werkstofftechnischen Randbedingungen kann er auch in modernen, hochperfektionierten Kraftwerksblöcken nur Werte von knapp 50% erreichen. Der sogenannte innere Wirkungsgrad η_i der Turbine berücksichtigt alsdann die Tatsache, daß die Expansion des Dampfes in der Turbine dem theoretisch günstigsten Verlauf je nach dem technischen Aufwand nur mehr oder weniger weit angenähert werden kann; Abweichungen werden unter anderem verursacht durch strömungstechnisch bedingte Verluste im Dampf und durch Wärmeableitung an die Umgebung. Die mechanischen Reibungsverluste der Turbine berücksichtigt der mechanische Wirkungsgrad η_m, die gesamten Verluste im Generator schließlich der elektrische Wirkungsgrad η_{el}. Zusammenfassend wird die chemische Bindungsenergie des Brennstoffes so im einfachen Dampfkraftwerk mit dem Wirkungsgrad

$$\eta_{ges} = \eta_D \eta_{th} \eta_i \eta_m \eta_{el}$$

in elektrische Energie umgewandelt. In modernen Kraftwerksblöcken sind die Verhältnisse dagegen verwickelter: die Turbine besteht aus mehreren Teilen mit meist unterschiedlichem inneren Wirkungsgrad; der vom Dampferzeuger gelieferte Dampfstrom wird ferner längs des Prozesses streckenweise in mehrere Teilströme aufgespalten, die einen unterschiedlichen Weg nehmen, so daß man nicht mehr ohne weiteres von einem einheitlichen thermischen Wirkungsgrad reden kann. Immer ist der Wirkungsgrad η_{ges} aber zu errechnen als Quotient aus der vom Generator abgegebenen und der dem Dampferzeuger zugeführten Leistung. Er kann, wie bisher vorherrschend, brutto — das heißt, ohne ausdrückliche Berücksichtigung der dem Kraftwerksprozeß über die aufgewendete Primärenergie hinaus hauptsächlich zum Antrieb der Speisewasserpumpe zusätzlich zuzuführenden (Sekundär-)Energie — oder neuerdings netto — das heißt, unter Berücksichtigung dessen — angegeben werden. Ferner wird der Gesamtwirkungsgrad der Energieumwandlung im Dampfkraftwerk neuerdings teilweise auch als thermischer Kraftwerkswirkungsgrad bezeichnet (ebenfalls brutto oder netto angebbar).

Moderne Kraftwerksblöcke weisen Bruttowirkungsgrade um 40 % auf. Ihr Eigenbedarf (für Speisewasserpumpen, Frischluftgebläse, Kühlwasserpumpen usw.) beträgt im Dauerbetrieb je nach dem verwendeten Brennstoff 5 bis 7 % der Generatorleistung.

Statt der chemischen Bindungsenergie fossiler Brennstoffe wird im Kernkraftwerk Kernenergie in thermische Energie umgewandelt und dann weiterverwendet. Kernkraftwerke und die obigen Dampfkraftwerke sind daher in Teilbereichen miteinander verwandt; sie werden auch gemeinsam als Wärmekraftwerke oder thermische Kraftwerke bezeichnet. Vereinfacht ausgedrückt tritt im Kernkraftwerk an die Stelle des Dampferzeugers aus dem Dampfkraftwerk der Kernreaktor; an die Stelle des stetigen Brennstoff/Verbrennungsluft- bzw. Asche/Rauchgasstromes tritt die für längere Zeiträume jeweils einmal vorzunehmende Beladung des Reaktors mit Kernbrennstoff. Zur Abführung der thermischen Energie aus dem Reaktor und damit zu seiner Kühlung werden verschiedene Medien eingesetzt (Leichtwasser, Natrium, Kohlendioxid und andere). Die bei den Kernspaltungsprozessen im Reaktor auftretende Radioaktivität erfordert auch bei der Handhabung des Kühlmediums besondere Sorgfalt. Einerseits aus diesbezüglichen Erwägungen, andererseits aus Erwägungen hinsichtlich der grundsätzlichen

Verwendbarkeit des Kühlmediums zum unmittelbaren Antrieb einer Turbine wird der dann als Primärkreislauf bezeichnete Reaktor-Kühlkreislauf teilweise statt direkt zur Turbine über einen Wärmetauscher geführt, der die thermische Energie zunächst auf einen Sekundärkreislauf überträgt, der dann seinerseits zur Turbine führt.

Neben der reinen Elektrizitätserzeugung wird bei den Wärmekraftwerken heute in zunehmendem Maße das Prinzip der Kraft-Wärme-Kopplung angewendet: nach gewissen Modifizierungen in der Auslegung des thermischen Kreislaufes kann man die sonst im Kondensator nicht weiter verwendbar anfallende Kondensationswärme auf einem solchen Temperaturniveau bereitstellen, daß sie noch für Heizzwecke oder auch als Prozeßwärme einsetzbar ist. Voraussetzung für eine sinnvolle Anwendung des Verfahrens ist jedoch ein ausreichender Wärmebedarf in der näheren Umgebung des Kraftwerkes; in jedem Fall werden zusätzliche Investitionen und bis zum Erreichen eines wirtschaftlichen Betriebes gewisse, unter Umständen längere Anlaufzeiten erforderlich.

Im Wasserkraftwerk wird die potentielle Energie eines Wasserdarbietens, das heißt, einer über ein gewisses Gefälle abarbeitbaren Durchflußmenge pro Zeiteinheit, nutzbar gemacht, und zwar ebenfalls — hier unmittelbar — in einer Turbine. Die gewonnene mechanische Energie wird wieder einem Generator zugeführt.

Die Gestehungskosten k der erzeugten elektrischen Energie ergeben sich in allen Fällen als Quotient aus der Summe K aller Jahreskosten und der abgegebenen Jahresarbeit W_a eines Kraftwerkes. Die Jahreskosten bestehen aus einem festen und einem veränderlichen Anteil [2.12].

Der feste Jahreskostenanteil K_f umfaßt hauptsächlich den Kapitaldienst (Verzinsung und Tilgung) für die zur Errichtung des Kraftwerkes aufgewendeten Anlagekosten, vermehrt um Steuern und Versicherungen sowie Bedienungs- und Verwaltungskosten; er ist von der installierten Leistung abhängig, von der abgegebenen Jahresarbeit des Kraftwerks dagegen weitgehend unabhängig. Der veränderliche Kostenanteil K_v besteht im wesentlichen aus den Brennstoffkosten; unter anderem arbeitsabhängige Anteile der Bedienungskosten kommen hinzu. Er ist der abgegebenen Jahresarbeit annähernd proportional und entsprechend von der installierten Leistung praktisch unabhängig.

Bild 2.12 zeigt die Abhängigkeit der Gestehungskosten k von den beiden genannten Kostenanteilen zum einen und von der erzielten Jahresbenutzungsdauer T_m der installierten Leistung zum andern (1 a = 8760 h) nach der Beziehung

$$k = \frac{K}{W_a} = \frac{K_f + K_v}{P_{inst}T_m}. \qquad (2.3)$$

Es zeigt sich, daß Kraftwerke mit hohen festen Kosten mit möglichst niedrigen veränderlichen Kosten und möglichst hoher Benutzungsdauer arbeiten müssen, um wirtschaftlich zu sein; Kraftwerke mit geringeren festen Kosten lassen dagegen höhere veränderliche Kosten oder kürzere Benutzungsdauern oder in gewissem Maß auch beides zu.

2.6 Errichtung und Einsatz der Kraftwerke

Der Elektrizitätsbedarf ausgedehnter Regionen, zum Beispiel Westeuropas, wird heute aus einem einheitlichen Drehstrom-Verbundnetz mit mehreren Spannungsstufen gedeckt, in das die Öffentlichen Kraftwerke einspeisen. Die Industrieeigenen Kraftwerke geben Teile ihrer Elektrizitätserzeugung an dieses Öffentliche Netz ab. Die Bahn-Kraftwerke speisen wegen der vom normalen Drehstromsystem abweichenden technischen Eigenschaften der Bahnstromversorgung (Einphasen-Wechselspannung mit $16^2/_3$ Hz oder 50 Hz oder Gleichspannung) eigene Netze. Die Wahl der Standorte zur Errichtung der Kraftwerke kann von verschiedenen Kriterien abhängen.

Wenn der zu nutzende Primärenergieträger aus wirtschaftlichen Gründen keine größeren Transportentfernungen zuläßt (Braunkohle; Wasserkräfte), müssen die betreffenden Kraftwerke am Ort des Primärenergievorkommens oder in seiner unmittelbaren Nähe errichtet werden.

Kraftwerke, die hochwertige Primärenergie-

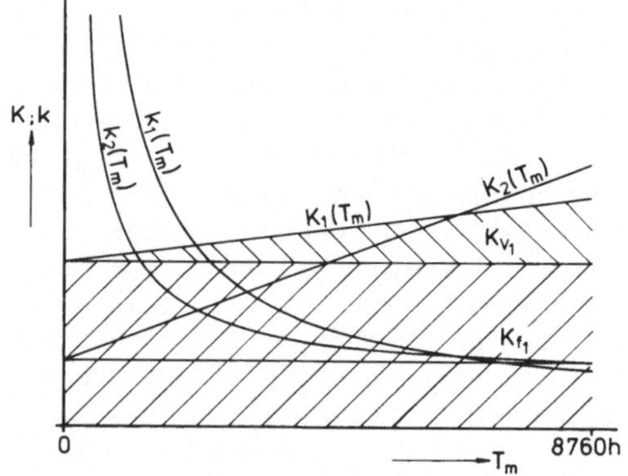

Bild 2.12. Gestehungskosten der elektrischen Energie. Index 1: hohe feste, niedrige veränderliche Kosten; Index 2: niedrige feste, hohe veränderliche Kosten

träger (Steinkohle; Erdöl; Erdgas; Kernbrennstoff) verwenden, können, insbesondere auch abhängig von den gegebenen Netzeinspeisungsmöglichkeiten, in der Nähe der Verbrauchsschwerpunkte errichtet werden. Im Hinblick auf gerade in Spitzenzeiten besonders ins Gewicht fallende zusätzliche Übertragungsverluste sucht man ferner auch die zur Spitzendeckung einzusetzenden Kraftwerke möglichst in der Nähe der Verbrauchsschwerpunkte zu errichten.

Fragen des Brennstoffantransportes oder der Kühlwasserversorgung können zur Anlegung von Kraftwerken an Flußläufen oder Meeresküsten führen.

Die Errichtung von Pumpspeicherwerken und Gezeitenkraftwerken ist an besondere topographische Voraussetzungen geknüpft.

Der Elektrizitätsbedarf in den Versorgungsgebieten ist, wie gesagt, zeitlichen Schwankungen unterworfen. Da jedoch elektrische Energie in großtechnischem Umfang nicht unmittelbar speicherfähig ist, ist der naheliegende Ausweg, sie mit einer konstanten entsprechend gewählten mittleren Leistung zu erzeugen und den zur Abdeckung zu erwartender Lastspitzen jeweils nötigen Anteil zunächst zwischenzuspeichern, nicht gangbar. Man muß vielmehr die Erzeugung in den Kraftwerken in jedem Augenblick dem gerade herrschenden Bedarf anpassen. Ein besonders für die thermischen Kraftwerke erwünschter Belastungsausgleich ist jedoch in gewissem

Umfang in der Weise möglich, daß man in Schwachlastzeiten dort verfügbare überschüssige elektrische Energie in den bereits erwähnten, dann zusätzlich zu errichtenden Pumpspeicherwerken auf dem Umweg über die potentielle Energie von in hochgelegene Speicherbecken gepumptem Wasser zwischenspeichert und zur Spitzenzeit wieder in elektrischer Form bereitstellt; die erzielbaren Gesamtwirkungsgrade liegen über 75 %.

Neuerdings werden hierzu auch Luftspeicherkraftwerke eingesetzt, die in analoger Weise Luft in Kavernen komprimieren. Beide Anlagenvarianten treten an die Stelle eines entsprechenden Anteiles der sonst insgesamt benötigten thermischen Kraftwerksleistung; diese wird also ermäßigt. Sie bewirken ferner, daß die verbleibende thermische Kraftwerksleistung durch Verlagerung des Spitzenbedarfes in Schwachlastzeiten einen gleichmäßigeren Belastungsverlauf erfährt und entsprechend höher ausgelastet wird.

Grundsätzlich kann man auch über tarifliche Vereinbarungen mit Großabnehmern einen gewissen Ausgleich des zu erwartenden Belastungsverlaufes herbeiführen. Schließlich läßt sich in Sonderfällen umgekehrt auch eine Anpassung des Bedarfes an die Erzeugung bewirken, und zwar dadurch, daß die elektrische Energie für spezielle Verbraucher (etwa Nachtstrom-Speicheröfen) innerhalb eines garantierten zeitlichen Rahmens nur während bestimmter von dem übrigen Belastungsverlauf im Netz abhängend momentan zentral freigebbaren Zeiten abgenommen werden kann. Das Erfordernis für die dauernde Anpassung der gesamten Erzeugung an den gesamten Bedarf bleibt jedoch unbeschadet dieser Möglichkeiten grundsätzlich bestehen.

Bezüglich des Grades, in dem die Kraftwerke zu einer solchen Anpassung in der Lage sein müssen, liefert eine Betrachtung der Jahresdauerlinie des Leistungsbedarfes in einem Versorgungsgebiet Hinweise. Derjenige Anteil des Leistungsbedarfes, der während des Betrachtungszeitraumes praktisch unterbrechungslos in Anspruch genommen wird, ist der sogenannte Grundlastbereich der Dauerlinie; als Integral fällt entsprechend ein großer Teil der gesamten Jahresarbeit in diesen Bereich. Derjenige Leistungsanteil, der nur kurzzeitig benötigt wird, ist der Spitzenlastbereich; er

umfaßt nur einen kleinen Teil der Jahresarbeit. Zwischen beiden liegt ein Mittellastbereich. Die drei Lastbereiche können beispielsweise je etwa ein Drittel der Jahresspitze umfassen (Bild 2.13).

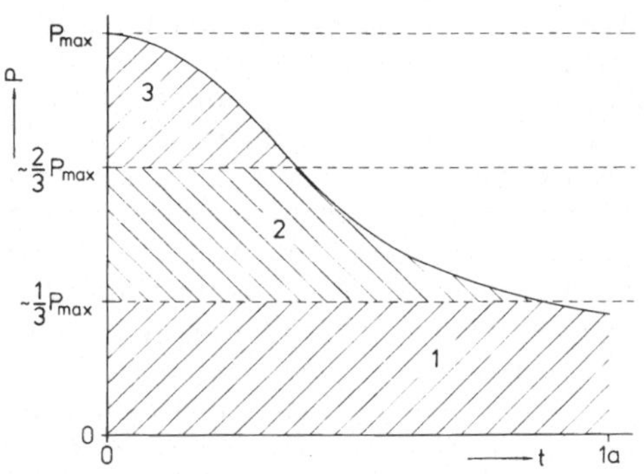

Bild 2.13. Beispiel für die Unterteilung einer Belastungsdauerlinie in Lastbereiche. 1 Grundlast; 2 Mittellast; 3 Spitzenlast

Die Jahresbenutzungsdauer der installierten Leistung der zur Deckung des Elektrizitätsbedarfes in diesen Lastbereichen jeweils einzusetzenden Kraftwerke zeigt eine entsprechende Tendenz: sie ist im Grundlastbereich hoch, nimmt im Mittellastbereich durchschnittliche Werte an und wird im Spitzenlastbereich sehr klein. Daraus und aus der Tatsache, daß in der zugehörigen Ganglinie des Leistungsbedarfes die Spitzenhaltigkeit des Belastungsverlaufes im Grundlastbereich gering, im Spitzenlastbereich dagegen oft sehr hoch ist, daß die Kraftwerke also mit anderen Worten auch zu unterschiedlichen Leistungsänderungsgeschwindigkeiten in der Lage sein und eine je entsprechende Manövrierfähigkeit aufweisen müssen, resultieren gewisse Forderungen bezüglich ihrer technischen und wirtschaftlichen Kriterien; auch andernfalls im Verlauf der betreffenden Übergangszustände einzuhaltende höchstzulässige Wärmespannungen (zum Beispiel im Turbinenmantel) können im übrigen Kriterium für die zulässige Leistungsänderungsgeschwindigkeit sein.

Speicherwasserkraftwerke — als von den ohne jeglichen Wasserrückhalteraum direkt in den Flußläufen angelegten sogenannten Laufwasserkraftwerken zu unterscheidende Gruppe —

und Pumpspeicherwerke können auch starken Belastungsschwankungen im allgemeinen ohne weiteres folgen. Thermische Kraftwerke sind abhängig davon, in welchem Umfang sie auch zur Spitzendeckung herangezogen werden sollen, unterschiedlich auszulegen. Thermische Kraftwerke für den Grundlastbereich werden mit hoher Benutzungsdauer bei geringen Belastungspulsationen betrieben; sie arbeiten nahezu unabhängig von den Schwankungen des Bedarfes. Sie dürfen hohe spezifische Anlagekosten und müssen geringe Brennstoffkosten und dementsprechend unter anderem einen hohen Gesamtwirkungsgrad haben. Sie werden daher thermisch in hohem Maße perfektioniert, normalerweise durch ein- oder zweifache Zwischenüberhitzung und vielstufige Anzapfdampf-Speisewasservorwärmung. Die bei üblichem regeltechnischen Aufwand daraus resultierende geringe zulässige Leistungsänderungsgeschwindigkeit ist mit der geringen zu erwartenden Spitzenhaltigkeit des Belastungsverlaufes in Einklang. Im Mittellastbereich müssen die spezifischen Anlagekosten geringer sein; die Brennstoffkosten können höher sein. Die entsprechenden Kraftwerke arbeiten oft mit nur einfacher oder ganz ohne Zwischenüberhitzung und ferner mit nur wenigen Vorwärmstufen; die mit üblichem regeltechnischen Aufwand erzielbare zulässige Leistungsänderungsgeschwindigkeit genügt den höheren Ansprüchen. Thermische Kraftwerke für den Spitzenlastbereich erzielen geringe Benutzungsdauern bei hoher Spitzenhaltigkeit des Belastungsverlaufes. Hier muß man aus wirtschaftlichen Gründen zu Gunsten niedriger Anlagekosten auf hohe Wirkungsgrade verzichten; außerdem sollen diese Anlagen auch mit Rücksicht auf die hohen Leistungsänderungsgeschwindigkeitsanforderungen nur einfach aufgebaut sein. Die Brennstoffkosten können dagegen unter Umständen hoch sein.

Im Grundlastbereich liegt die Benutzungsdauer im allgemeinen über 5000 bis 6000 h/a. Typische Grundlastkraftwerke sind braunkohlegefeuerte Dampfkraftwerke, Kernkraftwerke und ferner kombinierte Gasturbinen-Dampfturbinen-Anlagen; über die oben einander gegenübergestellten Kriterien hinaus ist bei den Kernkraftwerken als ein weiterer für ihren Einsatz im Grundlastbereich prä-

destinierender Gesichtspunkt ihre sehr lange An- und Abfahrzeit zu nennen. Auch die Laufwasserkraftwerke werden im Grundlastbereich eingesetzt, da sie nämlich wegen der erwähnten fehlenden Wasserrückhaltemöglichkeit alles anfallende Wasser immer unmittelbar abarbeiten können müssen.

Im Mittellastbereich mit Benutzungsdauern von etwa 1750 bis 5500 h/a werden hauptsächlich Steinkohle, Erdöl und Erdgas eingesetzt; der Anteil der Steinkohle steigt. Auch hier ist im übrigen neben den üblichen Dampfkraftwerken die kombinierte Gasturbinen-Dampfturbinen-Anlage anzutreffen.

Für den Spitzenlastbereich mit Benutzungsdauern von im allgemeinen höchsten 1500 bis 2000 h/a sind die hohe Leistungsänderungsgeschwindigkeiten zulassenden reinen Gasturbinenkraftwerke einerseits und zum andern die erwähnten Speicher- und Pumpspeicherkraftwerke typisch. Obwohl die spezifischen Anlagekosten der letzteren wesentlich höher sind als die der ersteren, arbeiten sie auch bei den genannten niedrigen Benutzungsdauern wirtschaftlich: bei den Speicherwasserkraftwerken entfallen die Brennstoffkosten; bei den Pumpspeicherwerken findet eine Veredlung billiger Schwachlastenergie zu energiewirtschaftlich hochwertiger Spitzenenergie statt.

In Bild 2.14 ist die Art und Weise, in der Bedarfsdeckung und Belastungsausgleich in einem Öffentlichen Netz zustandekommen können, für einen Wintertag dargestellt.

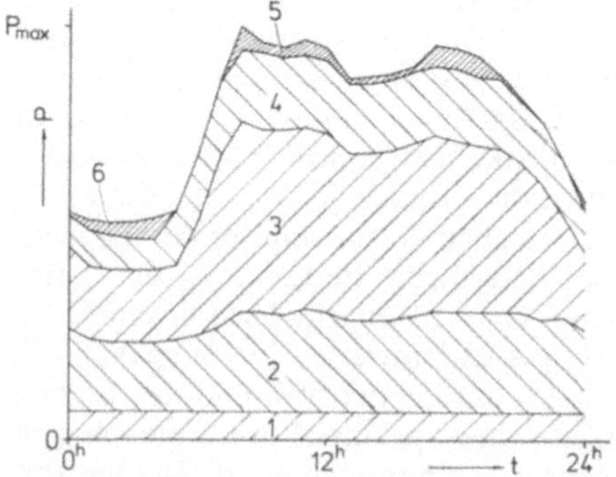

Bild 2.14. Beispiel für Bedarfsdeckung und Belastungsausgleich in einem Öffentlichen Netz an einem Wintertag. 1 Laufwasser, 2 Braunkohle, Kernenergie; 3 Steinkohle, Öl; 4 Industrieeinspeisung; 5 Speicherwasser, Pumpspeicher; 6 Pumpstrom

3 Wärmekraftwerke auf der Basis fossiler Brennstoffe

3.1 Thermodynamische Grundlagen

3.1.1 Thermische Zustandsgleichung des idealen Gases

Wärmekraftwerke dienen der Umwandlung thermischer Energie in elektrische Energie auf dem Weg über mechanische Energie als Zwischenstufe. Die thermische Energie kann aus fossilen Brennstoffen oder aus Kernbrennstoffen freigesetzt werden. Ihre Umwandlung in mechanische Energie kann mittels eines Dampfprozesses („Dampfkraftanlage"; das Arbeitsmedium liegt längs des Prozesses streckenweise dampfförmig, streckenweise flüssig vor) oder eines Gasprozesses („Gaskraftanlage"; das Arbeitsmedium behält immer den gasförmigen Aggregatzustand) erfolgen. Das klassische Dampfkraftwerk ist eine Dampfkraftanlage auf der Basis fossiler Brennstoffe.

Bisher hat das Dampfkraftwerk größere Bedeutung als die Gaskraftanlagen; erst neuerdings treten auch diese deutlicher in den Vordergrund. Kernstück des Dampfkraftwerkes ist der Wasser-Dampf-Kreislauf; seine Wirkungsweise wird — ebenso wie die des Gaskreislaufes der Gaskraftanlagen — von der Thermodynamik beschrieben. Es gibt ausgezeichnete Fachbücher der Thermodynamik. Im folgenden wird eine geraffte Darstellung der hier wichtigsten Zusammenhänge gegeben.

Thermodynamisch gesehen ist der Wasser-Dampf-Kreislauf ein sogenannter Kreisprozeß. Ein solcher ist dadurch charakterisiert, daß ein stetig zirkulierendes Arbeitsmedium (hier Wasser bzw. sein Dampf) nach Durchlaufen des Prozesses jeweils wieder seinen Ausgangszustand erreicht; unterwegs hat es

Energieströme aufgenommen, später wieder abgegeben und im übrigen im Verlauf dessen verschiedene andere Zustände innegehabt. Zur Beschreibung der Zustände dienen im wesentlichen die Größen Druck p, Temperatur T (mit der Einheit K) bzw. t (mit der Einheit °C), Volumen V, innere Energie U, Enthalpie H und Entropie S; neben diesen sogenannten Zustandsgrößen kommen Wärmemengen Q und Arbeiten W vor. Die betreffenden auf die Masseeinheit bezogenen spezifischen Größen — soweit das sinnvoll ist — werden entsprechend mit den kleinen Buchstaben v, u, h, s, q, w bezeichnet [3.7; 3.34].

Die Temperatur ist ein Maß für den thermischen Zustand eines Stoffes. Für präzise, reproduzierbare Temperaturmessungen benötigt man eine durch zwei willkürlich wählbare Fixpunkte definierte Temperaturskala und ein entsprechend geeichtes Thermometer. Als Fixpunkte wählt man Zustände oder Vorgänge in der Natur, die erfahrungsgemäß unter gleichen Bedingungen immer bei der gleichen Temperatur vorliegen bzw. ablaufen. Gebräuchliche Fixpunkte sind der Schmelzpunkt des Eises und der Siedepunkt des Wassers (beide — da druckabhängig — beim Druck von 1 atm = 1,013 bar; vgl. Anhang), denen man nach Celsius die Temperaturwerte 0 °C bzw. 100 °C zuordnete; für Kontrollzwecke wurden zusätzliche Fixpunkte in anderen Temperaturbereichen festgelegt. Daneben wurden verschiedene weitere Temperaturskalen eingeführt (nach Fahrenheit, Kelvin und anderen). Die unten näher beschriebene Thermodynamische (oder Kelvin-) Temperatur wird in der Einheit Kelvin angegeben; auch Temperaturdifferenzen werden in dieser Einheit angegeben.

Experimentell vorgenommene isobare Änderungen der Temperatur realer Gase führen für je 1 K Temperaturerhöhung zu einer Vergrößerung, für je 1 K Temperaturabsenkung zu einer Verkleinerung des Gasvolumens um den 273,15ten Teil des Volumens bei 0 °C; dieser Wert, der Volumenausdehnungskoeffizient γ_0 des idealen Gases, wird von realen Gasen um so genauer eingehalten, je niedriger der Druck ist, unter dem sie stehen. Offensichtlich gibt es also eine untere Grenze der Temperatur, den sogenannten Absoluten Nullpunkt. Er ist Grundlage der Absoluten Temperaturskala und hat die absolute Temperatur $T = 0$ K bzw. die „Celsius-Temperatur" $t = -273,15$ °C. Die Celsius-Temperatur der beiden genannten Fixpunkte wird entsprechend heute mit Hilfe der absoluten Temperatur nach der allgemein gültigen Beziehung

$$\left(\frac{t}{°C}\right) = \left(\frac{T}{K}\right) - 273,15$$

definiert.

Während bei den obigen, auf zwei willkürlich gewählten Fixpunkten fußenden Temperaturskalen jeweils einer der beiden Fixpunkte die doppelte Funktion hatte, sowohl als Bezugspunkt zu dienen als auch darüberhinaus zusammen mit dem anderen Fixpunkt eine spezielle Temperaturdifferenz zu beschreiben, die nach geeigneter Unterteilung das Maß für die betreffende Temperatureinheit lieferte, ist zur Bestimmung absoluter Temperaturen über den absoluten Nullpunkt als Fixpunkt im ersteren Sinne hinaus zusätzlich nur ein willkürlicher Fixpunkt erforderlich. Als dieser dient heute der sogenannte Tripelpunkt des Wassers, das ist derjenige Zustand, in dem Wasser, Eis und Dampf nebeneinander existieren (vgl. Abschnitt 3.1.5). Er hat die Temperatur $T_{tr} = 273,16$ K (bzw. $t_{tr} = 0,01$ °C), zugleich herrscht dort der Druck $p_{tr} = 0,00611$ bar. Er hat den Vorzug, zu seiner Beschreibung nicht wie beispielsweise die Fixpunkte der obigen Celsius-Skala zusätzlich einer ausdrücklichen Druckangabe zu bedürfen, und ist leicht und genau zu reproduzieren.

In die Anzeige etwa der zunächst eingeführten und für einfachere Temperaturmessungen auch heute sehr gebräuchlichen Flüssigkeitsthermometer gehen auch deren Materialeigenschaften ein; so zeigen bekanntlich Queck-

silber- und Alkoholthermometer mit der gleichen zum Beispiel auf den genannten Celsius-Fixpunkten fußenden linear unterteilten Skala außerhalb der Fixpunkte leicht unterschiedliche Werte an. Erst mit konstantem Gasvolumen v bei temperaturabhängigem Gasdruck $p(T)$ arbeitende Gasthermometer — grundsätzlich wäre hier auch eine Nutzung der Temperaturabhängigkeit $v(T)$ des Gasvolumens bei konstantem Druck p möglich — vermeiden diesen Umstand: sie liefern eine von dem verwendeten Gas weitgehend unabhängige einheitliche Temperaturaussage; Druck und Temperatur sind einander proportional. Nach experimenteller Bestimmung des Wertes $p_0 = p(T_{tr})$ für ein Thermometer gilt der einfache Zusammenhang

$$T = \frac{p}{p_0} T_{tr} = \frac{p}{p_0} \cdot 273,16 \text{ K} .$$

Die Moleküle eines Gasvolumens vollführen ungeordnete Bewegungen, die dauernd zu elastischen Zusammenstößen untereinander und mit der begrenzenden Wandung führen. Die absolute Temperatur T des Gasvolumens ist dem aus den Bewegungen resultierenden Mittelwert der kinetischen Energie der Moleküle proportional. Sein Druck p wird gedeutet als Summe ihrer Stoßwirkungen auf die begrenzende Wand. Er ergibt sich als Quotient aus (senkrecht wirkender) Kraft und Fläche und hat die Einheit „Pascal" (1 Pa $= 1$ N/m^2; vgl. Anhang). Da diese Einheit für praktische Anwendungen etwa im Bereich der Kraftwerkstechnik sehr klein ist, verwendet man hier statt dessen die Einheit „Bar" (1 bar $= 10^5$ Pa $= 10^5$ N/m^2); sie ist zugleich mit der früheren Einheit „Atmosphäre" verknüpft nach der handlichen Beziehung 1 bar $= 1,02$ at ≈ 1 at. Das spezifische Volumen v eines Gasvolumens folgt als Quotient aus seinem Volumen V und seiner Masse m und hat die Einheit m^3/kg.

Der thermodynamische Zustand eines Gasvolumens der Masse m wird durch die drei „thermischen" (oder einfachen) Zustandsgrößen Druck, Temperatur und spezifisches Volumen vollständig beschrieben; später werden sich weitere, „kalorische" oder abgeleitete Zustandsgrößen ergeben. Bei Kenntnis einer speziellen Stoffkonstante für jedes Gas ist durch je zwei der thermischen Zustandsgrößen auch die jeweils dritte bestimmt.

Boyle und Mariotte fanden um 1670 für ein Gasvolumen bei isothermen Zustandsänderungen den Zusammenhang

$$pv = f(t) \, ,$$

bei dem der Wert $f(t)$ nur von der herrschenden Temperatur t und von dem betreffenden Gas abhing. Gay=Lussac erkannte 1802, daß alle Gase ihr spezifisches Volumen bei isobaren Zustandsänderungen um gleiche Bruchteile dieses Wertes bei einer Bezugstemperatur — im folgenden 0 °C — ändern:

$$v_t(p) = v_0(p)\,(1 + \gamma_0 t) \, .$$

Dabei war γ_0 ein für alle Gase einheitlicher, für die betreffende Bezugstemperatur gültiger Ausdehnungskoeffizient.

Mit dem für ein gegebenes Gasvolumen bei der genannten Bezugstemperatur 0 °C sich einstellenden Druck p_0 folgt für eine isobare Zustandsänderung von der Bezugstemperatur bis zu einer Temperatur t nach Gay=Lussac auch

$$p_0 v_t(p_0) = p_0 v_0(p_0)\,(1 + \gamma_0 t) \, .$$

Für eine auf dem neuen Temperaturniveau t angeschlossene isotherme Zustandsänderung folgt ferner nach Boyle und Mariotte

$$pv = p_0 v_t(p_0) \, .$$

Die Zusammenfassung beider Aussagen liefert dann allgemein

$$pv = p_0 v_0(p_0)\,(1 + \gamma_0 t)$$

$$= p_0 v_0(p_0)\,\gamma_0 \left(\frac{1}{\gamma_0} + t \right) .$$

Mit dem Ausdehnungskoeffizienten $\gamma_0 = 1/273{,}15\ \mathrm{K}$, mit

$$\frac{1}{\gamma_0} + t = 273{,}15\ \mathrm{K} + t = T$$

und mit der Gaskonstante

$$R = p_0 v_0(p_0)\,\gamma_0$$

folgt schließlich die thermische Zustandsgleichung des idealen Gases

$$pv = RT \tag{3.1}$$

bzw. für eine konkrete Masse m die Gleichung

$$pV = mRT \, .$$

Die thermische Zustandsgleichung wird auch als Allgemeine Gasgleichung bezeichnet. Sie wurde seinerzeit mit einfachen meßtechnischen Mitteln empirisch hergeleitet und gilt — ebenso wie die weiteren im folgenden für Gase hergeleiteten Beziehungen — nach heutiger Kenntnis nur für das ideale Gas streng. Für reale Gase geringen Druckes gilt sie mit hinreichender Genauigkeit; Abweichungen kommen zustande durch die nicht verschwindend kleine Größe der Gasteilchen und durch die zwischen ihnen wirksamen Kräfte, die mit wachsendem Druck bzw. zunehmender Gasdichte und auch mit sinkender Temperatur schließlich gegenüber der Wirkung ihrer Bewegung überwiegen, so daß das Gas kondensiert. Die Größe R verliert entsprechend mit wachsendem Druck und sinkender Temperatur zunehmend den Charakter einer Konstanten; sie wird vielmehr eine von Druck und Temperatur abhängige Stoffkenngröße. Zur Beibehaltung eines formelmäßigen Zusammenhanges zur Beschreibung von Zuständen oder Zustandsänderungen sind dann auch für begrenzte Zustandsbereiche der Gase weitere Konstanten einzuführen; der Aufbau der Zustandsgleichung wird komplizierter. Für Dämpfe schließlich, auch interpretierbar als Gase in der Nähe ihrer Kondensation, werden die Zusammenhänge so verwickelt, daß es zweckmäßig ist, zur praktischen Anwendung anstelle von Zustandsgleichungen Tabellenwerke oder Diagramme der Zustandsgrößen heranzuziehen.

Die Gaskonstante für Luft zum Beispiel ergibt sich aus einer Messung ihrer Dichte $\varrho = 1{,}293\ \mathrm{kg/m^3}$ beim Normzustand (273,15 K = 0 °C; 1,013 bar = 1 atm; DIN 1343, November 1975 — das Volumen eines Gases beim Normzustand wird auch als sein Normvolumen bezeichnet, zur Kennzeichnung kann man dann die Einheit „Normkubikmeter"

(m_n^3) verwenden) nach obigem in guter Genauigkeit zu

$$R_{\text{Luft}} = \frac{pV}{mT} = \frac{p}{\varrho T}$$

$$= \frac{1{,}013 \text{ bar}}{1{,}293 \text{ kg/m}^3 \cdot 273{,}15 \text{ K}} \; \frac{10^5 \text{ N/m}^2}{\text{bar}} \; \frac{1 \text{ J}}{\text{Nm}}$$

$$= 0{,}2869 \; \frac{\text{kJ}}{\text{kg K}}.$$

Unbeschadet dieser Einschränkungen hinsichtlich der thermischen Zustandsgleichung und der Gaskonstante sind Zustandsgrößen dadurch gekennzeichnet, daß sie für einen beliebigen Ausgangszustand unabhängig von dem Verlauf inzwischen eingetretener Zustandsänderungen nach Wiedererreichen dieses Ausgangszustandes ihre alten Werte wieder annehmen. Bezüglich der Zustandsänderungen ist dabei zu unterscheiden zwischen solchen Zustandsänderungen, die ohne weiteres wieder auf den Ausgangszustand führen, und solchen, bei denen das nur mit Hilfe zusätzlicher Einwirkungen aus der Umgebung möglich ist. Die ersteren sind strenggenommen als theoretische Grenzfälle zu bezeichnen.

Der Druckabfall in einem strömenden Gas beim Passieren einer Engstelle („Drosselung"), seine Reibung an der begrenzten Wand, die mechanische Reibung der Konstruktionsteile einer Strömungsmaschine untereinander werden immer bei Zustandsänderungen und deren Umkehrungen in gleicher Weise auftreten. Sie werden bei dem Versuch, eine abgelaufene Zustandsänderung in allen Einzelheiten rückgängig zu machen, ohne weiteres nur eine Annäherung an den Ausgangszustand zulassen; es wird vielmehr eine zusätzliche Einwirkung aus der Umgebung erforderlich sein, um ihn endgültig wieder zu erreichen. Die Wiederherstellung eines früheren Temperatur- oder Druckunterschiedes zwischen zwei Gasvolumina, den man sich hat ausgleichen lassen, ist überhaupt nur durch Einwirkung aus der Umgebung möglich. In beiden Gruppen von Fällen sind in den Gasvolumina oder in ihrer Umgebung oder in beidem in dem Bestreben, Gleichgewichtszustände zu erreichen, von selbst Ausgleichsvorgänge abgelaufen. Zu deren Beschreibung reichen die Zustands-

größen bzw. die sie verknüpfende thermische Zustandsgleichung nicht aus. Nur wenn im Verlauf von Zustandsänderungen keine zusätzlichen Ausgleichsvorgänge ablaufen, wenn die Zustandsänderungen also als eine lückenlose Aufeinanderfolge von Gleichgewichtszuständen gedeutet werden können, lassen sie sich in allen Einzelheiten ohne zusätzliche Einwirkungen aus der Umgebung rückgängig machen; sie sind dann „reversibel". Im Verlauf realer Zustandsänderungen treten dagegen praktisch immer gewisse Ausgleichsvorgänge auf; um sie rückgängig zu machen, bedarf es dann der besagten zusätzlichen Einwirkungen aus der Umgebung. Diese Zustandsänderungen werden folglich als „irreversibel" bezeichnet. Nur reversible Zustandsänderungen lassen sich in ihrem Verlauf in Zustandsdiagrammen (im Folgenden zum Beispiel im p,v-Diagramm) durch geschlossene Kurvenzüge darstellen. Bei irreversiblen Zustandsänderungen kann man nur die beiden Endpunkte markieren.

Ein Beispiel für eine in allen Einzelheiten reversible Zustandsänderung stellt Bild 3.1 dar: an einem adiabat, das heißt jeglichen Wärmeaustausch mit der Umgebung verhindernd eingeschlossenen Gasvolumen in einem Zylinder mit beweglichem Kolben können in Korrespondenz mit der Masse m vollkommen reibungslos Zustandsänderungen in beiden Richtungen vorgenommen werden; die Kontur der die Masse tragenden Kurvenscheibe ist dazu so gewählt, daß der Kolben sich in beliebigen Stellungen dauernd im Gleichgewicht befindet.

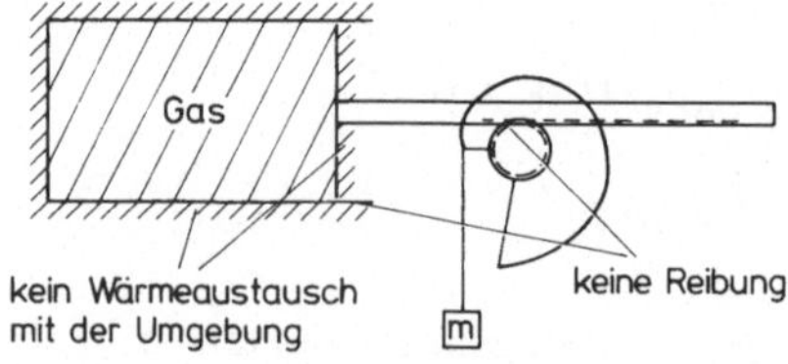

Bild 3.1. Beispiel für eine reversible Zustandsänderung

Reversible Zustandsänderungen sind, wie gesagt, genaugenommen nicht realisierbar. Sie bieten jedoch den Vorteil eines theoretisch klar beschreibbaren Ablaufes und einfacher mathematischer Zusammenhänge. Sie sind daher als Grundlage für theoretische Betrachtungen etwa zur optimalen Gestaltung thermodynamischer Prozeßabläufe besonders geeignet.

3.1.2 Erster Hauptsatz der Thermodynamik

Robert Mayer folgerte 1842 aus physiologischen Beobachtungen die Äquivalenz von Wärme (thermischer Energie) und Arbeit (mechanischer Energie — [3.35]). Diese fundamentale Erkenntnis wird heute als Erster Hauptsatz der Thermodynamik bezeichnet, den man nach E. Schmidt in der Form aussprechen kann: „Wärme ist eine Energieform, sie kann aus mechanischer Arbeit erzeugt und in solche umgewandelt werden" [3.34]. Diese Aussage ist offenbar eine spezielle Form des seinerzeit wenige Jahre später ebenfalls von Mayer formulierten Energieerhaltungssatzes. Sie wird im folgenden hinsichtlich der einen der beiden möglichen Umwandlungsrichtungen, derjenigen von Wärme in Arbeit nämlich, durch den Zweiten Hauptsatz der Thermodynamik eine Einschränkung erfahren. Joule gelang 1843 in Form der experimentellen Bestimmung des sogenannten mechanischen Wärmeäquivalentes die zum Ersten Hauptsatz analoge quantitative Aussage, die zunächst wegen des Fehlens klarer Vorstellungen von dem Begriff „Wärme" erhebliche Bedeutung hatte [3.7]; heute wird dieser Wert nicht mehr benötigt.

Die Umwandlung thermischer Energie in mechanische Energie geschieht in der Technik hauptsächlich, indem man Dämpfe oder Gase zur Expansion bringt. Die einmalige reversibel verlaufende Expansion eines in einem Zylinder mit beweglichem Kolben nach Bild 3.2 eingeschlossenen Gasvolumens der Masse m nach einer Funktion $p(V)$ liefert die sogenannte Volumenänderungsarbeit

$$W_{12} = \int_1^2 F(s)\,\mathrm{d}s = \int_1^2 p(s)\,A\,\mathrm{d}s = \int_1^2 p(V)\,\mathrm{d}V$$

bzw. auf die Masseeinheit bezogen und vereinfacht geschrieben

$$w_{12} = \int_1^2 p\,\mathrm{d}v\,. \tag{3.2}$$

Sie erscheint im p,v-Diagramm als Fläche unter der die Zustandsänderung beschreibenden Kurve; das p,v-Diagramm wird daher auch als Arbeitsdiagramm bezeichnet.

Bezüglich eines eventuellen Wärmeaustausches des expandierenden Gases mit der Umgebung wurden zunächst keine speziellen Voraussetzungen gemacht. Grundsätzlich sei ein solcher möglich. Dann wird eine dem Gas zugeführte Wärmemenge q_{12} zum Teil in Form einer Zunahme der sogenannten inneren Energie u des Gases darin verbleiben; zum Teil wird sie der Abgabe der Arbeit w_{12} dienen:

$$q_{12} = (u_2 - u_1) + w_{12}\,.$$

Die innere Energie eines Gases ist gleich der Summe der darin enthaltenen Energien; wenn das Gas nach Ablauf von Zustandsänderungen seinen alten Zustand wieder erreicht hat, nimmt sie stets wieder ihren alten Wert an. Sie ist also eine Zustandsgröße, und zwar, wie im folgenden noch im einzelnen gezeigt werden soll, speziell eine abgeleitete Zustandsgröße, die als solche grundsätzlich durch zwei beliebige andere Zustandsgrößen des Gasvolumens beschrieben werden kann. Die bei Zustandsänderungen ausgetauschten Wärmemengen und Arbeiten hingegen sind vom Verlauf der Zustandsänderungen abhängig; sie sind nicht schon durch Zustände definiert, sie sind daher keine Zustandsgrößen. Die Handhabung der Indizes in obiger Beziehung berücksichtigt diese Zusammenhänge.

In Differentialform geschrieben liefern vorstehende Aussagen zusammen mit (3.2) in Form der Gleichung

$$\mathrm{d}q = \mathrm{d}u + p\,\mathrm{d}v \tag{3.3}$$

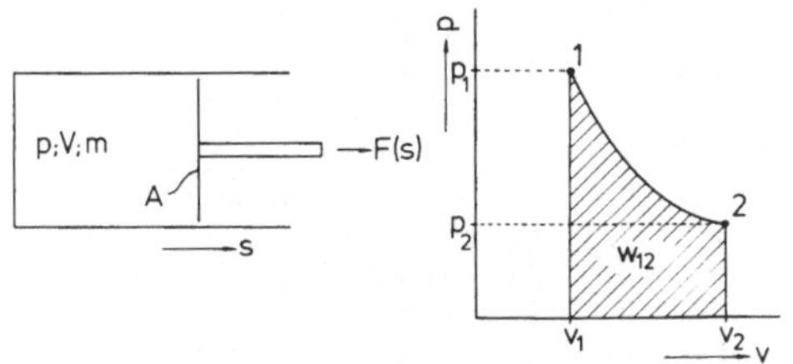

Bild 3.2. Volumenänderungsarbeit eines Gasvolumens

eine erste mathematische Formulierung des Ersten Hauptsatzes: einem Gasvolumen reversibel zugeführte Wärme dient der Erhöhung seiner inneren Energie und der Abgabe von Volumenänderungsarbeit. Hindert man das Gasvolumen an der Abgabe der Arbeit, indem man sein Volumen konstant hält, dann dient die Wärme nur der Erhöhung seiner inneren Energie; führt man dem Gasvolumen keine Wärme zu, dann wird eine abgegebene Arbeit vollständig seinem Vorrat an innerer Energie entnommen.

Im Abschn. 3.1.1 ergab sich, daß für ein gegebenes Gas jede der drei einfachen Zustandsgrößen durch jeweils die beiden anderen vollständig bestimmt ist. Auch abgeleitete Zustandsgrößen müssen durch zwei einfache (oder andere abgeleitete) Zustandsgrößen bestimmt sein. Für die innere Energie muß beispielsweise der Ansatz

$$u = u(T; v)$$

gelten. Er liefert das totale Differential

$$du = \left(\frac{\partial u}{\partial T}\right)_v dT + \left(\frac{\partial u}{\partial v}\right)_T dv \, .$$

Hierin wird das erste partielle Differential auch als spezifische Wärmekapazität c_v bei konstantem Volumen bezeichnet:

$$\left(\frac{\partial u}{\partial T}\right)_v = c_v \, . \tag{3.4}$$

Der klassische Versuch von Gay = Lussac und Joule (Bild 3.3), bei dem ein Gasvolumen sich nach Öffnen eines Ventils aus einem Gefäß I auch auf ein benachbartes, zuvor evakuiertes Gefäß II ausdehnen kann, läuft ohne Wärme- und Arbeitsaustausch mit der Umgebung ab ($dq = 0$; $p\,dv = 0$), so daß nach (3.3) auch die innere Energie u des

Gasvolumens konstant bleibt ($du = 0$). Andererseits tritt zwar eine Volumenvergrößerung ein ($dv > 0$); eine Messung zeigt jedoch nach Ablauf von Ausgleichsvorgängen, daß sich auch die Temperatur nicht geändert hat ($dT = 0$). Nachdem also innere Energie und Temperatur sowohl zu Beginn als auch am Ende des Versuches gleiche Werte haben, während das spezifische Volumen zugenommen hat, muß die innere Energie in Einschränkung der eingangs getroffenen Voraussetzung

$$u = u(T; v)$$

eine Funktion allein der Temperatur sein; sie kann speziell nicht eine Funktion des spezifischen Volumens sein:

$$\left(\frac{\partial u}{\partial v}\right)_T = 0 \, .$$

Damit und mit (3.4) liefert das obige totale Differential für die innere Energie die kalorische Zustandsgleichung

$$du = c_v \, dT \, . \tag{3.5}$$

Im Gegensatz zu der oben zunächst betrachteten jeweils einmalig abgebbaren Volumenänderungsarbeit W_{12} eines eingeschlossenen Gasvolumens arbeiten großtechnische Anlagen zur Umwandlung thermischer Energie in mechanische Energie mit einem kontinuierlich eine Arbeitsmaschine — heute normalerweise eine Strömungsmaschine — durchströmenden Arbeitsmedium (Bild 3.4), das seinen Zustand von dem Eintrittszustand 1 in den Austrittszustand 2 ändert und dabei an der Maschinenwelle die sogenannte technische Arbeit $(W_t)_{12}$ abgibt.

Diese technische Arbeit umfaßt für eine Masse m des strömenden Mediums als einen ersten Anteil die frühere Volumenänderungs-

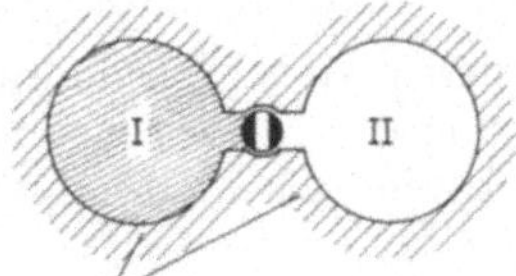

Bild 3.3. Versuchsanordnung nach Gay = Lussac und Joule

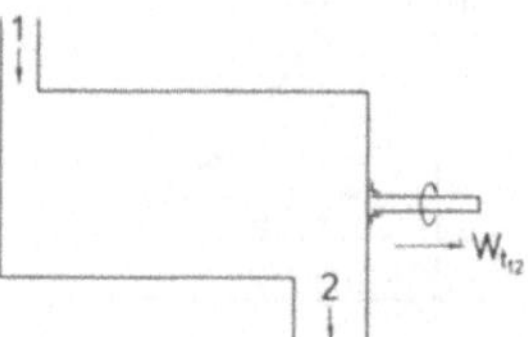

Bild 3.4. Strömungsmaschine. 1 Eintrittszustand; 2 Austrittszustand

arbeit W_{12}, die jetzt ihrerseits — nun unter der Voraussetzung, daß nicht auch Wärmemengen mit der Umgebung ausgetauscht werden — nach dem Ersten Hauptsatz unmittelbar gleich der Abnahme $(U_1 - U_2)$ der inneren Energie ist, und — bei Vernachlässigung von Unterschieden der potentiellen und der kinetischen Energie des Mediums zwischen Eintritt und Austritt — als einen zweiten Anteil die Differenz aus der eintrittsseitigen und der austrittsseitigen sogenannten Verdrängungsarbeit des Mediums an der Strömungsmaschine: wenn man sich die Maschine zwischen zwei sehr große Vorratsbehälter geschaltet denkt, deren Drücke p_1 bzw. p_2 durch entsprechend belastete Kolben konstant gehalten werden, dann liefert der eine Kolben eintrittsseitig die Verdrängungsarbeit $p_1 V_1$, während der andere austrittsseitig die Verdrängungsarbeit $p_2 V_2$ aufnimmt. Insgesamt ergibt sich die technische Arbeit

$$(W_t)_{12} = (U_1 - U_2) + (p_1 V_1 - p_2 V_2)$$

bzw. in spezifischen Werten

$$(w_t)_{12} = (u_1 - u_2) + (p_1 v_1 - p_2 v_2) .$$

Hierin stellt die Zustandsgrößen-Kombination $u + pv$ eine neue Zustandsgröße dar, die sogenannte Enthalpie

$$h = u + pv . \tag{3.6}$$

Damit gilt auch

$$(w_t)_{12} = h_1 - h_2 . \tag{3.7}$$

Die Leistung P einer solchen Maschine mit dem Massestrom $\dot{m}$ als Quotienten aus einer Masse Δm und der für ihr Durchströmen benötigten Zeit $\Delta\tau$ ergibt sich daraus zu

$$P = \frac{(W_t)_{12}}{\Delta\tau} = \frac{\Delta m (w_t)_{12}}{\Delta\tau} = \dot{m}(h_1 - h_2) . \tag{3.8}$$

Die Bedeutung der abgeleiteten Zustandsgröße Enthalpie liegt in der Einfachheit dieser Beziehung: die Leistung einer Strömungsmaschine läßt sich unmittelbar als dem sogenannten Enthalpiegefälle des strömenden Mediums längs der Maschine proportional ausdrücken; Tabellenwerke und Diagramme werden später von Drücken und Temperaturen abhängig unmittelbar Enthalpiewerte liefern. Unter der genannten Voraussetzung nicht

zusätzlich stattfindenden Wärmeaustausches mit der Umgebung ($q_{12} = 0$) folgt aus

$$(w_t)_{12} = (u_1 + p_1 v_1) - (u_2 + p_2 v_2)$$

und aus (3.3) mit

$$q_{12} = (u_2 - u_1) + \int_1^2 p \, \mathrm{d}v$$

auch die Beziehung

$$(w_t)_{12} = p_1 v_1 + \int_1^2 p \, \mathrm{d}v - p_2 v_2 . \tag{3.9}$$

Wie Bild 3.5 zeigt, gilt damit in Analogie zu der Volumenänderungsarbeit (3.2) für die technische Arbeit auch

$$(w_t)_{12} = - \int_1^2 v \, \mathrm{d}p$$

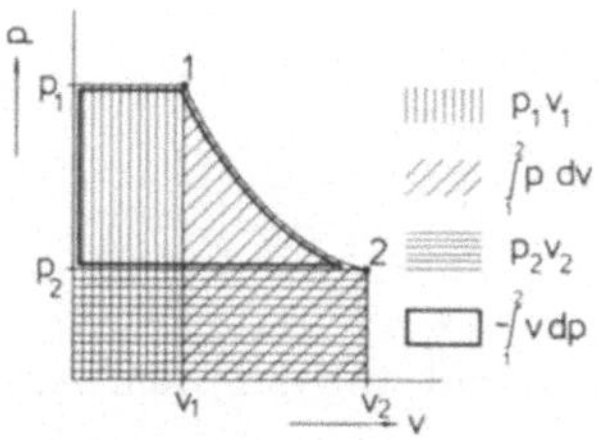

Bild 3.5. Technische Arbeit eines strömenden Mediums

Die Definitionsgleichung (3.6) für die Enthalpie hat das totale Differential

$$\mathrm{d}h = \mathrm{d}u + p \, \mathrm{d}v + v \, \mathrm{d}p .$$

Mit (3.3) folgt daraus eine zweite Schreibweise für den Ersten Hauptsatz, die sich jetzt der Enthalpie bedient:

$$\mathrm{d}q = \mathrm{d}h - v \, \mathrm{d}p . \tag{3.10}$$

Wie die innere Energie so muß auch die abgeleitete Zustandsgröße Enthalpie durch zwei einfache oder andere abgeleitete Zustandsgrößen bestimmbar sein. Es gilt beispielsweise der Ansatz

$$h = h(T; p) .$$

Er liefert das totale Differential

$$\mathrm{d}h = \left(\frac{\partial h}{\partial T}\right)_p \mathrm{d}T + \left(\frac{\partial h}{\partial p}\right)_T \mathrm{d}p ,$$

in dem das erste partielle Differential auch als spezifische Wärmekapazität c_p bei konstantem Druck bezeichnet wird:

$$\left(\frac{\partial h}{\partial T}\right)_p = c_p . \tag{3.11}$$

Der aus (3.1) und (3.6) für die Enthalpie folgende Ausdruck

$$h = u + RT$$

liefert für das zweite partielle Differential in vorstehender Beziehung die Aussage

$$\left(\frac{\partial h}{\partial p}\right)_T = 0 .$$

Damit und mit (3.11) folgt aus dem Enthalpiedifferential für die Enthalpie auch die kalorische Zustandsgleichung

$$dh = c_p \, dT . \tag{3.12}$$

Ferner liefert

$$h = u + RT$$

nach Differentiation und mit (3.5) den Ausdruck

$$dh = (c_v + R) \, dT .$$

Mit (3.12) folgt daraus auch der Zusammenhang

$$c_p = c_v + R . \tag{3.13}$$

Schließlich sei hier eine dritte abgeleitete Zustandsgröße, die Entropie s, der Vollständigkeit halber zunächst wenigstens erwähnt. Sie folgt der kalorischen Zustandsgleichung

$$ds = \frac{dq}{T} . \tag{3.14}$$

3.1.3 Zustandsänderungen; Kreisprozesse

Zustandsänderungen können, wie gesagt, reversibel oder irreversibel verlaufen. Reversible Zustandsänderungen sind zwar strenggenommen theoretische Grenzfälle; aufgrund ihres klar und mathematisch einfach beschreibbaren Ablaufes sind sie jedoch für Betrachtungen beispielsweise zur Optimierung

thermodynamischer Prozesse von Vorteil. Speziell lassen sich auch die in ihrem Verlauf ausgetauschten Wärmemengen und Arbeiten entsprechend leicht bestimmen. Weitere Anmerkungen zu irreversiblen Zustandsänderungen werden in Abschnitt 3.1.4 folgen.

Zustände von Gasen sind durch die drei einfachen Zustandsgrößen (oder durch Kombinationen aus drei einfachen oder abgeleiteten Zustandsgrößen) charakterisiert. Bei Zustandsänderungen ändern sich mindestens zwei dieser Zustandsgrößen oder alle drei. Zugleich werden dabei Wärmemengen oder Arbeiten oder beides mit der Umgebung ausgetauscht.

Reversible Zustandsänderungen, bei denen eine der drei einfachen Zustandsgrößen — Druck oder Temperatur oder spezifisches Volumen — konstant gehalten wird, werden als Isobaren bzw. Isothermen bzw. Isochoren bezeichnet. Dabei setzt speziell die isotherme Zustandsänderung einen unendlich kleinen thermischen Widerstand zwischen dem betreffenden Gasvolumen und seiner Umgebung voraus. Das Gegenteil, nämlich das adiabat, das heißt mit unendlich großem thermischen Widerstand gegenüber der Umgebung eingeschlossene Gasvolumen, führt zur isentropen Zustandsänderung; die Bezeichnung rührt daher, daß diese Zustandsänderung — wie noch gezeigt werden soll — mit konstanter Entropie abläuft. Schließlich sind beide, sowohl die Isentrope als auch die Isotherme, nur im theoretischen Grenzfall realisierbar, so daß man zur Beschreibung angestrebter reversibel verlaufenden Annäherungen derartiger Zustandsänderungen eine fünfte Zustandsänderung, die Polytrope, definiert hat.

Im folgenden soll für die fünf genannten Varianten jeweils zunächst eine Beziehung zur Beschreibung der Zustandsänderung eines in einem Zylinder entsprechender Eigenschaften mit beweglichem Kolben eingeschlossenen Gasvolumens von einem Zustand 1 in einen Zustand 2 mit Hilfe der einfachen Zustandsgrößen angegeben werden. Ferner werden Ausdrücke für die dabei ausgetauschte Wärmemenge q_{12} und die Volumenänderungsarbeit w_{12} hergeleitet. Während die ausgetauschte Arbeit sich aufgrund der Beziehung (3.2) im p,v-Diagramm unmittelbar als Fläche darstellen läßt, wird das für die Wärmemenge aufgrund der aus (3.14) folgenden Beziehung

$$q_{12} = \int_1^2 T \, \mathrm{d}s \tag{3.15}$$

in einem T,s-Diagramm möglich sein. Dieses letztere Diagramm wird daher auch als Wärmediagramm bezeichnet.

Die *isobare Zustandsänderung* erscheint im p,v-Diagramm gemäß der Beziehung

$$p = \text{const} \tag{3.16}$$

unmittelbar als Horizontale (Bild 3.6 — im p,v-Diagramm folgen die Linien konstanten Wertes für die dritte einfache Zustandsgröße neben Druck und spezifischem Volumen, die Temperatur, der Beziehung $pv = \text{const}$, siehe unten).

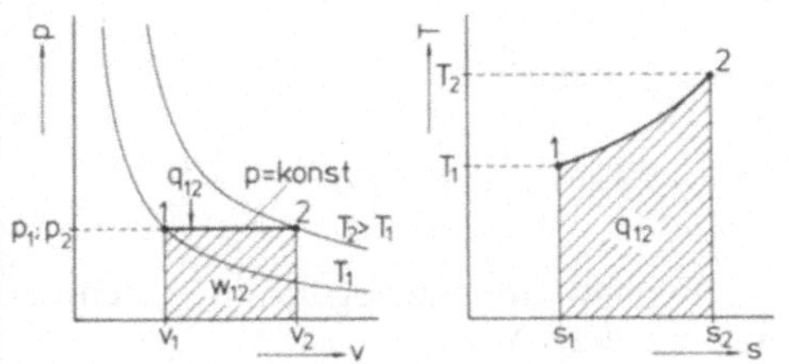

Bild 3.6. Isobare Zustandsänderung

Die bei einer isobaren Expansion aufgenommene Wärmemenge q_{12} folgt aus (3.10) mit (3.12) wegen $\mathrm{d}p = 0$ zu

$$q_{12} = c_\mathrm{p}(T_2 - T_1) \, . \tag{3.17}$$

Bei Wärmezufuhr verläuft die Zustandsänderung also ordnungsgemäß in Richtung steigender Temperatur. Mit (3.13) und (3.1) kann man auch umformen in

$$q_{12} = c_\mathrm{v}(T_2 - T_1) + p(v_2 - v_1) \, .$$

Von diesen beiden Summanden nennt der erste gemäß (3.5) die Zunahme der inneren Energie aufgrund der Wärmezufuhr, während der zweite gleich der abgegeben Arbeit ist. Diese letztere folgt nämlich aus (3.2) unmittelbar zu

$$w_{12} = p(v_2 - v_1) \, ; \tag{3.18}$$

sie erscheint im p,v-Diagramm als Fläche unter der Kurve.

Im T,s-Diagramm verläuft die Zustandsänderung natürlich ebenso in Richtung steigender Temperatur und ferner aufgrund der Beziehung

$$\mathrm{d}s = \frac{\mathrm{d}q}{T} \quad \text{bzw.} \quad s_2 - s_1 = \int_1^2 \frac{\mathrm{d}q}{T}$$

in Richtung wachsender Entropie. Als Fläche unter dieser Kurve erscheint die zugeführte Wärmemenge.

Für die *isotherme Zustandsänderung* ergibt sich mit $T = \text{const}$ (Bild 3.7) aus (3.1) auch die Beziehung

$$pv = \text{const} \, . \tag{3.19}$$

Sie beschreibt den prinzipiellen Verlauf der Isotherme im p,v-Diagramm.

Die bei einer isothermen Expansion aufgenommene Wärmemenge q_{12} folgt aus (3.3) mit (3.5) und (3.1) zu

$$\mathrm{d}q = c_\mathrm{v} \, \mathrm{d}T + \frac{RT}{v} \, \mathrm{d}v \, .$$

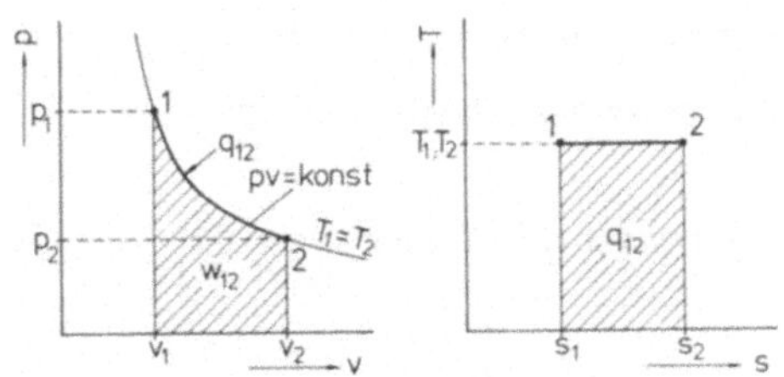

Bild 3.7. Isotherme Zustandsänderung

Wegen $\mathrm{d}T = 0$ folgt daraus

$$q_{12} = RT \ln \frac{v_2}{v_1} \, . \tag{3.20}$$

Bei Wärmezufuhr verläuft die Zustandsänderung in Richtung wachsenden Volumens. Die abgegebene Arbeit folgt aus (3.2) und (3.1) zu

$$w_{12} = \int_1^2 \frac{RT}{v} \, \mathrm{d}v = RT \ln \frac{v_2}{v_1} \, . \tag{3.21}$$

Sie wird hier ordnungsgemäß gleich der zugeführten Wärmemenge.

Im T,s-Diagramm verläuft die Zustandsänderung wegen $dT = 0$ horizontal und im übrigen wie bei der Isobare in Richtung wachsender Entropie.

Die *isochore Zustandsänderung* erscheint im p,v-Diagramm (Bild 3.8) gemäß der Beziehung

$$v = \text{const} \tag{3.22}$$

unmittelbar als Senkrechte. Die aufgenommene Wärmemenge folgt aus (3.3) mit (3.5) und wegen $dv = 0$ zu

$$q_{12} = c_v(T_2 - T_1) . \tag{3.23}$$

Sie dient ordnungsgemäß allein der Vermehrung der inneren Energie. Im übrigen verläuft die Zustandsänderung bei Wärmezufuhr wieder in Richtung steigender Temperatur.

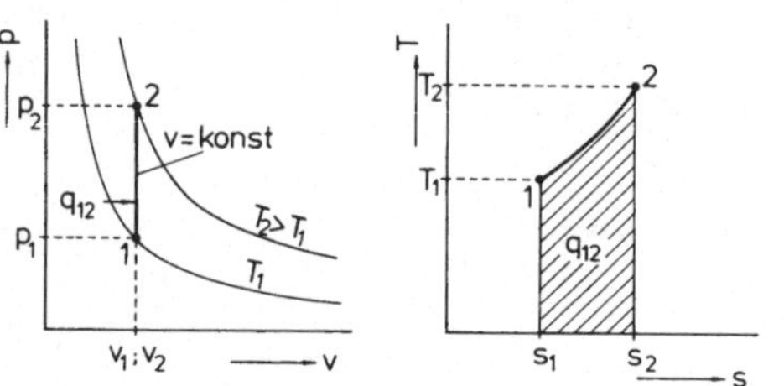

Bild 3.8. Isochore Zustandsänderung

Eine Arbeitsabgabe findet wegen $dv = 0$ nicht statt:

$$w_{12} = \int_1^2 p \, dv = 0 . \tag{3.24}$$

Im T,s-Diagramm verläuft die Zustandsänderung wie bei der Isobaren wieder in Richtung steigender Temperatur und steigender Entropie. Während sich jedoch bei der Isobaren ($dp = 0$) aus (3.14) mit (3.10) der Ausdruck

$$ds\big|_{p=\text{const}} = \frac{dq}{T}\bigg|_{p=\text{const}} = c_p \frac{dT}{T}$$

ergab, gilt hier ($dv = 0$) mit (3.3) die Beziehung

$$ds\big|_{v=\text{const}} = \frac{dq}{T}\bigg|_{v=\text{const}} = c_v \frac{dT}{T} .$$

Wegen $c_p = c_v + R$ bzw. $c_p > c_v$ muß die Isochore im T,s-Diagramm daher steiler verlaufen als die Isobare.

Bei der *isentropen Zustandsänderung* findet kein Wärmeaustausch mit der Umgebung statt:

$$dq = 0 .$$

Damit gilt gemäß (3.3) auch

$$du + p \, dv = 0 .$$

Mit (3.5) gibt das

$$c_v \, dT + p \, dv = 0 .$$

Mit dem totalen Differential

$$p \, dv + v \, dp = R \, dT$$

von (3.1) folgt daraus

$$\frac{c_v}{R} (p \, dv + v \, dp) + p \, dv = 0$$

bzw. zusammengefaßt

$$\frac{R + c_v}{c_v} p \, dv + v \, dp = 0 .$$

Mit (3.13) und mit dem sogenannten Isentropenexponenten

$$\varkappa = \frac{c_p}{c_v}$$

folgt schließlich

$$\varkappa p \, dv + v \, dp = 0$$

bzw. integriert

$$pv^\varkappa = \text{const} . \tag{3.25}$$

Das ist die Gleichung der Isentrope.

Der Isentropenexponent ist von der Atomzahl im Molekül des betreffenden Gases abhängig und nimmt folgende Werte an:

einatomige Gase: $\varkappa = 1{,}66$;
zweiatomige Gase: $\varkappa = 1{,}40$;
dreiatomige Gase: $\varkappa \approx 1{,}30$.

Verglichen mit der Isotherme $pv^1 = \text{const}$ muß die Isentrope daher im p,v-Diagramm steiler verlaufen (Bild 3.9).

Mit (3.1) kann obige Gleichung (3.25) auch in die Form

$$Tv^{\varkappa - 1} = \text{const} \tag{3.26}$$

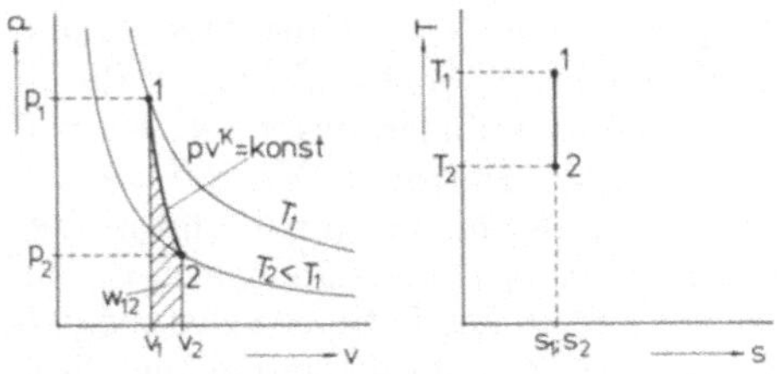

Bild 3.9. Isentrope Zustandsänderung

gebracht werden. Eine isentrope Expansion verläuft also in Richtung sinkender Temperatur.

Für die ausgetauschte Wärmemenge folgt jetzt aus der Voraussetzung $dq = 0$ unmittelbar

$$q_{12} = 0 \,. \tag{3.27}$$

Die abgegebene Arbeit folgt aus (3.2) mit (3.3) und (3.5) sowie mit $dq = 0$ zu

$$w_{12} = -\int_1^2 c_v \, dT = c_v(T_1 - T_2) \,.$$

Mit (3.1) folgt daraus

$$w_{12} = c_v\left(\frac{p_1 v_1}{R} - \frac{p_2 v_2}{R}\right).$$

Mit (3.13) gibt das unter Vornahme einer geeigneten Erweiterung

$$w_{12} = \frac{p_1 v_1}{R/c_v}\left(1 - \frac{p_2 v_2}{p_1 v_1} \cdot \frac{\left(\frac{v_2}{v_1}\right)^{\varkappa-1}}{\left(\frac{v_2}{v_1}\right)^{\varkappa-1}}\right)$$

$$= \frac{p_1 v_1}{\varkappa - 1}\left(1 - \left(\frac{v_1}{v_2}\right)^{\varkappa-1}\right). \tag{3.28}$$

Diese Arbeit stammt restlos aus dem Vorrat des Gases an innerer Energie.

Im T,s-Diagramm verläuft die isentrope Expansion ebenso in Richtung sinkender Temperatur und ferner aufgrund der Voraussetzung $dq = 0$ wegen

$$ds = \frac{dq}{T} = 0$$

mit konstanter Entropie.

Der *polytropen Zustandsänderung* legt man, ausgehend von den Gleichungen

$$pv^{\varkappa} = \text{const}$$

für die Isentrope und

$$pv^{(1)} = \text{const}$$

für die Isotherme, aus den bereits genannten Erwägungen die analog gebaute Beziehung

$$pv^n = \text{const} \tag{3.29}$$

zugrunde, des weiteren analog dem Gleichungspaar (3.25) und (3.26) die Beziehung

$$Tv^{n-1} = \text{const} \,. \tag{3.30}$$

Für den dabei eingeführten Polytropenexponenten n setzt man

$$1 < n < \varkappa$$

voraus. Dann läßt sich durch Vergleich mit den weiteren Aussagen bei Isentrope und Isotherme sofort sagen, daß auch die polytrope Zustandsänderung bei Volumenzunahme in Richtung sinkender Temperatur, daß sie ferner steiler als die Isotherme und weniger steil als die Isentrope verlaufen muß (Bild 3.10).

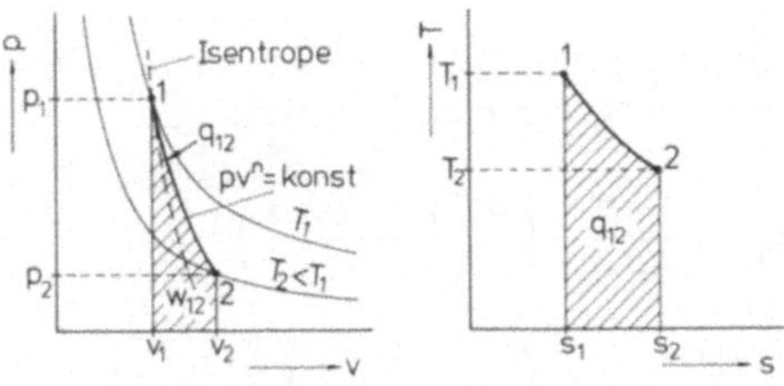

Bild 3.10. Polytrope Zustandsänderung

Die Polytropengleichung (3.29) hat das totale Differential

$$pnv^{n-1} \, dv + v^n \, dp = 0$$

bzw. gekürzt

$$np \, dv + v \, dp = 0 \,.$$

Mit dem totalen Differential

$$p \, dv + v \, dp = R \, dT$$

von (3.1) gewinnt man daraus den Ausdruck

$$p\,\mathrm{d}v = -\frac{R\,\mathrm{d}T}{n-1}\,.$$

Damit und mit (3.5) liefert (3.3) nach Integration die bei einer polytropen Expansion aufgenommene Wärmemenge

$$q_{12} = \int_1^2 \left(c_v\,\mathrm{d}T - \frac{R\,\mathrm{d}T}{n-1} \right)$$

$$= \left(c_v - \frac{R}{n-1} \right)(T_2 - T_1)$$

$$= c_v \frac{\varkappa - n}{n-1}(T_1 - T_2)\,. \tag{3.31}$$

Des weiteren gewinnt man mit

$$p\,\mathrm{d}v = -\frac{R\,\mathrm{d}T}{n-1}$$

aus (3.2) die Arbeit

$$w_{12} = -\int_1^2 \frac{R\,\mathrm{d}T}{n-1} = \frac{R}{n-1}(T_1 - T_2) \tag{3.32}$$

und daraus mit (3.1) und wiederum nach Vornahme einer geeigneten Erweiterung

$$w_{12} = \frac{R}{n-1}\left(\frac{p_1 v_1}{R} - \frac{p_2 v_2}{R} \right)$$

$$= \frac{p_1 v_1}{n-1}\left(1 - \frac{p_2 v_2}{p_1 v_1} \cdot \frac{\left(\frac{v_2}{v_1}\right)^{n-1}}{\left(\frac{v_2}{v_1}\right)^{n-1}} \right)$$

$$= \frac{p_1 v_1}{n-1}\left(1 - \left(\frac{v_1}{v_2}\right)^{n-1} \right)\,. \tag{3.33}$$

Der Quotient aus (3.31) und (3.32) liefert den Ausdruck

$$\frac{q_{12}}{w_{12}} = \frac{c_v \dfrac{\varkappa - n}{n-1}(T_1 - T_2)}{\dfrac{R}{n-1}(T_1 - T_2)} = \frac{\varkappa - n}{\varkappa - 1}\,.$$

Die bei einer polytropen Expansion aufgenommene Wärmemenge ist also kleiner als die abgegebene Volumenänderungsarbeit; sie wird für annähernd isentropen Verlauf ($n \approx \varkappa$) ungefähr zu null und für annähernd isothermen Verlauf ($n \approx 1$) ungefähr gleich der abgegebenen Arbeit. Die Differenz zwischen abgegebener Arbeit und aufgenommener Wärmemenge entstammt immer der inneren Energie des Gases.

Im T,s-Diagramm verläuft die polytrope wie die isentrope Expansion in Richtung sinkender Temperatur und ferner wegen

$$\mathrm{d}s = \frac{\mathrm{d}q}{T} \quad\text{bzw.}\quad s_2 - s_1 = \int_1^2 = \frac{\mathrm{d}q}{T}$$

in Richtung wachsender Entropie.

Im Verlauf der obigen als reversibel vorausgesetzten einmaligen Zustandsänderungen nahm das betreffende Gas jeweils verschiedene Wärmemengen auf und gab verschiedene Volumenänderungsarbeiten ab; Differenzen zwischen den einen und den anderen veränderten die innere Energie des Gases. Der Endzustand des Gases unterschied sich jeweils von seinem Anfangszustand. Würde man das Gas nach einer ersten Zustandsänderung entlang einer Zustandsänderung vom gleichen Typus wieder in seinen Anfangszustand zurückführen — etwa, um danach zum Zwecke einer neuerlichen Umwandlung von Wärme in Arbeit wieder eine Zustandsänderung der ersten Art vornehmen zu können —, dann müßte man dem Gas exakt die soeben abgegebene Arbeit wieder zuführen; dabei würde gerade wieder der Ausgangszustand erreicht und im übrigen würde genau die zuvor aufgenommene Wärmemenge wieder frei. Ohne weiteres läßt sich also auf diese

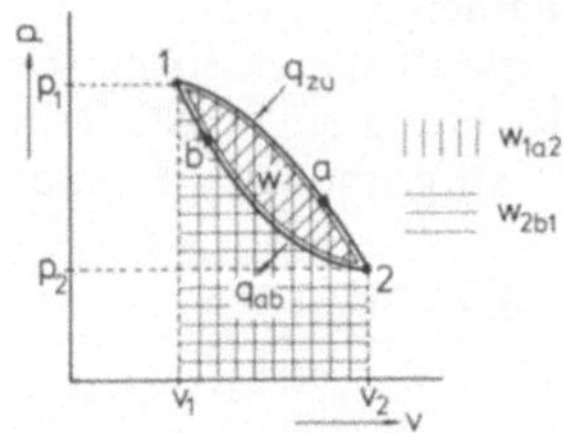

Bild 3.11. Kreisprozeß

Weise etwa durch periodisches Wiederholen von Expansionen und Kompressionen ein und desselben Gasvolumens keine permanente Überführung thermischer Energie in mechanische Energie bewerkstelligen.

Will man das Gasvolumen nach einer Expansion zur Vorbereitung einer neuerlichen Expansion jeweils zunächst wieder in den Ausgangszustand zurückführen und zugleich aus zugeführter Wärme erzeugte Arbeit erübrigen, dann muß man danach trachten, die Kompression auf einem Weg abzuwickeln, bei dem das Gasvolumen eine geringere Arbeit wieder aufnimmt als die, die es vorher bei der Expansion abgegeben hat. Entlang gedachter, beliebig verlaufenden Zustandsänderungen ist das grundsätzlich möglich, da Wärmemengen und Volumenänderungsarbeiten im Gegensatz zu den Zustandsgrößen integrationswegabhängige Größen sind (Bild 3.11); es ist mit Hilfe der vorstehend beschriebenen Zustandsänderungen realisierbar, indem man für einen Zyklus aus Expansion und Kompression mehr als zwei Zustandsänderungen verschiedenen Typs in geeigneter Weise hintereinanderschaltet (vgl. zum Beispiel das p,v-Diagramm in Bild 3.12). Es ergibt sich dann im p,v-Diagramm eine Aufeinanderfolge von (reversiblen) Zustandsänderungen, die sich zu einem geschlossenen, bestimmte Eckzustände jeweils wieder erreichenden Kurvenzug aneinanderreihen. Ein solcher Vorgang wird als Kreisprozeß bezeichnet.

Auch das kontinuierlich strömende Arbeitsmedium der großtechnischen Verfahren zur Umwandlung thermischer Energie in mechanische Energie folgt Kreisprozessen. Sofern ein sogenannter geschlossener Kreislauf vorliegt, durchläuft eine begrenzte Menge des Arbeitsmediums die besagte Aufeinanderfolge von Zustandsänderungen stetig unter dauernder Umwandlung von Wärme in Arbeit, ohne daß bleibende Änderungen an dem Medium eintreten. In anderen Fällen durchströmt das Medium einmalig einen sogenannten offenen Kreislauf (vgl. Abschnitt 3.1.8).

Bei dem Kreisprozeß nach Bild 3.11 wird auf dem Wege 1-a-2 die Wärmemenge

$$q_{1a2} = \int_1^2 dq_{(a)} = \int_1^2 (du + p\, dv)_{(a)} = q_{zu}$$

zugeführt und teilweise zur Erhöhung der inneren Energie des Gases um die Differenz

$$u_2 - u_1 = \int_1^2 du_{(a)},$$

teilweise zur Abgabe der Arbeit

$$w_{1a2} = \int_1^2 p\, dv_{(a)}$$

verwendet. Auf dem Rückweg 2-b-1 ergeben sich entsprechend die Wärmemenge

$$q_{2b1} = \int_2^1 dq_{(b)} = \int_2^1 (du + p\, dv)_{(b)} = -q_{ab},$$

die Änderung der inneren Energie des Gases um

$$u_1 - u_2 = \int_2^1 du_{(b)}$$

und die Arbeit

$$w_{2b1} = \int_2^1 p\, dv_{(b)}.$$

Da die Änderungen der inneren Energie als einer Zustandsgröße wegunabhängig sind, wird ihr Umlaufintegral zu null:

$$\oint du = \int_1^2 du_{(a)} + \int_2^1 du_{(b)} = 0.$$

Für die insgesamt abgegebene Nutzarbeit ergibt sich

$$w = \oint p\, dv = w_{1a2} + w_{2b1}.$$

Sie ist größer als null und wird unmittelbar gleich der aufgezehrten Wärmemenge

$$q = \oint dq = \oint (du + p\, dv) = \oint p\, dv.$$

Für diese gilt andererseits auch

$$q = q_{1a2} + q_{2b1} = q_{zu} - q_{ab}.$$

Damit folgt für die Nutzarbeit die Beziehung

$$w = q_{zu} - q_{ab}.$$

Für den thermischen Wirkungsgrad, mit dem sie aus der zugeführten Wärmemenge erzeugt wurde, gilt schließlich

$$\eta_{th} = \frac{w}{q_{zu}} = \frac{q_{zu} - q_{ab}}{q_{zu}} = 1 - \frac{q_{ab}}{q_{zu}}. \qquad (3.34)$$

Carnot stellte 1824 den später nach ihm benannten idealen Kreisprozeß auf: er besteht aus zwei Isothermen und zwei Isentropen, also aus allerdings nur im theoretischen Grenzfall realisierbaren Zustandsänderungen; sein thermischer Wirkungsgrad hängt nur von den gegebenen Temperaturgrenzen ab (siehe unten) und hat bei Betrachtungen zur Umwandlung thermischer Energie in mechanische Energie besondere Bedeutung.

Das betreffende Gasvolumen möge sich zum Beispiel in einem Zylinder mit beweglichem Kolben befinden; die Stirnseite des Zylinders soll abwechselnd mit einem Wärmespeicher hoher oder tiefer Temperatur in Verbindung gebracht bzw. adiabat abgeschlossen werden. Es sollen dann reversible Zustandsänderungen ablaufen können.

Der Carnotsche Kreisprozeß beginnt mit der isothermen Expansion 1–2 auf dem hohen Temperaturniveau T (Bild 3.12); es folgen eine isentrope Expansion 2–3 unter Absenkung der Temperatur des Gasvolumens auf den Wert T_0, eine isotherme Kompression 3–4 auf dem niedrigen Temperaturniveau T_0 und eine abschließende isentrope Kompression 4–1, in deren Verlauf die Temperatur wieder auf den Wert T steigt. Damit ist der Ausgangszustand 1 wieder erreicht.

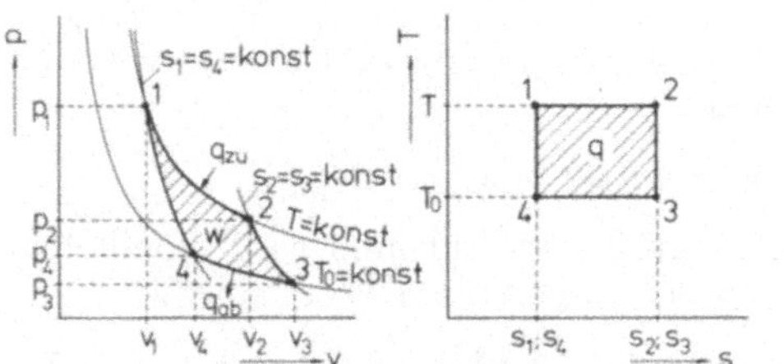

Bild 3.12. Carnotscher Kreisprozeß

Bei der isothermen Expansion gibt das Gas die Volumenänderungsarbeit

$$w_{12} = RT \ln \frac{v_2}{v_1}$$

ab; die aufgenommene Wärmemenge ist gleich dieser Arbeit:

$$q_{12} = w_{12} = q_{zu} .$$

Bei der isentropen Expansion wird die Arbeit

$$w_{23} = c_v(T - T_0)$$

abgegeben; sie entstammt vollständig der inneren Energie des Gases. Für die zugeführte Wärme gilt hier

$$q_{23} = 0 .$$

Bei der isothermen Kompression wird die (negative) Arbeit

$$w_{34} = RT_0 \ln \frac{v_4}{v_3}$$

abgegeben und die ihr gleiche (ebenfalls negative) Wärmemenge

$$q_{34} = w_{34} = -q_{ab}$$

aufgenommen. Die abschließende isentrope Kompression liefert die (negative) Arbeit

$$w_{41} = c_v(T_0 - T)$$

mit der ausgetauschten Wärme

$$q_{41} = 0 .$$

Die insgesamt abgegebene Nutzarbeit folgt damit zu

$$w = w_{12} + w_{23} + w_{34} + w_{41}$$

$$= RT \ln \frac{v_2}{v_1} + c_v(T - T_0) + RT_0 \ln \frac{v_4}{v_3}$$

$$+ c_v(T_0 - T)$$

$$= R \left(T \ln \frac{v_2}{v_1} - T_0 \ln \frac{v_3}{v_4} \right) .$$

Die Isentropengleichung (3.26) liefert für die isentrope Expansion den Quotienten

$$\frac{v_3}{v_2} = \left(\frac{T}{T_0} \right)^{\frac{1}{\varkappa - 1}}$$

und für die isentrope Kompression entsprechend

$$\frac{v_4}{v_1} = \left(\frac{T}{T_0} \right)^{\frac{1}{\varkappa - 1}} .$$

Daraus folgt

$$\frac{v_3}{v_4} = \frac{v_2}{v_1} . \tag{3.35}$$

Damit gilt auch

$$w = R \ln \frac{v_2}{v_1} (T - T_0) \, . \qquad (3.36)$$

Die Nutzarbeit ist ordnungsgemäß gleich der umgewandelten Wärmemenge

$$q = q_{zu} - q_{ab} = RT \ln \frac{v_2}{v_1} - RT \cdot \ln \frac{v_3}{v_4}$$
$$= w \, .$$

Zur Gewinnung der Nutzarbeit wurde jedoch die größere Wärmemenge

$$q_{zu} = RT \ln \frac{v_2}{v_1} \qquad (3.37)$$

zugeführt. Damit ergibt sich der nur von den beiden Temperaturgrenzen abhängige thermische Wirkungsgrad

$$\eta_{th} = \frac{w}{q_{zu}} = 1 - \frac{T_0}{T} \, . \qquad (3.38)$$

Für die restliche Wärmemenge q_{ab} sank im Verlauf der Energieumwandlung lediglich die Temperatur von dem Wert T auf den Wert T_0.

Der thermische Wirkungsgrad des Carnotschen Kreisprozesses ist um so besser, je kleiner der Quotient T_0/T ist, das heißt, je höher die Starttemperatur und je niedriger die Endtemperatur des Prozesses ist. Diese Aussage wird später unmittelbar eine wichtige Verfahrensregel für die Auslegung von Wärmekraftwerksprozessen liefern. In den sich dann in dieser Hinsicht ergebenden Grenzen — mit Rücksicht auf die Warmfestigkeit der verwendeten Werkstoffe nicht überschreitbare Starttemperaturen; nicht unter die Umgebungstemperatur absenkbare Endtemperaturen — wird der Grund liegen für die Begrenztheit der im Wärmekraftwerk erzielbaren Energieumwandlungswirkungsgrade.

Vergleicht man den Carnotschen Kreisprozeß im T,s-Diagramm mit beliebigen anderen Kreisprozessen gleicher Nutzarbeit

$$w = q = q_{zu} - q_{ab}$$

zwischen den gleichen Temperaturgrenzen T und T_0 (Bild 3.13), dann zeigt sich, daß der thermische Wirkungsgrad

$$\eta_{th} = \frac{w}{q_{zu}} = \frac{q}{q_{zu}} \qquad (3.39)$$

des Carnotschen Prozesses nicht übertroffen werden kann: die Wärmemenge q_{zu} kann nur größer werden als diejenige bei dem zum Koordinatensystem parallelen Rechteck nach Carnot oder ihr höchstens gleich bleiben. Von einer zur Umwandlung in mechanische Energie innerhalb gewisser Temperaturgrenzen bereitgestellten Wärmemenge kann also höchstens ein Anteil entsprechend dem thermischen Wirkungsgrad des Carnotschen Kreisprozesses zwischen den gleichen Temperaturgrenzen nutzbar abgegeben werden.

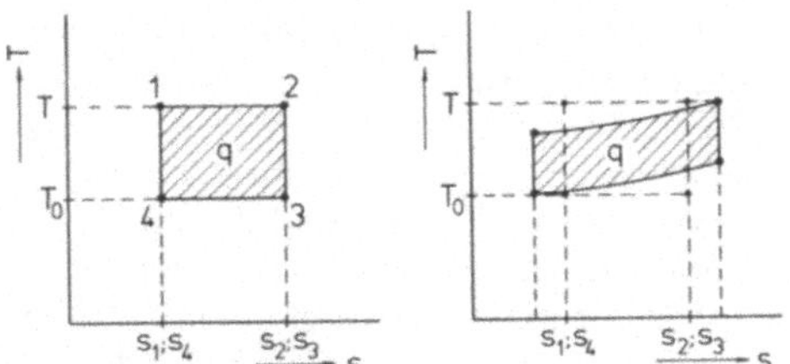

Bild 3.13. Kreisprozesse gleicher Nutzarbeit zwischen gleichen Temperaturgrenzen

Eine Realisierung des Carnotschen Kreisprozesses selbst ist zwar aus mehreren Gründen schwierig [3.7; 3.34]; als Grundlage etwa von Wärmekraftanlagenprozessen muß er vielmehr in mehrerer Weise abgewandelt werden. Bedeutung bekommt er jedoch für vergleichende Betrachtungen hinsichtlich des thermischen Wirkungsgrades (vgl. Abschnitt 3.1.6).

Die Abwicklung des Carnotschen Kreisprozesses in umgekehrter Richtung bedeutet Aufnahme von Wärme auf niedrigem Temperaturniveau und ihre Abgabe auf hohem Temperaturniveau. Die Fortführung dieser Überlegungen führt später zur Wärmepumpe.

3.1.4 Zweiter Hauptsatz der Thermodynamik

Der Erste Hauptsatz der Thermodynamik in Abschnitt 3.1.2 hatte Wärme und mechanische Arbeit als äquivalente, ineinander überführbare Energieformen gedeutet. Bezüglich der beiden denkbaren Richtungen der betreffenden Energieumwandlungen hatte er keine Einschränkungen gemacht.

Bei der einleitenden Betrachtung der Zustandsänderungen in Abschnitt 3.1.1 hatte sich gezeigt, daß reale Zustandsänderungen immer in mehr oder weniger ausgeprägtem Maße irreversibel sind: in Form eines Ausgleichs vorhandener Temperaturunterschiede oder solcher Temperaturunterschiede, die als Folge des Auftretens von Reibung usw. und der daraus resultierenden Wärme erst entstehen, laufen Vorgänge ab, die von selbst zustandekommen, immer die gleiche Richtung haben und nicht zur Abgabe einer Arbeit führen; sie können nur bei Inkaufnahme des Zurückbleibens anderweitiger Änderungen in dem betrachteten System wieder rückgängig gemacht werden. Eine Umkehrung dieser Vorgänge von selbst — etwa das Entstehen von Temperaturunterschieden von selbst — kommt erfahrungsgemäß nicht vor. Zustandsänderungen ohne Irreversibilitäten, die also als eine Folge von Gleichgewichtszuständen gedeutet und folglich in allen Einzelheiten ohne weiteres rückgängig gemacht werden können, müssen als theoretische Grenzfälle angesehen werden; praktische Bedeutung gewinnen sie jedoch, wie schon gesagt, aufgrund ihrer mathematisch einfach beschreibbaren Zusammenhänge und ferner insbesondere aufgrund der Tatsache, daß auch die im Verlauf solcher Zustandsänderungen planmäßig ausgetauschten Wärmemengen und Arbeiten leicht angegeben werden können.

Die Überlegungen im Zusammenhang mit dem Carnotschen Kreisprozeß in Abschnitt 3.1.3 hatten gezeigt, daß für die Umwandlung einer gegebenen Menge thermischer Energie in mechanische Energie das Vorhandensein eines Temperaturgefälles fundamentale Voraussetzung ist. Die betreffende Wärmemenge muß ein Temperaturgefälle durcheilen können; dabei wird sie zu einem von den vorliegenden Temperaturgrenzen abhängenden Teil sukzessive in Arbeit umgewandelt. Die am Ende nach Erreichen der Umgebungstemperatur verbleibende restliche Wärme kann nicht mehr umgewandelt werden; sie ist energetisch wertlose Fortwärme. Erwünscht ist im übrigen ein reversibler Verlauf der betreffenden Zustandsänderungen; Irreversibilitäten mindern den genutzten Anteil der zugeführten Wärme

und damit den Wirkungsgrad der Energieumwandlung.

Die Erkenntnis dieser Notwendigkeit des Vorhandenseins von Temperaturgefällen ist Gegenstand des Zweiten Hauptsatzes der Thermodynamik. Er kann nach E. Schmidt in der Form ausgesprochen werden: ,,Wärme kann nicht von selbst von einem Körper niederer Temperatur auf einen Körper höherer Temperatur übergehen". Er bedeutet eine wesentliche Einschränkung des Ersten Hauptsatzes, indem zwar mechanische Energie unbeschränkt in thermische Energie, die letztere umgekehrt aber nur bedingt in die erstere umgewandelt werden kann.

Grundlage eingehender Betrachtungen in diesem Zusammenhang ist nach Clausius eine weitere abgeleitete Zustandsgröße, die bereits erwähnte Entropie

$$\mathrm{d}s = \frac{\mathrm{d}q}{T}. \qquad (3.40)$$

Ohne hier näher auf Einzelheiten eingehen zu wollen, sei gesagt, daß bei diesen Erörterungen immer die reversibel oder irreversibel ausgetauschten Wärmemengen zusammen mit den Temperaturen, bei denen die Austauschvorgänge ablaufen, wesentlich sind. Während die bei Zustandsänderungen ausgetauschten Wärmemengen allein, wie sich früher bereits gezeigt hat, vom Verlauf der Zustandsänderungen abhängig sind und folglich nicht Zustandsgröße sein können, läßt sich vorstehender Quotient aus einer Wärmemenge $\mathrm{d}q$ und der Temperatur T, bei der sie ausgetauscht wird, mit (3.3), (3.5) und (3.1) als totales Differential identifizieren:

$$\frac{\mathrm{d}q}{T} = \frac{\mathrm{d}u + p\,\mathrm{d}v}{T} = \frac{c_\mathrm{v}\,\mathrm{d}T + \dfrac{RT}{v}\,\mathrm{d}v}{T}$$

$$= c_\mathrm{v}\,\frac{\mathrm{d}T}{T} + R\,\frac{\mathrm{d}v}{v}.$$

Damit ist die Größe nach (3.40) vom Integrationsweg unabhängig: sie ist eine Zustandsgröße.

Angewandt auf den Carnotschen Kreisprozeß nach Bild 3.12 gewinnt man damit für die vier dort vorkommenden reversiblen Zustandsänderungen folgende Entropieänderungen:

$$s_2 - s_1 = \int_1^2 \mathrm{d}s = \int_1^2 \frac{\mathrm{d}q}{T} = \int_1^2 \left(c_\mathrm{v} \frac{\mathrm{d}T}{T} + R \frac{\mathrm{d}v}{v} \right)$$

$$= c_\mathrm{v} \ln \frac{T_2}{T_1} + R \ln \frac{v_2}{v_1} = R \ln \frac{v_2}{v_1} \; ;$$

$$s_3 - s_2 = \int_2^3 \mathrm{d}s = \int_2^3 \frac{\mathrm{d}q}{T} = 0 \; ;$$

$$s_4 - s_3 = \int_3^4 \mathrm{d}s = \int_3^4 \frac{\mathrm{d}q}{T} = \int_3^4 \left(c_\mathrm{v} \frac{\mathrm{d}T}{T} + R \frac{\mathrm{d}v}{v} \right)$$

$$= c_\mathrm{v} \ln \frac{T_4}{T_3} + R \ln \frac{v_4}{v_3} = R \ln \frac{v_4}{v_3} \; ;$$

$$s_1 - s_4 = \int_4^1 \mathrm{d}s = \int_4^1 \frac{\mathrm{d}q}{T} = 0 \; .$$

Das Umlaufintegral der Entropieänderungen des Kreisprozesses wird mit dem Volumenverhältnis (3.35) ordnungsgemäß zu null:

$$\oint \mathrm{d}s = R \left(\ln \frac{v_2}{v_1} - \ln \frac{v_3}{v_4} \right) = 0 \; .$$

Nach Durchlaufen des Kreisprozesses erreicht die Entropie des Arbeitsmediums also wieder ihren Ausgangswert. Darüberhinaus ist auch die Entropie des gesamten, aus den beiden Wärmespeichern und dem eigentlichen Energiewandler bestehenden Systems, da nur reversible Zustandsänderungen durchlaufen wurden, konstant geblieben.

Läßt man den Kreisprozeß dagegen mit realen, Irreversibilitäten aufweisenden Zustandsänderungen ablaufen, dann ist die Zustandsgleichung (3.40) nicht mehr anwendbar. In allen vier Teilabschnitten überlagern sich dann von selbst und immer in der gleichen Richtung ablaufende, keine Arbeit liefernde zusätzliche Vorgänge. Nach Durchlaufen des Kreisprozesses erreicht das Arbeitsmedium folglich ohne weiteres nicht mehr ganz seinen Ausgangszustand; speziell die Entropie bleibt vielmehr etwas größer und kann nur unter Hinnahme bleibender Änderungen im gesamten System durch zusätzliche Maßnahmen wieder auf ihren alten Wert gebracht werden. Die Entropie des gesamten Systems nimmt dann zu.

Alle wirklichen Vorgänge sind strenggenommen irreversibel. Es findet also eine stete Entropiezunahme statt. Angewandt auf das System „Weltall" hat Clausius in Erkenntnis dessen die Aussage formuliert: „Die Entropie des Weltalls strebt einem Maximum zu".

Anhand der Betrachtung eines Gasvolumens läßt sich die Entropie schließlich deuten als ein Maß für den Grad der Wahrscheinlichkeit eines Zustandes: der Zustand nach Ausgleich eines zwischen zwei Körpern bestehenden Temperaturunterschiedes ist wahrscheinlicher als derjenige vor dem Ausgleich. Von selbst stellt sich also in der Tat immer ein thermisches Gleichgewicht ein. Der umgekehrte Vorgang läßt sich nur bewerkstelligen, wenn man anderweitige bleibende Änderungen in der Umgebung der beiden Körper zustandekommen läßt.

Die innere Energie eines Gasvolumens kann sich dem Betrage nach auf unendlich viele Arten auf die einzelnen Gasteilchen verteilen; auch die möglichen Richtungen ihrer Geschwindigkeit und ihre jeweiligen Örter weisen eine unendliche Vielfalt auf. Die Anzahl der durch diese Kriterien beschriebenen Mikrozustände des Gasvolumens ist also unendlich groß; es treten dauern andere Mikrozustände auf. Die Wahrscheinlichkeit für das Zustandekommen aller denkbaren Mikrozustände ist gleich groß. Verschiedene Makrozustände können durch eine unterschiedliche Zahl von Mikrozuständen realisiert werden. Derjenige Makrozustand des Gasvolumens ist jedoch am wahrscheinlichsten, der durch die größte Zahl von Mikrozuständen realisierbar ist. Diejenige Anzahl der Mikrozustände des Gasvolumens, die einen gewissen (Makro-)Zustand realisieren können, bezeichnet man als die thermodynamische Wahrscheinlichkeit W des betreffenden Zustandes. Seine Entropie resultiert daraus nach Boltzmann gemäß der Beziehung

$$S = k \ln W \tag{3.41}$$

mit der Einheit J/K bzw. (als spezifische Größe) J/kg · K und mit der Boltzmann-Konstante $k = 1,3805 \cdot 10^{-23}$ J/K.

Mit den Mitteln der Wahrscheinlichkeitsrechnung angestellte Betrachtungen bestätigen, daß die Wahrscheinlichkeit für Zustände außerhalb desjenigen größter Ausgeglichenheit so gering ist, daß beispeilsweise in einem im thermodynamischen Gleichgewicht befindlichen Gasvolumen praktisch nur dieser Zustand vorkommt. Die Wahrscheinlichkeit für das Zustandekommen von Zuständen außerhalb des wahrscheinlichsten Zustandes von selbst ist praktisch gleich null. Auch aus der Sicht kann die Entropie eines abgeschlossenen Systems also nur zunehmen und höchstens im Grenzfall konstant bleiben.

Wie im Zusammenhang mit dem Carnotschen Kreisprozeß in Abschnitt 3.1.3 gezeigt und anhand der obigen Zustandsgröße Entropie des weiteren erläutert kann thermische Energie also auch dann, wenn man von Irreversibilitäten absieht, nur zum Teil in mechanische Energie umgewandelt werden. Ein restlicher Teil der Ausgangsenergie bleibt immer notwendig ungewandelt, da die Temperatur des Arbeitsmediums im Verlauf des Umwandlungsprozesses auf das Temperaturniveau der Umgebung sinkt und dann gemäß dem Zweiten Hauptsatz keine weitere Energieumwandlung mehr möglich ist. Die Angabe des thermischen Wirkungsgrades der Energieumwandlung, in der üblichen Weise und in Übereinstimmung mit dem Ersten Hauptsatz gebildet aus den beteiligten Energien, vermittelt also insofern einen unscharfen Eindruck. Besser ist zur Beschreibung der Qualität der Energieumwandlung die Angabe einer anderen Kennziffer, die die diesbezüglichen Einschränkungen berücksichtigt.

Man definiert dazu die sogenannte Exergie als denjenigen Teil einer Energiemenge, der in Wechselwirkung mit der jeweiligen Umgebung in mechanische Energie (oder in andere Energieformen) umgewandelt werden kann; den unwandelbaren Rest bezeichnet man als Anergie [3.1; 3.7; 3.21]. Der Exergieanteil ist der eigentlich technisch und wirtschaftlich wichtige Teil einer Energiemenge; er läßt sich in andere Energieformen umwandeln. Der Exergieanteil thermischer Energie ist um so größer, je höher ihre Ausgangstemperatur bzw. zu Beginn ihre Übertemperatur gegenüber der Umgebungstemperatur und je tiefer die Umgebungstemperatur ist; der Exergieanteil thermischer Energie auf dem Niveau der Umgebungstemperatur ist gleich null. Gewisse Energieformen, zum Beispiel mechanische und auch elektrische Energie, sind uneingeschränkt in jede andere Energieform umwandelbar; sie haben den Anergieanteil null. Die oben erwähnten Irreversibilitäten speziell bei der Umwandlung thermischer Energie in mechanische Energie verwandeln Exergie in Anergie; es tritt ein Exergieverlust auf. Nur bei reversiblen Umwandlungsprozessen bleibt die eingesetzte Exergie erhalten.

Der Erste Hauptsatz der Thermodynamik läßt sich daher nach Baehr mit diesen beiden Begriffen auch in der Form ausdrücken: „Bei allen Prozessen bleibt die Summe aus Exergie und Anergie konstant". Für den Zweiten Hauptsatz folgen entsprechend die Aussagen: „Bei allen irreversiblen Prozessen verwandelt sich Exergie in Anergie; nur bei reversiblen Prozessen bleibt die Exergie konstant; es ist unmöglich, Anergie in Exergie zu verwandeln".

Als die eben gewünschte Kennziffer kann man daher einen exergetischen Wirkungsgrad einführen, der die gewonnene technische Arbeit zur zugeführten Exergie (statt der gesamten zugeführten Energie) eines Umwandlungsprozesses in Relation setzt. Er wird für reversible Kreisprozesse gleich eins; Exergieverluste im Verlauf der Umwandlung führen zu Minderungen. Übrig bleibt nach Abwicklung des Prozesses die Anergie als der nicht umwandelbare Anteil der eingesetzten Energie, bestehend aus der von Anfang an vorhandenen Anergie und aus dem Anergiezuwachs, der sich als Folge von Irreversibilitäten ergeben hat. Auf die Minimierung der letzteren muß man sein Augenmerk richten.

3.1.5 Gase und Dämpfe; Wasserdampf

Mit wachsendem Druck und sinkender Temperatur entfernen sich reale Gase in ihrem Verhalten vom idealen Gas; trotzdem kann man sie in weiten Bereichen als dem idealen Gas ähnlich bezeichnen. Erst bei Annäherung an die Kondensation werden die Unterschiede rasch stärker. Gase in der Nähe ihrer Kondensation bezeichnet man daher zur Unterscheidung als Dämpfe. Besondere Bedeutung haben in der Technik der Wasserdampf und seine Thermodynamik.

Die thermische Zustandsgleichung und die sonstigen daraus abgeleiteten oder damit in Zusammenhang stehenden Beziehungen gelten für das ideale Gas streng und für reale Gase meist mit guter Genauigkeit. Das Verhalten der Dämpfe erfaßt man dagegen durch Meßreihen und beschreibt es durch mehr oder minder umfangreiche empirische Gleichungen oder in Form von Tabellen und Diagrammen.

Die Kondensationstemperatur der Dämpfe bzw. umgekehrt die Verdampfungs- oder Siedetemperatur der Flüssigkeiten ist druckabhängig. Bei ein und demselben Druck liegt sie für verschiedene Substanzen in ganz unterschiedlichen Bereichen; so verdampft zum Beispiel Wasser von 1 bar ziemlich genau bei 100 °C, Benzol bei etwa 80 °C, Sauerstoff bei etwa −180 °C, Quecksilber bei etwa 360 °C. Man stellt die Abhängigkeit dar in Form der sogenannten Dampfdruck- oder auch Siedekurven (Bild 3.14). Die Kurven enden oben im sogenannten Kritischen Punkt und unten im bereits erwähnten Tripelpunkt; die Bedeutung beider Endpunkte wird im folgenden noch näher erläutert.

Führt man einem in einem Zylinder mit beweglichem Kolben isobar eingeschlossenen Flüssigkeitsvolumen zur Verdampfung mit konstanter Leistung thermische Energie zu, dann steigt die Temperatur der Flüssigkeit zunächst an (Bild 3.15); zugleich nimmt auch ihr spezifisches Volumen in meist geringem Umfang zu. Bei einer gewissen, wie gesagt, druckabhängigen Temperatur setzt die Verdampfung ein; die Flüssigkeit hat bis dahin die dem herrschenden Druck entsprechende sogenannte Flüssigkeitswärme aufgenommen. Während der Verdampfung bleibt auch die Temperatur des Zylinderinhaltes konstant. Mit fortschreitender Energiezufuhr wird zunehmend mehr Flüssigkeit verdampft, und zwar unter starker Volumenzunahme (bei der Verdampfung von Wasser vom Druck 1 bar beispielsweise etwa um den Faktor 1650). Während der Verdampfung liegen somit in dem Zylinder zwei Phasen der Substanz gleichzeitig vor: die Flüssigkeit und ihr Dampf. Sie stehen unter dem gleichen Druck und haben die gleiche Temperatur; ihr spezifisches Volumen (ebenso wie weitere physikalische Kenngrößen) ist jedoch sehr verschieden. Sie sind durch eine deutlich erkennbare Grenzschicht voneinander getrennt. Man bezeichnet beide zusammen summarisch als Naßdampf. Sobald alle Flüssigkeit verdampft ist, bezeichnet man den Dampf als Sattdampf oder auch als trocken gesättigten Dampf. Während der eigentlichen Verdampfung hat die Flüssigkeit die sogenannte Verdampfungswärme aufgenommen; die Summe aus Flüssigkeits- und Verdampfungswärme wird auch die Erzeugungswärme des (trocken gesättigten) Dampfes genannt. Bei weiter fortschreitender Energiezufuhr steigt die Temperatur dann wieder weiter an; auch das spezifische Volumen wächst weiter. Der Dampf wird nun überhitzt; er nimmt dabei noch die bis zu der angestrebten Endtemperatur jeweils benötigte sogenannte Überhitzungswärme auf. Bei einer isobaren Kondensation verlaufen die Vorgänge umgekehrt.

Auch bei der isobaren Verflüssigung eines festen Körpers tritt während des eigentlichen Schmelzens ein Zustand der Temperaturbeharrung ein; auch dann liegen zwei Phasen

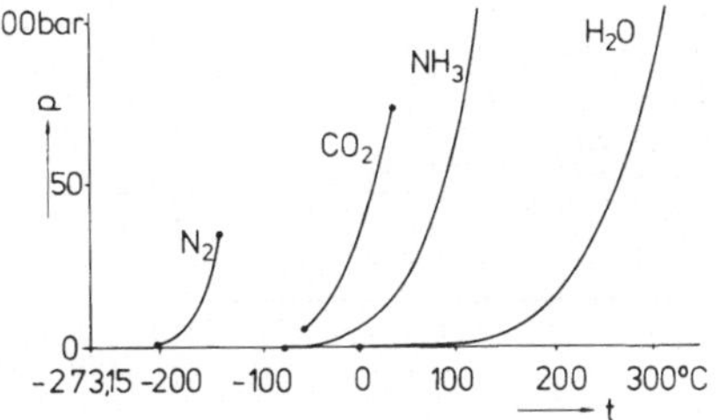

Bild 3.14. Dampfdruckkurven

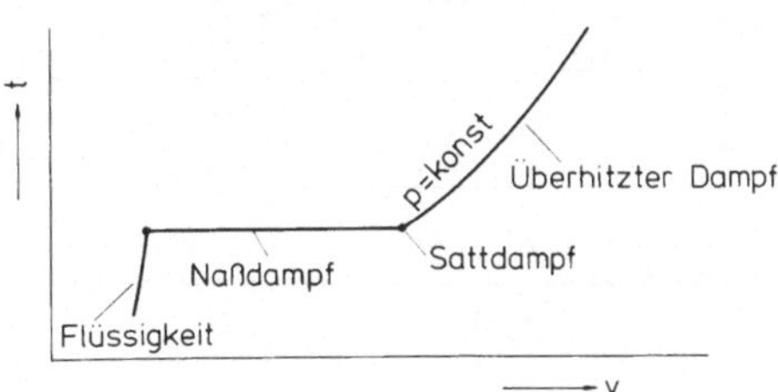

Bild 3.15. Isobare Verdampfung einer Flüssigkeit

der Substanz gleichzeitig vor: der Festkörper und seine Flüssigkeit. Schließlich gehen feste Körper bei isobarer Erwärmung unter sehr niedrigem Druck ohne Auftreten einer flüssigen Phase unmittelbar durch sogenannte Sublimation in ihren Dampf über. Es kommt ebenfalls ein Zweiphasenbereich mit Temperaturbeharrung vor. Schmelz- und Sublimationstemperatur sind wie die Verdampfungstemperatur druckabhängig. Faßt man diese gesamten Einzelheiten im sogenannten Zustandsdiagramm der Substanz zusammen, dann zeigt sich (Bild 3.16), daß es einen Punkt gibt — das heißt: ein Wertepaar von Druck und Temperatur —, bei dem alle drei Phasen der Substanz zugleich vorliegen, nämlich Festkörper, Flüssigkeit und Dampf. Das ist ihr Tripelpunkt. Er hat für Wasser die bereits genannten Daten $p_{tr} = 0,00611$ bar und $t_{tr} = 0,01\ °C$.

Im Dampfkraftwerk findet eine stete Umwandlung von Wasser über Naßdampf und Sattdampf in überhitzten Dampf und über Sattdampf und Naßdampf wieder zurück in Wasser statt. Das Naßdampfgebiet mit den benachbarten Bereichen überhitzten Dampfes bzw. soeben kondensierten Wassers gewinnt daher besondere technische Bedeutung. Wenn man die Einzelheiten der Verdampfung bzw. Kondensation in einem p,v-Diagramm dar-

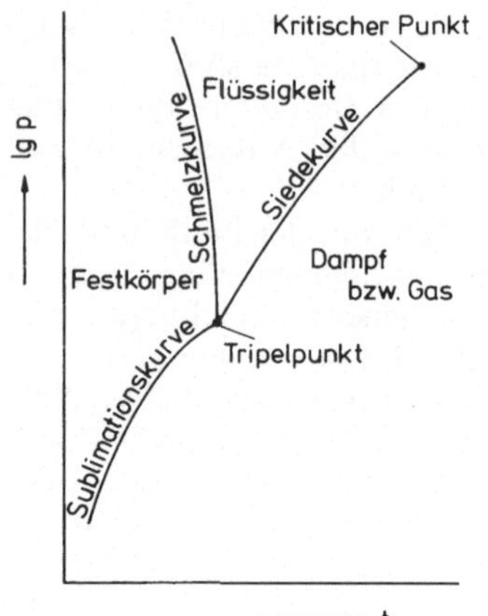

Bild 3.16. Zustandsdiagramm einer Substanz

stellt (Bild 3.17), bilden sich die Vorgänge bei isobaren Zustandsänderungen — Änderungen also der Temperatur und des spezifischen Volumens — deutlicher ab als etwa in den Dampfdruckkurven nach Bild 3.14: der Naßdampfbereich — dort eine Linie, eben die Dampfdruckkurve — wird jetzt sozusagen auseinandergezogen.

Durch Meßreihen, aufgenommen im Verlauf isobarer Verdampfungen bei verschiedenem Druck, gewinnt man zum Beispiel folgende

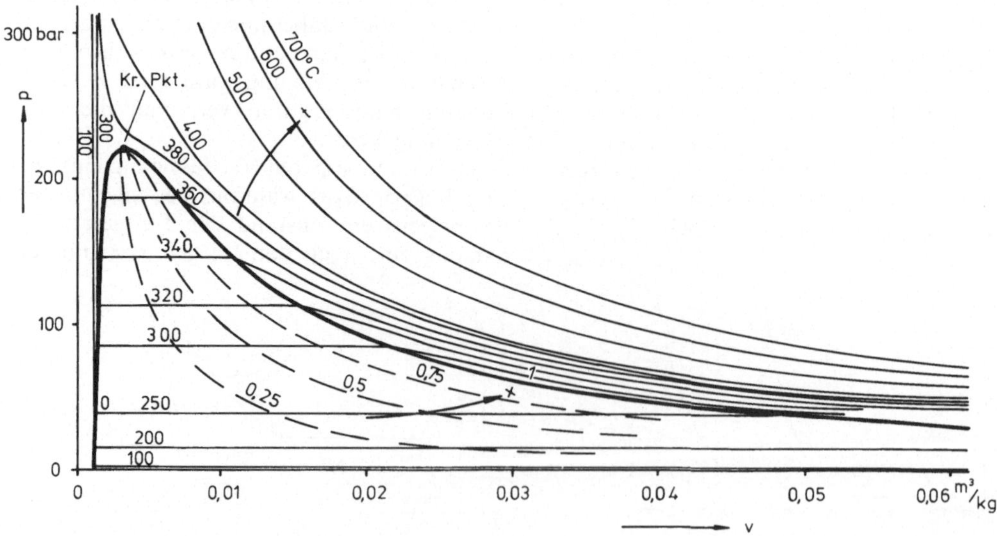

Bild 3.17. p,v-Diagramm für Wasserdampf

spezifischen Volumina $v'(p)$ des Wassers bei einsetzender Verdampfung bzw. $v''(p)$ des Sattdampfes [3.33]:

$$p = \quad 0{,}1 \text{ bar} \qquad v' = 0{,}00101 \text{ m}^3/\text{kg}$$
$$1 \quad \text{bar} \qquad 0{,}00104 \text{ m}^3/\text{kg}$$
$$10 \quad \text{bar} \qquad 0{,}00113 \text{ m}^3/\text{kg}$$
$$100 \quad \text{bar} \qquad 0{,}00145 \text{ m}^3/\text{kg}$$
$$200 \quad \text{bar} \qquad 0{,}00207 \text{ m}^3/\text{kg}$$
$$v'' = 14{,}68 \quad \text{m}^3/\text{kg}$$
$$1{,}694 \quad \text{m}^3/\text{kg}$$
$$0{,}1944 \quad \text{m}^3/\text{kg}$$
$$0{,}01803 \text{ m}^3/\text{kg}$$
$$0{,}00591 \text{ m}^3/\text{kg}$$

Die Temperatur ist bei diesen Wertepaaren jeweils gleich, und zwar gleich der dem betreffenden Druck entsprechenden Verdampfungstemperatur. Die Werte zeigen im übrigen, daß die Volumenzunahme während der Verdampfung mit wachsendem Druck abnimmt und offenbar dem Wert null zustrebt. Im p,v-Diagramm liefern diese Wertepaare einen geschlossenen Kurvenzug, der das Naßdampfgebiet umschließt. Er wird als Grenzkurve bezeichnet und zerfällt in einen „linken Ast" und einen „rechten Ast". Beide Äste treffen sich im sogenannten Kritischen Punkt als Scheitelpunkt mit dem „kritischen Druck" $p_\mathrm{k} = 221{,}2$ bar und dem „kritischen spezifischen Volumen" $v_\mathrm{k} = 0{,}00317 \text{ m}^3/\text{kg}$. Bei isobaren Verdampfungen oberhalb des kritischen Druckes kommen nicht mehr vorübergehend flüssige und dampfförmige Phase gleichzeitig vor; es findet dann vielmehr nur eine stetige Steigerung von Temperatur und spezifischem Volumen der Substanz statt. Wenn man die isobaren Meßreihen im Flüssigkeitsgebiet beginnt und bis in das überhitzte Gebiet führt, gewinnt man Temperaturwerte $t(p; v)$ wie in Bild 3.15 und kann mit ihrer Hilfe die Isothermen konstruieren. Diese verlaufen, wie aus dem in Zusammenhang mit dem genannten Bild qualitativ beschriebenen Verlauf einer Verdampfung schon zu ersehen war, im Naßdampfgebiet jeweils horizontal. Im Flüssigkeitsgebiet verlaufen sie sehr steil nach oben und liegen dort dicht nebeneinander; im überhitzten Gebiet fallen sie mit steigendem spezifischen Volumen ab. Dem Verlauf der Isothermen beim idealen Gas werden sie um so ähnlicher, je weiter man sich ins überhitzte Gebiet bewegt. Im

kritischen Punkt wird die Grenzkurve von der kritischen Isotherme $t_\mathrm{k} = 374{,}15\ ^\circ\text{C}$ tangiert.

Die isobare und innerhalb der Grenzkurve zugleich isotherme Verdampfung einer Wassermasse m verläuft dort stetig und gleichförmig in dem Maße, in dem Energie zugeführt wird: der Sattdampfanteil m'' wächst, der Wasserrest $m' = m - m''$ schwindet. Das spezifische Volumen v des Naßdampfes erhält man mit dem sogenannten Dampfgehalt (des Naßdampfes)

$$x = \frac{m''}{m}$$

und der sogenannten Dampfnässe

$$(1 - x) = \frac{m'}{m}$$

nach der Beziehung

$$v = (1 - x)\, v' + xv'' = v' + x(v'' - v')\,.$$

Daraus folgt der Dampfgehalt

$$x = \frac{v - v'}{v'' - v'}\,.$$

Mit dieser Beziehung lassen sich in Bild 3.17 unmittelbar die Linien gleichen Dampfgehaltes konstruieren. Der linke Ast der Grenzkurve entspricht dem Wert $x = 0$, der rechte Ast dem Wert $x = 1$.

Nach Darstellung der Isothermen im p,v-Diagramm und nach Ergänzung dieser Einzelheiten durch die Grenzkurve und die Linien gleichen Dampfgehaltes im Naßdampfgebiet — bzw. nach Aufstellen entsprechender Tabellen — liegen die drei einfachen Zustandsgrößen von Wasser bzw. Dampf in übersichtlicher Form vor. Zugleich gestattet das p,v-Diagramm, wie gezeigt wurde, die unmittelbare Darstellung von Volumenänderungsarbeiten im Verlauf von (reversiblen) Zustandsänderungen als Flächen unter den diese Zustandsänderungen beschreibenden Kurven. Im Vordergrund des Interesses stehen aber bei der Auslegung von Dampfkraftwerken die dort aufzuwendenden oder abzuführenden Wärmemengen sowie die zur Abgabe technischer Arbeiten strömender Medien bereitzustellenden Enthalpiegefälle.

Längs Zustandsänderungen   ausgetauschte

Wärmemengen lassen sich, wie in Abschnitt 3.1.3 ebenfalls bereits gezeigt wurde, bei Darstellung ihres Verlaufes im T,s-Diagramm als Flächen unter den betreffenden Zustandsänderungen abbilden. Zur unmittelbaren Darstellung von Enthalpiegefällen liegt es nahe, in einem Diagramm Enthalpiewerte, beschrieben durch Drücke und Temperaturen, abzutragen, und zwar, da ja zur Abgabe mechanischer Energie in Strömungsmaschinen isentrope Zustandsänderungen angestrebt werden, zweckmäßig über der Entropie; es lassen sich dann Kurvenscharen, parametriert nach Drücken bzw. Temperaturen, konstruieren, also Isobaren und Isothermen. Die Enthalpiegefälle längs Zustandsänderungen lassen sich in solchen Diagrammen als Ordinatenabschnitte zwischen den diese Zustandsänderungen markierenden Anfangs- und Endzuständen abgreifen. Abweichungen des in einer Strömungsmaschine erzielten tatsächlichen Expansionsverlaufes von dem erwünschten isentropen Verlauf werden wie in Abschnitt 2.5 bereits angekündigt durch den inneren Wirkungsgrad der Strömungsmaschine berücksichtigt.

Dieses so begründete h,s-Diagramm wurde von Mollier entwickelt; es ist daher auch unter der Bezeichnung Mollier-Diagramm geläufig. Die Bestimmung der so benötigten Enthalpie- und Entropiewerte aus kalorimetrischen Messungen ist umständlich und zeitraubend. Leichter lassen sie sich aus den einfachen Zustandsgrößen systematisch berechnen, wobei man vereinbart hat, für Wasser von 0 °C und Sättigungsdruck (0,006107 bar) Enthalpie und Entropie gleich null zu setzen [3.7; 3.34]. Auf die Einzelheiten soll hier nicht näher eingegangen werden. Die Resultate, das T,s-Diagramm und das h,s-Diagramm selbst, finden sich in den Bildern 3.18 und 3.19.

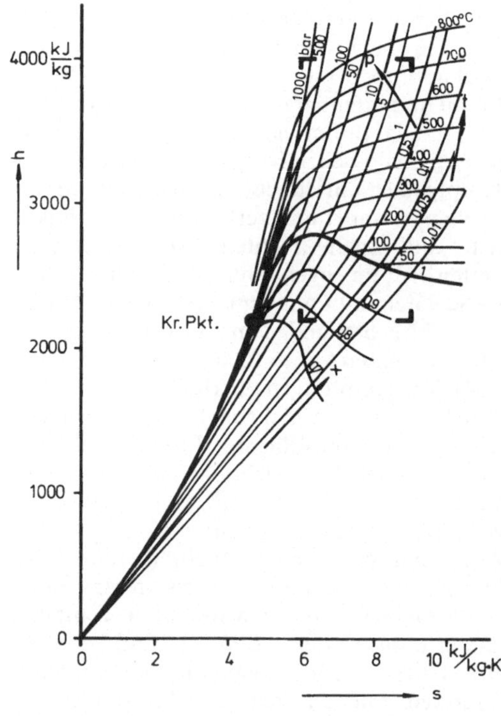

Bild 3.19. h,s-Diagramm für Wasserdampf

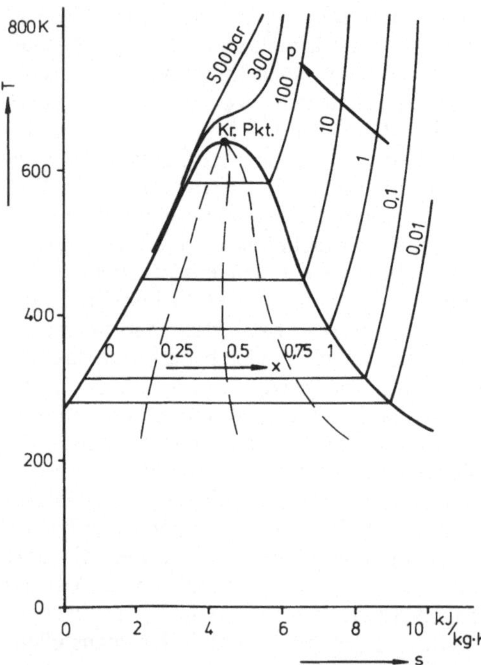

Bild 3.18. T,s-Diagramm für Wasserdampf

Die längs des Wasser-Dampf-Kreislaufes eines Dampfkraftwerksprozesses zu seiner Berechnung benötigten Enthalpiewerte betreffen zum Teil Dampf (überhitzten Dampf oder Sattdampf oder Naßdampf) und zum Teil Wasser. Für die Enthalpie von Wasser gilt im Bereich bis etwa 200 bar und 250 °C die Gleichung

(3.12) mit guter Genauigkeit auch ohne die Einschränkung konstanten Druckes. Mit der spezifischen Wärmekapazität von Wasser

$$c \approx 4{,}187 \, \frac{\text{kJ}}{\text{kg K}}$$

folgt dann zur Bestimmung der Enthalpie von Wasser die handliche Näherungsgleichung

$$\left(\frac{h}{\text{kJ/kg}} \right) \approx 4{,}2 \left(\frac{t}{°\text{C}} \right).$$

Sie reicht oft zur Erfassung der Wasserzustände in Wasser-Dampf-Kreisläufen aus. Zur Bestimmung der verbleibenden Dampfzustände genügt dann ein Ausschnitt des h,s-Diagramms etwa wie in Bild 3.20 dargestellt [3.33], der bei großformatigeren Darstellungen meist noch durch die Isochoren ergänzt wird.

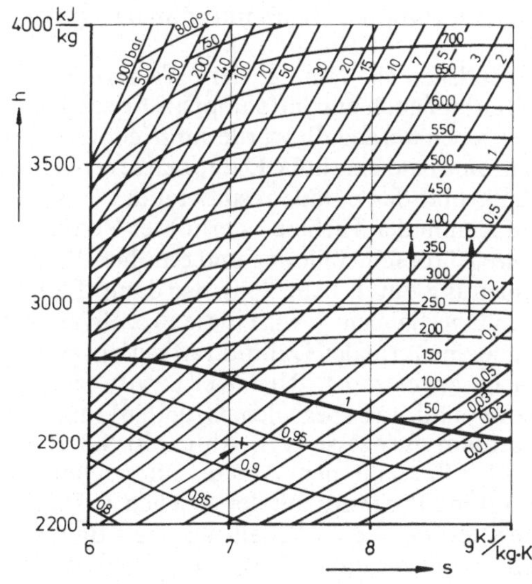

Bild 3.20. Ausschnitt des h,s-Diagramms für Wasserdampf (vgl. die Markierungen in Bild 3.19)

Die Genauigkeit der Diagrammen entnehmbaren Daten hat Grenzen. Bei höheren Genauigkeitsanforderungen verwendet man, wie bereits mehrfach erwähnt, entsprechende Tabellenwerke (sogenannte Wasserdampf-Tafeln), deren Werte dann gegebenenfalls linear zu interpolieren sind. Neuerdings werden auch

Datenverarbeitungsanlagen eingesetzt, die über entsprechende Dateien der Ausgangsgrößen verfügen und zur Berechnung gesuchter Zustandsgrößen komfortable, auch hohen Genauigkeitsanforderungen genügende Interpolations-Algorithmen verwenden.

3.1.6 Der Clausius-Rankine-Prozeß als theoretischer Vergleichsprozeß für Dampfkraftanlagenprozesse

In Abschnitt 2.5 wurde zu den einzelnen Stufen bei der Umwandlung chemischer Bindungsenergie von Brennstoffen in elektrische Energie ein erster Überblick gegeben. Kernstück war dort der Wasser-Dampf-Kreislauf zur Umwandlung der chemischen Bindungsenergie in mechanische Energie über eine thermische Zwischenstufe. Dieser Kreislauf umfaßt im einfachsten Fall Dampferzeuger, Turbine, Kondensator und Speisewasserpumpe (Bild 3.21; bezüglich der Schaltbilder vgl. Anhang).

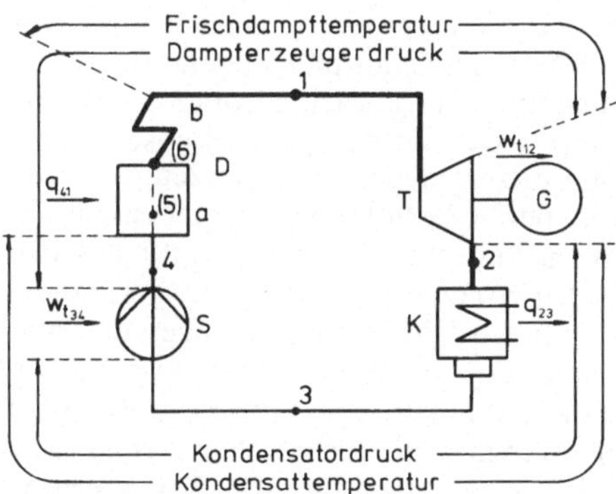

Bild 3.21. Schaltbild des Dampfkraftwerkes in seiner einfachsten Form. D Dampferzeuger mit Verdampfer a und Überhitzer b; T Turbine; K Kondensator; S Speisewasserpumpe

Als optimaler Prozeß zur Umwandlung thermischer Energie in mechanische Energie zwischen gegebenen Temperaturgrenzen ergab sich in Abschnitt 3.1.3 der Carnotsche Kreisprozeß. Er arbeitet mit zwei Isothermen — zur Aufnahme der eingesetzten thermischen Energie auf hohem Temperaturniveau und zur Abgabe der verbleibenden thermischen Restenergie auf dem Niveau der Umgebungstemperatur — und zwei Isentropen. Die Realisierung isothermer Zustandsänderungen zum Austausch thermischer Energie ist jedoch schwierig. Einfacher ist es, statt ihrer isobare Zustandsänderungen vorzusehen (wobei sich im folgenden diejenige dieser beiden isobaren Zustandsänderungen, die der Energieaufnahme dient, während der eigentlichen Verdampfung doch als zugleich isotherm ergeben wird, während die andere, der Abgabe der verbleibenden Restenergie dienende, da durch einen Kondensationsvorgang realisiert, schließlich sogar doch in ihrem gesamten Verlauf zugleich auch eine Isotherme sein wird).

Bild 3.21 zeigt die Einzelheiten. Wenn man zunächst sowohl die Abweichungen von dem somit anzustrebenden isobaren Verlauf der Zustandsänderungen des strömenden Mediums längs Dampferzeuger und Kondensator als auch diejenigen von dem erwünschten isentropen Verlauf längs Turbine und Speisewasserpumpe vernachlässigt, dann wird das unter hohem Druck („Dampferzeugerdruck") stehende Speisewasser niedriger Temperatur („Kondensattemperatur") zunächst im Verdampferteil des Dampferzeugers unter Zufuhr der Erzeugungswärme isobar erhitzt und verdampft; der Sattdampf wird anschließend im Überhitzerteil des Dampferzeugers unter Zufuhr der Überhitzungswärme isobar bis auf die gewünschte Starttemperatur des Prozesses („Frischdampftemperatur") gebracht. Insgesamt wird im Dampferzeuger die Wärmemenge q_{41} zugeführt. Der Frischdampf expandiert dann in der Turbine unter planmäßiger Abgabe der technischen Arbeit $(w_t)_{12}$ isentrop auf niedrigen Druck („Kondensatordruck") und niedrige Temperatur („Kondensattemperatur"). Dabei wird die Grenzkurve unterschritten: es kommt eine begrenzte Dampfnässe zustande. Der Turbinenabdampf wird hernach im Kondensator isobar (und zugleich isotherm) kondensiert, wobei die Kondensationswärme q_{23} abzuführen ist. Das Kondensat wird schließlich durch die Speisewasserpumpe unter Aufnahme der technischen Arbeit $(w_t)_{34}$ isentrop wieder auf Dampferzeugerdruck gebracht. Von den verschiedenen Reibungs-, Drossel- und Wärmeableitungsverlusten in Dampferzeuger und Kondensator sowie längs der verbindenden Rohrleitungen abgesehen herrscht also von der Speisewasserpumpe über den Dampferzeuger bis zum Turbineneintritt Dampferzeugerdruck und vom Turbinenaustritt über den Kondensator bis zur Speisewasserpumpe Kondensatordruck; ferner herrscht — wenn man auch den geringen Temperaturanstieg des Speisewassers bei seiner isentropen Kompression in der Speisewasserpumpe einerseits und andererseits wiederum die Verluste längs der verbindenden Rohrleitungen außer Betracht läßt — vom Überhitzeraustritt bis zur Turbine Frischdampftemperatur und von der Turbine über Kondensator und Speisewasserpumpe bis zum Verdampfereintritt Kondensattemperatur. Der hohe Druck in einem Teil des Kreislaufes stammt also von der Speisewasserpumpe, die in einem kleineren Teil herrschende hohe Temperatur vom Dampferzeuger. Beide werden in der Turbine abgebaut; im Kondensator bleiben sie konstant. Das ist der Clausius-Rankine-Prozeß als theoretischer Vergleichsprozeß des Dampfkraftanlagenprozesses.

Grundsätzlich könnte der Wasser-Dampf-Kreislauf auch mit Sattdampf als Frischdampf betrieben werden. Er würde dann jedoch in der Turbine bald eine hohe Dampfnässe erreichen. Aufgrund der daraus resultierenden Erscheinungen in der Turbine — erhöhter Verschleiß durch Tröpfchenbildung und erhöhte Wärmeableitung durch Benetzung der dampfführenden Oberflächen — wird diese Prozeßvariante daher im normalen Dampfkraftwerk praktisch nicht angewendet. Nur Kernkraftwerksprozesse sind aus speziellen Gründen zum Teil Sattdampfprozesse (vgl. Abschnitt 4.3.2).

Bild 3.22 zeigt den Ablauf eines Clausius-Rankine-Prozesses mit der gleichen Zustandsbezifferung wie im Schaltbild nach Bild 3.21 im p,v-Diagramm [3.26]: die isobare Verdampfung längs der Zustandsänderung 4-5-6-1, die isentrope Expansion von 1 nach 2_{rev}, die isobare und zugleich isotherme Kondensation von 2_{rev} nach 3 und schließlich die isentrope Kompression in der Speisewasserpumpe von 3 nach 4. Die umschlossene Fläche $1\text{-}2_{rev}\text{-}3\text{-}4\text{-}1$ wird dort gleich der abgegebenen technischen Arbeit bei reversiblem Verlauf des gesamten Kreisprozesses. Die stärkste Abweichung von dieser Voraussetzung der Reversibilität tritt in der Turbine auf, und zwar im wesentlichen durch Reibungs- und Drosselverluste des Dampfes und durch Wärmeableitung an die Umgebung. Die Expansion verläuft dort in Wirklichkeit deutlich irreversibel und endet statt im Zustand 2_{rev} bei gleichem Enddruck tatsächlich im Zustand 2. Hier sei noch einmal daran erinnert, daß im Gegensatz zu den sonstigen Zustandsänderungen in Bild 3.22 dort die gestrichelte Verbindungslinie 1-2 nicht die ablaufende Zustandsänderung darstellen kann, da es sich dabei nicht um eine reversible Zustandsänderung handelt; sie markiert vielmehr nur noch, bezugnehmend auf die Zustände längs des Kreis-

Diagramm leicht zeigen. Bei Abgabe an die Umgebung würde der Dampf nur bis auf den Umgebungsdruck von ca. 1 bar expandieren; eine dementsprechende erhöhte Restenthalpie würde ihm dann noch innewohnen. Bei Schließung des Prozesses über den Kondensator zur Speisewasserpumpe gewinnt man dagegen die Möglichkeit, den Druck am Ende der Turbine durch Absaugen des Kondensates aus dem Kondensator mit Hilfe der Speisewasserpumpe weiter abzusenken, so daß das Druckgefälle und damit das längs der Turbine genutzte Enthalpiegefälle des Dampfes steigt; die Druckabsenkung kann so weit getrieben wer-

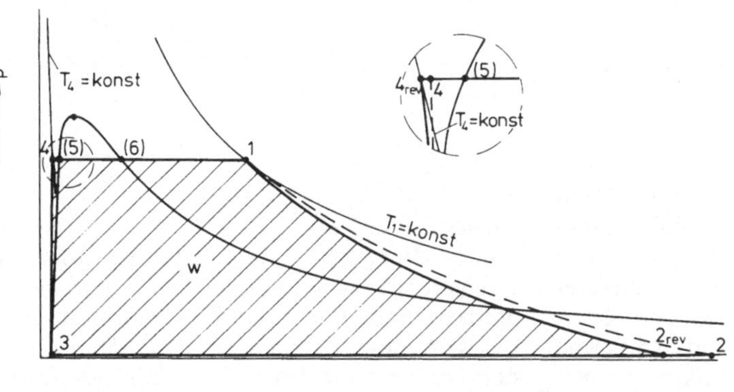

Bild 3.22. Clausius-Rankine-Prozeß im p,v-Diagramm

laufes nach Bild 3.21, den Weg des strömenden Mediums durch diesen Abschnitt des Kreislaufes. Speziell wird aufgrund dieser Zusammenhänge auch nicht etwa die umschlossene Fläche und damit die gewonnene technische Arbeit vergrößert; die letztere ist vielmehr kleiner als bei reversiblem Verlauf. Man muß also die vorerst nur qualitative Anmerkung machen, daß der thermische Wirkungsgrad so unter sonst gleichen Verhältnissen grundsätzlich abnimmt.

An sich wäre der Prozeß auch mit Abgabe des Turbinenabdampfes an die Umgebung denkbar. Vorteilhafter ist jedoch die Ergänzung einer solchen Anlage im „Auspuffbetrieb" über den Kondensator zu einem geschlossenen Kreislauf, vor allem, weil auf diese Weise eine Verbesserung des thermischen Wirkungsgrades zu erzielen ist. Das läßt sich im p,v-

den, wie es die Temperatur des zur Kühlung des Kondensators verfügbaren Kühlwassers, die ihrerseits die tiefstmögliche Kondensationstemperatur des Turbinenabdampfes bestimmt, zuläßt. Die umschlossene Fläche w im p,v-Diagramm als Maß für die gewonnene technische Arbeit nimmt folglich bei gleicher im Dampferzeuger zugeführten Wärmemenge zu: der thermische Wirkungsgrad der Energieumwandlung steigt.

Weiteren Aufschluß vermittelt die Darstellung des Prozesses im T,s-Diagramm (Bild 3.23). Die Tatsache, daß die Punkte 3 und 4 hier praktisch auf der Grenzkurve zusammenfallen, liegt darin begründet, daß Wasser im Gegensatz zu seinem Dampf nur eine sehr geringe Kompressibilität aufweist: Kompressionen müssen im Flüssigkeitsgebiet des p,v-Diagramms sehr steil verlaufen. Der Verlauf

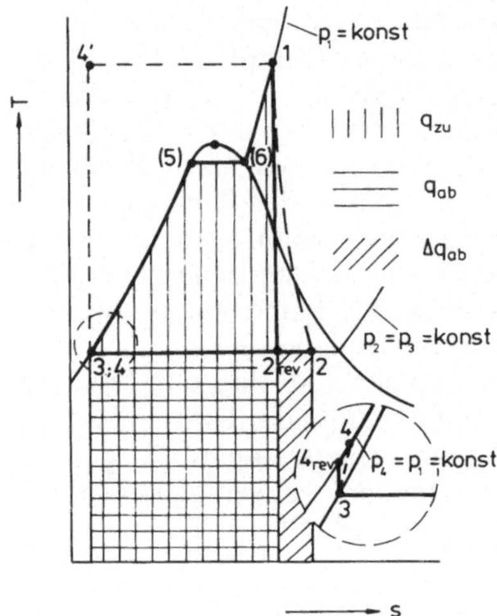

Bild 3.23. Clausius-Rankine-Prozeß im T,s-Diagramm

speziell isothermer Kompressionen im Flüssigkeitsgebiet läßt sich dem p,v-Diagramm nach Bild 3.17 entnehmen: sie verlaufen dort in der Tat fast senkrecht und liegen entsprechend dicht nebeneinander. Isentrope Kompressionen verlaufen noch steiler als isotherme Kompressionen; ihre Schnittpunkte mit den Isothermen im p,v-Diagramm sind schleifend. Isentrope Kompressionen von Wasser können daher nur geringe Temperatursteigerungen zur Folge haben. Im T,s-Diagramm müssen die Isobaren im Flüssigkeitsgebiet entsprechend unmittelbar vor der Grenzkurve und ähnlich dicht nebeneinander liegen wie oben die Isothermen. Speziell die isentrope Kompression 3-4 des Clausius-Rankine-Prozesses weist einen so geringen Temperaturanstieg auf, daß beide Zustände praktisch auf der Grenzkurve zusammenfallen.

Unter der Voraussetzung reversiblen Verlaufes der Zustandsänderungen des strömenden Mediums längs des Dampferzeugers und längs des Kondensators bilden sich die dort ausgetauschten Wärmemengen im T,s-Diagramm als Flächen unter den betreffenden Kurven ab, und zwar unabhängig etwa vom Charakter des Expansionsverlaufes in der Turbine. In jedem Fall lassen sich also im T,s-Diagramm aus der Relation der Wärmemengen Aussagen bezüglich des thermischen

Wirkungsgrades des Kreisprozesses herleiten. Während sowohl bei reversiblem als auch bei irreversiblem Expansionsverlauf unter sonst gleichen Bedingungen die im Dampferzeuger längs 4-5-6-1 zugeführte Wärmemenge q_{zu} gleich bleibt, nimmt die im Kondensator abgeführte Wärmemenge bei Übergang von reversiblem auf irreversiblen Expansionsverlauf von dem Wert q_{ab} (entsprechend der Zustandsänderung 2_{rev}-3) auf den Wert $q_{ab} + \Delta q$ (entsprechend der Zustandsänderung $2\text{-}2_{rev}$-3) zu. Der thermische Wirkungsgrad geht demzufolge von dem bei reversibler Expansion sich einstellenden Wert

$$\eta_{th} = \frac{q_{nutz}}{q_{zu}} = \frac{q_{zu} - q_{ab}}{q_{zu}} = 1 - \frac{q_{ab}}{q_{zu}} \qquad (3.42)$$

bei Übergang zu irreversibler Expansion auf einen Wert

$$1 - \frac{q_{ab} + \Delta q}{q_{zu}}$$

zurück.

Durch Vergleich mit einem Carnotschen Kreisprozeß zwischen gleichen Temperaturgrenzen verdeutlicht das T,s-Diagramm auch die Konsequenzen aus dem erwähnten Ersatz der beiden isothermen Zustandsänderungen nach Carnot durch zwei Isobaren im Verein mit der Verwendung von Wasser bzw. seinem Dampf als Energietransportmittel mit stetem Wechsel zwischen der flüssigen und der dampfförmigen Phase: während die isobare Kondensation aufgrund der Tatsache, daß der Dampf beim Eintritt in den Kondensator schon die Grenzkurve unterschritten hat, zugleich in der an sich gewünschten Weise isotherm verläuft, zeigt vor allem die isentrope Kompression 3-4 zusammen mit der isobaren Verdampfung 4-5-6-1 starke Abweichungen von dem nach Carnot geforderten Gesamtverlauf 3-4'-1, die in entsprechenden weiteren Minderungen des nach Carnot maximal möglichen thermischen Wirkungsgrades ihren Niederschlag finden.

Am unmittelbarsten — da schon aufgrund von Streckenverhältnissen und nicht erst aufgrund von Flächenverhältnissen formulierbar — lassen sich die Betrachtungen hinsichtlich des thermischen Wirkungsgrades und seiner Minderungen durch Irreversibilitäten im h,s-Diagramm verdeutlichen (Bild 3.24): der Enthalpieanstieg des Speisewassers im Dampferzeuger von 4 über 5 und 6 nach 1, das Enthalpiegefälle 1-2$_{rev}$ des Dampfes längs der Turbine bei reversibler Expansion, das Gefälle 2-3 bei der Kondensation und der Anstieg 3–4 in der Speisewasserpumpe sind unmittelbar als Strecken abgreifbar (wegen der ähnlich gedrängten Lage der Isobaren im Flüssigkeitsgebiet vor der Grenzkurve wie im T,s-Diagramm fallen die Punkte 3 und 4 auch hier praktisch auf der Grenzkurve zusammen). Bei irreversiblem Expansionsverlauf auf den Zustand 2 geht unter sonst gleichen Bedingungen das Enthalpiegefälle längs der Turbine von dem Wert $(h_1 - h_{2\,rev})$ auf den Wert $(h_1 - h_2)$ zurück; das Enthalpiegefälle während der anschließenden Kondensation hingegen nimmt entsprechend zu. Diese Minderung des genutzten Enthalpiegefälles berücksichtigt der innere Turbinenwirkungsgrad

$$\eta_i = \frac{h_1 - h_2}{h_1 - (h_2)_{rev}}.$$ (3.43)

Der bei reversiblem Expansionsverlauf wirksame thermische Wirkungsgrad

$$\eta_{th} = \frac{h_1 - (h_2)_{rev}}{h_1 - h_4}$$ (3.44)

geht damit bei irreversiblem Verlauf auf den auch als tatsächlicher thermischer Wirkungsgrad bezeichneten Wert

$$\eta_t = \eta_{th}\eta_i = \frac{h_1 - (h_2)_{rev}}{h_1 - h_4}\,\frac{h_1 - h_2}{h_1 - (h_2)_{rev}}$$

$$= \frac{h_1 - h_2}{h_1 - h_4}.$$

zurück.

Zur Beurteilung eines Kraftwerksblockes sind darüberhinaus auch die übrigen in Abschnitt 2.5 bereits genannten Teilwirkungsgrade zu berücksichtigen.

3.1.7 Die Wärmepumpe als Umkehrung des einfachen Dampfkraftanlagenprozesses

Durch Umkehrung des Clausius-Rankine-Prozesses kann unter Aufwand technischer Arbeit als Antriebsenergie thermische Energie von niedrigem Temperaturniveau aus der Umgebung aufgenommen und zusammen mit der Antriebsenergie in thermischer Form auf höherem Temperaturniveau wieder abgegeben werden. Eine solche Anlage heißt Wärme-„Pumpe".

Wenn der Arbeitstemperaturbereich so liegt, daß die Wärmeaufnahme knapp unterhalb der Umgebungstemperatur, die Wärmeabgabe hingegen in einem abgeschlossenen Raum auf einem Temperaturniveau deutlich über der äußeren Umgebungstemperatur erfolgt, wenn der Akzent mit anderen Worten auf der warmen Seite liegt, handelt es sich um die sogenannte (theoretisch) reversible Heizung durch eine Wärmepumpe im engeren Sinne (im Gegensatz zur irreversiblen Heizung etwa durch Verfeuern von Brennstoffen). Erfolgt die Wärmeaufnahme dagegen in einem abgeschlossenen Raum deutlich unterhalb der äußeren Umgebungstemperatur, die Wärmeabgabe dagegen nur knapp oberhalb ihrer, dann liegt der Akzent auf der kalten Seite; es handelt sich dann speziell um die Kältemaschine. Die letztere findet in der Technik seit langer Zeit vielfältige Anwendung. Die erstere bekommt unter Umständen neuerdings Bedeutung; man sucht mit ihrer Hilfe die

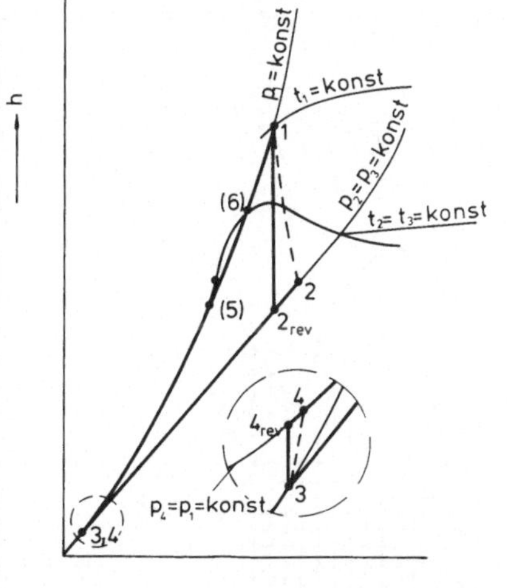

Bild 3.24. Clausius-Rankine-Prozeß im h,s-Diagramm

großen Vorräte an Umgebungswärme für Heizzwecke nutzbar zu machen.

Eine Wärmepumpe besteht im einfachsten Fall aus Kompressor, Kondensator, Drosselventil und Verdampfer (Bild 3.25): der Kompressor saugt unter Zufuhr der technischen Arbeit $w_t = (w_t)_{12}$ Dampf vom Verdampferdruck p_0 an und komprimiert ihn isentrop auf den Kondensatordruck p. Dabei steigt auch die Temperatur des Dampfes. Dieser gibt dann im Kondensator in Form seiner dem nun herrschenden Druck entsprechenden Überhitzungs- und Verdampfungswärme sowie in Form von Teilen seiner betreffenden Flüssigkeitswärme auf hohem Temperaturniveau die Wärmemenge $q = q_{23}$ an die Umgebung ab; diese Energieabgabe endet spätestens, wenn das Temperaturgefälle des entstehenden Kondensates gegenüber der Umgebung verschwindet. Die anschließende (isentrope) Expansion des Kondensates auf den Druck p_0 unter gleichzeitiger Temperaturabsenkung sollte an sich konsequenterweise in einem geeigneten Aggregat unter Abgabe der technischen Arbeit $(w_t)_{34}$ ablaufen; da ein solches jedoch bei den infragekommenden Leistungen in der Regel unwirtschaftlich wäre, läßt man ihn statt dessen über ein Drosselventil irreversibel expandieren. Das Kondensat geht bei dieser Druckabsenkung wieder in Dampf über; die benötigte Wärmemenge $q_0 = q_{41}$ wird im Verdampfer auf niedrigem Temperaturniveau der Umgebung entzogen. Beide Umgebungsbereiche — der erste, Wärme aufnehmende, und der zweite, Wärme abgebende — sind natürlich thermisch voneinander isoliert (etwa Inneres und Äußeres eines Wohnraumes

oder Äußeres und Inneres eines Kühlraumes).

Das T,s-Diagramm in Bild 3.26 zeigt den Wärmepumpenprozeß mit den Zustandsziffern nach Bild 3.25: er besteht theoretisch aus zwei Isobaren und zwei Isentropen. Die umschlossene Fläche stellt in Analogie zur Nutzwärmemenge q_{nutz} beim Clausius-Rankine-Prozeß bzw. zu ihrem Äquivalent, der dort abgegebenen technischen Arbeit w_t, hier die vom Kompressor aufgenommene technische Arbeit dar. In praxi treten vor allem im Verlauf der beiden Druckänderungen Irreversibilitäten auf.

Eine Kältemaschine ist durch ihre Kühlleistungszahl

$$\varepsilon_k = \frac{q_0}{w_t} \tag{3.46}$$

charakterisiert; diese setzt die der Umgebung zur Erzielung der hier bezweckten Kühlwirkung entzogene Wärmemenge q_0 in Beziehung zu der dazu benötigten Antriebsenergie w_t. In analoger Weise bildet man bei der Wärmepumpe im engeren Sinne die Heizleistungszahl

$$\varepsilon_h = \frac{q}{w_t} = \frac{q_0 + w_t}{w_t} \tag{3.47}$$

als Quotient aus der zur Erzielung der hier bezweckten Heizwirkung abgegebenen Wärmemenge q und der aufgewandten Antriebs-

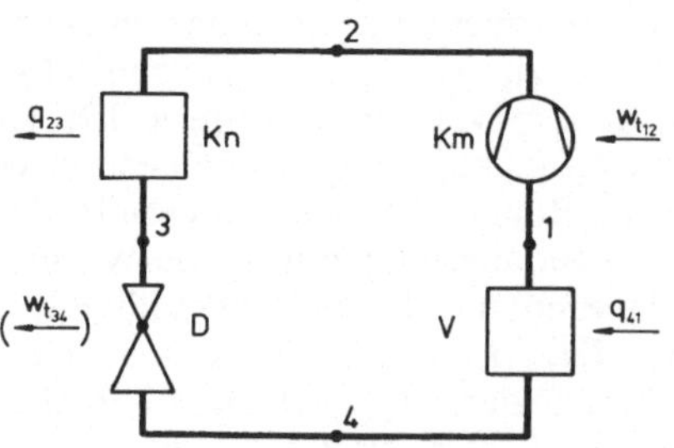

Bild 3.25. Schaltbild der Wärmepumpe. Km Kompressor; Kn Kondensator; D Drosselventil; V Verdampfer

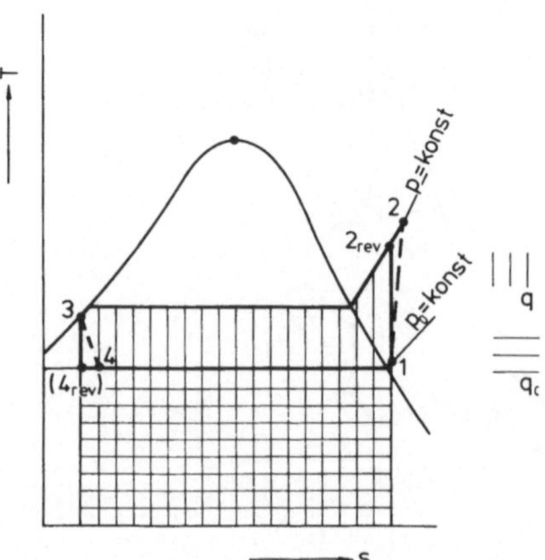

Bild 3.26. Wärmepumpenprozeß im T,s-Diagramm

arbeit w_t, wobei die Wärmemenge q ihrerseits gleich der Summe aus der auf niedrigem Temperaturniveau aufgenommenen Wärmemenge q_0 und der Antriebsenergie w_t ist. Man kann diesen letzteren Quotienten auch auffassen als das Reziprok des thermischen Wirkungsgrades beim Clausius-Rankine-Prozeß. Beide obigen Quotienten sind im übrigen, wie Bild 3.26 unter Berücksichtigung der genannten Äquivalenz — hier zwischen $(q - q_0)$ und w_t — erkennen läßt, um so größer und damit um so günstiger, je geringer die herbeizuführende Temperaturerhöhung der aufgenommenen Wärmemenge und damit die benötigte Antriebsenergie ist. Unter dem Aspekt möglicher Energieeinsparungen durch Einsatz der Wärmepumpe für Heizzwecke erscheint damit insbesondere eine derartige Bereitstellung von thermischer Energie auf niedrigem Temperaturniveau — etwa zum Beheizen von Wohnräumen — interessant; Wärmepumpen können

großen spezifischen Volumens von Wasserdampf auf dem gängigen Temperaturbereichen des Wärmepumpeneinsatzes entsprechenden Druckniveau statt dessen sogenannte Kältemittel (Ammoniak NH_3 und andere). Die nötige Antriebsleistung kann einer Wärmepumpe auch in großenteils thermischer Form zugeführt werden, zum Beispiel durch Verbrennen von Brennstoff. Im Gegensatz zur obigen genauer als Kompressionswärmepumpe zu bezeichnenden Variante kommt man dann zur Absorptionswärmepumpe [3.39].
Das Arbeitsmittel — zum Beispiel Ammoniak — wird auch hier so geführt, daß es auf hohem Druck- bzw. Temperaturniveau in einem Kondensator Kondensationswärme abgibt (Bild 3.27), ehe es nach Passieren eines Drosselventils auf niedrigem Druck- bzw. Temperaturniveau in einem Verdampfer Verdampfungswärme aufnimmt. Im Gegensatz zur Kompres-

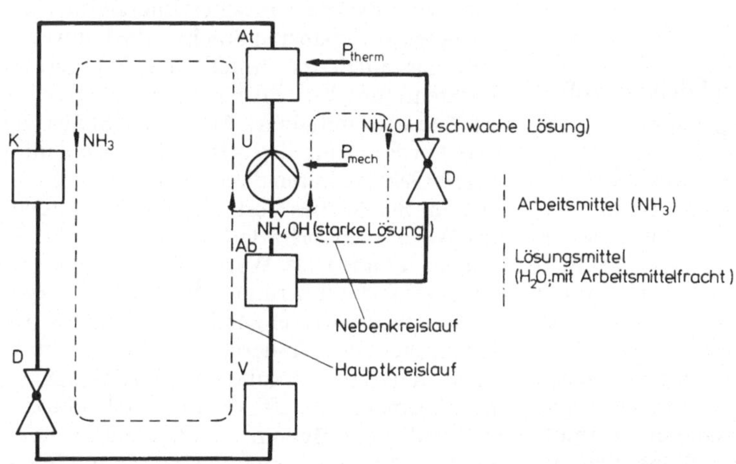

Bild 3.27. Schaltbild der Absorptionswärmepumpe in vereinfachter Darstellung. K Kondensator; D Drosselventil; V Verdampfer; Ab Absorber; U Umwälzpumpe; At Austreiber

nen vor allem Niedertemperaturwärme liefern. Auch für Prozesse, bei denen Fortwärme eventuell bei höheren Temperaturen frei wird und bei mäßig darüber liegenden Temperaturen wieder genutzt werden könnte, liegt der Gedanke an den Einsatz der Wärmepumpe nahe.
Im Gegensatz zum Clausius-Rankine-Prozeß verwendet man für Wärmepumpen wegen des

sionswärmepumpe wird es jedoch anschließend in seiner augenblicklichen Form als Niederdruckgas in einem Absorber unter Freisetzung von Absorptionswärme von einem Lösungsmittel — zum Beispiel Wasser — absorbiert, ehe es als Lösung von einer Umwälzpumpe auf hohen Druck gefördert wird; da die Kompressibilität der Lösung gering ist, benötigt die Pumpe verglichen mit dem Kompressor der Kompressionswärmepumpe nur wenig mechanische Antriebsleistung P_{mech}. Anschließend wird das Arbeitsmittel unter Aufwand der thermischen Antriebsleistung P_{therm} in einem Austreiber wieder aus der Lösung getrieben und nimmt dann als Gas hohen Druckes seinen weiteren Weg durch den Hauptkreislauf des Prozesses. Die im Austreiber verbleibende schwache Arbeitsmittellösung wird in einem Nebenkreislauf über ein weiteres Drosselventil wieder dem Absorber zugeführt. Ein (in Bild 3.27 nicht dargestellter) Wärmetauscher dient der Vorwärmung der dem Austreiber zuströmenden starken Lösung mit Hilfe der ihn verlassenden schwachen Lösung. Das Arbeitsmittel wird also auf diese Weise längs des Hauptkreislaufes jeweils zweimal verdampft und wieder verflüssigt; seine Druckerhöhung kann in einem Zustand geringer Kompressibilität mit geringer mechanischer Antriebsleistung erfolgen.

3.1.8 Der Joule-Prozeß als theoretischer Vergleichsprozeß für Gaskraftanlagenprozesse

Abhängig davon, ob das Arbeitsmedium längs eines Kreisprozesses stets wiederkehrend Phasenänderungen erfährt oder nicht, unterscheidet man Dampfkraftanlagen und Gaskraftanlagen: bei den ersteren liegt das Medium streckenweise als Flüssigkeit, streckenweise als Dampf vor („heterogener Prozeß"); bei den letzteren behält es immer den gasförmigen Aggregatzustand („homogener Prozeß"). Die bisher ausschließlich betrachteten Dampfkraftwerke waren in diesem Sinne Dampfkraftanlagen. Kernkraftwerke werden sich als je nachdem der einen oder der anderen Kategorie zugehörig erweisen; es gibt auch Kernkraftwerksprozesse, bei denen einem gewöhnlichen der Umwandlung thermischer Energie in mechanische Energie dienenden Kreisprozeß, der dann als Sekundärkreislauf fungiert, ein in allen Abschnitten ein flüssiges Medium führender, ausschließlich dem Transport thermischer Energie dienender Primärkreislauf vorgeschaltet ist (vgl. Abschnitt 4.3.1). Zunächst soll hier nun eine Betrachtung der Gaskraftanlagen folgen. Dazu ist zuvor noch ein

weiterer Einteilungsgesichtspunkt zu erörtern.

Im Bereich der die chemische Bindungsenergie von Brennstoffen umwandelnden herkömmlichen Wärmekraftwerke — im Gegensatz zu den insofern ebenfalls als Wärmekraftwerke anzusehenden Kernkraftwerken — unterscheidet man abhängig davon, ob das Verbrennungs- oder Rauchgas, das die aus den eingesetzten Brennstoffen stammende thermische Energie trägt, zur Umwandlung von Teilen dieser Energie in mechanische Energie unmittelbar einer Turbine zugeführt wird oder nicht, Verbrennungskraftanlagen und Wärmekraftanlagen.

Die bisher betrachteten Dampfkraftwerke waren in diesem Sinne Wärmekraftanlagen: die thermische Energie der Rauchgase wurde zunächst in thermischer Form einem anderen Medium — nämlich dem Speisewasser des Dampferzeugers bzw. dem sich bildenden Dampf — mitgeteilt, ehe man dieses Medium unter Abgabe mechanischer Energie in einer Turbine zur Expansion brachte; die Umwandlung des nutzbaren Anteils der Energie der Verbrennungsgase in mechanische Energie erfolgte also mittelbar. Außer zur Steuerung und Verbesserung des Verbrennungsablaufes durch Gebläse waren dabei spezielle Maßnahmen im Bereich des Verbrennungsluft-Rauchgas-Weges nicht erforderlich. Auch Gaskraftanlagen können als Wärmekraftanlagen angelegt sein: dann wird die thermische Energie der Rauchgase wieder zunächst in einem Wärmetauscher einem anderen, in einem geschlossenen Kreislauf zirkulierenden Medium — im allgemeinen Luft; auch Kohlendioxid, Stickstoff oder Helium — mitgeteilt, ehe der nutzbare Anteil in einer Turbine in mechanische Energie umgewandelt wird. Da die Turbine wieder nicht mit den Rauchgasen in Berührung kommt, ergeben sich hinsichtlich der verwendbaren Brennstoffe insofern keine Einschränkungen. Im Falle des Einsatzes von Kernenergie erscheint es auch denkbar, den Kreislauf ohne Zwischenschaltung eines Wärmetauschers unmittelbar zwischen einem Hochtemperatur-Reaktor und der Turbine zu betreiben (vgl. Abschnitt 4.3.4).

In den Verbrennungskraftanlagen — zu denen im Prinzip auch der Verbrennungsmotor gehört — werden die heißen Rauchgase selbst unmittelbar zur Freisetzung mechanischer Energie in einer Turbine (bzw. in einem Motor) zur Expansion gebracht. Dazu muß — analog der Speisewasserpumpe beim Dampferzeuger — zunächst durch einen passend ausgelegten, vor dem Feuerraum anzuordnenden Verdichter ein entsprechend erhöhter Feuerraumdruck aufgebaut werden, ehe die geförderte Frischluft zum Verbrennen des zugeführten Brennstoffes verwendet und dabei stark erhitzt wird; auch während der vorherigen, als isentrop verlaufend angestrebten Druckerhöhung ergab sich bereits eine gewisse Temperatursteigerung, die noch näher zu betrachten sein wird. Da die Rauchgase nach Passieren der Turbine nicht wieder zu einer neuerlichen Verbrennung von Brennstoff verwendet werden können, müssen Verbrennungskraftanlagen in „offenem" Kreislauf betrieben werden: die Rauchgase sind nach außen abzugeben; es ist Frischluft anzusaugen. Ein Vorteil des Verfahrens besteht in dem einfachen anlagemäßigen Aufbau. Ein Nachteil resultiert aus der Tatsache, daß die Turbine infolge der Verunreinigungen in den Rauchgasen erhöhtem Verschleiß ausgesetzt ist. Zur Vermeidung stärkerer Erosions- und Korrosionswirkungen erlauben die Verbrennungskraftanlagen daher im Gegensatz zu den Gaskraftanlagen mit geschlossenem Kreislauf nur die Verfeuerung der relativ teuren Leichtöle oder Gase (auch aus Kohlevergasungsprozessen — vgl. Abschnitt 6.2.3). Nichtsdestoweniger sind Verbrennungskraftanlagen im Kraftwerksbereich in Form von Gasturbinenanlagen inzwischen relativ häufig anzutreffen. Sie haben dann im wesentlichen zweierlei Bedeutung: wegen ihrer aus dem einfachen Aufbau folgenden Robustheit und leichten Regelbarkeit erlauben sie hohe Leistungsänderungsgeschwindigkeiten und sind daher zur Spitzenlastdeckung besonders geeignet; wegen ihrer unter anderem ebenfalls aus dem einfachen Aufbau folgenden hohen zulässigen Anfangstemperaturen bei zugleich hohen Austrittstemperaturen des Abgases können sie in kombinierten Gasturbinen-Dampfturbinen-Prozessen herkömmlichen Dampfkraftwerksblöcken vorgeschaltet werden (vgl. Abschnitt 3.2.3) und führen dann zu Verbesserungen des thermischen Gesamtwirkungsgrades gegenüber einfachen Dampfkraftanlagen. Diese

letzteren kombinierten Anlagen werden entsprechend im Grund- und auch im Mittellastbereich eingesetzt. Sie setzen jedoch wieder den Einsatz hochwertiger, rückstandsarmer Brennstoffe voraus (siehe oben).

Die Gaskraftanlage mit geschlossenem Kreislauf besteht im einfachsten Fall — und in weitgehender Analogie zum Dampfkraftwerksprozeß nach Abschnitt 3.1.6 — aus Gaserhitzer, Turbine, Gaskühler und Verdichter (Bild 3.28; vgl. auch Bild 3.21).

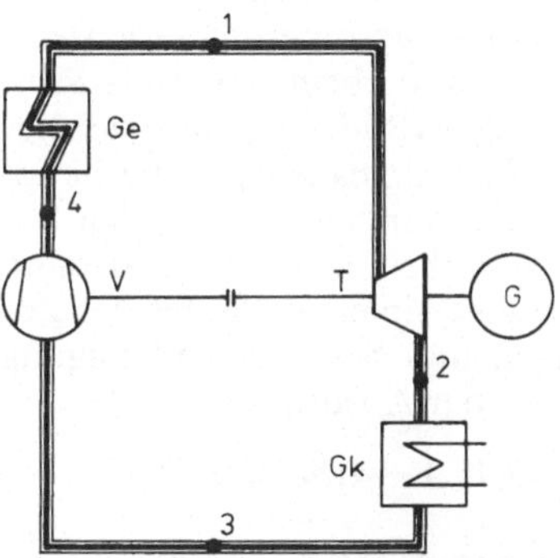

Bild 3.28. Schaltbild der Gaskraftanlage mit geschlossenem Kreislauf in ihrer einfachsten Form. Ge Gaserhitzer; T Turbine; Gk Gaskühler; V Verdichter

Der Joule-Prozeß als theoretischer Vergleichsprozeß für diesen Kreisprozeß geht wie der Clausius-Rankine-Prozeß von zwei isobaren und zwei isentropen Zustandsänderungen aus (Bild 3.29). Bei genauerer Betrachtung sind wieder vor allem die Abweichungen von dem erwünschten isentropen Verlauf längs der beiden beteiligten Strömungsmaschinen zu berücksichtigen.

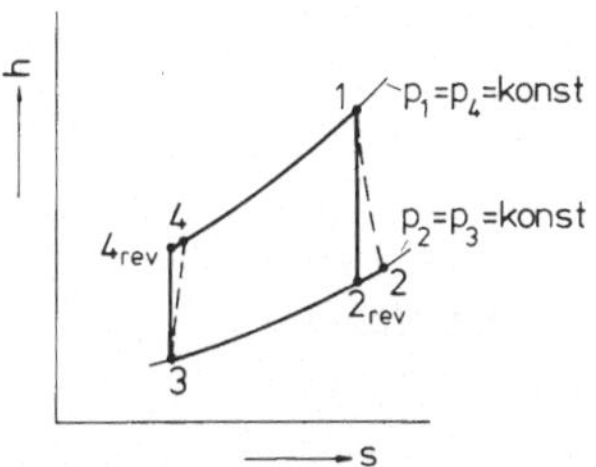

Bild 3.29. Joule-Prozeß im h,s-Diagramm

Das h,s-Diagramm macht einen typischen Unterschied des Joule-Prozesses gegenüber dem Clausius-Rankine-Prozeß deutlich, der darin besteht, daß bei dem ersteren wegen der hohen Kompressibilität des vom Verdichter zu fördernden Arbeitsmediums wesentliche Anteile des längs der Turbine genutzten Enthalpiegefälles $1\text{-}2_{\text{rev}}$ bzw. $1\text{-}2$ dem Arbeitsmedium bei der Druckerhöhung im Verdichter in Form des Enthalpieanstieges $3\text{-}4_{\text{rev}}$ bzw. $3\text{-}4$ wieder zugeführt werden müssen, so daß zur Abgabe einer gewissen Nutzleistung insgesamt ein Mehrfaches dieser Leistung in Form von Turbinen- und Verdichterleistung installiert werden muß; beim Clausius-Rankine-Prozeß hingegen (Bild 3.24) hatte sich der entsprechende Enthalpieanstieg überhaupt nur in vergrößerter Darstellung abbilden lassen. Für die Nutzarbeit w_t ergibt sich dann unter Annahme reversiblen Verlaufes der Zustandsänderungen und bei Vernachlässigung sonstiger Verluste der Ausdruck

$$w_t = (h_1 - (h_2)_{\text{rev}}) - ((h_4)_{\text{rev}} - h_3) \ .$$

Mit (3.12) folgt daraus für $c_{\text{p}} = \text{const}$

$$w_t = c_{\text{p}}\left[T_1 \left(1 - \frac{(T_2)_{\text{rev}}}{T_1} \right) \right.$$
$$\left. - T_3 \left(\frac{(T_4)_{\text{rev}}}{T_3} - 1 \right) \right]. \qquad (3.48)$$

Für die beiden isentropen Zustandsänderungen folgt aus (3.25) und (3.1) auch

$$\frac{T}{p^{\frac{\varkappa - 1}{\varkappa}}} = \text{const.} \qquad (3.49)$$

Damit ergibt sich für die Kompression $3\text{-}4_{\text{rev}}$ der Quotient

$$\frac{(T_4)_{\text{rev}}}{T_3} = \left(\frac{p_4}{p_3} \right)^{\frac{\varkappa - 1}{\varkappa}} \qquad (3.50)$$

und weiterhin mit $p_1 = p_4$ bzw. $p_2 = p_3$ für die Expansion $1\text{-}2_{\text{rev}}$ entsprechend

$$\frac{(T_2)_{\text{rev}}}{T_1} = \left(\frac{p_3}{p_4} \right)^{\frac{\varkappa - 1}{\varkappa}} \qquad (3.51)$$

Mit der Abkürzung

$$\pi = \left(\frac{p_4}{p_3} \right)^{\frac{\varkappa - 1}{\varkappa}}$$

und mit (3.50) und (3.51) folgt dann aus (3.48) für die Nutzarbeit der Ausdruck

$$w_t = c_{\text{p}}\left[T_1 \left(1 - \frac{1}{\pi} \right) - T_3(\pi - 1) \right].$$

Er ist nur vom Druckverhältnis p_4/p_3 sowie von den beiden Endtemperaturen T_1 und T_3 des Prozesses abhängig und offenbar für gegebene Endtemperaturen hinsichtlich des Druckverhältnisses optimierbar. Aus $\partial w_t/\partial \pi = 0$ folgt der Optimalwert

$$\pi_{\text{opt}} = \left(\frac{p_4}{p_3} \right)^{\frac{\varkappa - 1}{\varkappa}}_{\text{opt}} = \sqrt{\frac{T_1}{T_3}}.$$

Er liefert den ordnungsgemäß nur noch von den Endtemperaturen abhängenden Ausdruck

$$(w_t)_{\text{max}} = c_{\text{p}}T_3 \left(\sqrt{\frac{T_1}{T_3}} - 1 \right)^2. \qquad (3.52)$$

Für die zugeführte Wärmemenge

$$q_{\text{zu}} = (h_1 - (h_4)_{\text{rev}})$$
$$= c_{\text{p}}(T_1 - (T_4)_{\text{rev}})$$
$$= c_{\text{p}}T_3 \left(\frac{T_1}{T_3} - \left(\frac{p_4}{p_3} \right)^{\frac{\varkappa - 1}{\varkappa}} \right)$$

folgt in entsprechender Weise

$$q_{\text{zu}}(\pi_{\text{opt}}) = c_{\text{p}}T_3 \sqrt{\frac{T_1}{T_3}} \left(\sqrt{\frac{T_1}{T_3}} - 1 \right). \qquad (3.53)$$

Damit gewinnt man den thermischen Wirkungsgrad

$$\eta_{\text{th}}(\pi_{\text{opt}}) = \frac{(w_t)_{\text{max}}}{q_{\text{zu}}(\pi_{\text{opt}})} = 1 - \sqrt{\frac{T_3}{T_1}}. \qquad (3.54)$$

Wählt man — zum Beispiel — aus baulichen Gründen für das Druckverhältnis kleinere Werte als aus obigem Optimalwert resultierend, dann ergeben sich neben Auswirkungen auf den Wirkungsgrad auch solche auf die Relation zwischen erzielbarer Nutzleistung und insgesamt zu installierender Strömungsmaschinenleistung.

Ein weiterer typischer Unterschied des Joule-Prozesses gegenüber dem Clausius-Rankine-Prozeß besteht in der Tatsache, daß die isobare Kühlung des Arbeitsmediums hinter der Turbine nicht wie die Kondensation des Turbinenabdampfes beim Clausius-Rankine-Prozeß zugleich auch isotherm verläuft. Die mittlere Temperatur der Wärmeabfuhr ist daher wesentlich höher als beim Clausius-Rankine-Prozeß gleicher Endtemperatur; es durchfließen daher hier auch auf der kalten Seite des Prozesses Wärmemengen größere Temperaturgefälle ohne Abgabe von Nutzarbeit. Wenn dem auch auf der warmen Seite des Prozesses aufgrund der hier auftretenden beträchtlichen Temperaturerhöhung durch die isentrope Kompression günstigere Verhältnisse gegenüberstehen als beim Clausius-Rankine-Prozeß, ist der Joule-Prozeß ihm doch zumindest bei geschlossenem Kreislauf thermodynamisch unterlegen. Hierin und in der bereits erwähnten Tatsache, daß seine beiden Strömungsmaschinen je für eine relativ hohe Leistung ausgelegt werden müssen und nur deren Differenz zur Abgabe von Nutzarbeit zur Verfügung steht, liegen wesentliche Gründe dafür, daß Gaskraftanlagen im Kraftwerksbereich anfangs nur zögernd Eingang gefunden haben.

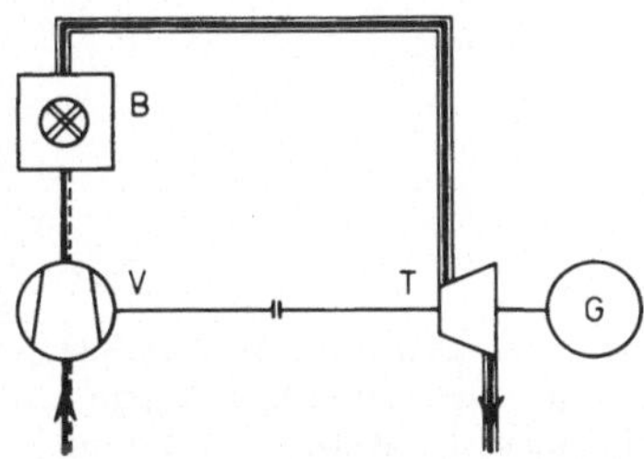

Bild 3.30. Schaltbild der Gaskraftanlage mit offenem Kreislauf in ihrer einfachsten Form. V Verdichter; B Brennkammer; T Turbine

Die Gaskraftanlage mit offenem Kreislauf ergibt sich aus derjenigen mit geschlossenem Kreislauf im Prinzip, indem man den Gaskühler entfernt und den Kreislauf dort offen läßt, und durch Ersatz des Gaserhitzers durch eine Brennkammer (Bild 3.30).

Bei Anlagen größerer Leistung werden Turbine, Brennkammer und Verdichter oft als eine Einheit ausgeführt und gemeinsam als Gasturbine bezeichnet; unter ihrer Leistung versteht man dann die nach Abzug der Leistungsaufnahme des Verdichters an der Turbinenwelle verfügbare restliche Leistung. Für kleinere Anlagen werden auch Flugtriebwerke eingesetzt, bestehend aus Verdichter, Brennkammer und Verdichterantriebsturbine, jedoch ohne Schubdüse und Nachbrenner: das der Verdichterantriebsturbine entströmende heiße Verbrennungsgas hohen Druckes wird einer nachgeschalteten Nutzleistungsturbine mit getrennter Welle zugeführt und dort zur Expansion gebracht; die letztere treibt den Generator an. Das Flugtriebwerk dient also sozusagen als Lieferant des Arbeitsmediums für die Nutzleistungsturbine; es können auch mehrere Triebwerke gemeinsam eine solche versorgen [3.40].

Im Gegensatz zum Dampfkraftwerksprozeß, dessen Speisewasserpumpe meist elektrisch angetrieben wird und folglich während des Anfahrens eines Kraftwerksblockes zum Aufbau des nötigen Dampferzeugerdruckes ohne weiteres aus einem Fremdnetz versorgt werden kann, wird der Verdichter des Gasturbinenprozesses von der Turbine angetrieben. Hier ist daher während des Anfahrens eine eigene Verdichterantriebseinrichtung notwendig. Man verwendet dazu oft die vorhandene Synchronmaschine als Motor und speist sie aus dem Netz über einen Umrichter mit variabler Frequenz.

3.2 Wichtige Prozeßvarianten

3.2.1 Reine Dampfkraftanlagenprozesse

Im folgenden werden zunächst herkömmliche (fossil befeuerte) Dampfkraftwerks- und Gaskraftanlagenprozesse betrachtet, im Gegensatz zu den späteren Kernkraftwerken. Ihre einfachste Form wurde in den Abschnitten 3.1.6 und 3.1.8 bereits dargestellt; sie führt nur zu begrenzten thermischen Wirkungsgraden und entsprechend geringer Wirtschaftlichkeit.

Durch vermehrten technischen Aufwand läßt sich eine bessere Nutzung der eingesetzten

Primärenergie erzielen. Je höher deren Preis und die voraussichtliche Benutzungsdauer der zu installierenden Leistung sind, um so perfektere Anlagen sind wirtschaftlich vertretbar; im allgemeinen ergibt sich ein Wirtschaftlichkeitsoptimum. Steigerungen des Gesamtwirkungsgrades der Energieumwandlung sind auf mehrere Weise möglich, und zwar in Anlehnung an die Beziehung (3.38) für den thermischen Wirkungsgrad des Carnotschen Kreisprozesses durch breitere Spreizung der Grenztemperaturen des Wasser-Dampf-Kreislaufes; zur Erzielung einer besseren Annäherung an den Verlauf des Idealprozesses nach Carnot durch Vervollkommnung des Ablaufes der Zustandsänderungen des Wasser-Dampf-Kreislaufes; durch Verbesserung der Einzelwirkungsgrade der Kreislaufkomponenten. Auch neuartige Verfahren, wie der kombinierte Gaskraftanlagen-Dampfkraftanlagen-Prozeß (Abschnitt 3.2.3), sind in diesem Zusammenhang zu nennen. Einfache Steigerungen der Blockleistung zur Ausnutzung von Kostendegressionen bringen dagegen heute im allgemeinen keine nennenswerten wirtschaftlichen Vorteile mehr.

Dem Bestreben nach der erwähnten breiteren Spreizung des Prozesses sind technische Grenzen gesetzt: in hochentwickelten Grundlastanlagen lassen sich für die Anfangstemperatur bei Verwendung ferritischer Stähle Werte um 530 bis 550 °C (bei Drücken um 180 bis 250 bar) verwirklichen, bei Verwendung der wesentlich kostspieligeren hochlegierten austenitischen Stähle Temperaturen bis ca. 650 °C (bei Drücken bis ca. 300 bar, in Ausnahmefällen noch höher [3.27; 3.36]); die Endtemperatur kann im günstigsten Fall der Durchlaufkühlung des Kondensators mittels Flußwasser bis auf ca. 25 °C gesenkt werden (bei einem Jahresmittel der Temperatur des Flußwassers — unter mitteleuropäischen Verhältnissen — von rund 15 °C und einem Temperaturgefälle von etwa 10 K im Kondensator). Innerhalb des so gegebenen Temperaturspielraumes ist bei heterogenen Prozessen als drittes Kriterium die Dampfnässe im Endbereich der Turbine zu berücksichtigen: sie führt dort durch Bildung von Kondensattröpfchen zu Schaufelerosionen, Strömungsbehinderungen sowie vermehrter Wärmeabfuhr und soll daher Werte um 10 bis 12% nicht überschreiten. Nur bei Anwendung zusätzlicher im Rahmen der angekündigten Vervollkommnung des Prozesses noch zu beschreibenden Maßnahmen läßt sich der obige Temperaturbereich unter gleichzeitiger Einhaltung bestimmter Grenzwerte der Dampfnässe voll ausnutzen; in weniger hochentwickelten Kreisläufen ohne zusätzliche Maßnahmen muß man sich auf Teilbereiche beschränken.

Der Idealprozeß nach Carnot besteht aus zwei Isothermen und zwei Isentropen (Bild 3.12); speziell soll der Wärmeaustausch jeweils isotherm verlaufen. Das ist jedoch in der Praxis schwierig: die erwünschten Isothermen — etwa die isotherme Expansion während der Energiezufuhr auf hohem Temperaturniveau — lassen sich lediglich durch eine Aufeinanderfolge zahlreicher Isobaren und Isentropen — statt der isothermen Expansion etwa mehrere aufeinanderfolgende kurze isobare und isentrope Expansionsschritte — einigermaßen annähern (Bild 3.31). Der apparative Mehraufwand wird rasch sehr hoch: es wären abwechselnd lauter kurze Dampferzeuger- und Turbinenabschnitte zu durchströmen. Im einfachsten Fall wählt man daher die Annäherung einer Isotherme durch nur eine Isobare (vgl. Abschnitt 3.1.6 und Bild 3.22).

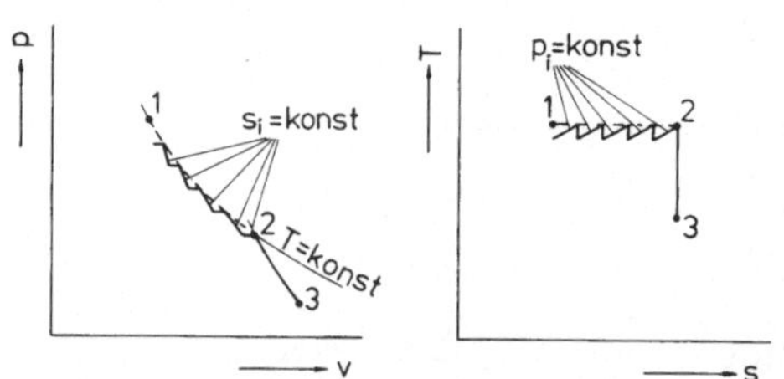

Bild 3.31. Ausschnitt aus dem Carnotschen Kreisprozeß bei Annäherung der isothermen Expansion durch eine Aufeinanderfolge isobarer und isentroper Expansionsschritte

Auch wenn man von dem immer in gewissem Umfang unumgänglichen Temperaturgefälle zwischen dem wärmeabgebenden Medium — Rauchgas — und dem wärmeaufnehmenden Medium — Wasser bzw. sein Dampf — absieht, entstehen in jedem Fall zusätzliche mehr oder weniger große von dem betreffenden Wärmestrom ohne Abgabe technischer

Arbeit irreversibel durchlaufene Temperaturgefälle, da die mittlere Temperatur der Wärmezufuhr beim wärmeaufnehmenden Medium offensichtlich kleiner ist als seine Höchsttemperatur im Kreislauf (T_m bzw. T_h; Bild 3.32). Sie bedeuten die Umwandlung von Exergie in Anergie oder mit anderen Worten Exergieverluste und sind mit Minderungen des optimalen thermischen Wirkungsgrades nach Carnot verbunden. Auf der wärmeabgebenden Seite ergibt sich eine analoge Situation. In erster Linie diese zusätzlichen Temperaturgefälle sind zu minimieren.

Beim Clausius-Rankine-Prozeß als einem heterogenen Prozeß werden diese Nachteile dadurch abgeschwächt, daß vor allem die isobare Kondensation zugleich isotherm verläuft, so daß — unter der Voraussetzung, daß sich einerseits die Expansion in der Turbine bis ins Naßdampfgebiet erstreckt und daß andererseits das Kondensat nicht etwa unter seine Kondensationstemperatur gekühlt wird — mittlere Temperatur der Wärmeabgabe und Tiefsttemperatur des Prozesses praktisch identisch sind und am kalten Ende des Prozesses kein zusätzliches Temperaturgefälle entsteht (vgl. Bild 3.23).

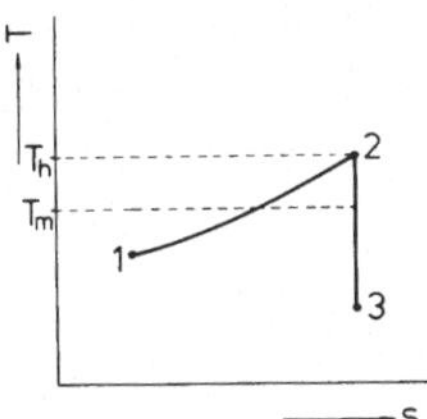

Bild 3.32. Ausschnitt aus einem Kreisprozeß

Auch der isobare Verdampfungsvorgang beim Clausius-Rankine-Prozeß verläuft streckenweise zugleich isotherm (Bild 3.23): die Verdampfungstemperatur steigt mit wachsendem Frischdampfdruck; bei zugleich konstanter Frischdampftemperatur nimmt das zusätzliche Temperaturgefälle dann ab. Da jedoch unter diesen Umständen bei konstantem Enddruck der Expansionsverlauf in der Turbine zunehmend tiefer ins Naßdampfgebiet reicht, ergibt sich hier ohne zusätzliche Maßnahmen bald wieder die oben bereits erwähnte Grenze der Dampfnässe. Erst zusätzliche Maßnahmen zur Vervollkommnung des Prozesses gestatten hier eine Optimierung unter Berücksichtigung auch der Dampfnässe.

Im Hinblick auf den Temperaturverlauf des wärmeabgebenden Rauchgases längs des Dampferzeugers einerseits und denjenigen des wärmeaufnehmenden Speisewassers bzw. Dampfes zum andern sind zunächst die verschiedenen Teilbereiche des Dampferzeugers — rauchgasbeheizter Speisewasservorwärmer; Verdampfer; Überhitzer; schließlich auch der rauchgasbeheizte Verbrennungsluftvorwärmer — in einer sinnvollen Aufeinanderfolge im Rauchgasweg anzuordnen: die Teilbereiche sind entsprechend der dort jeweils herzustellenden Temperatur in ihrer Anordnung an die Temperatur des sich auf seinem Weg durch den Dampferzeuger abkühlenden Rauchgases anzupassen (vgl. Abschnitt 3.3.4). Das besagte zusätzliche Temperaturgefälle zwischen Höchsttemperatur des Prozesses und mittlerer Temperatur der Energiezufuhr an das wärmeaufnehmende Medium läßt sich dann dadurch weiter mindern, daß man einerseits dem Rauchgas auf möglichst hohem Temperaturniveau weitere Energieströme entnimmt (ein- oder zweistufige Zwischenüberhitzung des Arbeitsdampfes im Dampferzeuger bei ausgewählten Teildrücken im Verlauf seiner Expansion längs der Turbine) und andererseits bewirkt, daß vor allem die auf tiefem Temperaturniveau entnommenen Energieströme dadurch ein möglichst geringes Temperaturgefälle nutzlos durchfließen, daß man das energieaufnehmende Medium schon vor Eintritt in den Dampferzeuger auf andere Weise vorwärmt (vielstufige Speisewasservorwärmung mittels Anzapfdampf). Beide Maßnahmen sind gemeinsam zu optimieren [3.7; 3.11; 3.26; 3.36].

Zur Zwischenüberhitzung wird der längs der Turbine expandierende Dampf bei einem geeigneten Zwischendruck und entsprechend abgesunkener Temperatur zum Dampferzeuger zurückgeführt und dort isobar wieder erwärmt, im allgemeinen bis auf die Frischdampftemperatur oder etwas höhere Werte. Die Turbine muß dazu in eine Hochdruck- und eine Niederdruckstufe unterteilt werden (HD- bzw. ND-Stufe; Bild 3.33). Es kommt auch zweifache Zwischenüberhitzung vor;

dann ist die Turbine in Hochdruck-, Mittel-druck- und Niederdruckstufe zu unterteilen.

Ursprünglich stand bei der Anwendung der Zwischenüberhitzung das Bestreben nach einer Senkung der mit steigendem Frischdampf-

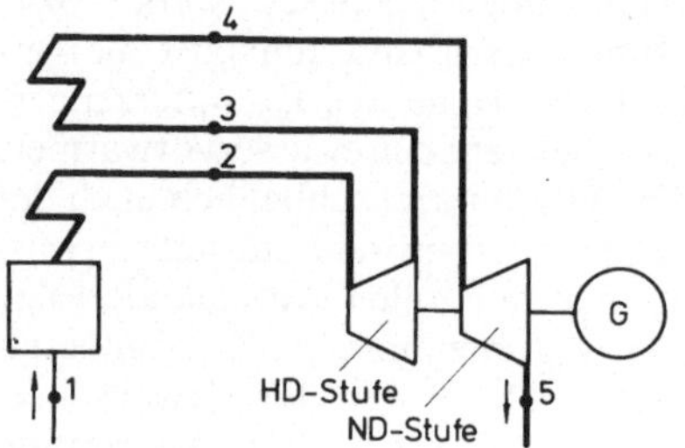

Bild 3.33. Einfache Zwischenüberhitzung beim Clausius-Rankine-Prozeß

zustand zunehmenden Dampfnässe am Turbinenende im Vordergrund (Bild 3.34). Bei passender Wahl des Zwischendruckes und der Zwischenüberhitzungsendtemperatur läßt sich auf diese Weise jedoch zugleich das zusätzliche Temperaturgefälle der zugeführten Wärme gegenüber der Höchsttemperatur des Prozesses verringern oder mit anderen Worten die mittlere Temperatur der Wärmezufuhr erhöhen, so daß sein thermischer Wirkungs-

grad steigt: in Bild 3.34 ist (mit den Zustandsbezeichnungen nach Bild 3.33) die dem Prozeß 1-2-b-c ohne Zwischenüberhitzung entsprechende mittlere Wärmezufuhrtemperatur $\overline{T}_{12}$ kleiner als der dem Prozeß 1-2-3$_{\mathrm{rev}}$-4-a-c mit Zwischenüberhitzung entsprechende Wert $\overline{T}_{14}$. In der Regel wählt man die Zwischendrücke so, daß der Dampf zuvor in der Turbine noch knapp überhitzt bleibt.

Ein mathematischer Ausdruck für die Verbesserung des thermischen Wirkungsgrades durch einfache Zwischenüberhitzung ist — ohne dabei hier auf die sonst auftretende unzulässige Dampfnässe näher einzugehen — ebenfalls aus Bild 3.34 zu entnehmen. Der Wirkungsgrad ändert sich dort von dem Wert

$$(\eta_{\mathrm{th}})_{12} = \frac{h_2 - (h_3)_{\mathrm{rev'}}}{h_2 - h_1} \tag{3.55}$$

ohne Zwischenüberhitzung auf den Wert

$$(\eta_{\mathrm{th}})_{14} = \frac{(h_2 - (h_3)_{\mathrm{rev}}) + (h_4 - (h_5)_{\mathrm{rev}})}{(h_2 - h_1) + (h_4 - (h_3)_{\mathrm{rev}})}$$

$$= \frac{(h_2 - (h_5)_{\mathrm{rev}}) + (h_4 - (h_3)_{\mathrm{rev}})}{(h_2 - h_1) + (h_4 - (h_3)_{\mathrm{rev}})} \tag{3.56}$$

mit Zwischenüberhitzung. Zwar ist hier der Summand $(h_2 - (h_5)_{\mathrm{rev}})$ im Dividenden von

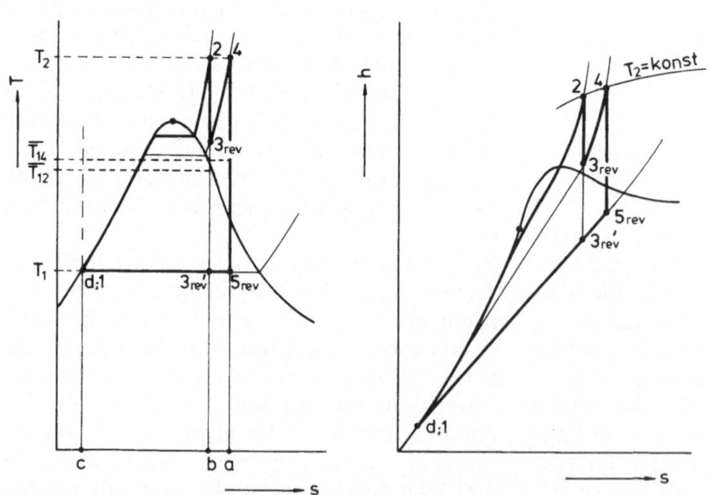

Bild 3.34. Clausius-Rankine-Prozeß mit einfacher Zwischenüberhitzung im T,s-Diagramm und im h,s-Diagramm

(3.56) kleiner als der Dividend $(h_2 - (h_3)_{rev'})$ in (3.55). Diese Tendenz wird aber von dem in Dividend und Divisor von (3.56) gleichzeitig auftretenden Summanden $(h_4 - (h_3)_{rev})$ abgeschwächt und bei geeigneter Wahl des Anzapfdruckes mehr als kompensiert, so daß der Wirkungsgrad mit Zwischenüberhitzung dann besser ist als derjenige ohne sie.

Im übrigen entspricht diese Maßnahme auch den eingangs angestellten Überlegungen, die erwünschte isotherme Expansion während der Energiezufuhr möglichst durch aufeinanderfolgende Isobaren und Isentropen anzunähern. Sie führt zu Energieeinsparungen von 3 bis 5 % bei einfacher und um 5 % bei zweifacher Zwischenüberhitzung; mehr als zwei Zwischenüberhitzungsstufen sind wirtschaftlich und im allgemeinen auch betrieblich nicht vertretbar. Erst die Zwischenüberhitzung ermöglicht die erwünschten hohen Frischdampfzustände, ohne allzu große Dampfnässe am Turbinenende in Kauf nehmen zu müssen. Auch die inneren Verluste der Turbine wirken sich im übrigen im Sinne einer Verringerung der Dampfnässe aus, indem auf ein und denselben Enddruck führende Expansionen, die statt mit konstanter Entropie mit leicht zunehmender Entropie ablaufen, bei geringerer Dampfnässe enden (vgl. Bild 3.23 in Verbindung mit Bild 3.18). Insgesamt läßt sich die Dampfnässe bei Zwischenüberhitzung auf Werte unter 5 % beschränken. Schließlich liefert die Zwischenüberhitzung durch das Unterteilen der Turbine in Stufen zugleich ein bzw. zwei leicht zugängliche Anzapfstellen für die weiter unten beschriebene Speisewasservorwärmung.

Nachteilig sind die mehrgehäusige, längere Turbine, die umständlicher anzufahren ist, der Mehraufwand für Rohrverbindungen und die Verteuerung des Dampferzeugers durch einen weiteren Überhitzer. Die Zwischenüberhitzung kann auch mittels Frischdampf in einem Wärmetauscher direkt an der Turbine vorgenommen werden; man kommt für die dann zur Beheizung zu transportierende kleinere Frischdampfmenge mit Rohrverbindungen geringeren Querschnittes aus, kann aber die Frischdampftemperatur nicht mehr ganz erreichen.

Bei der Speisewasservorwärmung wird das Speisewasser, nachdem es von der Speisewasserpumpe auf Dampferzeugerdruck — oder zumindest von der ersten zweier Speisewasserpumpen auf einen Zwischendruck — gefördert wurde, vor seinem Eintritt in den Dampferzeuger in mehreren Stufen mittels Anzapfdampf aus der Turbine isobar erwärmt. Dabei ging man ursprünglich von dem Gedanken aus, Teile der sonst im Kondensator nutzlos abzuführenden Kondensationswärme des Turbinenabdampfes auf geeigneten hö-

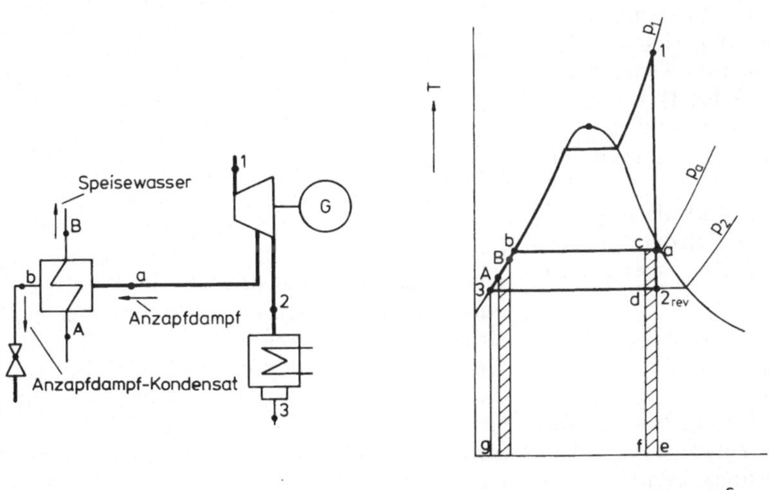

Bild 3.35. Einzelne Vorwärmstufe beim Clausius-Rankine-Prozeß

heren Temperaturniveaus — entsprechend dafür zu wählenden Anzapfdrücken — dem Kreisprozeß durch Verwendung zur Vorwärmung des Speisewassers zu erhalten, wobei man zwar die Anzapfdampfmengen nicht mehr ihr gesamtes sonst verfügbares Enthalpiegefälle in der Turbine durcheilen ließ, so daß die Generatorleistung bei gleicher Frischdampfmenge etwas abnahm, insgesamt aber einen besseren Wirkungsgrad erzielte als ohne diese Maßnahme. Bild 3.35 zeigt eine Vorwärmstufe und ihre Beheizung.

Der Speisewasserstrom $\dot{m}_A$ der Temperatur T_A werde im Vorwärmer auf die Temperatur T_B gebracht. Er nimmt dann unter der Voraussetzung isobaren Verlaufes den Wärmestrom

$$\Phi_{AB} = \dot{m}_A (h_B - h_A)$$

auf. Zur Beheizung des Vorwärmers wird an der Turbine ein Dampfstrom $\dot{m}_a$ vom Druck p_a entnommen, der im Vorwärmer kondensiert und dabei den Wärmestrom

$$\Phi_{ab} = \dot{m}_a (h_a - h_b)$$

abgibt. Aus der Gleichheit beider Wärmeströme folgt die benötigte relative Anzapfdampfmenge

$$\mu = \frac{\dot{m}_a}{\dot{m}_A} = \frac{h_B - h_A}{h_a - h_b} . \tag{3.57}$$

Im Hinblick auf den thermischen Widerstand der Tauscherflächen ist der Anzapfdruck p_a im übrigen so zu wählen, daß sich im Vorwärmer noch ein ausreichendes Temperaturgefälle — im allgemeinen 3 bis 10 K — zwischen der Kondensationstemperatur $t_{Kond}(p_a)$ und der dort herzustellenden Vorwärmtemperatur t_B ergibt.

Die Fläche unter der Zustandsänderung A–B in Bild 3.35 ist unmittelbar gleich der dort dem Speisewasserstrom zugeführten spezifischen Wärmemenge

$$q_{AB} = \frac{\Phi_{AB}}{\dot{m}_A} = h_B - h_A .$$

Die Linie a–c stellt dort hingegen keine Zustandsänderung dar; es laufen ja von dem bereits erreichten Expansionszustand a des Dampfes in der Turbine ausgehend zwei getrennte Zustandsänderungen ab, und zwar

die weitere Expansion des Restdampfes in der Turbine längs der Linie a-2$_{rev}$ und die Kondensation des Anzapfdampfes im Vorwärmer längs der Linie a-c-b. Der Punkt c und die der Strecke a–c entsprechende schraffierte Fläche a-e-f-c sollen lediglich den der Anzapfdampfmenge entsprechenden, der Turbine entnommenen Anteil der dem Dampf beim Zustand a insgesamt noch innewohnenden Energie $q_{a\text{-}e\text{-}g\text{-}3\text{-}b}$ markieren. Es wird also zwar das Äquivalent der Fläche a-2$_{rev}$-d-c nicht mehr in der Turbine umgesetzt; vermehrt um das sonst im Kondensator nahe dem Niveau der Umgebungstemperatur nutzlos abgegebene Äquivalent der Fläche 2$_{rev}$-e-f-d verbleibt es jedoch im Kreisprozeß, indem beide Energiemengen gemeinsam auf entsprechend höherem Temperaturniveau dem Speisewasserpfad prozeßintern wieder zugeführt werden. Es tritt also jetzt ein dritter Anteil der dem Wasser-Dampf-Kreislauf jeweils zugeführten thermischen Energie auf, der weder in der Turbine in mechanische Energie umgewandelt noch im Kondensator in thermischer Form an die Umgebung abgegeben wird, sondern der der Turbine entnommen und zum Prozeßanfang zurückgeführt wird („Regenerativverfahren“).

Eine vielstufige Anwendung dieses Verfahrens — in Bild 3.36 der größeren Übersichtlichkeit halber an einem Sattdampfprozeß dargestellt; dort in drei Stufen ausgeführt — führt also zu einer in der Turbine verfügbar bleibenden Restenergie wie durch die stark ausgezogene gestrichelte Linie angedeutet: es wird jeweils so viel Anzapfdampf entnommen, daß durch seine Kondensation gerade die für die gewünschte Erhöhung der Speisewassertemperatur benötigte Energie freigesetzt wird. Die in der Turbine verfügbare mechanische Energie und die im Dampferzeuger zuzuführende restliche thermische Energie verringern sich analog den Aussagen zu Bild 3.35. Wegen der annähernden Kongruenz zwischen der gestrichelten Kurve und dem linken Ast der Grenzkurve in Teil a des Bildes lassen sich die den Wärmemengen q_{nutz} und q_{ab} entsprechenden Teilflächen annähernd flächengleich auch wie in Teil b des Bildes dargestellt wiedergeben; es zeigt sich — insbesondere für den hier betrachteten Sattdampfprozeß; für Prozesse mit überhitztem Dampf

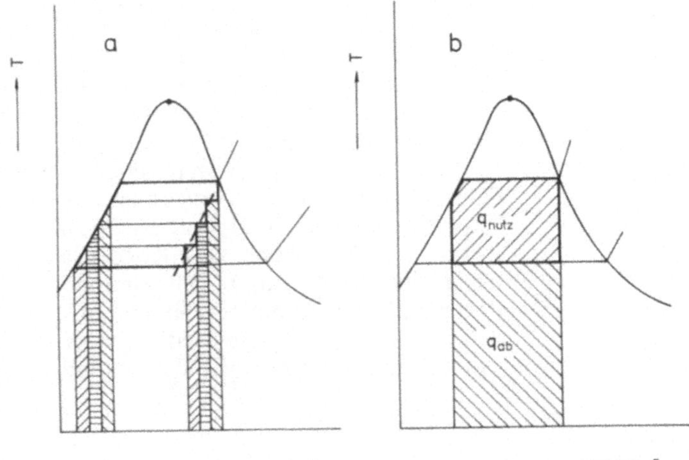

Bild 3.36. Sattdampfprozeß mit dreistufiger Anzapfdampf-Speisewasservorwärmung im T,s-Diagramm. a) auf den einzelnen Stufen ausgetauschte Wärmemengen; b) verbleibende Hauptwärmemengen

in abgeschwächter Form —, daß man praktisch die dem Carnotschen Kreisprozeß entsprechenden Flächenverhältnisse erhält.

Ohne die beiden den prozeßintern ausgetauschten Energieanteil markierenden einander praktisch gleichen schraffierten Teilflächen-Gruppen erhält man also Flächenverhältnisse, die dem Carnot'schen Idealprozeß stärker angenähert sind als der ursprüngliche Prozeß; aus diesem Grund wird das Verfahren auch als „Carnotisierung" des Clausius-Rankine-Prozesses bezeichnet. Die Annäherung wird um so besser, je größer die zur Erzielung einer gewissen Speisewasservorwärmung gewählte Stufenzahl ist. Heute sieht man bei einfacher Zwischenüberhitzung in der Regel fünf bis neun etwa gleiche Temperaturstufen, bei doppelter Zwischenüberhitzung acht bis zehn Stufen vor. Dabei werden Vorwärmtemperaturen von 180 bis 240 °C, teilweise auch noch höher, herbeigeführt; bis zu etwa 30 % der Frischdampfmenge werden der Turbine in Stufen entnommen. Man erzielt Energieeinsparungen bis etwa 10 %; das Verfahren ist also sehr wirksam. Für die Turbine ergeben sich wegen des geringeren Dampfdurchsatzes in den letzten Stufen, wo wegen des stark expandierten Dampfes große Durchströmquerschnitte und damit Schaufellängen erforderlich werden, bedeutende konstruktive Vorteile; zudem steigt

ihr innerer Wirkungsgrad, da insbesondere die wegen der einsetzenden Dampfnässe diesen Wert negativ beeinflussenden Endstufen der Turbine nun von anteilig kleineren Dampfmengen durchströmt werden. Auch der Kondensator nimmt kleinere Abmessungen an; der Kühlwasserbedarf sinkt.

Um andererseits die eingetretene Minderung der in der Turbine freisetzbaren mechanischen Energie und damit letztlich der elektrischen Leistung auszugleichen, ist der Dampfdurchsatz des Dampferzeugers — bei geringerem Enthalpieanstieg — entsprechend zu erhöhen. Per Saldo führt aber die eingetretene Wirkungsgradverbesserung bei gleicher elektrischen Leistung zu einer Senkung der Leistung des Dampferzeugers.

Auch dieses Verfahren der Regenerativvorwärmung führt im übrigen wie die Zwischenüberhitzung zu einer Senkung des zusätzlichen Temperaturgefälles der zugeführten Wärme gegenüber der Höchsttemperatur des Prozesses oder mit anderen Worten zu einer Erhöhung der mittleren Temperatur der Wärmezufuhr, so daß auch aus dieser Sicht der thermische Wirkungsgrad des Prozesses steigt (Bild 3.37): die mittlere Temperatur $\overline{T}_{12}$ der Wärmezufuhr eines zwischen den Temperaturgrenzen T_1 und T_2 ohne Speisewasservorwärmung ablaufenden Prozesses ist niedriger als die mittlere Temperatur $\overline{T}_{1'2}$ eines solchen, bei dem das Speisewasser vor Eintritt in den Dampferzeuger bereits auf die Temperatur $T_{1'}$ vorgewärmt wurde. Der Exergieverlust nimmt ab.

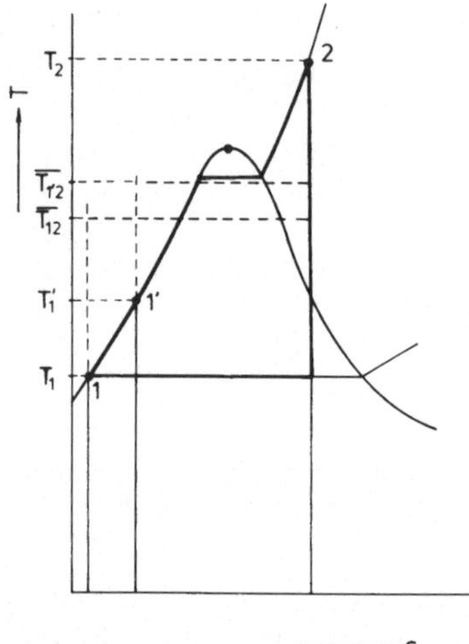

Bild 3.37. Clausius-Rankine-Prozeß mit vielstufiger Anzapfdampf-Speisewasservorwärmung im T,s-Diagramm

In praxi sind beide Varianten zur Vervollkommnung des Wasser-Dampf-Kreislaufes, die Zwischenüberhitzung und die Anzapfdampf-Speisewasservorwärmung, hinsichtlich jeweiliger Stufenzahl, zu wählenden Druckniveaus, herzustellender Temperaturen usw. zur Erreichung eines maximalen Effektes gemeinsam zu optimieren. Dabei sind auch die konstruktiven und betrieblichen Besonderheiten der betreffenden Anlagenkomponenten zu berücksichtigen.

Normalerweise werden als Vorwärmaggregate die sogenannten Oberflächenvorwärmer vorgesehen: Rohrschlangen in einem Gehäuse führen das zu erwärmende Speisewasser und werden von dem kondensierenden Anzapfdampf umspült; die verbleibenden geringen, Exergieverluste verursachenden Temperaturgefälle an den beide Stoffströme trennenden Tauscherflächen lassen sich über die Dimensionierung der Flächen beeinflussen und letztlich hinsichtlich Werkstoffaufwand und Energieersparnis optimieren.

Zur Weiterführung des Anzapfdampf-Kon-

densates und zu seiner schließlichen Einleitung in den Speisewasserpfad gibt es verschiedene hinsichtlich anlagemäßigem Aufwand, betrieblicher Handhabbarkeit und entstehenden Exergieverlusten unterschiedliche Verfahrensweisen [3.11; 3.26; 3.36]. Eine Variante arbeitet so, daß man das Anzapfdampfkondensat eines Vorwärmers über ein Drosselventil dem nächstvorgeschalteten Vorwärmer zuführt, wobei das Kondensat zunächst wieder verdampft, sich dann mit dem dortigen Anzapfdampf mischt und anschließend gemeinsam mit ihm wieder kondensiert. Mit dem neuerlichen Anzapfdampfkondensat

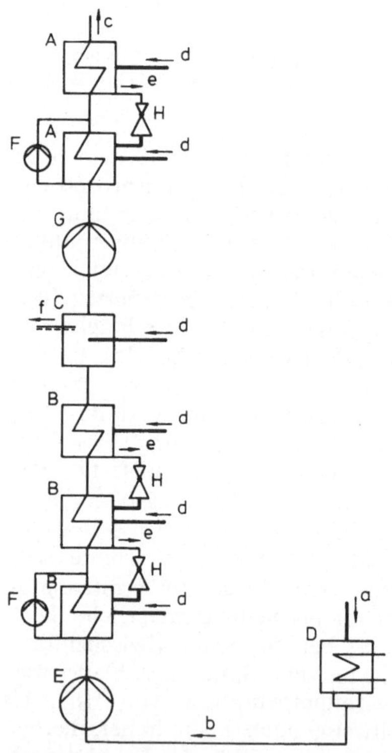

Bild 3.38. Speisewasserpfad eines Clausius-Rankine-Prozesses mit sechs Anzapfdampf-Vorwärmstufen. A Hochdruck-Oberflächenvorwärmer; B Niederdruck-Oberflächenvorwärmer; C Mischvorwärmer und Entgaser; D Kondensator; E Haupt-Kondensatpumpe; F Neben-Kondensatpumpe; G Speisewasserpumpe; H Drosselventil; a Turbinenabdampf; b Abdampfkondensat; c Speisewasser; d Anzapfdampf; e Anzapfdampf-Kondensat; f Brüden

kann man wiederum so verfahren, bis man schließlich das gesamte Kondensat einer Vorwärmergruppe über eine sogenannte Neben-Kondensatpumpe in den Speisewasserpfad drückt (Bild 3.38).

Unter anderem weil die Anlagekosten der Oberflächenvorwärmer von dem Druckniveau abhängen, bei dem sie arbeiten, betreibt man meist eine größere Gruppe der vorgesehenen Vorwärmer bei einem Speisewasser-Zwischendruck: statt nur einer Speisewasserpumpe, die unmittelbar vom Kondensatordruck auf den Dampferzeugerdruck fördert, benötigt man dann hinter dem Kondensator zunächst eine sogenannte Haupt-Kondensatpumpe, die vom Kondensatordruck auf einen geeigneten Speisewasser-Zwischendruck fördert, und im weiteren Verlauf des Speisewasserpfades nochmals eine Pumpe, die dann als sogenannte Hochdruck-Speisewasserpumpe den Dampferzeugerdruck aufbaut.

Man gewinnt so den zusätzlichen Vorteil, den letzten der Zwischendruck-Vorwärmer in vereinfachter Form als Mischvorwärmer ausführen zu können: man läßt den dort benötigten Anzapfdampf über eine geeignete Verteileinrichtung unmittelbar in das Speisewasser eintreten, wo er kondensiert; Exergieverluste über Tauscherflächen hinweg treten dann nicht auf. Der Speisewasser-Zwischendruck muß natürlich besonders sorgfältig der für den Mischvorwärmer vorgesehenen Anzapfdampfdruck-Stufe gleich gehalten werden.

Wenn man die Anzapfdampfmenge, ihre Daten und diejenigen am Ende des Speisewasser-Zwischendruckbereiches entsprechend wählt, kann man das Speisewasser im Mischvorwärmer gerade schwach zum Sieden bringen. Die hauptsächlich im Bereich des Kondensators aufgrund des dort herrschenden Unterdruckes aus der Umgebung eingedrungenen gasförmigen Verunreinigungen des Speisewassers können auf diese Weise zusammen mit einer kleinen Menge verdampfenden Speisewassers als sogenannte Brüden wieder ausgetrieben und aus dem Kreislauf entfernt werden: man erzielt eine Entgasung des Speisewassers vor seinem Wiedereintritt in den Dampferzeuger. Durch die Druckerhöhung in der nachfolgenden Hochdruck-Speisewasserpumpe wird das Sieden wieder beendet; bis zum Dampf-

erzeuger können weitere Vorwärmstufen nachgestaltet werden.

Bild 3.39 zeigt als Beispiel die vereinfachte Schaltung eines Grundlastblockes für 600 MW Leistung mit seinen Hauptdaten bei ferritischer Eingangsstufe: Mittel- und Niederdruckstufe der Turbine sind mehrflutig ausgeführt (vgl. Abschnitt 3.4.1); die Hochdruck-Speisewasserpumpe wird hier mit einer kleinen Dampfturbine angetrieben; der Prozeß arbeitet mit zweifacher Zwischenüberhitzung und acht Vorwärmstufen, davon zwei Stufen bei Dampferzeugerdruck und eine Stufe im Zwischendruckbereich als Mischvorwärmer und Entgaser. Die Generatorleistung P ergibt sich aus der Summe der Produkte aus den Teil-Enthalpiegefällen längs der einzelnen Turbinenstufen und den betreffenden Dampfmengen, multipliziert mit dem mechanischen Turbinenwirkungsgrad η_m und dem Generatorwirkungsgrad η_el. Die Dampferzeugerleistung P_D, multipliziert mit dem Dampferzeugerwirkungsgrad η_D, muß sein gleich der Summe der Produkte aus den Speisewasser- bzw. Zwischenüberhitzungsdampfmengen und den betreffenden Enthalpieanstiegen; sie liefert dann zusammen mit dem Heizwert H des verfeuerten Brennstoffes (vgl. Abschnitt 3.3.1) den Brennstoffdurchsatz $\dot{m}_\mathrm{B}$ des Dampferzeugers aus der Beziehung

$$P_\mathrm{D} = \dot{m}_\mathrm{B} H \,. \tag{3.58}$$

Wichtigstes Kriterium bei der Beurteilung von Kraftwerksanlagen ist ihre Wirtschaftlichkeit. Außer von der Benutzungsdauer der installierten Leistung wird diese wesentlich beeinflußt vom Kraftwerkswirkungsgrad, der seinerseits eine Funktion der augenblicklichen Teilleistung ist. Fernerhin abhängig von dem zu verfeuernden Brennstoff bzw. den daraus resultierenden Auswirkungen auf die Auslegung des thermischen Kreislaufes und von dem als vertretbar gewählten Perfektionierungsgrad der Anlagen erreicht der Kraftwerkswirkungsgrad im Bestpunkt Bruttowerte (das heißt solche ohne Berücksichtigung des Eigenbedarfes) von 38 bis 43 %; mit Berücksichtigung des Kraftwerkseigenbedarfes verbleiben netto 91 bis 95 % dieser Werte. Weitere Kriterien sind der spezifische Wärmeverbrauch und der spezifische Brennstoffverbrauch.

Der spezifische Wärmeverbrauch w ergibt sich als Quotient aus im Dampferzeuger freigesetzter thermischen Leistung P_D und elektrischer Leistung P:

$$w = \frac{P_D}{P}.$$

Er ist mithin gleich dem Reziprok des Kraftwerkswirkungsgrades und erreicht im allgemeinen brutto Werte von 8,5 bis 9,5 MJ/kWh bzw. netto solche von 9 bis 10 MJ/kWh.

Der spezifische Brennstoffverbrauch b ist gleich dem Quotienten aus Brennstoffdurchsatz $\dot{m}_B$ und elektrischer Leistung P:

$$b = \frac{\dot{m}_B}{P}.$$

Er erreicht brutto Werte um 0,3 kg/kWh für Steinkohle, um 1 kg/kWh für Braunkohle, um 0,23 kg/kWh für Öl und um 0,25 m_n^3/kWh für Gas; die Nettowerte liegen entsprechend höher.

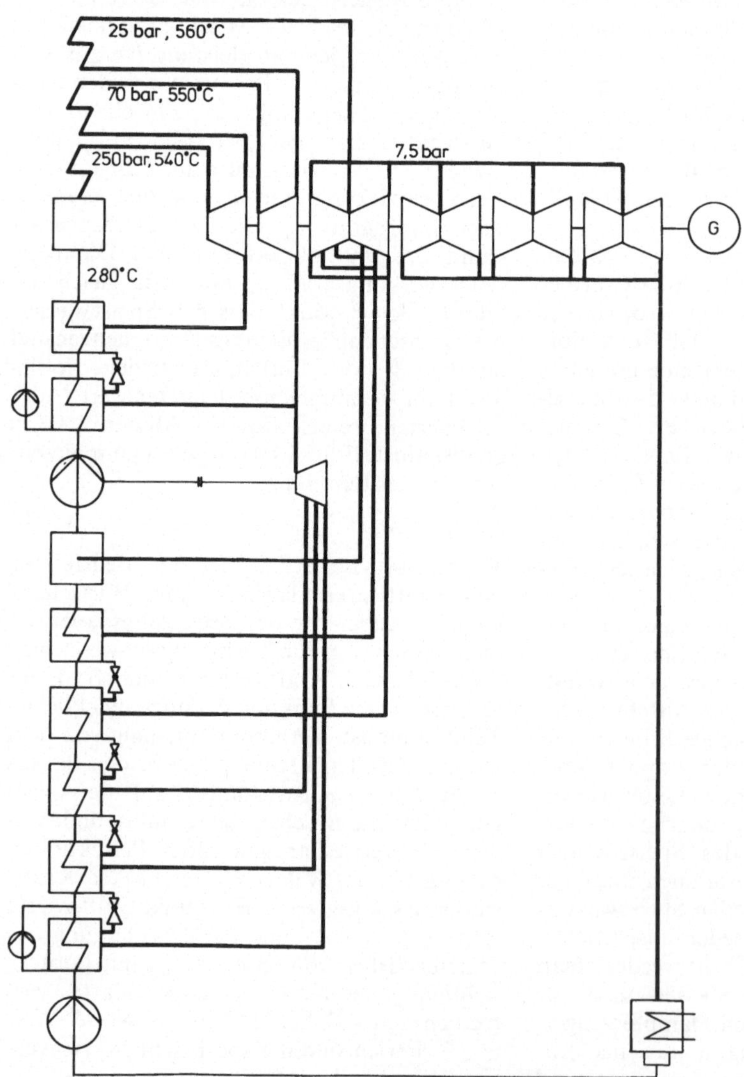

Bild 3.39. Vereinfachtes Schaltbild eines 600-MW-Grundlastblockes

3.2.2 Gaskraftanlagenprozesse

Das Prinzip der Gaskraftanlagen mit offenem oder geschlossenem Kreislauf wurde in Abschnitt 3.1.8 bereits beschrieben. Da viele Gase hier bei einer Verwendung als Energieträger auch mit hohen Eingangstemperaturen schon unter relativ niedrigen Drücken zu brauchbaren Funktionsbedingungen führen (bei Luft zum Beispiel ca. 10 bar bei ca. 950 °C) und da ferner insbesondere beim offenen Kreislauf ein eigener Gaserhitzer fehlt, ergibt sich bei Gaskraftanlagen nur ein geringer extrem hohen Beanspruchungen ausgesetzter und damit besonders kostspieliger Werkstoffanteil; daher sind auch bei den im Hinblick auf den thermischen Wirkungsgrad erwünschten hohen Temperaturen unter bestimmten Voraussetzungen wirtschaftliche Betriebsbedingungen erreichbar.

Die wichtigsten weiteren Vorteile insbesondere von Gaskraftanlagen mit offenem Kreislauf sind: einfacher und kompakter Aufbau, kurze Bauzeit, geringer Platzbedarf, kurze Anfahrzeit („Schnellstart" möglich), einfache Bedienung (auch Fernbedienung), praktisch kein Kühlwasserbedarf, Zuverlässigkeit. Dem steht jedoch neben einer begrenzten Leistung der Aggregate (Leistungen um 100 MW und mehr sind heute gebräuchlich) und ihren bereits erwähnten hohen Anforderungen an die Brennstoffqualität zunächst nur ein Wirkungsgrad gegenüber, der mit ca. 32 % geringer ist als etwa derjenige durchschnittlicher Dampfkraftwerke. Das ist hauptsächlich eine Folge der hohen Abgastemperatur, des hohen Luft-

überschusses im Abgas und der hohen Verdichterantriebsleistung: bei relativ geringen Druckerhöhungen (vgl. Abschnitt 3.1.8) ergeben sich relativ hohe Gasturbinen-Austrittstemperaturen; hoher Luftüberschuß bei der Verbrennung dient dazu, die Verbrennungstemperatur und damit die Gasturbinen-Eintrittstemperatur aus Erwägungen hinsichtlich der nötigen Werkstoffqualität entsprechend zu begrenzen; die Verdichterantriebsleistung kann rund zwei Drittel der Turbinenleistung ausmachen. Die starke Geräuschentwicklung der Gasturbinenanlagen läßt sich mit erträglichem Aufwand wirkungsvoll dämpfen.

Neben der Nutzung von Teilen der dem Abgas innewohnenden thermischen Energie durch prozeßinterne Maßnahmen kann man diese Energie in kombinierten Gasturbinen-Dampfturbinen-Anlagen weiterverwerten (zum Teil gestatten diese auch eine Ausnutzung des hohen Luftüberschusses im Abgas in einem nachgeschalteten fossil beheizten Dampferzeuger; vgl. Abschnitt 3.2.3) oder als Prozeß- oder Heizwärme einsetzen (vgl. Abschnitt 3.2.4).

Auch ohne zusätzliche Maßnahmen können Gaskraftanlagen mit offenem Kreislauf trotz ihres niedrigen Wirkungsgrades aufgrund der genannten Vorteile — insbesondere wegen der geringen Anlagekosten, der kurzen Anfahrzeiten und allgemein der aus dem einfachen Aufbau resultierenden hohen zulässigen Leistungsänderungsgeschwindigkeiten — auch bei höheren Brennstoffpreisen zur Spitzendeckung geeignet sein.

Das Abgas hat beim einfachen Gasturbinen-

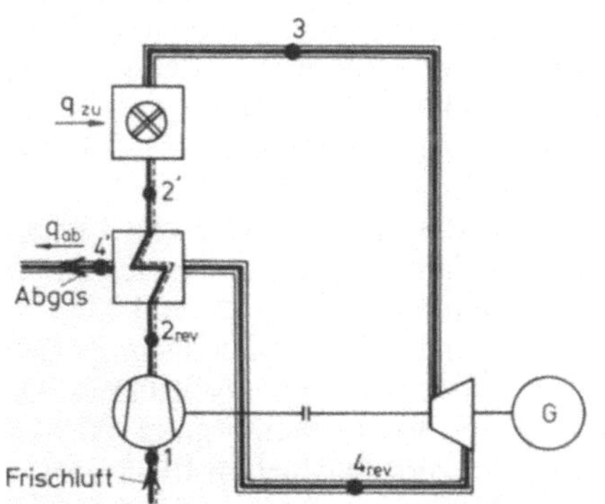

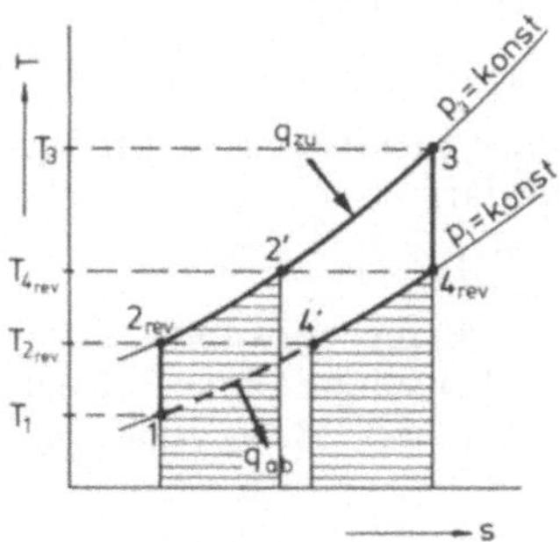

Bild 3.40. Gaskraftanlage mit offenem Kreislauf und Wärmetauscher

prozeß, wie gesagt, meist noch eine hohe Temperatur. Unter der Voraussetzung der Wahl relativ geringer Druckerhöhungen im Verdichter (vgl. Abschnitt 3.1.8) und entsprechend relativ großer Temperaturerhöhungen im Gaserhitzer besteht daher eine erste einfache prozeßinterne Maßnahme zur Verbesserung des thermischen Wirkungsgrades in der Einschaltung eines Gegenstrom-Wärmetauschers (Bild 3.40); vgl. auch Bild 3.30: das Abgas wird hinter der Turbine mit der bereits verdichteten Frischluft so weit gekühlt, wie es die übrigen Prozeßdaten zulassen; Verlustwärme q_{ab} und zuzuführende Wärme q_{zu} nehmen entsprechend ab. Es werden also die Anlagekosten gesteigert und der Wirkungsgrad verbessert; die Nutzleistung der Anlage steigt dabei jedoch nicht.

Unter Vernachlässigung von Irreversibilitäten im Verlauf der beiden Druckänderungen und von Temperaturgefällen an den Tauscherflächen sowie unter der vereinfachenden Annahme, daß Frischluft und Abgas die gleiche spezifische Wärme c_p haben und daß — trotz der Brennstoffzufuhr — ihr Massestrom gleich sei, läßt sich das Abgas im Wärmetauscher gerade auf die Temperatur $T_4' = T_{2_{rev}}$ abkühlen, während die Frischluft gerade die Temperatur $T_2' = T_{4_{rev}}$ annimmt. Es wird dann unter der Voraussetzung isobaren Verlaufes der beiden Zustandsänderungen im Wärmetauscher vom Abgas die Wärmemenge

$$q_{4_{rev}4'} = c_p(T_{4_{rev}} - T_{4'})$$

abgegeben und von der Frischluft die Wärmemenge

$$q_{2_{rev}2'} = c_p(T_2' - T_{2_{rev}}) = q_{4_{rev}4}$$

aufgenommen. An die Umgebung abgegeben wird die restliche Wärmemenge

$$q_{ab} = c_p(T_{4'} - T_1).$$

In der Brennkammer zuzuführen ist der verbleibende Wärmebedarf

$$q_{zu} = c_p(T_3 - T_{2'}).$$

Während sich für die hier gewählte Bezifferung der Prozeßeckzustände ohne Wärmetauscher analog Abschnitt 3.1.8 der Wirkungsgrad

$$(\eta_{th})_{oWT} = 1 - \frac{T_1}{T_{2_{rev}}} \qquad (3.59)$$

ergäbe, gilt jetzt mit $T_{4'} = T_{2_{rev}}$ und $T_{2'} = T_{4_{rev}}$ auch

$$(\eta_{th})_{mWT} = 1 - \frac{q_{ab}}{q_{zu}} = 1 - \frac{T_{2_{rev}} - T_1}{T_3 - T_{4_{rev}}}.$$

Daraus folgt nach einigen Umformungen

$$(\eta_{th})_{mWT} = 1 - \frac{T_1}{T_{4_{rev}}}. \qquad (3.60)$$

Durch Einschalten des Wärmetauschers wird der thermische Wirkungsgrad also verbessert, indem die mittlere Temperatur der äußeren Wärmezufuhr des Prozesses erhöht und zugleich diejenige seiner äußeren Wärmeabgabe gesenkt wird.

Eine weitere Maßnahme zur Wirkungsgradverbesserung besteht in einer jeweils ein- oder mehrstufigen isobaren Zwischenerhitzung und Zwischenkühlung des Arbeitsmediums (Bild 3.41). Es ergibt sich eine Verringerung des von den beiden mit der Umgebung ausgetauschten Wärmeströmen jeweils ohne Abgabe von Nutzarbeit zusätzlich durchlaufenen Temperaturgefälles (vgl. Abschnitt 3.2.1) bzw. wieder eine Verbesserung der mittleren Temperatur der äußeren Wärmezufuhr bzw. Wärmeabgabe oder mit anderen Worten eine Annäherung an den isothermen Verlauf des Wärmeaustausches beim Carnotschen Kreisprozeß. Der apparative Mehraufwand ist hoch und nur in Grenzen wirtschaftlich tragbar. Eine Aufteilung der Strömungsmaschinen auf zwei Gruppen mit getrennter Welle etwa in der Weise, daß die ND-Turbine nur ND- und MD-Verdichter antreibt, die HD-Turbine dagegen HD-Verdichter und Generator, führt unter anderem zu der Möglichkeit, beide Maschinengruppen mit unterschiedlichen, jeweils optimierten Drehzahlen zu betreiben.

Eine pneumatische Speicherung von Energie in kleinem Umfang — etwa in den sogenannten Windkesseln zum Anfahren von Maschinen — ist seit langem gebräuchlich. Neuerdings findet sie auch in großtechnischem Umfang in der Energieversorgung Anwendung. Wenn — zum Beispiel im Flachland — keine Möglichkeiten zur Anlegung von Pumpspeicherwerken bestehen (vgl. Abschnitt

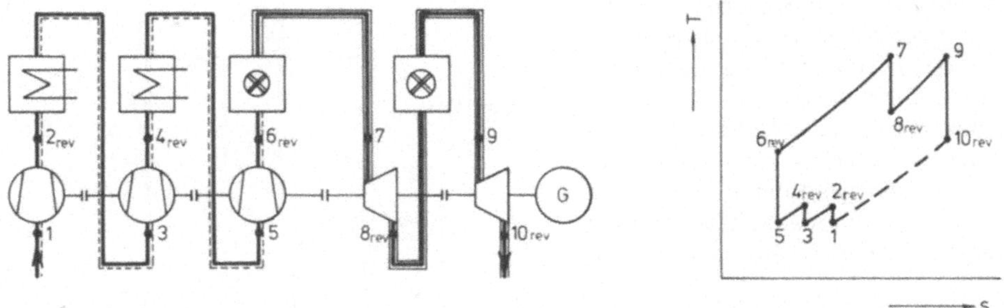

Bild 3.41. Gaskraftanlage mit offenem Kreislauf mit Zwischenerhitzung und Zwischenkühlung

5.3.3), kann man eventuelle Gasturbinen-Spitzenkraftwerke auch so einrichten, daß sie gleichzeitig zu einer pneumatischen Energiespeicherung eingesetzt werden können. Dabei geht man von dem erwähnten Umstand aus, daß bei Gaskraftanlagen große Teile der von der Turbine gelieferten Energie unmittelbar dem Verdichter wieder zugeführt werden müssen. Wenn man dagegen Turbine und Verdichter trennt und den Verdichter in Schwachlastzeiten mit der vorhandenen Synchronmaschine als Motor einen Luftspeicher füllen läßt, gewinnt man den Vorteil, anschließend zur Spitzenzeit die volle Turbinenleistung zum Antrieb der Synchronmaschine als Generator einsetzen zu können. Man hat dann den Luftspeicher unter Aufwand von Schwachlastenergie gefüllt, die zudem nicht aus knapper fossiler Primärenergie stammen muß. Man kann diese Energie hernach mit gutem Wirkungsgrad — zusammen mit dem Äquivalent entsprechender Anteile der dann weiterhin zur Erhitzung der Druckluft vor Eintritt in die Turbine aufzuwendenden Energie — wieder ins Netz zurückspeisen und hat so zugleich eine Schwachlaststromveredlung erreicht.

Bild 3.42 zeigt eine derartige Luftspeicher-Gaskraftanlage [3.23; 3.27]. Wesentliche Voraussetzung für ihre Errichtung ist die Möglichkeit, luftdichte und druckfeste Speicherräume geeigneter Abmessungen kostengünstig bereitstellen zu können; das gelingt zum Bei-

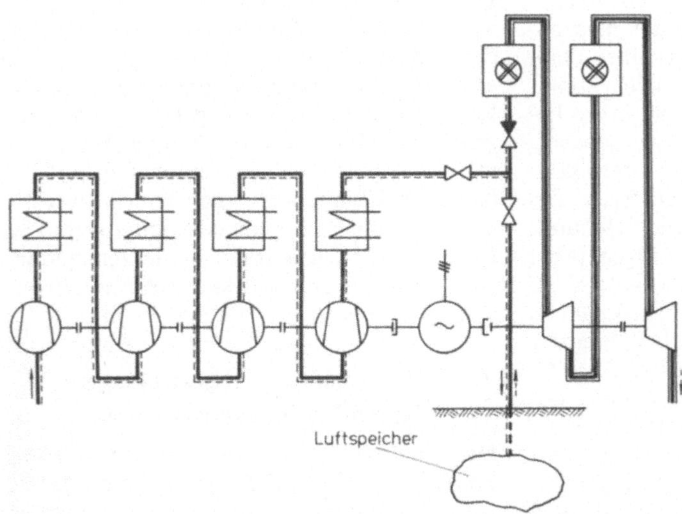

Bild 3.42. Luftspeicher-Gaskraftanlage mit konstantem Speichervolumen, dargestellt für Kompressionsbetrieb

spiel durch Aussolen von Kavernen in Salzstöcken. Die vorgestellte Anlage arbeitet mit konstantem Speichervolumen bei gleitendem Druck. Im Kompressionsbetrieb wird — auch mit Rücksicht auf die Temperaturbeanspruchung der Kaverne — eine mehrstufige Zwischenkühlung vorgenommen, im Expansionsbetrieb neben der eigentlichen anfänglichen Gaserhitzung eine einstufige Zwischenerhitzung.

Man könnte die thermische Energie der Abluft auch — bei anlagemäßigem Mehraufwand und unter Verbesserung des Gesamtwirkungsgrades — in einem Wärmetauscher zur Vorwärmung der dem Speicher entnommenen Luft verwenden. Es wurde ferner vorgeschlagen, die anfallende Kompressionswärme separat ebenfalls zu speichern und hernach zur Aufheizung der dem Speicher entnommenen Luft wieder zu verwenden; bei geeigneter Dimensionierung könnte man analog dem Pumpspeicherwerk ganz ohne zusätzlichen Aufwand thermischer Energie auskommen [3.38]. Schließlich ist grundsätzlich statt der obigen Variante auch eine Anlage denkbar, die mit konstantem Druck bei variablem Speichervolumen arbeitet. Der konstante Druck wäre etwa durch eine bis zu einem Ausgleichbecken über Tage reichende Wasservorlage herstellbar.

Gaskraftanlagen mit geschlossenem Kreislauf benötigen einen rauchgasbeheizten Gaserhitzer (Bild 3.43; Bezifferung der Prozeßzustände wie in Bild 3.40) und erlauben dann die Verfeuerung auch rückstandreicher Brennstoffe; sie können ebenfalls wie oben beschrieben durch Einfügen von Zwischenerhitzungen und Zwischenkühlungen perfektioniert werden. Sie lassen eine freie Wahl des Arbeitsmediums zu (zum Beispiel Helium). Sie können ferner mit erhöhtem Druckpegel im Kreislauf betrieben werden, wodurch bei gleichem Massestrom des Arbeitsmediums und folglich praktisch gleicher Leistung der Anlage die spezifischen Volumina des Arbeitsmediums sinken und die Abmessungen der Kreislaufkomponenten schrumpfen. Sie erlauben schließlich eine einfache Leistungsregelung mit guten Teilwirkungsgraden durch Ändern allein des Druckpegels und bei sonst im wesentlichen gleichen Verhältnissen dementsprechend des Massestromes.

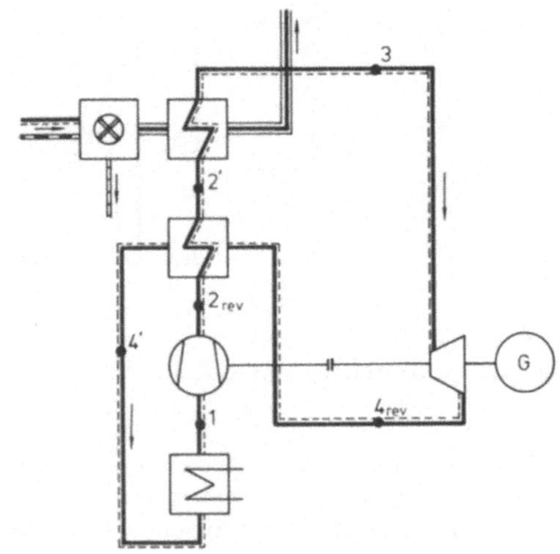

Bild 3.43. Kohlebeheizte Gaskraftanlage mit geschlossenem Kreislauf, mit Wärmetauscher zwischen Kompressor und Gaserhitzer und mit Gaskühler

Hauptsächlich weil rauchgasbeheizte Gaserhitzer oft nicht unproblematisch sind, sind Gaskraftanlagen mit geschlossenem Kreislauf bisher relativ selten. Bei unmittelbarer Beheizung des Kreislaufes durch einen gasgekühlten Reaktor würde diese Komponente entfallen (vgl. Abschnitt 4.3.4).

Der Vollständigkeit halber sei schließlich das Dieselkraftwerk erwähnt, soweit es beispielsweise für den anfänglichen Inselbetrieb bei der Industrialisierung abgelegener Regionen etwa in Entwicklungsländern infrage kommt. Es hat relativ niedrige Anlagekosten und geringen Platzbedarf, weist einen guten Wirkungsgrad und gute Teillasteigenschaften auf, erlaubt die Verwendung auch von Schwerölen und ist einfach zu bedienen und zuverlässig. Es setzt jedoch grundsätzlich die Verwendung eben von Öl voraus, dessen Vorräte schwinden.

3.2.3 Kombinierte Gaskraftanlagen-Dampfkraftanlagen-Prozesse

Der Gedanke, dem gewöhnlichen Dampfkraftwerksprozeß zur Steigerung des Gesamtwirkungsgrades einen weiteren, mit einem anderen Medium arbeitenden Dampfkraftanlagenprozeß vorzuschalten, ist alt [3.20]: man hat einen zusätzlichen Quecksilber-Quecksilberdampf-Kreislauf vorgeschlagen, da Quecksilber einen vergleichsweise niedrigen Dampfdruck hat und folglich die Herstellung hoher Starttemperaturen bei niedrigen Drükken und entsprechend geringem Werkstoffaufwand möglich ist; wenn man den Kreislauf darüberhinaus als Sattdampfprozeß auslegt (zum Beispiel mit einer Verdampfungstemperatur von ca. 500 °C bei ca. 8,5 bar), erzielt man eine außerordentlich hohe mittlere Temperatur der Wärmezufuhr. Das andererseits bei Expansion dann rasch große spezifische Volumina annehmende Quecksilber war schließlich auf einem solchen Druck- und Temperaturniveau wieder zu kondensieren, daß mit der anfallenden Kondensationswärme dem Wasser-Dampf-Kreislauf noch auf einem brauchbaren Temperaturniveau seine Verdampfungswärme zugeführt werden konnte; der entstehende Sattdampf war dann noch in einer zusätzlichen Feuerung zu überhitzen. Anlagen dieser Art wurden vereinzelt ausgeführt; unter anderem wirft jedoch die Handhabung des Quecksilbers Probleme auf.

Auch Gasturbinenprozesse lassen Startzustände zu, die durch hohe Temperaturen bei niedrigen Drücken charakterisiert sind. Sie vermeiden zudem die aus der einsetzenden Dampfnässe für die Turbine entstehenden Belastungen; sie erfordern jedoch relativ hohe Verdichterantriebsleistungen (vgl. Abschnitt 3.1.8).

Die Verknüpfung des Vorteils hoher mittlerer Temperaturen der Wärmezufuhr bei Gaskraftanlagen mit dem Vorteil niedriger mittlerer Temperaturen der Wärmeabfuhr bei Dampfkraftanlagen führt zu den kombinierten Gaskraftanlagen-Dampfkraftanlagen-Prozessen. Der auf hohem Temperaturniveau anfallende Abwärmestrom der ersten muß dann zur Beheizung der zweiten verwendet werden. Man kommt zu Zweikreisprozessen mit entsprechenden zusätzlichen regeltechnischen Erfordernissen und hohen Wirkungsgraden. Mit der Entwicklung von Gasturbinen mit aus elektrizitätswirtschaftlicher Sicht brauchbaren Leistungen (ca. 120 MW; bei Gaseintrittstemperaturen um 950 °C) nimmt etwa seit der Mitte der sechziger Jahre die Verbreitung dieser Anlagen zu. Inzwischen hat sich der zusätzliche Wunsch ergeben, die zumindest in ihrem Gasturbinenteil zunächst nur für die Verfeuerung der teuren, rückstandsarmen Brennstoffe Leichtöl oder Erdgas geeigneten Anlagen künftig mittelbar oder unmittelbar auch mit festen Brennstoffen betreiben zu können.

Im folgenden werden einige der wichtigsten, zum Teil allerdings noch in der Entwicklung befindlichen Prozeßvarianten beschrieben [3.7; 3.10; 3.12; 3.26; 3.27].

Die einfachste Prozeßvariante ergibt sich durch Verbindung eines offenen Gasturbinenkreislaufes mit einem nicht zusätzlich befeuerten Abhitzedampferzeuger zur Versorgung des nachgeschalteten Dampfturbinenkreislaufes aus der Gasturbinenabwärme (Bild 3.44 — vereinfachte Darstellung ohne die

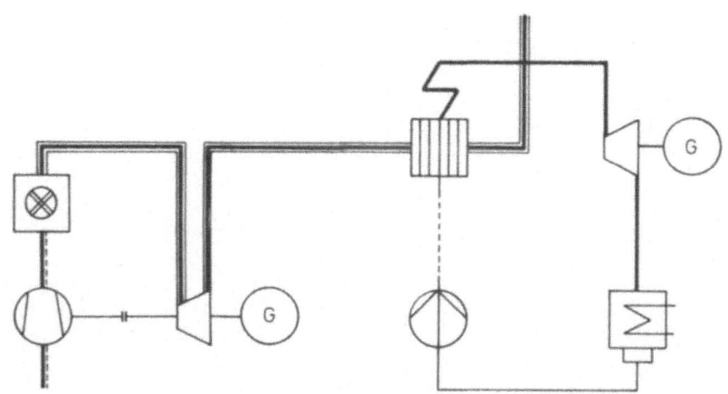

Bild 3.44. Kombinierter Gaskraftanlagen-Dampfkraftanlagen-Prozeß mit einfachem Abhitzedampferzeuger

Einzelheiten der Anzapfdampf-Speisewasservorwärmung usw.): es lassen sich Dampfkreisläufe geringen Perfektionierungsgrades aufbauen (ein bis zwei Anzapfdampf-Vorwärmstufen; keine Zwischenüberhitzung). Nettowirkungsgrade um 42 % sind erreichbar. Da die dampfseitig erzielbare Generatorleistung etwa 50 % der jeweiligen gasseitigen Leistung ausmacht, erhält man mit einer letzteren von beispielsweise 120 MW eine Gesamtleistung von etwa 180 MW. Sie läßt sich steigern, wenn man mehrere — oder künftig größere — Gasturbinen auf einen gemeinsamen Dampfkreis arbeiten läßt. Mit Rücksicht auf die Gasturbine muß die gesamte Leistung mit hochwertigem rückstandsarmen Brennstoff bereitgestellt werden.

Die Verwendung eines nachgeschalteten Abhitzedampferzeugers mit Zusatzfeuerung erlaubt es, auch den hohen Sauerstoffgehalt der Gasturbinenabgase zu nutzen (Bild 3.45); es läßt sich ein hoher Frischdampfzustand mit perfektioniertem Wasser-Dampf-Kreislauf aufbauen; die dampfseitige Leistungsabgabe kann dann ein Mehrfaches der gasseitigen Leistungsabgabe erreichen; man erhält eine hohe Gesamtleistung. Mit wachsender Zusatzleistung nimmt der Wirkungsgrad aufgrund der dann wirtschaftlich werdenden gesteigerten Perfektionierung des Dampfkreislaufes zunächst zu, um danach wieder leicht zu sinken, da die dampfseitige Leistungsabgabe zunehmend überwiegt und der Gesamtwirkungsgrad dann entsprechend stärker durch ihren Teilwirkungsgrad allein bestimmt

wird; mit anderen Worten: derjenige Nutzleistungsanteil des gesamten Systems, der mit besonders hoher mittlerer Temperatur der Wärmezufuhr bereitgestellt wird, nimmt mit wachsender Zusatzleistung relativ ab. Bei kombinierter Erdgas-Kohle-Befeuerung ergeben sich im günstigsten Bereich Nettowirkungsgrade um 42 % und mehr; wegen des zusätzlichen Eigenbedarfes der Kohlemühlen und weiterer Aggregate sind sie etwas niedriger als die bei einer reinen Erdgasbefeuerung erreichbaren Werte. Auch bei der künftig denkbaren Integration einer Kohlevergasungsanlage zur vorherigen umweltschonenden Umwandlung der Kohle in ein Brenngas fällt zusätzlicher Eigenbedarf an (vgl. Abschnitt 6.2.3).

Zu berücksichtigen ist im Zusammenhang mit den Wirkungsgradangaben fernerhin, daß der Dampferzeuger mit bereits hoch erhitzter Verbrennungsluft versorgt wird, so daß das Erfordernis und damit auch die Möglichkeit zum Einbau eines rauchgasbeheizten Luftvorwärmers entfällt. Die im Hinblick auf den Dampferzeugerwirkungsgrad erwünschte weitestmögliche Abkühlung des Rauchgases läßt sich daher hier nur durch rauchgasbeheizte Speisewasservorwärmer bewerkstelligen. Zur Sicherstellung brauchbarer Wärmeübergangsverhältnisse ist dann aber die Auslegung der Anzapfdampf-Speisewasservorwärmung zu ändern: es sind eine andere Stufung und eventuell auch parallele Pfade für Anzapfdampf- und Rauchgas-Speisewasservorwärmung vorzusehen. Das hat Auswirkungen auf

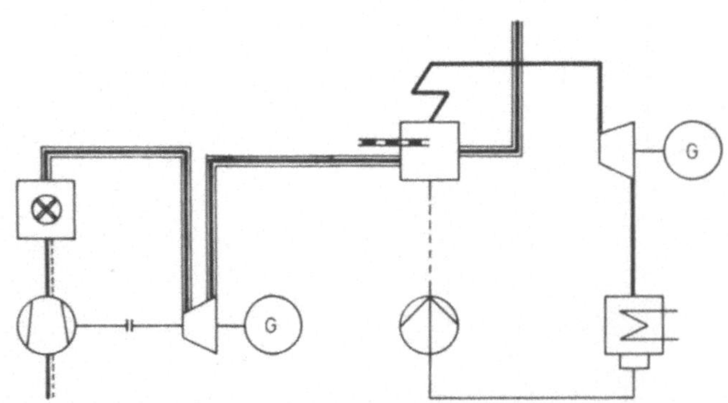

Bild 3.45. Kombinierter Gaskraftanlagen-Dampfkraftanlagen-Prozeß mit Abhitzedampferzeuger mit Zusatzfeuerung

die verbleibenden Kondensatorverluste, die unter Umständen nicht in dem sonst üblichen Umfang durch Abzweigen von Anzapfdampf gesenkt werden können.

Gute Wirkungsgrade bei ähnlich hoher Gesamtleistung unter sonst gleichen Bedingungen sind zu erwarten, wenn man wieder mehrere — beispielsweise zwei — parallele Gasturbinen auf einen gemeinsamen Abhitzedampferzeuger arbeiten läßt und die Leistung des nachgeschalteten Dampfkreises entsprechend kleiner bemißt. Es ist dann aber für einen erhöhten Anteil der Gesamtleistung ausschließlich hochwertiger Brennstoff verwendbar.

Ein besonderer Vorteil der zuletzt genannten Schaltungsvariante besteht schließlich darin, bei zusätzlichem Einbau sowohl einer unmittelbaren Abgas-Austrittsleitung für den Gaskreis als auch eines eigenen Frischluftgebläses für den Dampfkreis — mit verhältnismäßig einfachen zusätzlichen Maßnahmen also — beide Anlageteile im Bedarfsfall auch unabhängig voneinander jeweils allein betreiben zu können.

Wenn man die Gasturbine hinter dem Dampferzeuger anordnet, Brennkammer und Dampferzeuger also vereinigt, arbeitet der letztere feuerraumseitig unter Überdruck (zum Beispiel ca. 10 bar): man kommt zum „aufgeladenen" Dampferzeuger (Bild 3.46); im Gegensatz dazu wird der normale, ohne feuer-

raumseitigen Überdruck betriebene Dampferzeuger auch als „atmosphärischer" Dampferzeuger bezeichnet. Da die rauschgasseitigen Wärmeübergangsverhältnisse bei Überdruck besser und die zu bewegenden Rauchgasvolumina kleiner werden, kann man sowohl Tauscherflächen als auch Durchtrittquerschnitte ebenfalls kleiner bemessen: der Dampferzeuger nimmt bedeutend kleinere Abmessungen an. Man kommt mit nur noch einer Feuerung zu einer einfacheren Prozeßführung und einem günstigeren dynamischen Verhalten. Der Wirkungsgrad ist noch besser als im vorigen Fall; wegen der starren Kopplung von Gasteil und Dampfteil aneinander muß jetzt jedoch auch die Gasturbine auftretenden Belastungsschwankungen immer folgen, so daß das Teillastverhalten der gesamten Anlage schlechter wird. Außerdem kann man nur hochwertigen Brennstoff verwenden. Ein Betrieb mit integrierter Kohlevergasung erscheint naheliegend.

Der Dampferzeuger weist wieder keinen rauchgasbeheizten Luftvorwärmer auf; die Rauchgase müssen ihre Restwärme nach Expansion in der Turbine in einem weiteren rauchgasbeheizten Speisewasservorwärmer abgeben. Wenn man den Verdichter-Gasturbinen-Satz so auslegt, daß dort keine Nutzleistung anfällt, kann der betreffende Generator entfallen; es wird dann zwar ein Anwurf-

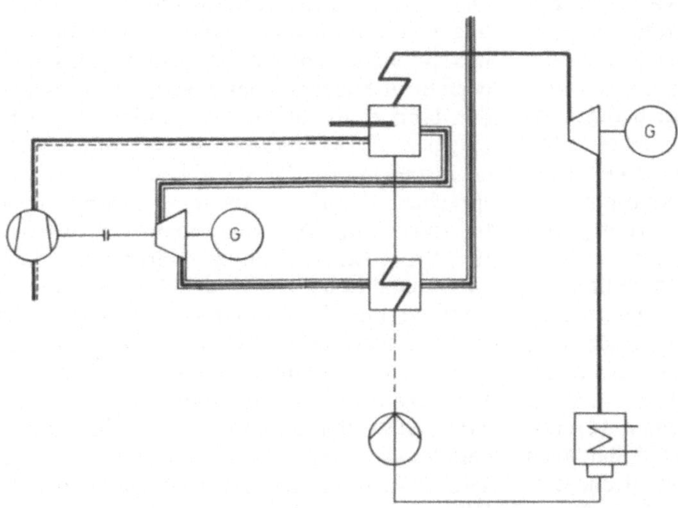

Bild 3.46. Kombinierter Gaskraftanlagen-Dampfkraftanlagen-Prozeß mit aufgeladenem Dampferzeuger

motor für den Satz erforderlich, die Anlage wird aber für den eigentlichen Betrieb nochmals kompakter. Bei reiner Erdgasfeuerung sind Wirkungsgrade um 45 % erreichbar; bei Übergang auf die Verbrennung von Kohle (etwa in einer Wirbelschichtfeuerung; siehe unten) ergeben sich wieder Einbußen.
Unter anderem unter Umweltschutzaspekten erwägt man ferner für die beiden letzten Varianten auch den Einsatz der Wirbelschichtfeuerung (vgl. Abschnitt 3.3.3). Vor allem im Fall des aufgeladenen Dampferzeugers kann man dann ebenfalls Kohle verwenden, benötigt aber zwischen diesem und der Gasturbine einen Hochdruck-Heißgas-Entstauber. Da die Wirbelschichtfeuerung mit niedrigen Verbrennungstemperaturen arbeitet, ergeben sich schließlich wieder gewisse Wirkungsgradeinbußen. Auch Prozeßvarianten mit geschlossenem Gasturbinenkreislauf erscheinen denkbar.

3.2.4 Kraft-Wärme-Kopplung

Einander verwandte oder sich gegenseitig ergänzende technische Prozesse lassen sich oft unter Erzielung technischer oder wirtschaftlicher Vorteile oder beider zu Verbundprozessen zusammenfassen. So sind die Vorteile der gleichzeitigen Bereitstellung elektrischer und thermischer Energie in ein und derselben Anlage — der sogenannten Kraft-Wärme-Kopplung — lange bekannt: in der Industrie wird dieses Verfahren zur Senkung der Energiekosten unter gleichzeitigen oft bedeutenden Einsparungen an Primärenergie vielfach angewendet. Inzwischen findet es — in letzter Zeit forciert durch steigende Primärenergiekosten bei fortschreitender Energieverknappung — auch in der Öffentlichen Versorgung von Ballungsräumen verstärkt Eingang. Zugleich ergibt sich hier durch den Ersatz zahlreicher kleiner Heizwärmeversorgungsanlagen durch eine zentrale Wärmeversorgung auch eine aus Umweltschutzerwägungen erwünschte Immissionsverringerung. Schließlich gewinnt man so die Möglichkeit zu einer Primärenergiesubstitution, da zentrale Großanlagen hinsichtlich des zu verwendenden Brennstoffes oft weniger anspruchsvoll sind als Kleinanlagen; außerdem ist auf dem Weg über die

Kraft-Wärme-Kopplung auch der Einsatz von Kernenergie zur Heizwärmebereitstellung möglich.
Es gibt zwei typische Varianten der Kraft-Wärme-Kopplung: das Gegendruck- und das Entnahmeheizkraftwerk; daneben kommen Kombinationen beider Verfahren vor. Zudem finden neuerdings über den lange Zeit praktisch allein gebräuchlichen Ausbau des gewöhnlichen Clausius-Rankine-Prozesses zum Heizkraftwerksprozeß hinaus bei der Kraft-Wärme-Kopplung auch mit offenem oder geschlossenem Gasturbinenkreislauf, mit kombiniertem Gasturbinen-Dampfturbinen-Kreislauf oder mit Verbrennungskraftmaschinen arbeitende Anlagen Anwendung [3.24; 3.27; 3.43]. Je nachdem, ob die Abgabe der elektrischen oder diejenige der thermischen Leistung eines Heizkraftwerkes überwiegt, nimmt seine sogenannte Stromkennziffer

$$\sigma = \frac{P_\mathrm{el}}{P_\mathrm{th}}$$

unterschiedliche Werte an.
Beim Gegendruck-Heizkraftwerk wird der Enddruck der Turbine nicht wie beim normalen Dampfkraftwerk so weit abgesenkt, wie es das zur Kühlung des Kondensators verfügbare Medium zuläßt, so daß die Kondensationswärme des Turbinenabdampfes — unter der Voraussetzung üblicher Verhältnisse — bei Temperaturen um 30 °C anfällt und somit praktisch wertlos ist, sondern er wird höher gewählt („Gegendruck"). In einem der Turbine nachgeschalteten Wärmetauscher, der dann an die Stelle des Kondensators tritt und den der Versorgung der Wärmeverbraucher dienenden Kreislauf heizt, treten entsprechend Kondensationstemperaturen um 90 bis 150 °C auf (für Niedertemperaturwärme; für Prozeßwärme unter Umständen auch wesentlich höher — Bild 3.47). Infolge der Verringerung des Enthalpiegefälles längs der Turbine von dem Wert $(h_1 - h_2)$ auf den Wert $(h_1 - h_{2'})$ sinkt dann zwar die elektrische Leistung P_el des Generators um ein gewisses Maß; statt der andernfalls dem Enthalpiegefälle $(h_2 - h_3)$ entsprechenden Kondensatorverluste erzielt man dafür aber nun die Wärmeleistung P_th gemäß dem zusätzlich genutzten Enthalpiegefälle $(h_{2'} - h_3')$. Der

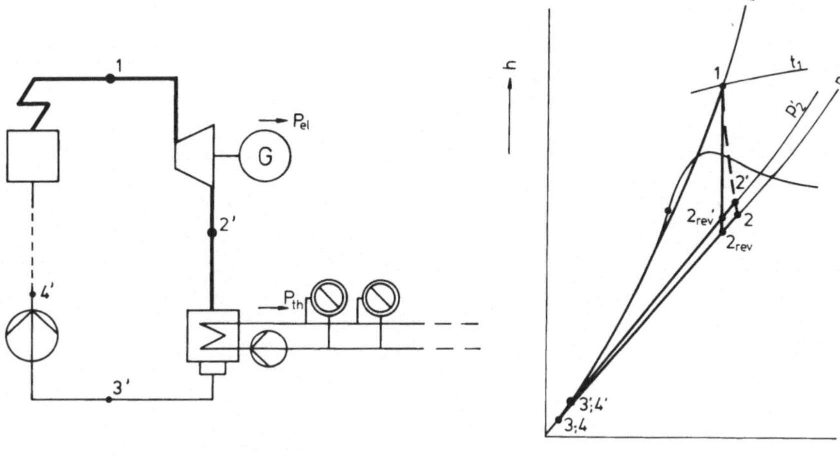

Bild 3.47. Gegendruck-Heizkraftwerk

tatsächliche thermische Wirkungsgrad des Kreislaufes steigt also von dem Wert

$$\eta_t = \frac{h_1 - h_2}{h_1 - h_4} \approx \frac{h_1 - h_2}{h_1 - h_3} \qquad (3.61)$$

eines reinen Dampfkraftwerkes beim Gegendruck-Heizkraftwerk auf den Wert

$$\eta_t' = \frac{(h_1 - h_2') + (h_2' - h_3')}{h_1 - h_4'} \approx \frac{h_1 - h_3'}{h_1 - h_3'} = 1 \,. \qquad (3.62)$$

Die Ausnutzung der bei geringem anlagemäßigen Mehraufwand, das heißt, auf wirtschaftlich vorteilhafte Weise, gegenüber der reinen Elektrizitätserzeugung eingesetzten Primärenergie wird folglich ganz wesentlich verbessert: nach Abzug der Verluste im Dampferzeuger usw. ergeben sich Gesamtwirkungsgrade um 80 %.

Einen gewissen Nachteil des Verfahrens stellt die Tatsache dar, daß elektrische und thermische Leistungsabgabe ohne zusätzliche Maßnahmen starr aneinander gekoppelt sind: bei Gegendruckanlagen nimmt die Stromkennziffer Werte um 0,5 oder weniger an; die Wärmelieferung ist damit verhältnismäßig groß und steht im Vordergrund; die Elektrizi-

tätserzeugung ist eine Funktion des Wärmebedarfes. Der Wasser-Dampf-Kreislauf ist meist nur in geringem Maße perfektioniert; oft wird keine Zwischenüberhitzung vorgesehen; die elektrische Leistung ist mit einigen MW meist relativ klein. Natürlich arbeiten die Anlagen auf der elektrischen Seite im Verbund mit dem Öffentlichen Netz. Um die Deckung des Heizleistungsbedarfes auch in Zeiten eventuell geringerer Elektrizitätsabgabe sicherzustellen, kann man die Anlage durch eine Turbinenumgehungsleitung mit Druckminderventil ergänzen. Zur Überbrückung längerer Zeiten geringen Wärmebedarfes kann der Heizkreislauf unter Umständen zusätzlich einen Kühlturm erhalten (vgl. Abschnitt 3.4.1); kürzere Pulsationen lassen sich gegebenenfalls auch mit Wärmespeichern überbrücken (vgl. Abschnitt 6.3.3). Jahreszeitlicher Verlauf von Wärme- und Elektrizitätsabgabe stimmen jedoch im allgemeinen gut überein.

Für Bedarfsfälle, die zu großen Stromkennziffern um 1 und mehr führen, bei denen also die Elektrizitätslieferung im Vordergrund steht, ist das Entnahme-Heizkraftwerk geeignet (Bild 3.48). Dort wird der Turbine bei einem der gewünschten Kondensationstemperatur entsprechenden Druckniveau eine solche Teildampfmenge $\dot{m}_a$ „entnommen",

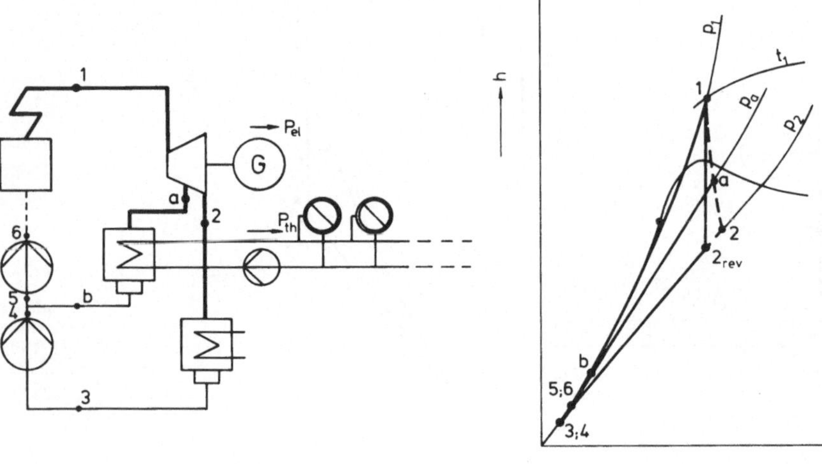

Bild 3.48. Entnahme-Heizkraftwerk

daß damit der thermische Leistungsbedarf P_{th} gerade befriedigt wird:

$$\dot{m}_a = \frac{P_{th}}{h_a - h_b}.$$

Mit der relativen Teildampfmenge ε steht dann dem tatsächlichen thermischen Wirkungsgrad eines reinen Dampfkraftwerksprozesses nach (3.61) mit

$$\dot{m}_a = \varepsilon \, \dot{m}_1$$

der Wert

$$\eta_t' \approx$$

$$\frac{\dot{m}_1(h_1 - h_a) + (1 - \varepsilon)\dot{m}_1(h_a - h_2) + \varepsilon\dot{m}_1(h_a - h_b)}{(1 - \varepsilon)\dot{m}_1(h_1 - h_4) + \varepsilon\dot{m}_1(h_1 - h_b)}$$

$$= \frac{(h_1 - h_2) + \varepsilon(h_2 - h_b)}{(h_1 - h_4) - \varepsilon(h_b - h_4)}$$

gegenüber. Mit $h_3 \approx h_4 \approx h_b$ folgt daraus

$$\eta_t' \approx \frac{(h_1 - h_2) + \varepsilon(h_2 - h_3)}{h_1 - h_3}. \tag{3.63}$$

Dieser Wert steigt mit wachsender Teildampfmenge $\varepsilon\dot{m}_1$ an. Er ist jedoch, insbesondere bei kleinerem ε (bzw. bei großen Werten der Stromkennziffer), nur geringfügig besser als der Wert nach (3.61). Der Vorteil liegt hier

folglich vor allem in dem geringen anlagemäßigen Mehraufwand bei Ausbau eines Dampfkraftwerkes zu einer Verbundanlage diesen Typs. Es kommen auch Anlagen mit mehreren Entnahmestellen zur Versorgung von Heizkreisläufen unterschiedlicher Vorlauftemperatur vor. Geringfügige elektrische Leistungseinbußen lassen sich wieder durch eine erhöhte Frischdampfmenge ausgleichen. Im Gegensatz zur Gegendruckanlage verlaufen elektrische und thermische Leistungsabgabe jetzt gegensinnig: eine Minderung der Dampfentnahme bei konstanten Frischdampfdaten führt — unter der Voraussetzung, daß der hinter der Entnahmestelle noch folgende restliche Teil des thermischen Hauptkreislaufes so ausgelegt ist, daß er einen entsprechend erhöhten Dampfdurchsatz aufnehmen kann — zu einer höheren elektrischen Leistung und umgekehrt. Da diese Voraussetzung meist unschwer zu erfüllen ist, kann man elektrische und thermische Leistungsabgabe bei der Entnahmeanlage im Gegensatz zur Gegendruckanlage als weniger starr aneinander gekoppelt bezeichnen: Flexibilität auf der thermischen Seite ist ohne wesentliche zusätzliche Komponenten auf einfache Weise erzielbar; oft ist sogar bedarfsweise reiner Kondensationsbetrieb möglich. Auf der elektrischen Seite arbeitet die Anlage wieder im Verbund mit dem Öffentlichen Netz. Der Wasser-Dampf-Kreislauf ist meist höher perfektioniert als bei Gegendruckanlagen: es kommen einige bis mehrere Anzapfdampf-Vorwärmstufen vor, ferner meist einfache Zwischenüberhitzung; die elektrische Leistung erreicht die Größenordnung von 100 MW und mehr.

Beide geschilderten Varianten der Kraft-Wärme-Kopplung können so ausgelegt sein, daß nur ein Teil der Nenn-Heizleistung — zum Beispiel 50% — durch diese Kopplung bereitgestellt wird und für die restliche Leistung ein Spitzendampferzeuger installiert wird. Man erzielt dann eine höhere Benutzungsdauer der eigentlichen Heizkraftwerksanlagen im engeren Sinne und oft insgesamt eine bessere Wirtschaftlichkeit.

Hinsichtlich der Aufteilung der anfallenden Kosten auf die beiden gelieferten Energiearten gibt es eine große Variationsbreite. Sie reicht von dem vor allem bei Gegendruckanlagen angewandten Prinzip, die Betriebskosten und Teile der Anlagekosten entsprechend den beiden genutzten Teil-Enthalpiegefällen aufzuteilen, bis zu der vor allem bei Entnahmeanlagen anzutreffenden Variante, die elektrische Energie mit denjenigen Kostenanteilen, die andernfalls in einem vergleichbaren reinen Dampfkraftwerk angefallen wären, die thermische Energie dagegen mit den restlichen Kostenanteilen zu belasten.

Unter der wesentlichen Voraussetzung ausreichenden Bedarfes insbesondere an thermischer Leistung innerhalb gewisser Entfernungen vom Kraftwerksstandort nimmt die Wirtschaftlichkeit der Kraft-Wärme-Kopplung in weiten Leistungsbereichen mit steigender Leistung zu. Bei geringer Bedarfsdichte wirken die hohen Anlage- und Verlustkosten für die benötigten Wärmeübertragungsanlagen jedoch rasch wirtschaftlichkeitsmindernd, so daß man sich dann auf entsprechend kleinere Versorgungsgebiete beschränken muß.

Dieser Tendenz folgend gewinnen neuerdings auch ausgesprochene Kleinanlagen eine gewisse Bedeutung, und zwar dann, wenn punktuell eine sehr hohe Verbrauchsdichte vorliegt (zum Beispiel bei Hochhauskomplexen; [3.14; 3.17]). Diese sogenannten Block-Heizkraftwerke arbeiten mit serienmäßigen schelläufigen Diesel- oder Gasmotoren, deren Fortwärme man nutzt, und im Verbund mit dem öffentlichen Netz; zum Teil werden zur besseren Anpassung an unterschiedliche Belastungsgrade mehrere Maschinensätze und zusätzlich zur Deckung thermischer Lastspitzen ein reines Heizaggregat erstellt. Wärmeübertragungsanlagen und die damit zusammenhängenden erhöhten Übertragungsverluste entfallen praktisch völlig. Die relativ niedrigen Vorlauftemperaturen von 90 bis 95 °C sind angesichts dessen tragbar. Allerdings sind diese Anlagen nur unter dem Aspekt der Wirkungsgradsteigerung zu sehen; sie erlauben nicht zugleich die Substitution von Öl oder Gas.

3.3 Dampferzeugung

3.3.1 Brennstoffe

Brennstoffe sind je nach Alter und Lagerstätte unterschiedliche Gemenge sehr verschiedenartiger chemischen Verbindungen. Man unterscheidet feste, flüssige und gasförmige Brennstoffe. Die festen Brennstoffe unterteilt man nach ihrem geologischen Alter in Steinkohlen, Braunkohlen und Torf. Sie entstehen meist aus pflanzlicher Substanz nach anfänglicher Vermoderung durch unter Einwirkung von Druck und Wärme über erdgeschichtlich lange Zeiträume ausgedehnte Vertorfungs- und Inkohlungsvorgänge. Die Inkohlung liefert zuerst Braunkohlen und später Steinkohlen von jeweils mit der Zeit wachsender Qualität: der Gehalt an Wasser, Wasserstoff, Sauerstoff und flüchtigen Bestandteilen (siehe unten) schwindet; hauptsächlich wird Methan gebildet und ausgeschieden; die Konzentration an Kohlenstoff steigt. Die hochwertigste Steinkohle ist der Anthrazit. Es kommen auch Kohlen vor, die aus Fetten und Proteinen hervorgegangen sind. Erdöl als ein flüssiger Brennstoff ist dagegen im wesentlichen aus pflanzlichem und tierischem Plankton und Bakterien stehender Gewässer entstanden. Erdgas schließlich fällt entweder gleichzeitig mit der Bildung von Erdöl an oder bei der obigen Inkohlung [3.8].

Die „Reinkohle" ergibt sich, wenn man von den festen Brennstoffen den „Ballast" — das heißt, das vorhandene Wasser (im Gegensatz

Tabelle 3.1. Eigenschaften fester Brennstoffe ([3.2; 3.13], Auszug)

Brennstoff	Rohkohle			Reinkohle				
	Wasser (proz. Masseanteil)	Asche	Heizwert MJ/kg	flüchtige Bestandteile	Zusammensetzung C (proz. Masseanteil)	O_2	N_2	S
Torf								
abbaufeucht	80 ... 90	0,1 .. 1,8	0,9 ... 1,2	>60	59	33	1,5	0,5
lufttrocken	20 ... 35	0,4 ... 9,0	13,2 .. 16,2	>60	59	33	1,5	0,5
Braunkohle								
Weichbraunkohle	42 ... 72	1 ... 30	2,8 .. 10,5	50 ... 60	60,5 ..	16,7 ... 30,6	0,4 .. 1,6	0,3 .. 5,1
Hartbraunkohle	8 ... 38	4 .. 35	10,0 .. 24,3	40 . 55	62,5 ..	13,8 ... 29,7	0,9 .. 2,5	0,3 ... 4,6
Steinkohle								
Gasflammkohle	2 ... 13,8	4,6 .. 12	26,0 ... 28,9	35 ... 40	80,5 ..	6,2 .. 11,9	1,2 ... 2,1	0,7 ... 1,5
Gaskohle	2 ... 10	6 . 13	26,2 ... 31,7	28 ... 35	83,4 ..	6,2 ... 9,5	1,4 ... 1,7	0,7 ... 1,2
Fettkohle	2,6 ... 10	6 .. 9	28 ... 31,8	19 ... 28	86,9 ..	4,1 ... 5,4	1,3 ... 1,6	0,9 ... 6,7
Eßkohle	7 ... 10	6 ... 9	28,5 ... 29,3	14 ... 19	89,8 ..	2,1 .. 2,8	1,5 . 1,7	0,5 .. 1,4
Magerkohle	3 .. 10	6 ... 18,5	27,8 ... 32,3	10 ... 14	89,8 .	2,7 . 4,8	1,0 ... 1,7	0,6 ... 0,9
Anthrazit	3 .. 5,7	4 ... 7	30 ... 31,4	6 ... 10	91,8 ..	1,4 ... 2,6	0,7 .. 1,4	0,7 .. 1,7

Tabelle 3.2. Eigenschaften flüssiger und gasförmiger Brennstoffe ([3.2; 3.13], Auszug)

Brennstoff	Heizwert MJ/kg	Zusammensetzung				
		C (proz. Masseanteil)	H_2	O_2	N_2	S
Erdöl	40,7 … 43,3	80,4 … 87	9,6 … 13,8	0 … 3	0 … 2	0 … 5
Heizöl EL	42,8	85,9	13		0,4	0,7
Heizöl L	42,4	85,5	12,5		0,8	1,2
Heizöl M	41,0	85,3	11,6		0,6	2,5
Heizöl S	40,3	84,0	11	1,11	0,39	3,5

Brennstoff	Heizwert MJ/m_n^3	Hauptbestandteile								Dichte kg/m_n^3
		CH_4	weitere Kohlenwasserst. (proz. Masseanteil)	CO	H_2	H_2S	O_2	N_2	CO_2	
Erdgas	29,5 … 42,5	69,6 … 99,6	0,1 … 11,5	—	—	0 … 15,1	—	0 … 14,4	0,1 … 17,8	0,75 … 1,03
Koksgas	16,9	23,9	1,6	5,4	56,8	—	0,4	9,3	2,2	0,49
Stadtgas	15,6	17	2,0	21,5	51,5	—	—	4,0	4,0	0,59
Gichtgas	4,2	0,3	—	31,0	2,3	—	—	57,4	9,0	1,29

zu dem bei der Verbrennung zusätzlich entstehenden Wasser) und die Asche — abzieht. Sie besteht hauptsächlich aus Kohlenstoff, Wasserstoff, Sauerstoff, Stickstoff und Schwefel. Die beim Erhitzen der Reinkohle unter Luftabschluß gasförmig entweichenden Zersetzungsprodukte sind ihre „flüchtigen Bestandteile". Der Gehalt an flüchtigen Bestandteilen bestimmt weitgehend die Verbrennungseigenschaften; die festen Brennstoffe werden daher nach ihrem Gehalt an flüchtigen Bestandteilen klassifiziert (Tabelle 3.1; im einzelnen streuen die Werte von Lagerstätte zu Lagerstätte oft in weiten Bereichen).

Der Energieinhalt der Brennstoffe wird durch ihren Brennwert B oder durch ihren Heizwert H angegeben (früher waren die Bezeichnungen „oberer Heizwert" H_o und „unterer Heizwert" H_u gebräuchlich). Der Brennwert nennt die gesamte aus dem Brennstoff durch vollständige Verbrennung freisetzbare chemische Bindungsenergie. Sie ist nicht restlos nutzbar, da die Rauchgase in dem betreffenden Energiewandler — zum Beispiel in einem Dampferzeuger — nur so weit abgekühlt werden dürfen, daß der Taupunkt des Wasserdampfes noch nicht erreicht wird; andernfalls würden durch die entstehende Nässe, insbesondere bei Anwesenheit von Schwefeldioxid SO_2 oder Schwefeltrioxid SO_3, Schäden entstehen. Der tatsächlich nutzbare Wert ergibt sich daher nach Abzug der Verdampfungswärme für das im Brennstoff vorhandene und das bei der Verbrennung entstehende Wasser (ca. 2,5 MJ/kg bei 0 °C) als der Heizwert des Brennstoffes.

Nach der stöchiometrischen Beziehung

$$2 \text{ kg } H_2 + 16 \text{ kg } O_2 = 18 \text{ kg } H_2O$$

entstehen aus 1 kg Wasserstoff bei der Verbrennung 9 kg Wasser. Bezeichnet man den im Brennstoff vorhandenen Wasserstoff-Masseanteil mit h und seinen Wassergehalt mit w, dann sind bei der Verbrennung insgesamt $(9h + w)$ Masseanteile Wasser zu verdampfen. Daraus folgt mit der obigen Verdampfungswärme für den Zusammenhang zwischen Heizwert und Brennwert die Beziehung

$$H \approx B - (9h + w) \cdot 2,5 \text{ MJ/kg} .$$

Vor allem Brennstoffe mit hohem Wasserstoff- und Wassergehalt weisen also eine ungünstige

Relation zwischen beiden Werten auf (vgl. Tabellen 3.1 und 3.2). Insbesondere Torf hat aus diesen Gründen energiewirtschaftlich meist nur geringen Wert. Auch der Heizwert der Braunkohlen ist relativ gering; verglichen mit den Steinkohlen werden sie jedoch dadurch konkurrenzfähig, daß sie im allgemeinen kostengünstig im Tagebau gewonnen werden können.

Flüssige Brennstoffe — das Erdöl wie auch die durch Destillation daraus (oder auch aus Teeren) unter anderem gewinnbaren Heizölfraktionen EL (extra leichtflüssig), L (leichtflüssig), M (mittelflüssig) und S (schwerflüssig) — haben verglichen mit den festen Brennstoffen einen verhältnismäßig hohen Wasserstoffgehalt und nur sehr geringe Anteile an Wasser und Asche. Ebenso wie die gasförmigen Brennstoffe — das Erdgas und die im Verlauf technischer Prozesse anfallenden brennbaren Gase — lassen sie sich besonders leicht verfeuern: sie sind gut brennbar; die Feuerungsanlagen sind schnell betriebsbereit und leicht zu regeln. Insbesondere die schwerflüssige Heizölfraktion muß jedoch für Transport und Zerstäubung erwärmt werden und kann zudem relativ hohe Schwefelanteile enthalten, so daß die Rauchgastemperatur am Kaminaustritt mit Rücksicht auf die anfallende SO_2- und SO_3-Fracht des Rauchgases und die daraus resultierenden Säuren bzw. deren Taupunkt unter Umständen wesentlich höher liegen muß als im Fall schwefelarmer Brennstoffe. Die gasförmigen Brennstoffe führen dagegen nur selten nennenswerte Schwefelanteile (Tabelle 3.2; die Werte streuen wieder in weiten Bereichen).

Der Vollständigkeit halber sind hier auch die Ölschiefer und Ölsande anzuführen, das sind ölführende Vorkommen von Schiefer, Sand oder Sandstein. Verschiedene Probleme im Zusammenhang mit Gewinnung und Verarbeitung dieser Brennstoffe sind jedoch noch offen [3.4].

3.3.2 Verbrennung

Wesentliche Einflußgrößen für Einleitung und Aufrechterhaltung der Verbrennungsvorgänge sind Zündtemperatur und Flammgeschwindigkeit der Brennstoffe bzw. Brennstoff-Luft-

Gemische. Sie hängen unter anderem von Wassergehalt, Aschegehalt und Heizwert der Brennstoffe ab und beeinflussen Gestaltung und Betrieb der Feuerungen samt deren Zündeinrichtungen. Die Zündtemperatur der festen Brennstoffe liegt im Bereich 150 bis 700 °C (niedrige Werte: Braunkohlen, Torf; hohe Werte: höherwertige Steinkohlen). Flüssige und gasförmige Brennstoffe haben Zündtemperaturen zwischen 220 und 650 °C. Die Flammgeschwindigkeiten hängen neben dem Brennstoff selbst unter anderem von seiner Feinheit und von der Gleichmäßigkeit der Durchmischung mit der Verbrennungsluft ab.

Die veranschlagte Leistung des Dampferzeugers und der Heizwert des zu verfeuernden Brennstoffes liefern nach (3.58) den erforderlichen Brennstoffdurchsatz des Dampferzeugers. Zu seiner Verbrennung entsteht Sauerstoff- bzw. Luftbedarf; hernach fällt eine entsprechende Rauchgasmenge an. Luftbedarf und Rauchgasmenge bestimmen die Auslegung der Frischluft- und Saugzuggebläse sowie allgemein die benötigten Rauchgas-Durchtrittsquerschnitte des Dampferzeugers [3.7; 3.34; 3.41].

Die vollkommene Verbrennung des Kohlenstoffes als Hauptbestandteil der festen Brennstoffe mit dem Sauerstoff der Luft zu Kohlendioxid CO_2 ist ein exothermer Vorgang: es fällt eine Wärmemenge von 408 MJ/kmol an [3.2]. Bei unvollkommener Verbrennung infolge Sauerstoffmangels zu Kohlenmonoxid CO wird nur ein Teil dieser Energie in Höhe von 125 MJ/kmol freigesetzt; der Rest bleibt ungenutzt. Bei Sauerstoff- bzw. Luftüberschuß wird eine unnötig große Rauchgasmenge mit Übertemperaturen an die Umgebung abgegeben. In beiden Fällen entsteht also unnötiger zusätzlicher Energieverlust. Bei flüssigen und gasförmigen Brennstoffen ergeben sich analoge Verhältnisse. In jedem Fall ist abhängig von der Art des Brennstoffes (stückige Kohle; Kohlestaub; Ölnebel; Gas) ein unterschiedlicher Luftüberschuß herzustellen, um gerade zu einer vollständigen Verbrennung zu kommen und so eine Optimierung zu erzielen. Dazu muß man zunächst den von der chemischen Zusammensetzung des Brennstoffes abhängenden Mindestluftbedarf bestimmen. Brennstoffe bestehen im wesentlichen aus den bereits genannten Komponenten mit den Masseanteilen c, h, o, n, s, w und a:

$$c + h + o + n + s + w + a = 1 \qquad (3.64)$$

Kohlenstoff, Wasserstoff und Schwefel sind die brennbaren Bestandteile.

Eine chemische Reaktionsgleichung verknüpft zugleich Stoffmengen miteinander [3.2]. Zum Beispiel gilt für die Verbrennung von Kohlenstoff nach der Beziehung

$$C + O_2 = CO_2$$

auch die Mengenaussage

$$1 \text{ kmol C} + 1 \text{ kmol } O_2 = 1 \text{ kmol } CO_2$$

bzw. daraus resultierend die Massenaussage

$$12 \text{ kg C} + 32 \text{ kg } O_2 = 44 \text{ kg } CO_2. \qquad (3.65)$$

Daraus folgt der Mindestsauerstoffbedarf $(o_{min})_c$ für die Verbrennung von Kohlenstoff zu

$$(o_{min})_c = \frac{32 \text{ kg } O_2}{12 \text{ kg C}}. \qquad (3.66)$$

Analog folgen für die Verbrennung des Wasserstoffs und des Schwefels aus

$$H_2 + \frac{1}{2} O_2 = H_2O$$

bzw.

$$2 \text{ kg } H_2 + 16 \text{ kg } O_2 = 18 \text{ kg } H_2O \qquad (3.67)$$

der Wert

$$(o_{min})_h = \frac{16 \text{ kg } O_2}{2 \text{ kg } H_2} \qquad (3.68)$$

und aus

$$S + O_2 = SO_2$$

bzw.

$$32 \text{ kg S} + 32 \text{ kg } O_2 = 64 \text{ kg } SO_2 \qquad (3.69)$$

der Wert

$$(o_{min})_s = \frac{32 \text{ kg } O_2}{32 \text{ kg S}}. \qquad (3.70)$$

Der gesamte Mindestsauerstoffbedarf O_{min} zur Verbrennung eines Brennstoffes mit der Zusammensetzung nach (3.64) folgt dann aus (3.66), (3.68) und (3.70) unter Abzug des im

Brennstoff bereits vorhandenen Sauerstoffs zu

$$O_{min} = \frac{32\ \text{kg}\ O_2}{12\ \text{kg}\ C} \cdot c\ \frac{\text{kg}\ C}{\text{kg Brennst.}}$$

$$+ \frac{16\ \text{kg}\ O_2}{2\ \text{kg}\ H_2} \cdot h\ \frac{\text{kg}\ H_2}{\text{kg Brennst.}}$$

$$+ \frac{32\ \text{kg}\ O_2}{32\ \text{kg}\ S} \cdot s\ \frac{\text{kg}\ S}{\text{kg Brennst.}}$$

$$- o\ \frac{\text{kg}\ O_2}{\text{kg Brennst.}}$$

$$= \frac{32}{12}\, c \left(1 + 3\ \frac{h}{c} + \frac{3}{8}\ \frac{s}{c} - \frac{3}{8}\ \frac{o}{c} \right)$$

$$\times \frac{\text{kg}\ O_2}{\text{kg Brennst.}}\ .$$

Das ideale Gas hat das Molvolumen

$$V_m = 22{,}414\ \frac{\text{m}^3\text{n}}{\text{kmol}}\ .$$

Für reale Gase gilt dieser Wert annähernd mit guter Genauigkeit. Speziell gilt für Sauerstoff auf die Masse bezogen der Zusammenhang

$$(V_m)_{O_2} \approx \frac{22{,}4\ \text{m}^3\text{n}\ O_2}{32\ \text{kg}\ O_2}\ .$$

Damit folgt auch

$$O_{min} \approx \frac{32}{12}\, c \left(1 + 3\ \frac{h}{c} + \frac{3}{8}\ \frac{s}{c} - \frac{3}{8}\ \frac{o}{c} \right)$$

$$\times \frac{\text{kg}\ O_2}{\text{kg Brennst.}} \cdot \frac{22{,}4\ \text{m}^3\text{n}\ O_2}{32\ \text{kg}\ O_2}$$

$$= \frac{22{,}4}{12}\, c \left(1 + 3\ \frac{h}{c} + \frac{3}{8}\ \frac{s}{c} - \frac{3}{8}\ \frac{o}{c} \right)$$

$$\times \frac{\text{m}^3\text{n}\ O_2}{\text{kg Brennst.}} \qquad (3.71)$$

Der Sauerstoffgehalt der Luft beträgt ziemlich genau 21 Vol.-%. Damit ergibt sich schließ-

lich der Luftbedarf L_{min} der vollkommenen Verbrennung zu

$$L_{min} \approx \frac{22{,}4}{12}\, c \left(1 + 3\ \frac{h}{c} + \frac{3}{8}\ \frac{s}{c} - \frac{3}{8}\ \frac{o}{c} \right)$$

$$\times \frac{\text{m}^3\text{n}\ O_2}{\text{kg Brennst.}} \cdot \frac{1\ \text{m}^3\text{n}\ \text{Luft}}{0{,}21\ \text{m}^3\text{n}\ O_2}$$

$$= 8{,}89\, c \left(1 + 3\ \frac{h}{c} + \frac{3}{8}\ \frac{s}{c} - \frac{3}{8}\ \frac{o}{c} \right)$$

$$\times \frac{\text{m}^3\text{n}\ \text{Luft}}{\text{kg Brennst.}}\ .$$

Für feste Brennstoffe folgt daraus die Näherungsformel

$$(L_{min})_f \approx 10c\ \frac{\text{m}^3\text{n}\ \text{Luft}}{\text{kg Brennst.}}\ .$$

Für flüssige und gasförmige Brennstoffe gilt

$$(L_{min})_{fl;g} \approx (11 \dots 13)\, c\ \frac{\text{m}^3\text{n}\ \text{Luft}}{\text{kg Brennst.}}\ .$$

Der zur Erzielung einer vollkommenen Verbrennung tatsächlich entstehende Luftbedarf L ist wegen unvollständiger Durchmischung von Brennstoff und Luft größer als der Wert L_{min}: mit dem sogenannten Luftverhältnis λ erhält man

$$L = \lambda\, L_{min}\ .$$

Das Luftverhältnis ist um so höher zu wählen, je gröber der Brennstoff ist: für flüssige und gasförmige Brennstoffe genügen Werte im Bereich 1,01 bis 1,3; für feste Brennstoffe werden Werte im Bereich 1,05 bis 1,6 benötigt, im Sonderfall der Verfeuerung von Müll noch wesentlich höhere Werte (vgl. Abschnitt 6.1.1).

Die Rauchgasmenge V_R wird gleich der Summe der gasförmigen Verbrennungsprodukte und des verdampften, im Brennstoff bereits vorhanden gewesenen Wassers, vermehrt um die Differenz aus der zugeführten Luftmenge L und dem daraus in Anspruch genommenen Mindestsauerstoffbedarf O_{min}. Im einzelnen folgen die Verbrennungsprodukte aus (3.65), (3.67) und (3.69), verknüpft mit dem genannten

Molvolumen und weiterhin ausgehend von der Zusammensetzung nach (3.64) zu

$$\frac{44\ \text{kg CO}_2}{12\ \text{kg C}} \cdot \frac{22,4\ \text{m}^3\text{n CO}_2}{44\ \text{kg CO}_2} \cdot c\ \frac{\text{kg C}}{\text{kg Brennst.}}$$

$$= \frac{22,4}{12}\ c\ \frac{\text{m}^3\text{n CO}_2}{\text{kg Brennst.}}\ ;$$

$$\frac{18\ \text{kg H}_2\text{O}}{2\ \text{kg H}_2} \cdot \frac{22,4\ \text{m}^3\text{n H}_2\text{O}}{18\ \text{kg H}_2\text{O}} \cdot h\ \frac{\text{kg H}_2}{\text{kg Brennst.}}$$

$$= \frac{22,4}{2}\ h\ \frac{\text{m}^3\text{n H}_2\text{O}}{\text{kg Brennst.}}\ ;$$

$$\frac{32\ \text{kg SO}_2}{32\ \text{kg S}} \cdot \frac{22,4\ \text{m}^3\text{n SO}_2}{32\ \text{kg S}} \cdot s\ \frac{\text{kg S}}{\text{kg Brennst.}}$$

$$= \frac{22,4}{32}\ s\ \frac{\text{m}^3\text{n SO}_2}{\text{kg Brennst.}}\ .$$

In entsprechender Weise ergibt sich der aus dem im Brennstoff bereits vorhanden gewesenen Wasseranteil w resultierende Wasserdampfanteil zu

$$\frac{22,4\ \text{m}^3\text{n H}_2\text{O}}{18\ \text{kg H}_2\text{O}} \cdot w\ \frac{\text{kg H}_2\text{O}}{\text{kg Brennst.}}$$

$$= \frac{22,4}{18}\ w\ \frac{\text{m}^3\text{n H}_2\text{O}}{\text{kg Brennst.}}\ .$$

Der Ascheanteil a des Brennstoffes bleibt als fester Rückstand zurück. Der Sauerstoffanteil o wurde bereits bei der Ermittlung des Mindestsauerstoffbedarfes berücksichtigt. Unter Vernachlässigung des Stickstoffanteiles n im Brennstoff erhält man dann das Rauchgasvolumen

$$V_\text{R} = \left(\frac{22,4}{12}\ c + \frac{22,4}{2}\ h + \frac{22,4}{32}\ s + \frac{22,4}{18}\ w \right)$$

$$\times\ \frac{\text{m}^3\text{n}}{\text{kg Brennst.}} + (L - O_{\text{min}})\ .$$

Mit (3.71) folgt daraus

$$V_\text{R} = L + \frac{22,4}{12}\left(3h + \frac{2}{3}\ w + \frac{3}{8}\ o \right)$$

$$\times\ \frac{\text{m}^3\text{n}}{\text{kg Brennst.}}\ .$$

Es entsteht also im Verlauf der Verbrennung die Volumenzunahme

$$\Delta V = V_\text{R} - L$$

$$= \frac{22,4}{12}\left(3h + \frac{2}{3}\ w + \frac{3}{8}\ o \right) \frac{\text{m}^3\text{n}}{\text{kg Brennst.}}$$

der zugeführten Frischluft.

3.3.3 Feuerungen

Man unterscheidet Feuerungen für feste, flüssige und gasförmige Brennstoffe. Die ersteren gliedern sich in Rostfeuerungen (für stückige Kohlen) und Staubfeuerungen (für Kohlestaub). Rostfeuerungen sind heute nur noch selten anzutreffen. Bei den Staubfeuerungen kommt trockener oder flüssiger Schlackeabzug vor (siehe unten).

Die Entwicklung der Staubfeuerungen war seinerzeit eine entscheidende Voraussetzung für die notwendige Steigerung der Dampferzeugerleistung. Den Staubfeuerungen sind Kohlemühlen vorgeschaltet, denen die Kohle lastabhängig von Zuteilern dosiert zugeführt wird. Der erzeugte Kohlestaub wird mit vorgewärmter Primärluft oder heißem Rauchgas als „Tragluft" zu den Brennern transportiert und dabei zugleich getrocknet; außerdem wird den Brennern Sekundärluft zugeführt, die ebenfalls vorgewärmt ist. Bild 3.49 zeigt gängige Brenneranordnungen. Da Kohlestaub eine relativ große wirksame Oberfläche hat, verbrennt er im Feuerraum sehr schnell, schwebend. Je nach der Gestaltung des Feuerraumes und der Intensität seiner Kühlung durch die Auskleidung mit Verdampferrohren usw. stellen sich unterschiedliche Verbrennungstemperaturen ein. Bei Temperaturen bis

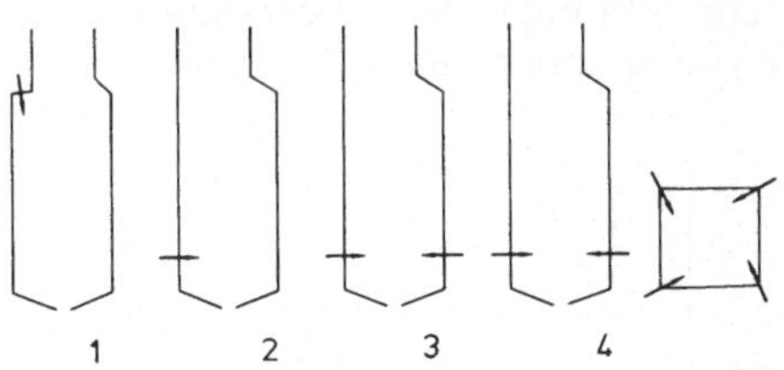

Bild 3.49. Anordnung von Brennern für festen Brennstoff und trockenen Schlackeabzug. 1 Deckenfeuerung; 2 Frontfeuerung; 3 Gegenfeuerung; 4 Tangentialfeuerung

etwa 1500 °C bleibt die Asche trocken: etwa 10 bis 20% fallen als Grobasche unmittelbar in den Aschetrichter des Feuerraumes und können dort abgezogen werden; der Rest wandert mit den Rauchgasen als Flugasche ab und muß am Dampferzeugerende durch entsprechend groß zu bemessende Filter abgeschieden werden.

Bei höheren Feuerraumtemperaturen — gebräuchlich sind Werte bis etwa 1750 °C — schmilzt die Asche: man kann die Schlacke flüssig abziehen und im Wasserbad granulieren; das Granulat ist einfach und sauber zu handhaben und läßt sich bespielsweise als Baustoff verwenden. Insbesondere in dem Maße, in dem mit der Zeit ballasthaltigere Kohlen verfeuert werden mußten, ging man wegen der leichteren Erfaßbarkeit der Asche zunehmend zum schmelzflüssigen Schlackeabzug über; gleichzeitig ließ sich so zum Teil der Dampferzeugerwirkungsgrad verbessern. Um die Schmelztemperaturen zu erreichen, ist die eigentliche Brennkammer zu verkleinern und ihre Auskleidung mit Verdampferrohren einzuschränken: man kommt zur Schmelzkammerfeuerung. Meist werden, auch im Hinblick auf das Teillastverhalten, mehrere Schmelzkammern parallel angeordnet. Eine besonders rasche Abscheidung der Schlacke auf begrenztem Raum läßt sich erreichen, wenn man durch tangentiales Einblasen von Primär- und Sekundärluft in eine — gegebenenfalls aus mehreren parallelen zylindrischen Einzelfeuerungen bestehende — sogenannte Zyklonfeuerung eine zusätzliche Zentrifugalwirkung erzeugt (Bild 3.50). Etwa 85% — bei der einfachen Schmelzfeuerung etwa 50% — der Asche lassen sich auf diese Weise unmittelbar abscheiden; der Rest wandert wieder weiter zum Rauchgasfilter. Oft wird diese Flugasche vom Filter in die Feuerung zurückgeführt, da sie noch einen Restheizwert auf-

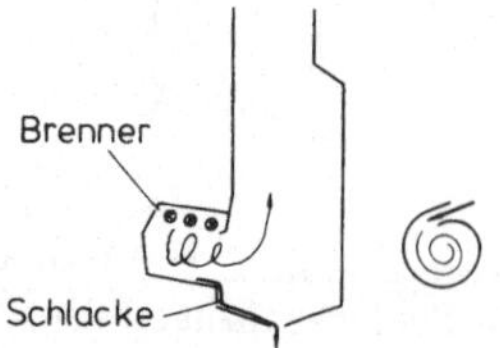

Bild 3.50. Zyklonfeuerung

weist und im übrigen so ebenfalls schließlich in Granulat übergeführt werden kann.

Bei Feuerungen für flüssige und gasförmige Brennstoffe treten an die Stelle der obigen Kohlemühlen samt Zusatzaggregaten Ölpumpen samt eventuellen Anlagen zur Ölerwärmung bzw. Gasverdichter. Da hier praktisch keine Asche anfällt, können sie über die Varianten in Bild 3.49 hinaus auch als Bodenfeuerung aufgebaut werden. Oft werden jedoch zur Erzielung einer Anpassbarkeit, etwa an schwankende Brennstoffpreise, auch Kohle-Zusatzbrenner vorgesehen. Umgekehrt kommt es auch vor, daß Staubfeuerungen zusätzlich für den Betrieb bei geringer Teillast mit dann allein einzuschaltenden Öl- oder Gas-Stützbrennern ausgerüstet werden.

Zur Vermeidung von Wirkungsgradminderungen durch unvollständige Verbrennung einerseits oder durch unnötig große Restluftmengen im Rauchgas zum andern sowie zur Vermeidung von Umweltbelastungen durch Ausstoß von Kohlenmonoxid ist die Feuerführung, das heißt, speziell die Einhaltung eines optimalen Luftverhältnisses im Betrieb zu überwachen. Dazu wird das Rauchgas analysiert. Man kann unter anderem aus der Erfassung allein des Gehaltes an Sauerstoff und Stickstoff in den Rauchgasen eine angenäherte, aus der Erfassung darüberhinaus auch des Gehaltes an Kohlendioxid und Kohlenmonoxid, verknüpft mit der Zusammensetzung des verfeuerten Brennstoffes, eine genauere Aussage über das vorliegende Luftverhältnis herleiten [3.7; 3.11; 3.41].

Der Betrieb der Dampferzeuger führt zu Umweltbelastungen hauptsächlich in Form von Kohlendioxid, Kohlenmonoxid, Schwefel- und Stickstoffoxiden sowie Flugasche. Dabei ist das Kohlendioxid eine unvermeidliche Folge der Nutzung von Brennstoffen als Primärenergie. Das Auftreten von Kohlenmonoxid sucht man schon aus den erwähnten Erwägungen hinsichtlich des Wirkungsgrades der Energieumwandlung zu vermeiden. Die Intensität der genannten Umweltbelastungen insgesamt läßt sich grundsätzlich durch hohe Kamine vermindern. Die Flugstaubfracht wird jedoch seit langem darüberhinaus durch Einbau von Elektrofiltern zwischen Dampferzeuger und Kamin wirkungsvoll verringert; die betreffenden technischen Einrichtungen stellen die ältesten Anlagen zur Emissionsminderung bei Dampfkraftwerken dar. Verfahren zur Rauchgasentschwefelung wurden ebenfalls eingeführt.

Beim Elektrofilter sind in geerdeten Rauchgaskanälen unter hoher negativer Gleichspannung (zum Beispiel ca. 50 kV) stehende Drähte als Sprühelektroden ausgespannt (Bild 3.51 — das Rauchgas tritt von vorne in die Darstellungsebene ein). Elektronen wandern

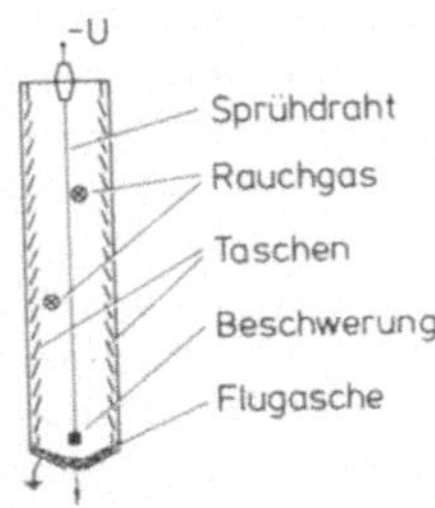

Bild 3.51. Elektrofilter

von den Elektroden zum Gehäuse als gemeinsamer Niederschlagselektrode. Sie ionisieren sowohl Gasatome, indem sie aus ihnen jeweils weitere Elektronen herausschlagen, als auch Ascheteilchen durch Anlagerung. Elektronen und negativ aufgeladene Ascheteilchen wandern zum Gehäuse; positiv ionisierte Gasatome und von diesen ebenfalls durch Anlagerung ionisierte Ascheteilchen wandern zum Sprühdraht. Die Elektronen fließen am Gehäuse ab; die Gasionen nehmen am Sprühdraht Elektronen auf und werden so entionisiert. Die Flugasche lagert sich entsprechend ihrer Polarität an der einen oder der anderen Elektrode ab und muß dort entfernt werden, zum Beispiel durch mechanische Klopfeinrichtungen; die Gehäuseelektroden werden auf ihrer Innenseite in einer solchen Weise mit geschlitzten Vorsatzblechen versehen, daß „Taschen" entstehen, die die abgeschiedene und dann herunterfallende Flugasche aus dem Rauchgasstrom entfernen. Die Abscheideleistung eines Filters wächst in dem Maße, in dem die Strömungsgeschwindigkeit des zu filternden Gases sinkt. Hohe Abscheideleistungen erfordern folglich großen Bauaufwand. In Kombination mit anderen Maßnahmen — zum Beispiel Schmelzkammer-

feuerungen — lassen sich Gesamtabscheidegrade bis 99,8 % erzielen. Extreme Anforderungen kann man mit Gewebefiltern erfüllen. Dann entsteht jedoch unter Umständen erheblicher zusätzlicher Energiebedarf zum Ausgleich des Zugverlustes der Rauchgase infolge Reibung in den Filtern.

Ein Verfahren zur Rauchgasentschwefelung besteht darin, die Rauchgase durch Einsprühen einer Kalk- oder Kalksteinsuspension zu „waschen". Das von der Waschflüssigkeit abgeschiedene Produkt läßt sich zu Gips verarbeiten. Die Rauchgase selbst müssen anschließend getrocknet und gegebenenfalls zur Vermeidung späterer Taupunktunterschreitungen wieder um eine gewisse Spanne erwärmt werden. Das kann unter anderem durch Aufheizung unter Aufwand von Brennstoff oder über Wärmetauscher zwischen Rauchgas und Reingas geschehen [3.6].

Die Wirbelschichtfeuerung für feste Brennstoffe ist etwa zwischen Rostfeuerung und Staubfeuerung angesiedelt [3.32]. Sie verwendet stückige Kohle — zum Beispiel von etwa 6 mm Durchmesser —, die weniger jäh und folglich mit weniger hoher Temperatur verbrennt als Kohlestaub. Die Kohle wird eingeblasen und während der Verbrennung durch einen aufsteigenden weiteren Verbrennungsluftstrom in der Schwebe gehalten. Das so entstehende Medium, die sogenannte Wirbelschicht, hat physikalisch Verwandtschaft mit einer Flüssigkeit; aufgrund heftiger Bewegung und der hohen Dichte entwickelt es speziell außerordentlich günstige Wärmeübertragungseigenschaften gegenüber damit in Berührung kommenden Körpern. Man taucht daher die zur Energieaufnahme vorgesehenen Rohrbündel eines Dampferzeugers zweckmäßig darin ein und kommt dann trotz des verhältnismäßig geringen Temperaturgefälles mit vergleichsweise knapp bemessenen Tauscherflächen aus. Der so zustandekommende rasche Entzug hoher Energieanteile aus der Wirbelschicht wirkt nochmals im Sinne einer Niedrighaltung der Verbrennungstemperatur, und zwar günstigstenfalls auf etwa 800 bis 950 °C. Damit wird die Stickoxidbildung stark eingeschränkt. Zur Überführung der bei der Verbrennung entstehenden Schwefeloxide in feste Verbindungen, die dann den Gasstrom verlassen bzw. aus ihm entfernt werden können, kann man dem Brennstoff als Zuschlag Kalkstein ($CaCO_3$) zufügen; man gewinnt so ein sehr einfaches Entschwefelungsverfahren: es entsteht Gips ($CaSO_4$). Die Wirbelschichtfeuerung ist somit aufgrund ihrer Umweltfreundlichkeit vor allem für Dampferzeuger in Ballungszentren besonders geeignet. Sie erlaubt auch die Verfeuerung ballastreicher Kohlen. Die Rauchgase müssen sorgfältig entstaubt werden.

3.3.4 Dampferzeuger

Der Dampferzeuger ist ein Energiewandler, in dem chemische Bindungsenergie eines Brennstoffes auf dem Weg über thermische Energie der Rauchgase in nutzbare thermische Energie des Frischdampfes überführt wird. Die Freisetzung der chemischen Bindungsenergie erfolgt in der Feuerung durch Verbrennen des Brennstoffes.

Anfänglich wiesen die Dampferzeuger einen großen Wasserbehälter auf, der von einer begrenzten Zahl von Flamm- oder Rauchrohren durchzogen wurde (Rauchrohrprinzip) und zwar eine oft begrüßte hohe thermische Kapazität, aber auch große regeltechnische Trägheit bewirkte. Es ließen sich nur begrenzte Drücke realisieren; die mögliche Leistung der Anlagen war gering. Durch Umkehren des Prinzips, das heißt, durch Übergang zu einer Führung des Wassers bzw. seines Dampfes in Rohren durch das Rauchgas (Wasserrohrprinzip), wurden bedeutende Drucksteigerungen und wesentliche Vergrößerungen der Tauscherflächen und damit der Dampferzeugerleistung pro Volumeneinheit möglich. Die Anlage verlor an Trägheit, aber auch an thermischer Kapazität; der letztere Umstand ließ sich indessen mit regeltechnischen Mitteln ausgleichen.

Moderne Dampferzeuger weisen zur Erwärmung des Wasser-Dampf-Systems (auch als „Drucksystem" des Dampferzeugers bezeichnet) mehrere Wärmetauscher auf, die entsprechend den unterschiedlichen physikalischen Vorgängen bei der Zufuhr der Flüssigkeits-, Verdampfungs- und Überhitzungswärme verschieden dimensioniert und in verschiedenen Zonen längs des Rauchgasweges angeordnet sind. Im einzelnen weist ein Dampferzeuger den oft in Abschnitte unterteilten Rauchgas-Speisewasservorwärmer („Economiser"; im Unterschied zu den in Abschnitt 3.2.1 beschriebenen Anzapfdampf-Speisewasservorwärmern), den Verdampfer, den ebenfalls meist unterteilten Überhitzer und eventuelle Zwischenüberhitzer auf. Hinzu kommt der Luftvorwärmer, der Bestandteil des Dampferzeugers sein kann und dann ebenfalls oft unterteilt ist oder aber im anderen Fall ihm nachgeschaltet wird (siehe unten).

Das Rauchgas kühlt sich auf seinem Weg durch den Dampferzeuger ab; die Temperatur im Drucksystem steigt — vom Bereich der eigentlichen Verdampfung abgesehen — an. Die Tauscher sind so angeordnet, daß das Temperaturgefälle zwischen dem Rauchgas und dem Drucksystem jeweils so klein wird, wie technisch und wirtschaftlich möglich; zusätzlich ist darauf zu achten, daß die Rauchgastemperatur bis zum Kaminaustritt nicht so tief sinkt, daß dort Taupunktunterschreitungen auftreten (je nach Brennstoffzusammensetzung wäre das bei etwa 70 bis 170 °C der Fall; vgl. Abschnitt 3.3.1).

In der Feuerung fallen die Rauchgase notwendig mit sehr hoher Temperatur an; die bereitzustellende Frischdampftemperatur ist auf wesentlich niedrigere Werte begrenzt. Abhängig von dem vorliegenden Temperaturgefälle findet der Wärmeaustausch zwischen Rauchgas und Berohrung nach verschiedenen Mechanismen statt: bei großem Temperaturgefälle erfolgt er hauptsächlich durch Strahlung aus dem Rauchgasvolumen an die begrenzende Wandung, bei kleinerem Temperaturgefälle dagegen hauptsächlich durch Berührung des Rauchgases mit der Wandung (Konvektion; vgl. Abschnitt 3.3.5). Dementsprechend wird der Wärmetauscher im Bereich der Feuerung des Dampferzeugers als eine großräumige mit der Berohrung ausgekleidete Kammer ausgebildet, in der der Wärmeaustausch durch Strahlung abläuft (Strahlungsteil des Dampferzeugers); im weiteren Verlauf längs des Rauchgasweges folgt dann der mehrere einzelne Wärmetauscher umfassende sogenannte Berührungsteil, bei dem Rohrbündel in das strömende Rauchgas eingebettet sind. Der dem Rauchgas längs des Dampferzeugers zur Verfügung gestellte Strömungsquerschnitt wird im übrigen so bemessen, daß sich abhängig von seinem mit

sinkender Temperatur schwindenden spezifischen Volumen immer eine bezüglich des Wärmeüberganges an die Rohre, bezüglich möglicher Flugstaubablagerungen usw. optimale Strömungsgeschwindigkeit ergibt.
Innerhalb der Rohre ist der Wärmeübergang stark vom Aggregatzustand des strömenden Mediums abhängig: er ist für Wasser oder Naßdampf wesentlich besser als für überhitz-

in einem oder mehreren „Zügen" des Dampferzeugers untergebracht. Moderne Dampferzeuger werden mit einem oder zwei Zügen ausgeführt (Bild 3.53); kleinere Dampferzeuger können auch drei Züge aufweisen oder nach einem anderen Konzept gestaltet sein. In jedem Fall sind die konstruktiven Varianten sehr vielfältig.
Der Einzugdampferzeuger in Turmbauweise

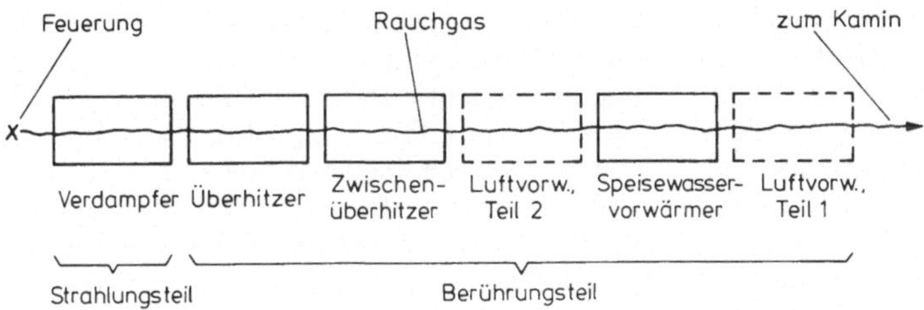

Bild 3.52. Beispiel für die Anordnung der einzelnen Wärmetauscher eines Dampferzeugers im Rauchgasweg

ten Dampf. Daher wird im Strahlungsteil des Dampferzeuger als derjenigen Zone, in der die höchste Flächendichte des Wärmeaustausches zustandekommt, derjenige der oben genannten Tauscher angeordnet, der hinsichtlich seiner Temperatur und der in seinem Inneren herrschenden Wärmeübergangsverhältnisse optimal ist; das ist der Verdampfer (Bild 3.52).
Die verschiedenen Wärmetauscher werden

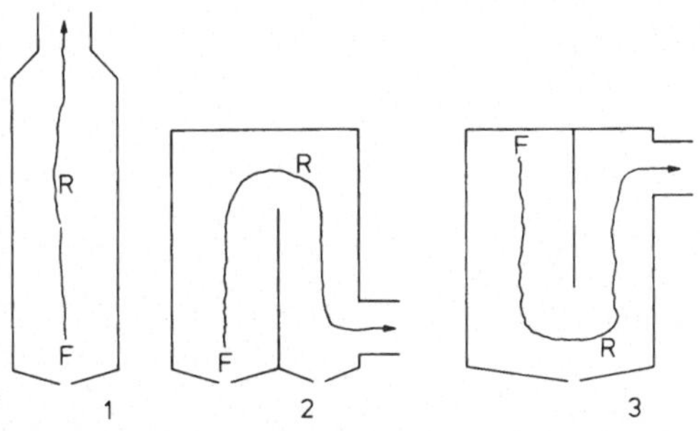

Bild 3.53. Grundkonzept von Dampferzeugern. 1 Einzug- oder „Turm"-Bauweise; 2 Zweizug-Bauweise mit unten liegender Feuerung; 3 Zweizug-Bauweise mit oben liegender Feuerung; F Feuerung; R Rauchgas

trägt — als öl- oder gasbefeuerter Dampferzeuger — an seinem oberen Ende Frischluftgebläse und Luftvorwärmer sowie den aufgesetzten Kamin. In einer anderen Variante, bei der das Rauchgas hinter dem Dampferzeuger zunächst wieder heruntergeführt wird und längs dieser Strecke Frischluftgebläse und Luftvorwärmer angeordnet werden, kann man unten vor dem seitlich errichteten Kamin die Entstaubungsanlage einfügen. In beiden Fällen sind hier auftretende thermische Spannungen und Bewegungen einfacher zu berechnen und konstruktiv aufzufangen als beim Zweizugdampferzeuger. Andererseits sind jedoch die Möglichkeiten hinsichtlich einer Anpassung des Strömungsquerschnittes längs des Dampferzeugers an schwindendes spezifisches Volumen des Rauchgases eingeschränkt.
Beim Zweizugdampferzeuger sind die Verhältnisse umgekehrt. Zudem wächst hier der Bedarf an Grundfläche; es sinken jedoch Baukosten und Bodenpressung und man gewinnt Montagevorteile.
Das Drucksystem des Dampferzeugers kann nach verschiedenen Prinzipien arbeiten. Beim Naturumlaufprinzip (Bild 3.54) gelangt das Speisewasser vom Vorwärmer in eine hoch-

liegende Trommel, an die der Verdampfer als eine Schleife angeschlossen ist: über außerhalb des Feuerraumes liegende Fallrohre wird das Wasser dem unteren Ende von innerhalb des Feuerraumes liegenden Steigrohren zugeführt und gelangt von dort zur Trommel zurück; da der in den Steigrohren entstehende Naßdampf eine geringere Dichte hat als das Wasser in den Fallrohren, kommt ein natürlicher Umlauf in Gang. In der Trommel wird der entstandene Sattdampf von dem restlichen Wasser getrennt, anschließend im Überhitzer überhitzt und steht dann als Frischdampf zur Verfügung. In der Trommel sammeln sich ferner auf diese Weise restliche Verunreinigungen des Speisewassers an (vgl. Abschnitt 3.2.1), die nicht in den Überhitzer gelangen dürfen, da sie vor allem dort zu störenden Ablagerungen führen würden. Die Trommel wird daher im Betrieb laufend durch Entnahme eines kleinen Prozentsatzes des dem Dampferzeuger zugeführten Speisewassers (zum Beispiel ca. 1 %) „abgeschlämmt" oder „abgesalzt"; das so entnommene Wasser wird in Form von zusätzlichem Speisewasser ersetzt.

Nur bis zu Drücken von etwa 170 bar nehmen die in den Steigrohren entstehenden Dampfblasen ein solches spezifisches Volumen an, daß sich ein zur Sicherstellung eines natürlichen Umlaufes ausreichender Auftrieb einstellt. Bei höheren Drücken kann man dann zunächst zum Zwangumlaufprinzip übergehen (Bild 3.55), indem man in den Fallrohren Umwälzpumpen anordnet und die einzelnen Steigrohre an ihrem Anfang jeweils mit einer vor der Inbetriebnahme verstellbaren Drosselblende versieht; ein Fallrohr speist jeweils zahlreiche parallele Steigrohre. Die Drosselblenden werden benötigt, da der natürliche Auftrieb als ein Regulativ zur zuverlässigen Abfuhr der den einzelnen Steigrohren zufließenden Energie nun fehlt; sie werden vor der Inbetriebnahme so eingestellt, daß diese Abfuhr unabhängig von Unterschieden der Rohrlängen, der Anzahl von Rohrkrümmern und der Energiezufuhr wieder gewährleistet ist. Da durch den forcierten Umlauf im Verdam-

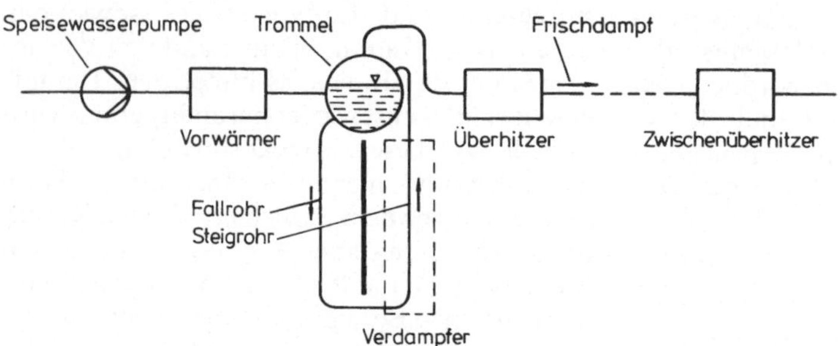

Bild 3.54. Wirkungsweise eines Dampferzeugers mit Naturumlauf

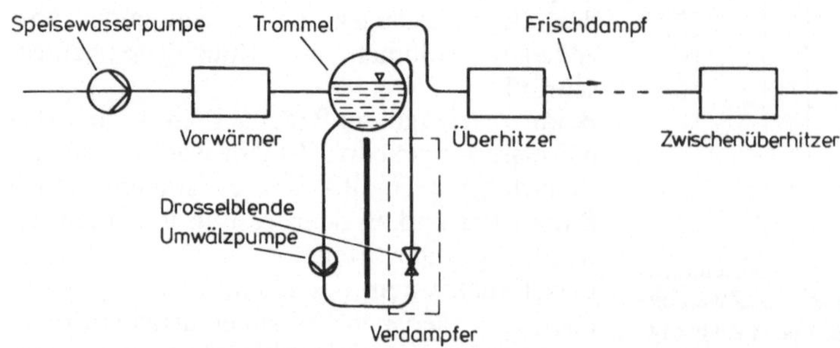

Bild 3.55. Wirkungsweise eines Dampferzeugers mit Zwangumlauf

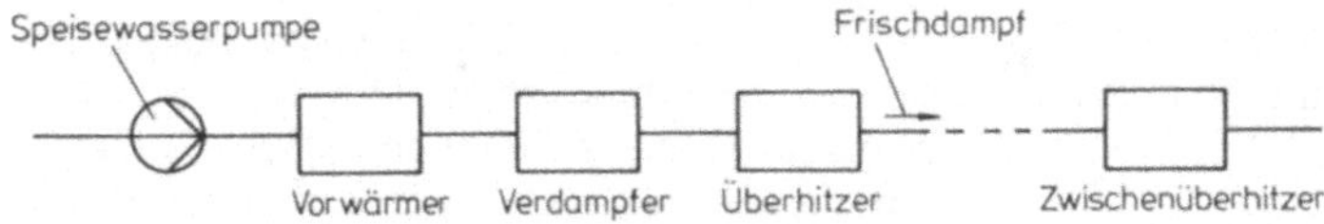

Bild 3.56. Wirkungsweise eines Dampferzeugers mit Zwangdurchlauf

fer eine stärkere Heizflächenbelastung möglich wird, wird auch die Bauweise kompakter. Verschiedentlich wendet man das Prinzip daher auch schon unterhalb der genannten Druckgrenze an.

Die Trennung von Sattdampf und Wasser in der Trommel gelingt bis zu Drücken von etwa 200 bar im allgemeinen betriebsmäßig einwandfrei. Bei noch höheren Drücken ist die Anordnung der besagten Schleife im Drucksystem hingegen nicht mehr sinnvoll: man geht dann zum Zwangdurchlaufprinzip über (System Benson; Bild 3.56). Vorwärmer, Verdampfer und Überhitzer werden nun vom Speisewasser unmittelbar aufeinanderfolgend und starr aneinander gekoppelt durchströmt. Da mit der Trommel auch große Teile der thermischen Kapazität des Drucksystems entfallen, steigen die Anforderungen an die Qualität der Regelung. Da ferner ohne weiteres auch keine Abschlämmöglichkeit mehr gegeben ist, muß das Speisewasser besonders sorgfältig aufbereitet werden.

Bei Dampferzeugern heute gängiger Leistun-

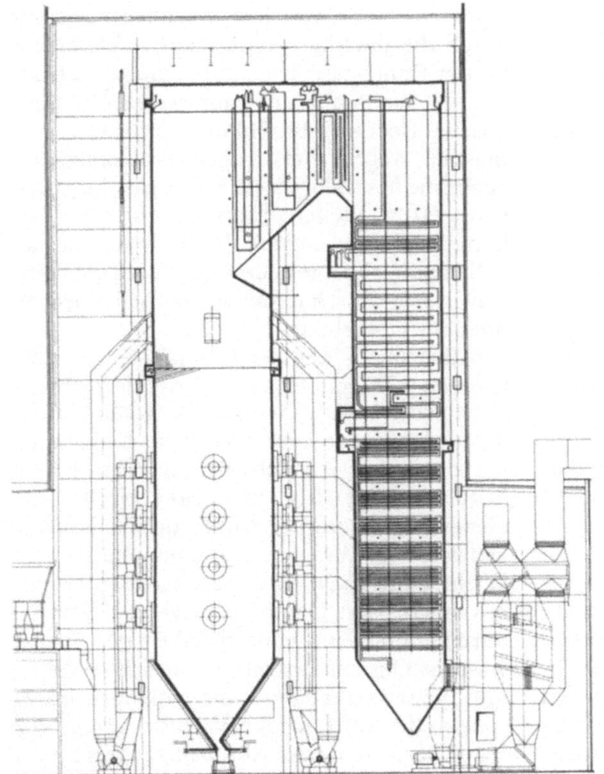

Bild 3.57. Zwangdurchlauf-Dampferzeuger in Zweizug-Bauweise mit unten liegender Feuerung. 350 MW; 192/41 bar, 535/535 °C, 277.8 kg/s; Gesamthöhe ca. 102 m (VKW)

gen steht das Zwangdurchlaufprinzip im Vordergrund. Die Bilder 3.57 und 3.58 zeigen zwei Beispiele.

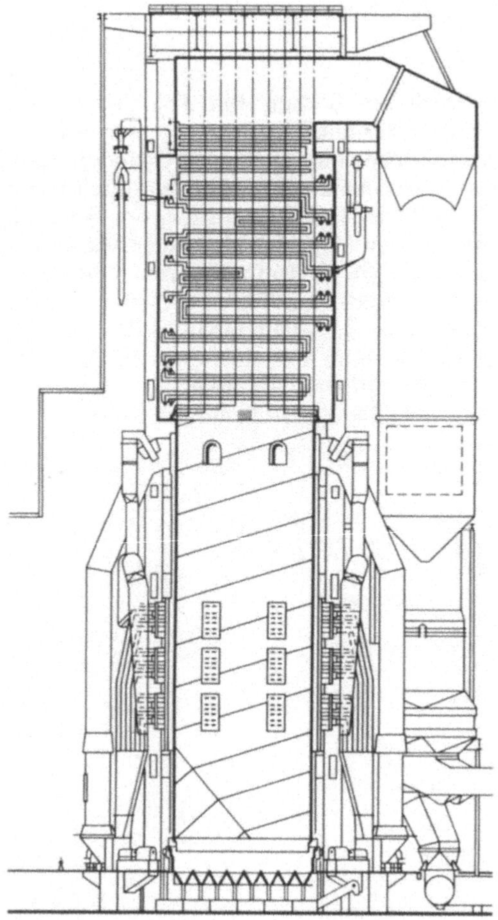

Bild 3.58. Zwangdurchlauf-Dampferzeuger in Einzug-Bauweise. 600 MW; 173/30 bar, 530/530 °C, 492 kg/s; Gesamthöhe ca. 131 m. (KWU)

Der Luftvorwärmer kann als Regenerativ- oder als Rekuperativ-Luftvorwärmer ausgebildet sein. Der erstere arbeitet mit metallischen Speichermassen, die intermittierend im heißen Rauchgasstrom aufgeheizt und im kalten Frischluftstrom wieder gekühlt werden; er ist zu dem Zweck meist aus speichenartig auf einer Achse angeordneten Metallplatten aufgebaut, die mit Drehgeschwindigkeiten

um 2 m^{-1} abwechselnd durch die beiden Gasströme bewegt werden. Der letztere ist ein kontinuierlich arbeitender Wärmetauscher mit ebenen Tauscherflächen zwischen Rauchgas und Frischluft und meist zahlreichen jeweils parallelen Teilströmen oder mit frischluftdurchströmten Rohren im Rauchgasstrom; er ist heute seltener anzutreffen als der erstere. Der Regenerativvorwärmer wird hinter dem Dampferzeuger angeordnet; der Rekuperativvorwärmer wird vorzugsweise in den Dampferzeuger eingefügt. Ebenso wie die Speisewasservorwärmung bedeutet die Luftvorwärmung eine Energierückführung. Sie senkt den Exergieverlust bei der Verbrennung, indem die Verbrennungsluft bereits vorgewärmt bereitgestellt wird. Sie ist jedoch nur zusammen mit einer entsprechend abgestimmten Speisewasservorwärmung voll wirksam.

Der Wirkungsgrad moderner Dampferzeuger liegt je nach dem verwendeten Brennstoff bei 88 bis 94%. Er wird hauptsächlich bestimmt durch die jeweilige Mindestaustrittstemperatur der Rauchgase, auch durch die der Schlakke und der Asche noch innewohnende thermische Energie; Braunkohle erfordert zum Beispiel wegen ihres hohen Wassergehaltes auch eine besonders hohe Rauchgas-Austrittstemperatur. Weitere Einflüsse auf den Wirkungsgrad ergeben sich durch eventuelle unvollständige Verbrennung und durch die Energieverluste des Dampferzeugers selbst gegenüber der Umgebung.

Darüberhinaus hat der Dampferzeuger elektrischen Eigenbedarf: Frischluftgebläse, Rauchgasgebläse („Saugzug"), Brennstofffördereinrichtungen und eventuelle Kohlemühlen benötigen Antriebsleistung. Der Eigenbedarf beläuft sich auf etwa 1 bis 4% der Generatorleistung; er sinkt mit wachsendem Heizwert des verfeuerten Brennstoffes.

Wichtig für einen einwandfreien Betrieb insbesondere der Dampferzeuger mit Zwangdurchlauf ist eine hohe Reinheit des Speisewassers. Das zur Erstfüllung eines Kreislaufes mit Speisewasser sowie zum laufenden Nachspeisen der auftretenden Verluste infolge von Undichtigkeiten oder Absalzungen verfügbare Rohwasser weist Verunreinigungen auf: disperse Stoffe (Schwebstoffe usw.), Säuren, Gase, Salze; auch das bereits im Kreislauf befindliche Wasser kann wieder Verunreinigungen aufnehmen, zum Beispiel infolge von Undichtigkeiten im Bereich des Kondensators, in dem ja der Wasser-Dampf-Kreislauf gegenüber der Umgebung unter Unterdruck steht. Die Verunreinigungen können in Dampferzeuger, Turbine, Rohrleitungen und Armaturen zu wärmedämmenden oder die Strömung behindernden Ablagerungen und zu Korrosionen führen und sind daher vor der Einspeisung des Wassers in den Kreislauf durch eine Speisewasseraufbereitung — bzw. vor dem Wiedereintritt des bereits im Kreislauf befindlichen Wassers in den Dampferzeuger durch Entgasen (vgl. Abschnitt 3.2.1) — zu entfernen. Wichtige Verfahren dazu sind die mechanische Aufbereitung durch Klärbecken und Filter, die chemische Aufbereitung durch Ausfällen oder Ionentauscher, die thermische Aufbereitung in Destillierkolonnen oder durch Entgasen des Wassers im Siedezustand, die Umkehrosmose oder Hyperfiltration [3.25]. Je nach den speziellen Eigenschaften eines Rohwassers kommen unterschiedliche Kombinationen dieser Verfahren vor. Kriterien für die Qualität eines Speisewassers sind unter anderem sein Salzgehalt und seine elektrische Leitfähigkeit.

3.3.5 Wärmeübertragung

In den Wärmetauschern des Dampferzeugers ist die Wärme vom Rauchgas auf das im Drucksystem zirkulierende Medium zu übertragen.

In festen sowie in unbewegten flüssigen und gasförmigen Körpern erfolgt die Wärmeübertragung durch Leitung; in bewegten flüssigen und gasförmigen Körpern erfolgt sie durch Konvektion. Darüberhinaus findet zwischen benachbarten Körpern, wie bereits gesagt, ein Energieaustausch durch Strahlung statt.

Bei Wärmeübertragung durch Leitung bewirkt ein Temperaturgefälle ΔT längs eines thermischen Widerstandes R_{th}, daß sich dort ein Wärmestrom Φ in Bewegung setzt; der Widerstand seinerseits ist durch Dicke d und Querschnitt A des betreffenden Körpers sowie durch die Wärmeleitfähigkeit λ mit der Einheit MJ/m · h · K als Stoffkonstante definiert. Es gilt

$$\Phi = \frac{\Delta T}{R_{th}} = \frac{\Delta T}{d/(\lambda A)} = \lambda \frac{A}{d} \Delta T \,.$$

Bei Wärmeübertragung durch Konvektion — etwa zwischen einem strömenden Medium und einer begrenzenden ebenen Wand — sind die Zusammenhänge verwickelter. Ausgehend von einem auf geeignete Weise beschriebenen Temperaturgefälle — bei Strömung längs einer begrenzenden ebenen Wand etwa durch die Wandtemperatur unmittelbar an ihrer Oberfläche einerseits und durch die dann im allgemeinen ziemlich einheitliche Temperatur in der Tiefe des strömenden Mediums zum andern — lassen sie sich deuten als im wesentlichen abhängig von dem thermischen Widerstand einer dünnen Berührungsschicht des strömenden Mediums unmittelbar vor der Wand; das Temperaturgefälle tritt auf als ein Temperatursprung an dieser Berührungsschicht. Ihr Widerstand wird beschrieben durch die vorliegende Wandfläche A und eine mehrere Kriterien des Mediums und des Wandzustandes berücksichtigende Wärmeübergangszahl α mit der Einheit MJ/m² · h · K. Es gilt jetzt

$$\Phi = \frac{\Delta T}{R_{th}} = \frac{\Delta T}{1/(\alpha A)} = \alpha A \, \Delta T \,.$$

Bei der Wärmeübertragung im Dampferzeuger handelt es sich um einen Energieaustausch zwischen zwei strömenden Medien, die durch eine Wand voneinander getrennt sind. Mit den Wärmeübergangszahlen α_g und α_{fl} (Gas/Wand bzw. Wand/Flüssigkeit) treten dann längs des Weges, den der Wärmestrom nimmt, drei Teil-Temperaturgefälle auf (Bild 3.59): eines längs der Wand und zwei über die beiden Berührungsschichten hinweg. Der Wärmestrom — und bei einer ebenen Anordnung auch der Durchtrittsquerschnitt — sind konstant:

$$\Phi = \alpha_g A (T_1 - T_2) = \lambda \frac{A}{d} (T_2 - T_3)$$

$$= \alpha_{fl} A (T_3 - T_4) \,.$$

Daraus läßt sich eine Aussage herleiten für das gesamte Temperaturgefälle

$$\Delta T_{ges} = T_1 - T_4$$
$$= (T_1 - T_2) + (T_2 - T_3) + (T_3 - T_4)$$
$$= \frac{\Phi}{A}\left(\frac{1}{\alpha_g} + \frac{d}{\lambda} + \frac{1}{\alpha_{fl}}\right).$$

Sie zeigt, daß man die Verhältnisse auch mit der Wärmedurchgangszahl

$$k = \left(\frac{1}{\alpha_g} + \frac{d}{\lambda} + \frac{1}{\alpha_{fl}}\right)^{-1}$$

als Abkürzung zusammengefaßt beschreiben kann:

$$\Phi = kA\,\Delta T_{ges}.$$

Für die im Dampferzeuger vorliegenden Verhältnisse gilt meist

$$\alpha_g \ll \alpha_{fl}.$$

Da ferner auch der Quotient λ/d meist vergleichsweise große Werte liefert $(R_{th})_{Wand} \approx 0$; $T_2 \approx T_3$), gilt hier schließlich in guter Näherung auch

$$k \approx \alpha_g.$$

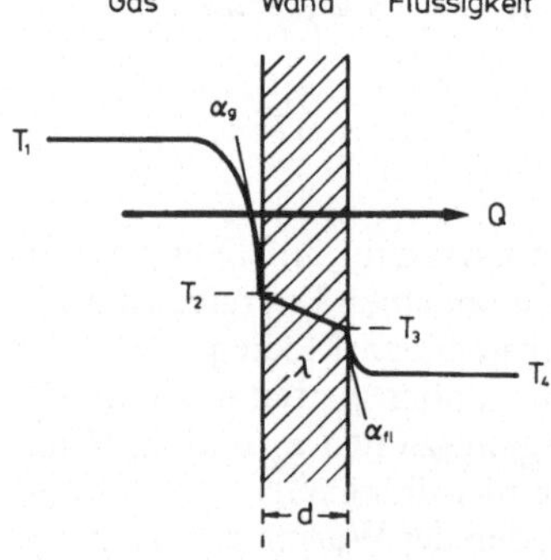

Bild 3.59. Wärmedurchgang

Für die bei Wärmeübertragung durch Strahlung zwischen zwei benachbarten parallelen ebenen Flächen unterschiedlicher Temperatur ausgetauschte Wärmemenge folgt nach Stefan-Boltzmann die Beziehung

$$\Phi = \varepsilon c_s A\left[\left(\frac{T_1}{100}\right)^4 - \left(\frac{T_2}{100}\right)^4\right].$$

Hierin ist c_s die (zugeschnittene) Strahlungszahl des „Schwarzen Körpers":

$$c_s = 20,4\,\frac{kJ}{m^2\,h\,K^4}.$$

Sie ist für technische Oberflächen durch den Emissionsbeiwert ε des „Grauen Körpers" zu reduzieren. Für Dampferzeugerwandungen gilt zum Beispiel $\varepsilon \approx 0,6 \ldots 0,8$.

3.4 Aggregate für die weiteren Energieumwandlungsstufen

3.4.1 Dampf- und Gasturbinen

Turbinen sind Strömungsmaschinen; sie werden von einem Arbeitsmedium stationär durchströmt [3.28; 3.29; 3.41]. Dampf- und Gasturbinen sind thermische Strömungsmaschinen. Im Gegensatz zu den hydraulischen Strömungsmaschinen (vgl. Abschnitt 5.4.1) sind sie durch eine starke Volumenänderung des Arbeitsmediums auf seinem Weg durch die Maschine charakterisiert.

Auf dem Weg durch eine Dampf- oder Gasturbine durcheilt das Arbeitsmedium ein Enthalpiegefälle, das zur Energieumwandlung zunächst durch Expansion in kinetische Energie des Arbeitsmediums und dann durch Umlenkung in mechanische Energie der rotierenden Turbinenwelle übergeführt wird. Die Expansion verläuft theoretisch isentrop; in Wirklichkeit treten auch irreversible Komponenten auf.

Eine Stufe einer Dampf- oder Gasturbine besteht aus einem ruhenden Leitrad und einem beweglichen Laufrad. Beide tragen Schaufeln (Bild 3.60). Die Leitschaufeln verleihen dem strömenden Medium eine weitgehend tangentiale Strömungsrichtung, mit der es auf das bewegte Laufrad trifft. Die Laufschaufeln bringen das Medium durch neuerliche Umlenkung wieder in eine annähernd axiale Richtung. Die Strömung des Mediums beim Auftreffen auf die Schaufeln und deren Eintrittswinkel müssen jeweils — absolut bzw. relativ — übereinstimmen, um „Stoßfreiheit" sicherzustellen. Überlagert ist den Richtungsänderungen entweder nur im Leit-

rad oder in Leit- und Laufrad ein Druckabfall. In beiden Rädern kommt eine Kraftwirkung zustande; nur im bewegten Laufrad
führt sie zu einer Freisetzung mechanischer
Energie.

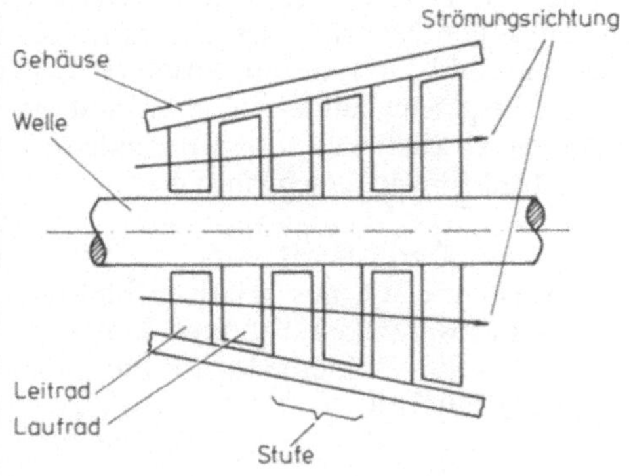

Bild 3.60. Dampf- oder Gasturbine

Mit Rücksicht auf die entstehende Strömungsgeschwindigkeit wird in einer Stufe in der
Regel nur ein kleiner Teil des insgesamt
anstehenden Enthalpie- bzw. Druckgefälles
abgebaut. So kommen zahlreiche hinterein-
anderliegende Stufen zustande. Mit Rücksicht auf die entstehende Baulänge werden sie
normalerweise auf mehrere Turbinengehäuse
verteilt. So entstehen Turbinen mit beispielsweise Hochdruck-, Mitteldruck- und Nieder-
druckteil. In den letzten Stufen des Turbo-
satzes ist das Medium stark expandiert; dann
sind oft sehr große Volumenströme zu bewältigen. Zur Begrenzung der Strömungsgeschwindigkeit sind dann große Strömungsquerschnitte erforderlich. Die Länge der End-
schaufeln ist jedoch mit Rücksicht auf Flieh-
kraft und Umfangsgeschwindigkeit begrenzt.
Um trotzdem auch größte Volumenströme
abarbeiten zu können, teilt man sie in mehrere
Teilströme, die durch eine entsprechende Zahl
paralleler „Fluten" der Turbine geführt werden (Bild 3.61 zeigt eine Turbine mit zwei
Mitteldruck- und vier Niederdruckfluten; vgl.
Abschnitt 3.2.1).
Zur Umwandlung des Enthalpie- bzw. Druckgefälles des Arbeitsmediums in kinetische
Energie kommen zwei strömungstechnisch
unterschiedliche Bauarten vor: Gleichdruck-

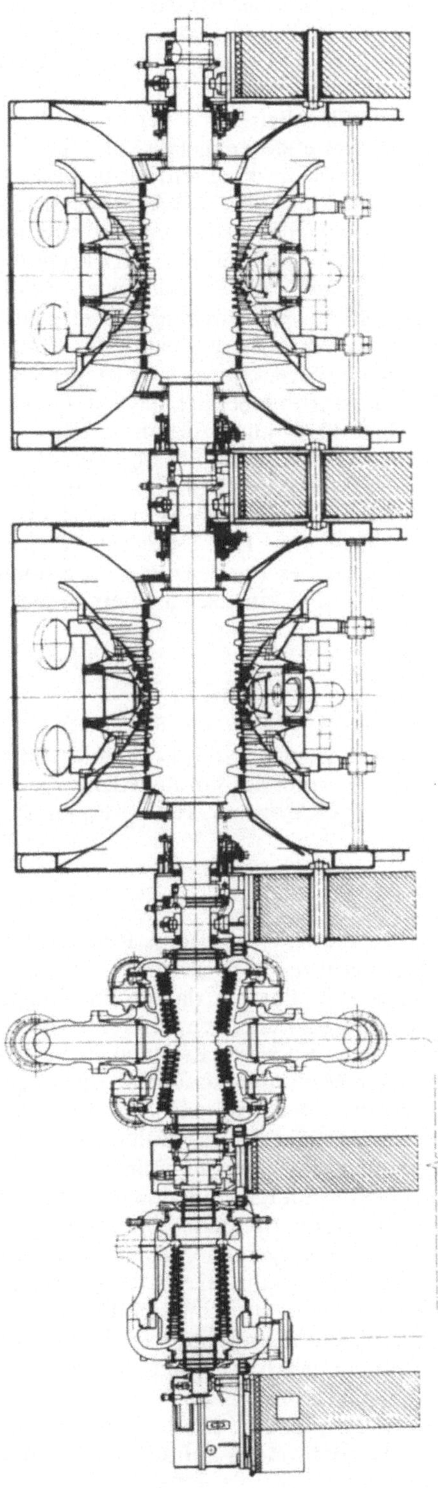

Bild 3.61. Dampfturbine. 720 MW; 50 s^{-1}. (KWU)

und Überdruckturbine. Bei der Gleichdruckturbine wird ein Teil-Enthalpiegefälle jeweils nahezu restlos im Leitrad umgesetzt; längs des Laufrades kommt praktisch kein Druckabfall zustande. Bei der Überdruckturbine wird das betreffende Teilgefälle zum Teil im Leitrad, zum Teil im Laufrad umgesetzt; auch längs des Laufrades liegt dann ein Druckgefälle vor. Zusätzlich zu der aus der Änderung des Geschwindigkeitsvektors der Richtung und dem Betrage nach resultierenden Kraftwirkung kommt weiterhin eine aus der neuerlichen Expansion folgende Reaktionskraft zustande; die Überdruckturbine wird daher auch als Reaktionsturbine bezeichnet. Die Gleichdruckturbine heißt auch Aktionsturbine.

Die Strömung des Mediums längs eines Leitrades erfolgt theoretisch ohne Abgabe technischer Arbeit und ohne Wärmeaustausch mit der Umgebung. Der Energiestrom, hier im wesentlichen beschrieben durch die Summe aus Enthalpie und kinetischer Energie, bleibt dann konstant:

$$\dot{m}\left(h_1 + \frac{c_1^2}{2}\right) = \dot{m}\left(h_2 + \frac{c_2^2}{2}\right).$$

Die aus der Umsetzung des Enthalpiegefälles $\Delta h = h_1 - h_2$ unter der Voraussetzung $c_1 \approx 0$ resultierende Geschwindigkeit c_2 ergibt sich dann zu

$$c_2 \approx \sqrt{2\,\Delta h}\,.$$

In praxi ist dieser Wert infolge Reibung und sonstiger Verluste etwas geringer. Die Gasdynamik lehrt im übrigen, daß für Strömungsprozesse mit Erreichen einer Geschwindigkeit gleich der Schallgeschwindigkeit in dem betreffenden Medium besondere Bedingungen gültig werden: während bis zum Erreichen dieser Geschwindigkeit das Volumen des expandierenden Mediums langsamer zunahm als seine Geschwindigkeit, so daß zur einwandfreien Führung des Mediums eine sich konisch verengende Düse genügte, kehren sich die Verhältnisse oberhalb dieser Geschwindigkeitsgrenze um; es ist dann eine Düse erforderlich, die sich im Anschluß an einen ersten konisch zulaufenden Abschnitt hernach wieder erweitert (Laval-Düse).

Durch Änderung des Geschwindigkeitsvektors in Leitrad und Laufrad werden dort

jeweils Kräfte aufgebaut; im bewegten Laufrad führen sie zur Abgabe mechanischer Energie. Maßgebend für die Kraftwirkung sind immer die Absolutgeschwindigkeiten. Darüberhinaus sind im Hinblick auf die am Eintritt in Leit- und Laufrad jeweils anzustrebende Stoßfreiheit auch die Relativgeschwindigkeiten bezüglich des Laufrades von Bedeutung (Bild 3.62): die aus absoluter Leitrad-Austrittsgeschwindigkeit $\vec{c}_1$ und Laufrad-Umfangsgeschwindigkeit $\vec{u}$ resultierende relative Laufrad-Eintrittsgeschwindigkeit

$$\vec{w}_1 = \vec{c}_1 - \vec{u}$$

muß ebenso wie die aus relativer Laufrad-Austrittsgeschwindigkeit $\vec{w}_2$ und Umfangsgeschwindigkeit resultierende absolute Eintrittsgeschwindigkeit

$$\vec{c}_2 = \vec{w}_2 + \vec{u}$$

in das nächste Leitrad passend gerichtet sein.

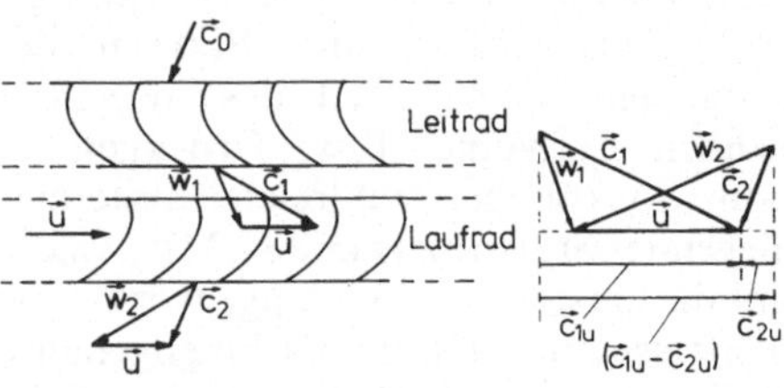

Bild 3.62. Strömungsverhältnisse in einer Dampf- oder Gasturbine

Nur die Umfangskomponente $\vec{c}_u$ der Absolutgeschwindigkeit übt eine drehende Kraft $\vec{F}$ auf das Laufrad aus. Vereinfacht ausgedrückt gilt mit der pro Zeiteinheit t durchgesetzten Masse m die Beziehung

$$F = m\,\frac{\Delta c_u}{t}\,.$$

Mit Radius r und Winkelgeschwindigkeit ω resultiert daraus über das Drehmoment M die Stufenleistung

$$P = M\omega = Fr\omega = \dot{m}r\omega\left((c_1)_u - (c_2)_u\right).$$

Die Gesamtleistung einer Turbine ist Dampfstrom $\dot{m}$ und Enthalpiegefälle Δh_{ges} proportional. Beide Werte sind durch Drosselventile am Turbineneintritt („Festdruckbetrieb") oder durch Änderung des Frischdampfdruckes vom Dampferzeuger her beeinflußbar („Gleitdruckbetrieb"). Die im ersten Fall aus dem Drosselvorgang resultierenden Nachteile lassen sich dadurch verringern, daß man den Dampfstrom vor der Turbine auf mehrere parallele Wege mit jeweils eigenem Drosselventil verteilt und die letzteren in einer solchen Weise zur Regelung heranzieht, daß immer höchstens ein Ventil sich gerade in einer Zwischenstellung befindet. Die erste Stufe der Turbine muß dann als sogenanntes Regelrad ausgeführt sein, das von den einzelnen Dampfleitungen segmentweise beaufschlagt wird („Düsengruppen") und dem zur gleichmäßigen Verteilung des Dampfstromes bei Teilbeaufschlagungen auf den gesamten Umfang aller folgenden Stufen eine sogenannte Radkammer nachgeschaltet ist.

Die Abweichungen des tatsächlichen Expansionsverlaufes in der Turbine von dem erwünschten isentropen Verlauf entstehen im wesentlichen durch Drosselverluste am Turbineneintritt, durch „Überströmverluste" vor den Schaufelköpfen und in den Dichtungen an den Wellenenden, durch Reibungsverluste des Dampfes sowie durch solche infolge von Wirbelbildung und durch Dampfnässe und Wärmeableitung. Sie werden durch den inneren Turbinenwirkungsgrad η_i erfaßt, der für Turbinen ab etwa 100 MW Werte um 86% und mehr erreicht. Die weiteren Verluste in der Turbine durch Lagerreibung usw. berücksichtigt der mechanische Turbinenwirkungsgrad η_m, der für die gleichen Turbinen etwa bei 99,5% liegt.

Man unterscheidet verschiedene Dampfturbinentypen. Nach dem Dampfzustand am Turbineneintritt unterscheidet man Heißdampfturbinen (zum Beispiel bei fossil befeuerten Dampfkraftwerken) und Sattdampfturbinen (zum Beispiel bei Kernkraftwerken mit Siedewasserreaktor); nach dem Dampfzustand am Turbinenaustritt unterscheidet man Kondensationsturbinen (Kraftwerke zur reinen Stromerzeugung; Kondensatordruck so tief wie möglich abgesenkt) und Gegendruckturbinen (Kraft-Wärme-Kopplung; Kondensatordruck zur Erhöhung der Kondensationstemperatur erhöht); im Bereich der Kraft-Wärme-Kopplung kommen weiterhin

vor Entnahme-Kondensationsturbinen (zur Abzweigung eines Teildampfstromes für thermische Zwecke) und Entnahme-Gegendruckturbinen (zur Bereitstellung thermischer Energie auf zweierlei Temperaturniveau).

Rund die Hälfte der in fossil befeuerten Dampfkraftwerken eingesetzten Primärenergie — bei Kernkraftwerken mit Leichtwasserreaktor noch mehr — muß in Form der Kondensationswärme des Turbinenabdampfes auf niedrigem Temperaturniveau an die Umgebung abgegeben werden. In der Regel geht sie dazu in einem Kondensator an ein fließendes Gewässer oder mittelbar oder unmittelbar an die Umgebungsluft über. Man strebt eine möglichst niedrige Kondensationstemperatur an, um ein maximales Druck- bzw. Enthalpiegefälle längs der Turbine zu erzielen [3.37]. Am günstigsten ist die unmittelbare Durchlaufkühlung mit dem Wasser eines fließenden Gewässers: unter mitteleuropäischen Verhältnissen kann man im Jahresmittel mit Kühlwassertemperaturen um 15 °C rechnen; die Temperaturpulsationen sind gering; es lassen sich Kondensationstemperaturen um 25 °C und entsprechend Kondensatordrücke von ca. 0,035 bar erzielen. In letzter Zeit ist man jedoch in zunehmendem Maße gezwungen, wegen der aus der steigenden Wärmebelastung vieler Gewässer resultierenden Folgen (Sauerstoffaufzehrung; Verluste durch Verdunstung insbesondere in Trockenzeiten; Nebelbildung usw.) das Kühlwasser durch Umlaufkühlung in Kühltürmen erneut zur Kühlung verwendbar zu machen (Bild 3.63). Dabei kommen mehrere Varianten vor. Es entstehen grundsätzlich anlagemäßige Mehraufwendungen; der erzielbare Gesamtwirkungsgrad sinkt (im günstigsten Fall der sogenannten offenen Umlaufkühlung — siehe unten — mit einer erzielbaren Kühlwassertemperatur von ca. 25 °C und Kondensatordrücken um 0,06 bar um einen Faktor 0,97 bis 0,96). Andererseits ergibt sich durch den bei Umlaufkühlung notwendigerweise mehr oder weniger erhöhten Enddruck der vorteilhafte Umstand, daß ein und derselbe Turbinenendquerschnitt einen größeren Massestrom führen kann.

Es gibt zwei Bauarten von Kühltürmen. Der Naturzugkühlturm arbeitet mit natürlichem Zug, erfordert heute Bauhöhen von 150 m und mehr, verursacht hohe Baukosten, benötigt jedoch keine Ventilatorantriebsleistung. Der Auftrieb ist indessen eine Funktion der herrschenden Lufttemperatur, so daß man unter Umständen bei höheren Werten den Kondensatordruck anheben muß, um über die erhöhte Temperatur des zu kühlenden Kühlwassers einen ausreichenden Auftrieb sicherzustellen. Der Ventilatorkühlturm wird mechanisch belüftet, hat entsprechend kleine Abmessungen und geringe Anlagekosten, verursacht aber zusätzliche Betriebskosten in Form der benötigten Ventilatorantriebsleistung.

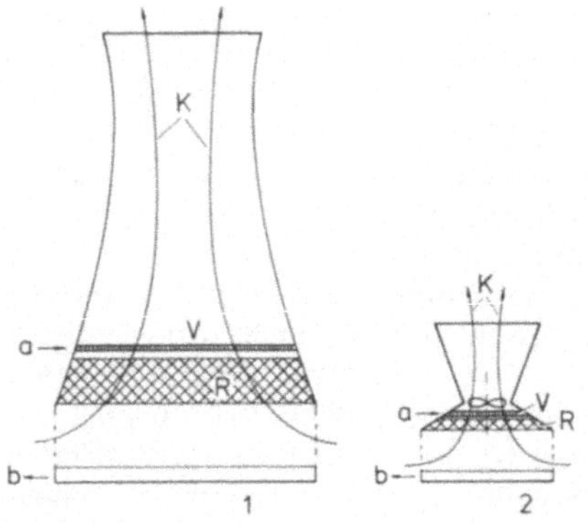

Bild 3.63. Kühltürme für offene Umlaufkühlung. 1 Naturzugkühlturm; 2 Ventilatorkühlturm; K Kühlluft; R Rieselflächen; V Verteiler; a Wasserzulauf; b Wasserablauf

Wie bereits angedeutet gibt es mehrere Kühlverfahren. Die unmittelbare Durchlaufkühlung ist nur unter der Voraussetzung eines ausreichenden Wasservorkommens genügender Wärmebelastbarkeit anwendbar. Mit einer Kondensationswärme des Turbinenabdampfes um 2,45 MJ/kg und bei einer zulässigen Erwärmung des Kühlwassers um beispielsweise 10 K bzw. 42 kJ/kg ergibt sich für den benötigten Kühlwasserstrom $\dot{m}_K$ abhängig von dem zu kondensierenden Abdampfstrom $\dot{m}_D$ die Beziehung

$$\dot{m}_K \approx 60\,\dot{m}_D \, .$$

Abhängig von der herrschenden Wasserführung des Flußlaufes, von seiner Temperatur

usw. muß das Kühlwasser gegebenenfalls vor seiner Rückleitung in den Fluß zur Kühlung durch einen Kühlturm geführt werden („Ablaufkühlung"). Unter Umständen muß sogar mit Hilfe des Kühlturmes zeitweise reiner Umlaufkühlbetrieb gefahren werden.

Bei Anlegung eines geeigneten Überfallbauwerkes im Kühlwasserrücklauf kann man mit geringem Mehraufwand zugleich eine wirkungsvolle Sauerstoffanreicherung des Gewässers herbeiführen.

Die erwähnte Umlaufkühlung kann offen bzw. naß oder geschlossen bzw. trocken betrieben werden. Bei der offenen Umlaufkühlung wird das rückzukühlende Kühlwasser zur Erzeugung einer möglichst großen wirksamen Oberfläche verrieselt (Bild 3.63) und im Gegenstrom durch aufsteigende Luft gekühlt. Die Kühlwirkung kommt hauptsächlich durch Verdunstung der Tropfenhaut, zum geringeren Teil durch Konvektion zustande; es bilden sich Schwaden; das verdunstete Wasser muß ebenso wie ein laufend „abzusalzender" Wasseranteil, der wegen der durch die Verdunstung entstehenden Salzanreicherung nötig wird, ersetzt werden. Da die Verdunstungswärme des Kühlwassers in der gleichen Größenordnung liegt wie die Kondensationswärme des Abdampfes, gilt jetzt für das zu ersetzende Wasser noch

$$\dot{m}_K \approx \dot{m}_D \, .$$

Bei geschlossener Umlaufkühlung wird das Kühlwasser seinerseits in Oberflächenwärmetauschern von einem Luftstrom konvektiv gekühlt; die Wärmetauscher treten im Kühlturm an die Stelle der Verteil- und Rieseleinbauten. Es entsteht kein Wasserverlust mehr; es fällt kein Schwaden und kein angereichertes Absalzwasser an; es entsteht jedoch erheblicher Zusatzaufwand für die großräumigen Wärmetauscher; der erzielbare Wirkungsgrad nimmt weiter ab. Es wurde vorgeschlagen, den Kühlkreislauf statt mit Wasser mit einem Kältemittel bei laufendem Phasenwechsel zu betreiben: durch zusätzliche Heranziehung der Verdampfungswärme des Kühlmittels im Kondensator zum Kühlen sinkt dann vor allem der Massedurchsatz.

Schließlich kann der Turbinenabdampf statt in einem gewöhnlichen Kondensator bis zu begrenzten Leistungen auch unmittelbar in Gebläse-Rippenrohrkühlern gekühlt werden („direkte Trockenkühlung"). Allerdings müssen die großen Abdampfvolumina dann in mächtigen Rohrleitungen zu den Kühlern transportiert werden (der Rücktransport des Kondensates ist weniger umständlich). Eine Abart des Verfahrens behält den Kondensator unmittelbar an der Turbine bei, kühlt ihn durch Einspritzen von Kühlwasser von Speisewasserqualität und zweigt anschließend einen entsprechenden Teil des gesamten Kondensatstromes ab, um ihn in einem Kühlturm in geschlossener Umlaufkühlung rückzukühlen.

Zusammenfassend kann man sagen, daß die Durchlaufkühlung geringe Kosten verursacht und zu einem hohen Kraftwerkswirkungsgrad führt, jedoch deutliche Auswirkungen auf die Umwelt hat und wegen des hohen Wasserbedarfes zu Einengungen bei der Standortwahl führt; ihre Aussichten werden in Zukunft vielfach abnehmen. Die geschlossene Umlaufkühlung verursacht dagegen höhere Kosten und führt zu einem geringeren Kraftwerkswirkungsgrad, hat aber voraussichtlich nur geringe Auswirkungen auf die Umwelt und verursacht keinen Wasserbedarf und keine Einengungen bei der Standortwahl. Die unmittelbare Trockenkühlung des Turbinenabdampfes ist der geschlossenen Umlaufkühlung insofern vergleichbar. Die offene Umlaufkühlung nimmt eine Mittelstellung ein.

Die Gasturbine ist der Dampfturbine ähnlich (vgl. Abschnitte 3.1.8 und 3.2.2). Da sie jedoch mit vergleichsweise niedrigen Startdrücken bei hohen Starttemperaturen arbeitet, so daß große spezifische Volumina des Arbeitsmediums zustandekommen, müssen Gasturbinen einer gewissen Leistung schon am Eintritt relativ große Strömungsquerschnitte und entsprechende Schaufellängen aufweisen. Da ferner die Expansion schon bei hohen Temperaturen wieder endet, so daß nur vergleichsweise kleine Enthalpiegefälle auftreten, ist die Stufenzahl relativ klein. Da schließlich das Arbeitsmedium — Verbrennungsgase oder Luft bzw. andere Gase — nicht bei der Druckerhöhung zunächst in flüssiger Form und entsprechend mit sehr geringer Kompressibilität vorliegt, um dann verdampft zu werden, sondern immer gas-

förmigen Aggregatzustand und entsprechend eine hohe Kompressibilität hat, muß zu seiner Kompression im Verdichter ein relativ großer Teil der Turbinenleistung abgezweigt werden; im Hinblick darauf wird die Turbine oft auch in zwei Einheiten getrennt, deren eine den Verdichter, deren andere den Generator antreibt. Da die Leistung der Gasturbine in einfacher Weise über die Brennstoffzufuhr und damit die Frischgastemperatur oder über den Druckpegel zu regeln ist, benötigt sie keine Regelventile.

Beim Einsatz der Gasturbine innerhalb einer Verbrennungskraftanlage, das heißt, bei Expansion der heißen Rauchgase selbst unmittelbar in der Turbine, kann die Brennkammer entweder als eigene Baugruppe neben dem Verdichter-Gasturbinen-Satz angeordnet werden oder aber als Ringbrennkammer in ihn integriert sein.

3.4.2 Turbogeneratoren

Die Bereitstellung der elektrischen Energie in den Kraftwerken erfolgt fast ausschließlich mit Drehstrom-Synchron-Generatoren [3,5; 3.22; 3.30; 3.31]. Mit Rücksicht auf die entstehenden Abmessungen usw. werden sie möglichst zweipolig ausgeführt (3000 m^{-1} bei 50 Hz; Turbogenerator, mit Vollpolläufer); ausgehend von der Gestaltung der Turbine arbeiten Sattdampfanlagen in Kernkraftwerken oft auch mit 1500 m^{-1}. Die möglichen Grenzleistungen werden wesentlich bestimmt durch die Transportmöglichkeiten; auch Werkstofffragen (Fliehkräfte, mechanische Schwingungen) und Kühlungsfragen spielen eine Rolle.

Als Kühlmedium werden Luft, Wasserstoff oder Wasser verwendet, die beiden letzteren — bei Wasser auch wegen der Reinheitsanforderungen — nur im geschlossenen Rückkühlkreislauf. Die Kühlung kann indirekt oder direkt erfolgen: über eigene Kühlkanäle außerhalb der Leiter bzw. durch „direkte Leiterkühlung". Im ersten Fall kommen nur Luft oder Wasserstoff infrage. Dabei hat Wasserstoff eine wesentlich geringere Dichte als Luft und führt zu einer deutlichen Senkung der „Ventilationsverluste" im Generator; außerdem weist er ein besseres Wärmeübergangsverhalten und höhere Wärmekapazität auf. Seine Kühlwirkung läßt sich bei Inkaufnahme dann wieder erhöhter Ventilationsverluste durch Erhöhen des Arbeitsdruckes — bis ca. 6 bar — noch steigern. Die Kühlwirkung von Wasser ist nochmals wesentlich höher; sie läßt sich jedoch nur bei direkter Leiterkühlung nutzbar machen.

Luftkühlung — im Ständer indirekt, im Läufer direkt — ist bis zu Leistungen von ca. 80 MVA ohne weiteres, mit Wirkungsgradminderungen darüberhinaus etwa bis zur doppelten Leistung anwendbar.

Wasserstoffkühlung — wie oben und bei erhöhtem Druck — wird bei Leistungen ab etwa 50 MVA wirtschaftlich und ist bis etwa 250 MVA anwendbar. Wenn auch der Ständer direkt gekühlt wird, läßt sich die Leistungsgrenze weiter ausdehnen.

Bei Übergang auf Wasserkühlung zunächst im Ständer sind Leistungen bis etwa 1500 MVA realisierbar, bei Ausdehnung des Verfahrens auch auf den Läufer voraussichtlich noch wesentlich höhere Leistungen.

Bei Großgeneratoren lassen sich Wirkungsgrade um 98,5 % erzielen.

Die Erregerleistung der Turbogeneratoren wurde lange Zeit normalerweise als Eigenerregung mittels Haupt- und Hilfserregermaschine auf der Generatorwelle bereitgestellt. Als Funktion der Generatorleistung hat sie jedoch inzwischen Werte angenommen, die bei der genannten Drehzahl der Turbogeneratoren auf Grenzen führen; außerdem sind die Anforderungen der Netze bezüglich des dynamischen Verhaltens der Generatoren so oft nicht mehr erfüllbar. Neben anderen Verfahren entnimmt man die Erregerleistung daher neuerdings unmittelbar dem Hauptgenerator oder einer Drehstrom-Erregermaschine auf der Generatorwelle über Halbleiter-Gleichrichter. Wenn auch die Gleichrichter auf die Welle montiert werden und mitrotieren, kommt man im letzteren Falle ohne Schleifringe aus.

Mit Rücksicht auf die anfallenden Übertragungsverluste wird die Spannung von normalerweise 21 bis 27 kV, mit der die Großgeneratoren ihre Leistung abgeben, nach möglichst kurzer Entfernung innerhalb des Kraftwerksbereiches über einen Blocktransformator hochtransformiert.

3.5 Gestaltung und Betrieb

3.5.1 Blockkraftwerke

Frühere Dampfkraftwerke waren meist Sammelschienenkraftwerke: schon bei Vorhandensein nur eines Generators mußten zur Versorgung seiner Antriebsmaschine oft mehrere Dampferzeuger installiert werden (vgl. Abschnitt 1.2); auch bei Vorhandensein mehrerer Generatoren wurde das Konzept oft beibehalten und in der Weise fortgeführt, daß man alle Dampferzeuger auf eine gemeinsame Dampfsammelschiene arbeiten ließ und aus dieser die verschiedenen Antriebsmaschinen speiste; in analoger Weise waren die Kondensatoren auf eine Kondensatsammelschiene geschaltet, aus der die einzelnen Speisewasserpumpen ihre jeweiligen Dampferzeuger versorgten; auch die Generatoren speisten auf eine gemeinsame Sammelschiene; auch der Eigenbedarf wurde über eine gemeinsame Sammelschiene gedeckt. Das Verfahren erwies sich als robust gegenüber dem Ausfall einzelner Komponenten, da die verbleibenden parallelen Komponenten diesen Ausfall oft vorübergehend zumindest teilweise ausgleichen konnten; es wurde jedoch mit fortschreitender Perfektionierung des Dampfkraftwerksprozesses regeltechnisch zunehmend schwieriger und ist heute außer zum Teil in Heizkraftwerken kaum noch anzutreffen.

Heutige Dampfkraftwerke werden in Blockbauweise errichtet („Blockkraftwerke"): alle Haupt- und Zusatzkomponenten eines solchen Kraftwerksblockes (Dampferzeuger, Turbine, Generator, Speisewasserpumpen, Vorwärmer, Eigenbedarfsversorgung, „Blocktransformator" usw.) sind nur untereinander, normalerweise jedoch nicht mit den entsprechenden Komponenten von Nachbarblöcken verbunden. Insbesondere bilden sie regeltechnisch jeweils eine abgeschlossene Einheit.

3.5.2 Eigenbedarfsversorgung

Einen gewissen Prozentsatz der Generatorleistung nehmen die Kraftwerksblöcke im Betrieb selber wieder auf. Dieser sogenannte Eigenbedarf beläuft sich zum Beispiel bei großen Dampfkraftwerken im Dauerbetrieb auf 5 bis 7 %. Größter Eigenbedarfsverursacher sind die Speisewasserpumpen, die bis zu etwa 4% der Generatorleistung aufnehmen können.

Der Eigenbedarf zerfällt in Blockeigenbedarf und allgemeinen Eigenbedarf. Der eine dient unter anderem zum Bewegen der Stoffströme des Kraftwerksprozesses unter teilweise erheblichem Druckaufbau (zum Beispiel Brennstoff, Verbrennungsluft, Speisewasser, Kondensat, Kühlwasser) und zum Betrieb der Meß-, Steuer- und Regeleinrichtungen usw.; der andere dient für Beleuchtungsanlagen usw. und für sonstige allgemeine Verbraucher im Kraftwerksbereich (zum Beispiel für den Maschinenhauskran; [3.11; 3.16; 3.31; 3.36]).

Der Eigenbedarf muß mit hoher Zuverlässigkeit bereitstehen, und zwar sowohl im Normalbetrieb als auch während des Anfahrens und des Stillsetzens eines Blockes: beim Anfahren müssen beispielsweise die Speisewasserpumpen in Betrieb genommen werden können; beim Stillsetzen muß der Betrieb der Lagerölpumpen der Turbine zur Vermeidung schwerer Schäden während des Auslaufens der Turbine aufrechterhalten bleiben. Während der Blockeigenbedarf im Normalbetrieb üblicherweise aus dem eigenen Generator gedeckt wird, ist zu seiner Deckung während des Anfahrens und des Stillsetzens eine sogenannte Anfahrversorgung erforderlich. Darüberhinaus werden die verschiedenen Eigenbedarfsverbraucher hinsichtlich ihrer Zuverlässigkeitsanforderungen klassifiziert und auf getrennten Sammelschienenabschnitten zusammengefaßt, die in Störungsfällen mit je nach ihrer Dringlichkeit weiter wachsender Zuverlässigkeit aus unabhängigen Notanlagen gespeist werden. Die Vielfalt der Schaltungsvarianten ist groß. Der allgemeine Eigenbedarf wird oft permanent aus der Anfahrversorgung gedeckt.

Weitere Kriterien für den schaltungsmäßigen Aufbau der Eigenbedarfsversorgung sind die zustandekommende Kurzschlußleistung und die Qualität der Spannungshaltung (also etwa Intensität und Ausdehnung von Spannungsabsenkungen im Bereich der Eigenbedarfsversorgung als Folge des Anlaufstromes schwerer Motoren).

Zwei typische Schaltungsvarianten bezüglich der Art der Anfahrversorgung folgen aus Erörterungen bezüglich des Einsatzes eines sogenannten Generatorschalters (Bild 3.64; die Eigenbedarfssammelschiene ist zur Senkung der Kurzschlußleistung in zwei getrennte aus einem Dreiwicklungstransformator gespeiste Abschnitte unterteilt). Die lange Zeit nahezu ausschließlich übliche Variante ohne Generatorschalter entnimmt die Anfahrleistung zum Beispiel einem Regionalnetz über einen eigenen Anfahrtransformator samt zugehörigen Schaltelementen und Umschaltautomatik. Bei Einfügung eines Generatorschalters benötigt man keinen zusätzlichen Anfahrtransformator und kann überdies die Anfahrleistung aus dem besonders ausfallsicheren Verbundnetz decken. Falls trotzdem das Verbundnetz ausfallen sollte oder der Generator, entsteht keine Unterbrechung der Eigenbedarfsversorgung durch Umschaltmaßnahmen. Auch hier kommen im übrigen zusätzliche Schaltungsvarianten vor, etwa durch Einfügen eines weiteren Generatorschalters zwischen Eigenbedarfsabzweig und Blocktransformator-Einspeisung.

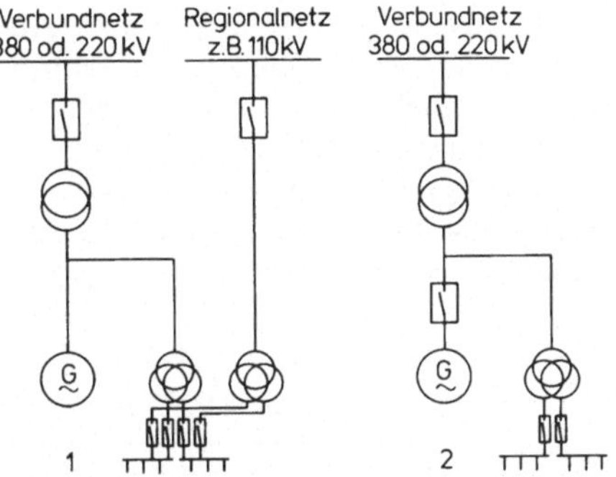

Bild 3.64. Schaltungsvarianten für die Eigenbedarfsversorgung. 1 ohne Generatorschalter; 2 mit Generatorschalter

3.5.3 Leittechnische Anlagen

Große Kraftwerksblöcke sind äußerst komplexe Gebilde. Die Beschreibung ihres Betriebszustandes kann mehrere 1000 Daten umfassen; zur Herbeiführung von Änderungen des Betriebszustandes können 1000 bis 2000 Eingriffsmöglichkeiten gegeben sein. Schon mit Rücksicht auf die begrenzte Kombinations- und Reaktionsfähigkeit des Bedienungspersonals, aber auch zur Erzielung einer möglichst weichen und schonenden Fahrweise, einer guten Auslastung der Anlagen ohne Überschreitung von Grenzwerten und einer laufenden Optimierung des Betriebsablaufes sind sie weitgehend zu automatisieren.

Erste Automatisierungsschritte bedeuteten oft eigentlich nur eine Mechanisierung in Teilbereichen (zum Beispiel seinerzeit die Einführung der Wanderrostfeuerung beim Dampferzeuger); die Steuerung der gesamten Anlage, fußend auf den Anzeigen weniger Meßgeräte oder auf unmittelbarer Beobachtung des Prozeßablaufes, erfolgte dann weiterhin vor Ort von Hand mittels Hebeln und Handrädern. Weitere Automatisierungsschritte oder -bereiche dienen dem Schutz, indem in gefährlichen Betriebszuständen die betreffenden Anlageteile schnellstens in einen ungefährlichen Zustand gebracht werden, der Regelung, indem gewisse betriebsmäßig schwankende Istwerte des Prozesses dauernd ohne Überschreitung von Grenzwerten möglichst nahe an die gewünschten Sollwerte herangeführt werden, oder der Steuerung, indem die Anlage selbsttätig von einem Ausgangszustand in einen Zielzustand geführt wird (zum Beispiel Anfahren aus dem Stillstand bis auf einen gewünschten Sollwert der Leistungsabgabe). Einfache automatische Einrichtungen (zum Beispiel die Spannungsregelung des Generators) erfüllen Funktionen von begrenztem Umfang. Mit fortschreitendem Automatisierungsgrad ergeben sich Einrichtungen mit immer höherwertigen Kraftwerksleitfunktionen (zum Beispiel die Anfahr- und Stillsetzantomatik eines Kraftwerksblockes), die den Prozeß von Eingriffen des Personals zunehmend unabhängiger machen. Umgekehrt obliegt dem Personal im Verlauf dieser Entwicklung schließlich nur noch eine laufende Beobachtung des Prozesses, ein Eingreifen bei außerplanmäßigen Zuständen zur Verhinderung sich abzeichnender oder zur Behebung eingetretener Störungen sowie die laufende Wartung und Revision der gesamten Kraftwerksanlagen. Nur so sind große Kraftwerksblöcke wirtschaftlich betreibbar.

Die Summe der erforderlichen Anlagen zum Messen, Steuern, Regeln, Schützen, Überwachen, zur Informationsverarbeitung und -verdichtung und zur Prozeßoptimierung, zur Kommunikation zwischen Personal und Prozeß, zur Registrierung, zur Leistungsverstärkung beim Ansteuern der Antriebe usw., zur Langzeitüberwachung der einzelnen Aggregate bezeichnet man als die leittechnischen Anlagen des Prozesses [3.3; 3.15; 3.18; 3.19; 3.31; 3.42].

Diese Anlagen stellen die Verbindung her zwischen Prozeß und Bedienungspersonal. Die von Gebern im Prozeß gelieferten analogen und binären Daten sind hier zunächst aufzubereiten, zu verarbeiten bzw. zu verdich-

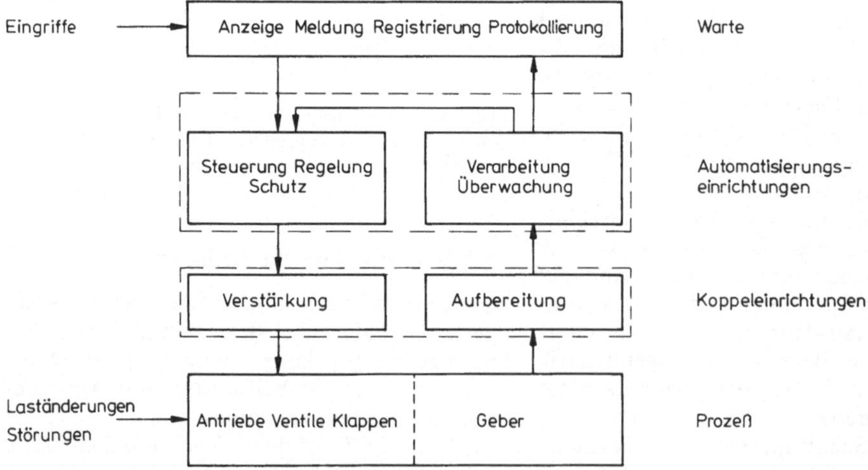

Bild 3.65. Aufbau und wichtigste Datenwege der leittechnischen Anlagen eines Kraftwerksblockes

ten und zu überwachen (Bild 3.65). Die Resultate können einfacher Art (Drücke, Temperaturen, Drehzahlen, Masseströme usw.) oder komplexer Art sein (Freilast, Tendenzen usw., auch eingetretene Ereignisabläufe) und werden einerseits in möglichst aussagekräftiger Form dem Personal angezeigt. Andererseits werden sie zusammen mit den unter Umständen pulsierenden Leistungsanforderungen aus dem gespeisten Netz oder mit geänderten Sollwerten oder sonstigen Eingriffen zu Befehlen an den Prozeß verarbeitet und nach entsprechender Leistungsverstärkung im Prozeß zur Auswirkung gebracht.

Ein Kraftwerksprozeß zerfällt in zahlreiche (rund 50 oder mehr, teilweise mehrfach vorhandene) meist weitgehend voneinander unabhängige Teilprozesse, die sogenannten Funktionsgruppen (zum Beispiel im Bereich des Dampferzeugers Zündfeuerung, Leistungsfeuerung, Luftförderung, Speisewasserförderung usw.): zum Teil bestehen sie aus mehreren gleichartigen Untergruppen (zum Beispiel bei einer Leistungsfeuerung die einzelnen Kohlemühlen mit ihren jeweiligen Zusatzaggregaten). Die Steuerung, Verriegelung und gegebenenfalls Regelung der einzelnen Antriebe und die Verknüpfung der Einzelvorgänge zu selbsttätigen Funktionsabläufen läßt sich mit wenigen einfachen Bausteinen bewerkstelligen (zum Beispiel Antriebssteuerbaustein, Verriegelungsbaustein und andere).

Die Funktionsgruppen samt ihren eventuellen Untergruppen kann man zu einer in drei Ebenen hierarchisch gegliederten sogenannten Funktionsgruppenautomatik mit jeweils zugeordneten Funktionen für Steuern, Regeln und Schutz zusammenfassen (Bild 3.66). In der „Antriebsebene" werden die einzelnen Antriebe, Ventile oder Klappen angesteuert, gegebenenfalls geregelt und ihre Rückmeldungen verarbeitet; hier wird auch der Einzelschutz aufgebaut. In der „Gruppenebene" werden die einzelnen Antriebe usw. zu den Funktionsgruppen mit einem jeweils gewünschten Funktionsablauf verknüpft und untereinander verriegelt sowie wieder gegebenenfalls geregelt; sie werden von einem gemeinsamen übergeordneten Befehl angesteuert; hier werden auch Umschaltautomatiken zwischen eventuell mehrfach parallel vorhandenen Reserveantrieben sowie ein eventueller Schutz für die kompletten Funktionsgruppen aufgebaut. Von der „Leitebene" aus wird der gesamte Prozeß unter Berücksichtigung von Sollwerten und eventuellen sonstigen Eingriffen nach gewünschten Abläufen (zum Beispiel „Anfahren!") gesteuert und geregelt; hier werden auch Zusatzgeräte — zum Beispiel zum Errechnen der jeweils zulässigen Leistungsänderungsgeschwindigkeit — eingefügt.

In konventioneller Technik sind die leittechnischen Anlagen normal verdrahtet; es ent-

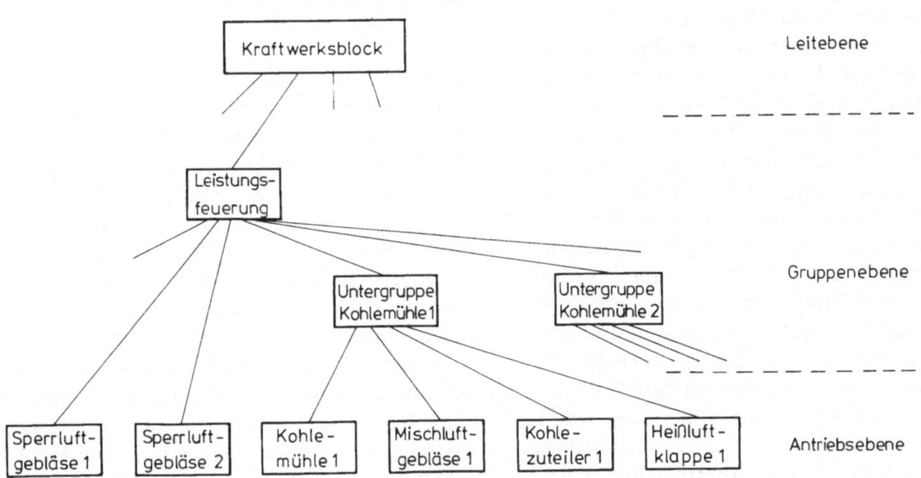

Bild 3.66. Ausschnitt aus einer Funktionsgruppenautomatik

steht ein relativ hoher Aufwand zur Herstellung der einzelnen Verbindungen. Neuerdings geht man auch zu digitalen Subsystemen mit Mikroprozessoren und hochintegrierten Halbleiterspeichern zum dezentralen Steuern, Regeln, Überwachen, Rechnen usw. über; die anfallenden Daten werden dann, entsprechend addressiert, auf einer gemeinsamen Datensammelschiene binär seriell multiplex übertragen; die Einsparungen an Verkabelungsaufwand sind beträchtlich.

In der Wartengestaltung folgt man bei der funktionsgemäßen Darstellung der einzelnen Aggregate des Kraftwerksprozesses, bei der Darstellung des Prozeßablaufes in den einzelnen Betriebsphasen, bei der Unterteilung in Hauptleitstand, Anfahrvorbereitungsbereich usw. ergonomischen Gesichtspunkten. Zahlreiche Anzeige- und Bedienungselemente lassen sich durch ein Sichtgerät ersetzen.

3.5.4 Gesamtanordnung

Die Standortwahl eines Dampfkraftwerkes wird unter anderem wesentlich beeinflußt von den Möglichkeiten der Brennstoff- und Kühlwasserversorgung, von der Nähe zu den Verbrauchsschwerpunkten, von Umweltfragen (Geräusche, Schwefelauswurf usw.) und von späteren Erweiterungsmöglichkeiten. Beim Entwurf seiner Gesamtanordnung verfolgt man das Prinzip einer möglichst einheitlichen Richtung des Energieflusses.

Bild 3.67 zeigt als Beispiel die Anordnung eines Dampfkraftwerkes an einem Fluß, der dem Kohleantransport und der Kühlwasserversorgung dienen kann. Den Kern bilden Dampferzeuger und Maschinenhaus; bei Verfeuerung fester Brennstoffe liegt zwischen ihnen ferner im allgemeinen ein sogenannter Schwerbau, der hauptsächlich der Brennstoff-Zwischenbunkerung dient. Auf dem Weg vom Kohlelager in diesen Bunkerschwerbau wird der Brennstoff in einem Brecherhaus vorgebrochen. Das Kühlwasser wird dem Flußlauf mittels Pumpen entnommen; die Kühlwasserversorgung wird auch bei heutigen Großkraftwerken meist im Sammelschienenbetrieb abgewickelt. Kühlwasserentnahme und -rückleitung sind so anzuordnen, daß auf dem Weg über den Flußlauf kein thermischer Kurzschluß zustandekommen kann.

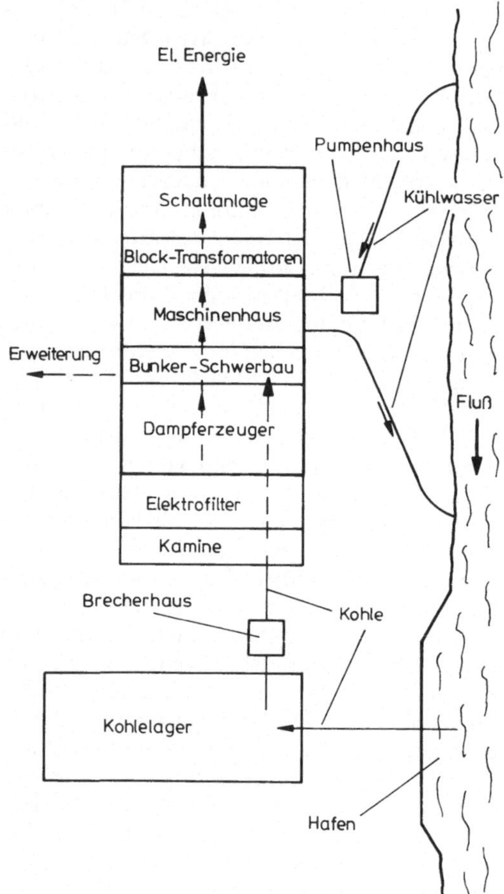

Bild 3.67. Anordnung eines kohlebefeuerten Dampfkraftwerkes an einem Fluß

Die Bilder 3.68 und 3.69 zeigen als Beispiel einen Schnitt durch einen Kraftwerksblock etwa entsprechend Bild 3.67 (Braunkohle; 600 MW) und eine Ansicht der betreffenden Gesamtanlage (3×300 MW; 2×600 MW), hier jedoch für offene Umlaufkühlung des Kühlwassers eingerichtet. Das Maschinenhaus wird meist als durchgehende Halle für alle Turbogeneratorsätze angelegt. Mit Rücksicht auf die Abmessungen des Maschinenhauskranes werden die einzelnen Maschinensätze parallel zur Maschinenhausachse, das heißt, in „Längsbauweise" aufgestellt. Die Speisewasservorwärmer werden zur Erzielung kurzer Rohrverbindungen möglichst nahe bei der Turbine installiert.

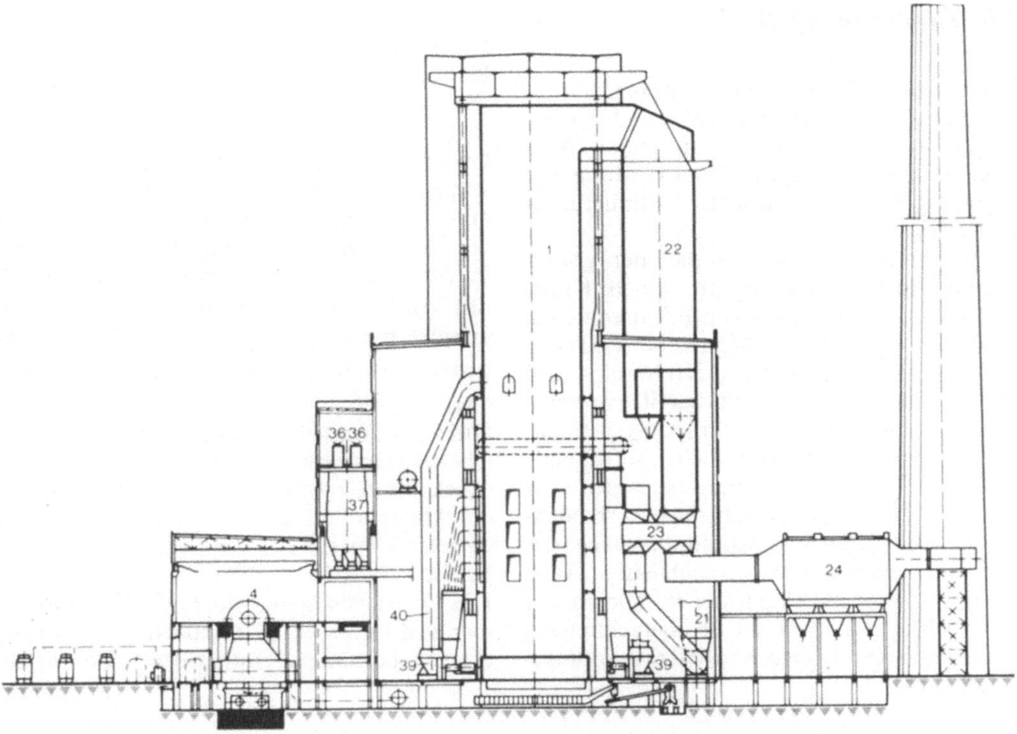

Bild 3.68. Schnitt durch einen 600-MW-Grundlastblock. 1 Dampferzeuger; 4 Turbosatz; 21 Frischluftgebläse; 22 Rauchgaskanal; 23 Luftvorwärmer; 24 Elektrofilter; 36 Kohleverteiler; 37 Kohlebunker; 39 Kohlemühlen; 40 Rauchgasrücksaugeschacht. (BBC)

Bild 3.69. Dampfkraftwerk Neurath. (RWE). Luftaufnahme: Aero-Lux, Frankfurt/M.; Freigabe: Reg.-Präs. Darmstadt, Nr. 2164/78

3.6 Zahlenbeispiel

Auswahl bzw. Festlegung von Anfangsdampfzustand, Zwischenüberhitzungs- und Speisewasservorwärm-Daten usw. für einen Wärmekraftwerksblock gewünschter Leistung sind insgesamt Resultat komplexer Optimierungsüberlegungen.

Im folgenden wird als Beispiel der grundlegende Berechnungsgang für einen Kraftwerksblock auf der Basis von Braunkohle beschrieben. Dabei seien hier die wesentlichen Eckdaten des thermischen Kreislaufes und der Kreislaufkomponenten bereits vorgegeben. Diesbezügliche Optimierungsbetrachtungen werden nicht angestellt. Auftretende Druckgefälle infolge Reibung längs der Vorwärmstrecke, längs der sonstigen verbindenden Rohrleitungen und insbesondere längs des Dampferzeugers werden vernachlässigt. Auch der Enthalpieanstieg längs der Pumpen bleibt unberücksichtigt. Resultat der Berechnungen werden sein der Brutto-Kraftwerkswirkungsgrad und die wichtigsten (absoluten oder relativen) Dampfströme sowie Brennstoff- und Kühlwasserstrom.

Der Kraftwerksblock erhält die Generatorleistung $P_{el} = 600$ MW. Er arbeitet mit einfacher Zwischenüberhitzung und mit sechsstufiger Anzapfdampf-Speisewasservorwärmung. Die Turbine wird dreistufig aufgebaut: die Hochdruckturbine hat den inneren Turbinenwirkungsgrad $\eta_{i_{HD}} = 0,839$; die Mitteldruckturbine wird zweiflutig ausgeführt und arbeitet mit $\eta_{i_{MD}} = 0,851$; die Niederdruckturbine erhält vier Fluten und arbeitet mit $\eta_{i_{ND}} = 0,844$.

Die Vorwärmstufen 1 und 2 (Bild 3.70) sind Oberflächenvorwärmer unter Dampferzeugerdruck: Stufe 1 wird mit Abdampf der Hochdruckturbine, Stufe 2 mit Anzapfdampf geeigneten Druckes aus der Mitteldruckturbine beheizt.

Die Vorwärmstufen 3 bis 6 (1 Mischvorwärmer und Entgaser; 3 Oberflächenvorwärmer) arbeiten bei einem Zwischendruck: der Misch-

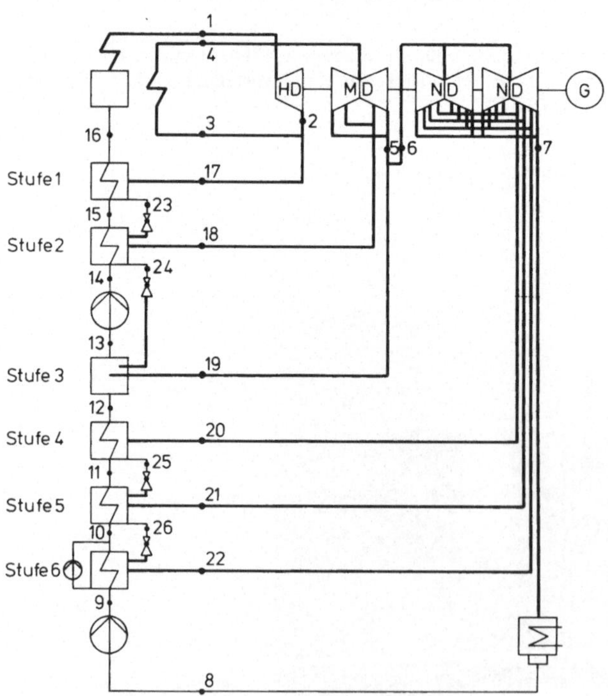

Bild 3.70. Vereinfachtes Schaltbild eines 600-MW-Grundlastblockes. (Beschreibung der einzelnen Zustände längs des Kreislaufes im Text)

vorwärmer in Stufe 3 wird mit Abdampf der Mitteldruckturbine, die übrigen Vorwärmer werden mit Anzapfdampf jeweils geeigneten Druckes aus der Niederdruckturbine beheizt. Das Anzapfdampfkondensat eines Oberflächenvorwärmers wird über ein Drosselventil der nächsten Vorwärmstufe zugeleitet. Das Anzapfdampfkondensat der Stufen 1 und 2 gelangt auf diese Weise in den Mischvorwärmer. Dasjenige der Stufen 4 bis 6 wird am Ende der Stufe 6 dem Speisewasserkreis hinter dieser Stufe durch eine Nebenkondensatpumpe zugeführt (vgl. Abschnitt 3.2.1). Weiterhin sind — jeweils für Nennlast — gegeben: der Dampferzeugerwirkungsgrad η_D = 0,91, der mechanische Turbinenwirkungsgrad η_m = 0,97 und der Generatorwirkungsgrad η_{el} = 0,96.

Der Frischdampf steht mit p_1 = 165 bar, t_1 = 525 °C zur Verfügung. Die Zwischenüberhitzung bei p_2 = 30 bar führt wieder auf t_4 = 525 °C. In der Mitteldruckturbine expandiert der Dampf bis auf den Druck p_5 = 8 bar. Der mögliche Enddruck der Niederdruckturbine ist eine Funktion der Temperatur des verfügbaren Kühlwassers (siehe unten). Das Speisewasser wird auf die Endtemperatur t_{16} = 225 °C vorgewärmt.

Der Kondensatorkühlkreislauf arbeitet mit offener Umlaufkühlung des Kühlwassers. Das Kühlwasser steht dann hier mit 25 °C zur Verfügung und darf um Δt = 10 K erwärmt werden. Der Kondensator ist im übrigen so dimensioniert, daß die Kondensation des eintretenden, bereits nassen Turbinenabdampfes bei t_7 = 37,6 °C erfolgen kann. Der Enddruck der Niederdruckturbine läßt sich demzufolge durch die Kondensatpumpe auf p_7 = 0,066 bar

absenken, ohne die vollständige Kondensation des Abdampfes zu gefährden.

Die Vorwärmung soll in erster Näherung im Zwischendruckbereich und im Dampferzeugerdruckbereich in jeweils gleichen Temperatur- bzw. Enthalpiestufen erfolgen.

Da der Mischvorwärmer das Speisewasser zugleich zum Zweck der Entgasung gerade zum Sieden bringen soll (der dann auszudampfende Brüdenstrom wird jedoch hier nicht weiter berücksichtigt), liegt seine Endtemperatur mit der Wahl des betreffenden Anzapfdampfdruckes ($p_{19} = p_5$ = 8 bar; siehe Bild 3.70) fest: man erhält den Wert t_{13} = 170,4 °C.

Die übrigen Anzapfdrücke werden — ebenfalls in erster Näherung — so gewählt, daß die Kondensation des Anzapfdampfes jeweils mit dem Temperaturgefälle Δt_{Kond} = 5 K gegenüber der Temperatur des den betreffenden Vorwärmer verlassenden Speisewassers erfolgen kann. Das Anzapfdampfkondensat wird anschließend weitergekühlt, so daß es beim Austritt aus dem Vorwärmer noch das Temperaturgefälle Δt_{end} = 3 K gegenüber dem den Vorwärmer verlassenden Speisewasser hat. Damit ergeben sich für die verschiedenen Vorwärmstufen insgesamt die Daten nach Tabelle 3.3.

Der Wert $(p_{17})_{min}$ für Stufe 1 wurde hier nur zu Kontrollzwecken gebildet: der als anderweitig bereits festliegend angenommene Wert $p_{17} = p_2$ darf ihn im Hinblick auf die Gegebenheiten im Speisewasserpfad nicht unterschreiten. Bei Stufe 3 liegen die Daten des Anzapfdampfes ebenfalls aufgrund anderweitig getroffener Voraussetzungen bereits fest. Schließlich sind auch die übrigen so ausgewählten Anzapfdrücke insofern als Mindest-

Tabelle 3.3. Daten der Vorwärmstufen des Beispiels

Stufe	Speisewasser		Anzapfdampf		Anzapfd.-Kond.
	Eintrittstemp. °C	Austrittstemp. °C	Kond.-Temp. °C	Druck bar	Austrittstemp. °C
6	t_9 = 37,6	t_{10} = 70,8	$(t_{22})_{Kond}$ = 75,8	p_{22} = 0,4	$(t_{22})_{end}$ = 73,8
5	t_{10} = 70,8	t_{11} = 104,0	$(t_{21})_{Kond}$ = 109,0	p_{21} = 1,4	t_{26} = 107,0
4	t_{11} = 104,0	t_{12} = 137,2	$(t_{20})_{Kond}$ = 142,2	p_{20} = 3,9	t_{25} = 140,2
3	t_{12} = 137,2	t_{13} = 170,4	$(t_{19})_{Kond}$ = t_{13}	$p_{19} = p_{13}$	—
2	t_{14} = 170,4	t_{15} = 197,7	$(t_{18})_{Kond}$ = 202,7	p_{18} = 16,5	t_{24} = 200,7
1	t_{15} = 197,7	t_{16} = 225,0	$(t_{17})_{Kond}$ = 230,0	$((p_{17})_{min}$ = 28,0)	t_{23} = 228,0

werte anzusehen: in der Regel ergeben sich anschließend gewisse Erhöhungen unter anderem abhängig davon, welche Druckstufen längs Mitteldruck- bzw. Niederdruckturbine abhängig von deren konstruktiver Gestaltung tatsächlich verfügbar sind.

Die Enthalpie der einzelnen Zustände des Kreislaufes als die für dessen Berechnung maßgebende Größe läßt sich nun — soweit es sich um Dampf handelt — dem h,s-Diagramm in Bild 3.71 entnehmen bzw. — soweit es sich um Kondensat handelt — mit der Näherungsformel $\left(\dfrac{h}{\mathrm{kJ/kg}}\right) \approx 4{,}2 \left(\dfrac{t}{^\circ \mathrm{C}}\right)$ nach Abschnitt 3.1.5 berechnen.

Die Eckzustände 1, 2, 4, 5 und 7 des Kreislaufes liegen hier aufgrund der vorgegebenen Daten bereits fest.

Zustand 1 folgt aus dem Wertepaar p_1, t_1 und liefert die Enthalpie $h_1 = 3366$ kJ/kg.

Zustand 2_{rev} folgt daraus mit p_2 und für $s = \mathrm{const}$. Man erhält die Enthalpie $h_{2_{\mathrm{rev}}} = 2903$ kJ/kg.

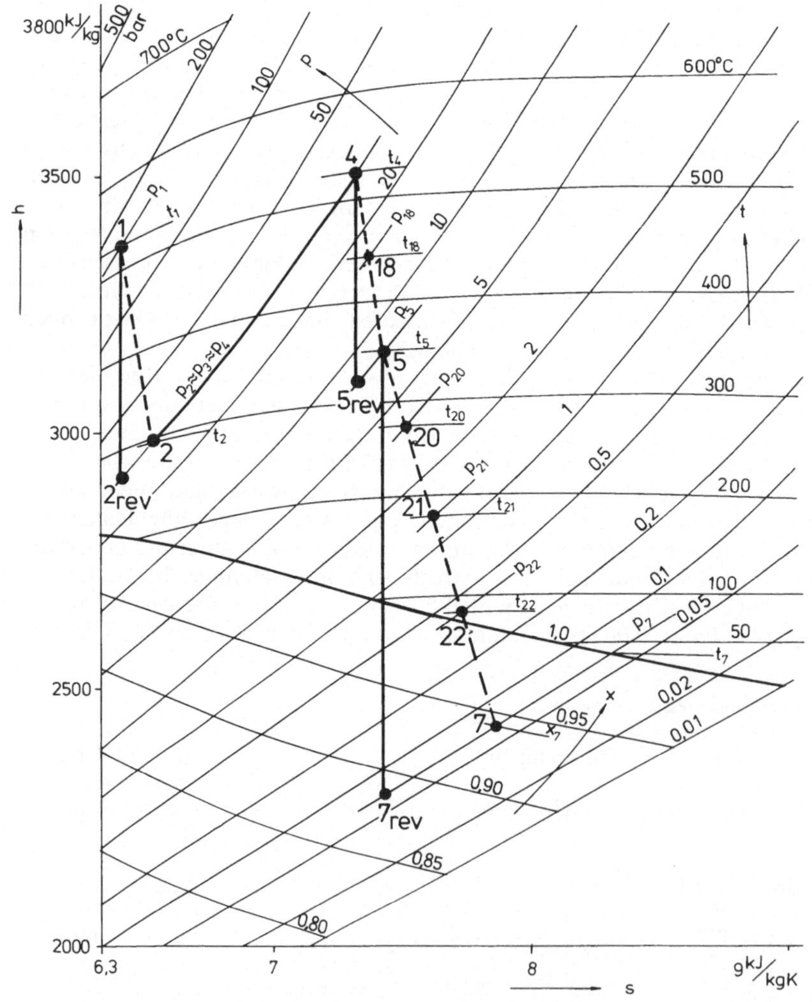

Bild 3.71. h,s-Diagramm der Dampfzustände in Bild 3.70

Die Lage von Zustand 2 im h,s-Diagramm ergibt sich dann gemäß (3.43) aus

$$(\eta_i)_{HD} = \frac{h_1 - h_2}{h_1 - h_{2_{rev}}}$$

zu

$$h_2 = h_1 - (\eta_i)_{HD}\,(h_1 - h_{2_{rev}})$$
$$= 2978\ \text{kJ/kg}\,.$$

In entsprechender Weise erhält man die Enthalpiewerte $h_4 = 3512$ kJ/kg, $h_{5_{rev}} = 3102$ kJ/kg, $h_5 = 3163$ kJ/kg, $h_{7_{rev}} = 2294$ kJ/kg und $h_7 = 2430$ kJ/kg.

Das den Kondensator mit der Temperatur $t_8 = t_7 = 37,6$ °C verlassende Kondensat beispielsweise hat dagegen gemäß obiger Näherungsformel die Enthalpie $h_8 \approx 4,2 \cdot 37,6$ kJ/kg $= 157,9$ kJ/kg.

Nach Bestimmung der Lage der Zustände im h,s-Diagramm kann man dort auch die Dampftemperatur am Austritt der einzelnen Turbinenstufen entnehmen ($t_2 = 292$ °C; $t_5 = 350$ °C) bzw. die Temperatur $t_7 = 37,6$ °C bestätigen. Ferner liefert Zustand 7 im h,s-Diagramm den Dampfgehalt $x_7 = 0,941$ und dementsprechend für das Ende der Niederdruckturbine die Dampfnässe $1 - x_7 = 5,9\,\%$. Unter der Annahme, daß der innere Turbinenwirkungsgrad der einzelnen Leitrad-Laufrad-Paare einer Turbinenstufe jeweils konstant sei, so daß die hinter den einzelnen Paaren vorliegenden Dampfzustände im h,s-Diagramm jeweils annähernd auf (in Bild 3.71 gestrichelt eingezeichneten) Geraden liegen, kann man dem h,s-Diagramm schließlich ausgehend von den oben bestimmten Anzapfdrücken auch die zugehörigen Werte von Enthalpie und Temperatur entnehmen:

MD-Stufe:
$h_{18} = 3346$ kJ/kg , $t_{18} = 442$ °C;
ND-Stufe:
$h_{20} = 3016$ kJ/kg , $t_{20} = 276$ °C;
$h_{21} = 2838$ kJ/kg , $t_{21} = 182$ °C;
$h_{22} = 2652$ kJ/kg , $t_{22} = 83$ °C .

Die Bestimmung der Drücke bei den übrigen Zuständen längs des Kreislaufes läßt sich — unter den genannten vereinfachenden Annahmen — unmittelbar anhand von Bild 3.70 vornehmen.

Damit ist der Kreislauf hinsichtlich der auftretenden Drücke, Temperaturen und Enthalpien vollständig bestimmt:

Zustand	Druck bar	Temperatur °C	Enthalpie kJ/kg
1	165	525	3366
2; 3	30	292	2978
4	p_2	525	3512
5; 6	8	350	3163
7	0,066	37,6	2430
8	p_7	t_7	157,9
9	p_{19}	t_7	h_8
10	p_{19}	70,8	297
11	p_{19}	104,0	437
12	p_{19}	137,2	576
13	p_{19}	170,4	716
14	p_1	t_{13}	h_{13}
15	p_1	197,7	830
16	p_1	225	945
17	—— wie Zustand 2; 3 ——		
18	16,5	442	3346
19	—— wie Zustand 5; 6 ——		
20	3,9	276	3016
21	1,4	182	2838
22	0,4	83	2652
23	p_{17}	228	956
24	p_{18}	200,7	843
25	p_{20}	140,2	589
26	p_{21}	107,0	449

Bild 3.72 zeigt den vollständigen Kreislauf im h,s-Diagramm.

Es sind nun zunächst die relativen, das heißt, auf den Frischdampfstrom bezogenen Anzapfdampfströme zu bestimmen (vgl. Abschnitt 3.2.1):

$$\mu_i = \frac{\dot{m}_i}{\dot{m}_1}\,.$$

Dazu ist für die einzelnen Vorwärmer jeweils eine Leistungsbilanz aufzustellen:

$$P_{zu} = P_{ab}\,.$$

Speziell für die Vorwärmstufe 1 ergibt sich mit $\dot{m}_{23} = \dot{m}_{17}$ und mit $\dot{m}_{15} = \dot{m}_{16} = \dot{m}_1$ die Gleichung

$$\dot{m}_{17}(h_{17} - h_{23}) = \dot{m}_1(h_{16} - h_{15})\,.$$

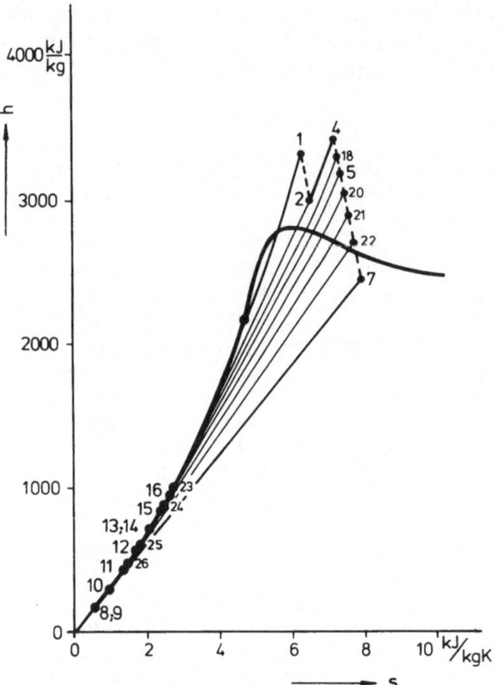

Bild 3.72. Vollständiges h,s-Diagramm zu Bild 3.70

Daraus folgt

$$\mu_{17} = \frac{h_{16} - h_{15}}{h_{17} - h_{23}} \; .$$

Mit obigen Enthalpiewerten gibt das

$$\mu_{17} = 0{,}0569 \; .$$

Für Stufe 2 folgt anschließend mit $\dot{m}_{24} = \dot{m}_{18} + \dot{m}_{23}$ und mit $\dot{m}_{14} = \dot{m}_{15}$ aus

$$\dot{m}_{18}(h_{18} - h_{24}) + \dot{m}_{17}(h_{23} - h_{24}) = \dot{m}_1(h_{15} - h_{14})$$

der Wert

$$\mu_{18} = \frac{h_{15} - h_{14}}{h_{18} - h_{24}} - \mu_{17}\frac{h_{23} - h_{24}}{h_{18} - h_{24}}$$
$$= 0{,}0430 \; .$$

Für Stufe 3 folgt mit $\dot{m}_{13} = \dot{m}_{14}$ bzw. mit $\dot{m}_{13} = \dot{m}_{12} + \dot{m}_{17} + \dot{m}_{18} + \dot{m}_{19}$ aus

$$\dot{m}_{19}(h_{19} - h_{13}) + (\dot{m}_{17} + \dot{m}_{18})(h_{24} - h_{13}) = \dot{m}_{12}(h_{13} - h_{12})$$

der Wert

$$\mu_{19} = \frac{h_{13} - h_{12}}{h_{19} - h_{12}} - (\mu_{17} + \mu_{18})\frac{h_{24} - h_{12}}{h_{19} - h_{12}}$$
$$= 0{,}0438 \; .$$

Für Stufe 4 folgt mit $\dot{m}_{25} = \dot{m}_{20}$ und mit $\dot{m}_{11} = \dot{m}_{12}$ aus

$$\dot{m}_{20}(h_{20} - h_{25}) = \dot{m}_{12}(h_{12} - h_{11})$$

der Wert

$$\mu_{20} = (1 - \mu_{17} - \mu_{18} - \mu_{19})\frac{h_{12} - h_{11}}{h_{20} - h_{25}}$$
$$= 0{,}0491 \; .$$

Für Stufe 5 folgt mit $\dot{m}_{26} = \dot{m}_{21} + \dot{m}_{25}$ und mit $\dot{m}_{10} = \dot{m}_{11}$ aus

$$\dot{m}_{21}(h_{21} - h_{26}) + \dot{m}_{20}(h_{25} - h_{26}) = \dot{m}_{12}(h_{11} - h_{10})$$

der Wert

$$\mu_{21} = (1 - \mu_{17} - \mu_{18} - \mu_{19})\frac{h_{11} - h_{10}}{h_{21} - h_{26}}$$
$$- \mu_{20}\frac{h_{25} - h_{26}}{h_{21} - h_{26}} = 0{,}0473 \; .$$

Für Stufe 6 folgt schließlich mit $\dot{m}_{10} = \dot{m}_9 + \dot{m}_{20} + \dot{m}_{21} + \dot{m}_{22}$ aus

$$\dot{m}_{22}(h_{22} - h_{10}) + (\dot{m}_{20} + \dot{m}_{21})(h_{26} - h_{10}) = \dot{m}_9(h_{10} - h_9)$$

der Wert

$$\mu_{22} = (1 - \mu_{17} - \mu_{18} - \mu_{19})\frac{h_{10} - h_9}{h_{22} - h_9}$$
$$- (\mu_{20} + \mu_{21})\frac{h_{26} - h_9}{h_{22} - h_9} = 0{,}0366 \; .$$

Insgesamt wird von dem Frischdampfstrom also der Anteil $\mu_{17} + \mu_{18} + \mu_{19} + \mu_{20} + \mu_{21} + \mu_{22} = 27{,}7\%$ zur Beheizung der Anzapfdampf-Speisewasservorwärmer abgezweigt.

Mit Hilfe der relativen Anzapfdampfströme läßt sich dann aus der vom Generator zu liefernden Leistung P_{el} der Frischdampfstrom $\dot{m}_1$ bestimmen. Wie in Abschnitt 3.2.1 im einzelnen beschrieben folgt ausgehend von (3.8) und mit dem mechanischen Turbinenwirkungsgrad η_m und dem Generatorwirkungsgrad η_{el} aus

$$[m_1(h_1 - h_2) + (\dot{m}_1 - \dot{m}_{17})(h_4 - h_{18})$$
$$+ (\dot{m}_1 - \dot{m}_{17} - \dot{m}_{18})(h_{18} - h_5)$$
$$+ (m_1 - m_{17} - m_{18} - m_{19})(h_6 - h_{20})$$
$$+ (m_1 - m_{17} - m_{18} - m_{19} - m_{20})$$
$$\times (h_{20} - h_{21})$$
$$+ (m_1 - m_{17} - m_{18} - m_{19} - m_{20} - m_{21})$$
$$\times (h_{21} - h_{22})$$
$$+ (m_1 - \dot{m}_{17} - m_{18} - \dot{m}_{19} - m_{20}$$
$$- m_{21} - m_{22})(h_{22} - h_7)]\, \eta_m\eta_{el} = P_{el}$$

bzw. mit der Abkürzung

$$\Sigma_{\mu\,h} = (h_1 - h_2) + (1 - \mu_{17})(h_4 - h_{18})$$
$$+ (1 - \mu_{17} - \mu_{18})(h_{18} - h_5)$$
$$+ (1 - \mu_{17} - \mu_{18} - \mu_{19})$$
$$\times (h_6 - h_{20})$$
$$+ (1 - \mu_{17} - \mu_{18} - \mu_{19} - \mu_{20})$$
$$\times (h_{20} - h_{21})$$
$$+ (1 - \mu_{17} - \mu_{18} - \mu_{19} - \mu_{20}$$
$$- \mu_{21})(h_{21} - h_{22})$$
$$+ (1 - \mu_{17} - \mu_{18} - \mu_{19} - \mu_{20}$$
$$- \mu_{21} - \mu_{22})(h_{22} - h_7)$$

aus

$$m_1 \Sigma_{\mu.h}\,\eta_m\eta_{el} = P_{el}$$

der Wert

$$m_1 = \frac{P_{el}}{\Sigma_{\mu,h}\eta_m\eta_{el}} = 1810 \text{ t/h} .$$

Die dem Dampferzeuger in Form von Brennstoff zuzuführende Leistung P_D folgt dann mit dem Frischdampfstrom und dem Dampferzeugerwirkungsgrad η_D unter Berücksichtigung der Zwischenüberhitzung aus

$$P_D\eta_D = \dot{m}_1(h_1 - h_{16})$$
$$+ (\dot{m}_1 - \dot{m}_{17})(h_4 - h_3)$$
$$= m_1[(h_1 - h_{16})$$
$$+ (1 - \mu_{17})(h_4 - h_3)]$$

zu

$$P_D = \frac{m_1[(h_1 - h_{16}) + (1 - \mu_{17})(h_4 - h_3)]}{\eta_D}$$
$$= 5820 \text{ GJ/h} .$$

Damit läßt sich der Brutto-Kraftwerkswirkungsgrad angeben:

$$\eta_{ges} = \frac{P_{el}}{P_D} = 37,1 \% .$$

Er wird noch gemindert um die hier vernachlässigten Reibungsverluste usw. und um den Blockeigenbedarf. Zu verbessern wäre er neben der Verwendung kälteren Kühlwassers, soweit verfügbar, unter anderem durch feinstufigere Speisewasservorwärmung, durch doppelte Zwischenüberhitzung und durch eine abschließende Optimierung der Gesamtheit dieser Daten im Zusammenhang.

Bei Verfeuerung einer Braunkohle mit dem Heizwert $H = 10 \text{ MJ/kg}$ ergibt sich der Brennstoffstrom $\dot{m}_B$ des Kraftwerksblockes bei Nennleistung aus

$$\dot{m}_B H = P_D$$

zu

$$m_B = \frac{P_D}{H} = 582 \text{ t/h} .$$

Bei der oben erwähnten zulässigen Kühlwasser-Aufwärmspanne $\Delta t = 10 \text{ K}$ und mit der ebenfalls bereits erwähnten Näherungsformel zur Bestimmung der Enthalpie von Wasser aus seiner Temperatur ergibt sich der über den Kondensator umzuwälzende Kühlwasserstrom m_K aus der dort abzuführenden Kondensationswärme des Turbinenabdampfes wieder mittels einer Leistungsbilanz:

$$\dot{m}_K\,\Delta h_K \approx \dot{m}_K \cdot 4{,}2 \left(\frac{\Delta t}{K}\right) \frac{kJ}{kg}$$
$$= \dot{m}_7(h_7 - h_8) .$$

Man erhält

$$m_K \approx \frac{m_7(h_7 - h_8)}{4{,}2 \left(\dfrac{\Delta t}{K}\right) \dfrac{kJ}{kg}} = 70700 \text{ t/h} .$$

Bei offener Umlaufkühlung über Kühltürme, wie hier vorausgesetzt, erfolgt die Rückkühlung des Kühlwassers im wesentlichen durch Verdunstung; dabei entsteht ein Kühlwasserverlust. Da die Verdunstungswärme des Kühlwassers bei Atmosphärendruck mit ca. 2250 kJ pro kg annähernd den gleichen Wert hat wie die dem Turbinenabdampf zu entziehende Kondensationswärme, ist der zu verdunstende und folglich hernach zu ersetzende Anteil des obigen Kühlwasserstromes (ohne Berücksichtigung des zusätzlich „abzusalzenden" Anteiles; vgl. Abschnitt 3.4.1) annähernd gleich dem zu kondensierenden Abdampfstrom von ca. 1310 t/h.

Die hier vernachlässigten Druckabfälle können sich längs des Dampferzeugers im Hauptpfad auf ca. 50 bar, im Zwischenüberhitzungspfad auf ca. 5 bar belaufen.

Der Enthalpieanstieg des Wassers beispielsweise längs der Speisewasserpumpe liegt im vorliegenden Fall — wieder ohne Berücksichtigung der an sich druckseitig zusätzlich zu deckenden Druckverluste — in der Größenordnung von 10 kJ/kg.

4 Wärmekraftwerke auf der Basis von Kernbrennstoffen

4.1 Kernphysikalische Grundlagen

4.1.1 Atomaufbau

Anfang des 20. Jahrhunderts wurde nachgewiesen, daß die Materie aus Atomen mit einem Kern und einer Hülle besteht. Bald erlangte man auch Kenntnis vom Aufbau der Atome und speziell ihrer Kerne aus Elementarteilchen und von den im Bereich dieser Teilchen selbsttätig ablaufenden „naturlichen" wie auch den dort gezielt herbeiführbaren Prozessen. Insbesondere gewann man Aufschluß über den Energiehaushalt dieser Vorgänge. Die Zusammenhänge werden in der Fachliteratur eingehend behandelt. Im folgenden sollen die wichtigsten Einzelheiten der Kernenergiefreisetzung in Wärmekraftwerken in den Grundzügen beschrieben werden. Die Prinzipien und Mechanismen der weiteren Verwertung der zunächst anfallenden thermischen Energie stimmen mit denjenigen in den Wärmekraftwerken, die auf der Basis fossiler Brennstoffe arbeiten, meist weitgehend überein.

Nützliche Grundlage für eine weitgehende Verdeutlichung sowohl der Beobachtungen und theoretischen Erörterungen im Bereich der Atom- und Kernphysik als auch ihrer technischen Anwendungen ist das Bohrsche Atommodell. Es hat den Vorzug der Anschaulichkeit, obwohl es die heute bekannten Einzelheiten bezüglich der Elementarteilchen selbst, insbesondere auch bezüglich ihrer Örter, Bahnen, Geschwindigkeiten usw., in der Tat nur modellhaft beschreibt. Statt der Gesetze der klassischen Mechanik gelten nämlich im Bereich der Atom- und Kernphysik diejenigen der Quantenmechanik; an die Stelle kausaler Zusammenhänge treten dann für Vorgänge und Reaktionen Wahrscheinlichkeiten im Sinne relativer Häufigkeiten, die zwar exakte Aussagen gestatten, aber wenig anschaulich sind. Im folgenden sollen weitgehend die besagten Modellvorstellungen zugrundegelegt werden.

Es gibt verschiedene Elementarteilchen. Sie sind unter anderem durch ihre Ladung und ihre Ruhemasse charakterisiert. Die den stabilen oder metastabilen Atomkern (vgl. Abschnitt 4.1.2) bildenden Elementarteilchen werden auch als Nukleonen bezeichnet [4.1; 4.10; 4.12; 4.20; 4.24].

Der Atomkern ist aus zweierlei derartigen Nukleonen aufgebaut: aus Z positiv geladenen Protonen und N elektrisch neutralen Neutronen; sein Durchmesser beträgt etwa $1 \dots 10 \cdot 10^{-13}$ cm; Proton und Neutron haben annähernd die gleiche Ruhemasse (siehe unten); sie sind bei kleinen Kernen meist in annähernd gleicher Zahl vorhanden; mit wachsender Kerngröße ist ein zunehmender Neutronenüberschuß zu verzeichnen. Die die Atomhülle bildenden Elementarteilchen sind die Elektronen. Sie umkreisen den Kern auf definierten Bahnen unterschiedlicher Energieniveaus, den sogenannten Schalen, und sind negativ geladen: die Ladung von Elektron und Proton ist entgegengesetzt gleich ($1,6 \times 10^{-19}$ C). Im nicht ionisierten Zustand des Atoms ist die Anzahl der Hüllelektronen gleich der Anzahl der Protonen im Kern, so daß das Atom dann insgesamt elektrisch neutral ist; die Ruhemasse des Elektrons ist wesentlich kleiner als die von Proton oder Neutron und kann in vielen Fällen vernachlässigt werden. Der Durchmesser der Hülle beträgt etwa 10^{-8} cm; das Innere des Atoms ist also beinahe leerer Raum. Eine durch die Werte Z und N beschriebenen Atomart wird auch als Nuklid bezeichnet.

Die Protonenzahl Z eines Nuklids bezeichnet

auch seine Kernladungszahl; beide sind gleich. Zusammen mit der Neutronenzahl N liefert die Protonenzahl eine weitere Kenngröße, die Nukleonen- oder auch Massezahl A:

$$A = Z + N.$$

Die Anzahl der Hüllelektronen eines Nuklids im Grundzustand — die also ebenfalls gleich Z ist — bestimmt sein chemisches Verhalten; sie deklariert es als ein bestimmtes chemisches Element und stimmt mit der Ordnungszahl der Elemente in der Chemie überein. Bei gleicher Protonen- bzw. Elektronenzahl Z der Atome eines Elementes kann deren Neutronenzahl N unterschiedlich sein. Solche Nuklide verhalten sich dann chemisch gleichwertig, haben aber verschiedene Masse. Sie werden als Isotope des betreffenden Elementes bezeichnet. Manche Elemente haben zahlreiche Isotope.

Die Kennzeichnung eines Nuklids erfolgt mit Hilfe des chemischen Symbols E für das betreffende Element und der Massezahl:

$$^{A}E.$$

Obwohl die Kernladungszahl die gleiche Aussage liefert wie das chemische Symbol selbst, wird sie oft als dritte Größe hinzugefügt:

$$^{A}_{Z}E.$$

In fortlaufend geschriebenen Texten kann die Größe A in der ersten Schreibweise auch dem Elementsymbol nachgestellt werden:

$$E\,A.$$

In diesen drei Schreibweisen besteht zum Beispiel Natururan prozentual aus folgenden Nukliden:

$$99,2740\% \quad ^{238}U \text{ bzw. } ^{238}_{92}U \text{ bzw. } U\,238;$$
$$0,7205\% \quad ^{235}U \text{ bzw. } ^{235}_{92}U \text{ bzw. } U\,235;$$
$$0,0056\% \quad ^{234}U \text{ bzw. } ^{234}_{92}U \text{ bzw. } U\,234.$$

Auch die Elementarteilchen werden oft auf analoge Weise bezeichnet (wobei die kleine Ruhemasse des Elektrons vernachlässigt wird), zum Beispiel:

Proton	$^{1}_{1}p$;
Neutron	$^{1}_{0}n$;
Elektron	$^{0}_{-1}e$.

Masseangaben erfolgen in der Kernphysik entweder unmittelbar oder — der besseren Vergleichbarkeit halber — in Vielfachen der sogenannten Atomaren Masseeinheit u (das ist der 12. Teil der Masse des Nuklids C 12: $1\,u = 1,66057 \cdot 10^{-24}$ g). Für die Ruhemasse der genannten Elementarteilchen gilt zum Beispiel:

$$m_{p} = 1,67265 \cdot 10^{-24} \text{ g} = 1,007276 \text{ u};$$
$$m_{n} = 1,67495 \cdot 10^{-24} \text{ g} = 1,008665 \text{ u};$$
$$m_{e} = 0,91095 \cdot 10^{-24} \text{ g} = 0,000549 \text{ u}.$$

Zwischen den Elementarteilchen können vier fundamentale „Wechselwirkungen" auftreten. Die „starke Wechselwirkung" ist die Ursache der sogenannten Kernkräfte; sie bestimmt wesentlich den Zusammenhalt der Nukleonen ım Kern. Sie ist nur über eine Distanz von etwa 10^{-13} cm wirksam, ist dort aber außerordentlich intensiv; sie dominiert dort gegenüber den übrigen Wechselwirkungen bei weitem. Die „elektromagnetische Wechselwirkung" wirkt über größere Entfernungen als die erstere, ist aber schwächer als diese. Sie regelt zum Beispiel die Coulomb-Kräfte zwischen den Protonen im Kern sowie weitgehend die Vorgänge zwischen Kern und Hülle und in der Hülle selbst. Die „schwache Wechselwirkung" bewirkt gewisse spontane Zerfallsvorgänge, zum Beispiel den Betazerfall (vgl. Abschnitt 4.1.2). Die „Gravitationswechselwirkung" schließlich wird hier eigentlich nur der Vollständigkeit halber erwähnt; sie ist die schwächste dieser vier Varianten und im Zusammenhang mit Erörterungen bezüglich der drei vorgenannten praktisch bedeutungslos.

Die starke Wechselwirkung bestimmt also den Zusammenhalt der Nukleonen im Kern. Mit wachsender Kernladungszahl wirkt jedoch die elektromagnetische Wechselwirkung zwischen den Protonen in zunehmendem Maße stabilitätsmindernd auf den Kern; sie kann dann zunächst durch einen steigenden Neutronenüberschuß im Kern kompensiert werden, so daß er stabil bleibt. Bei Massezahlen ab etwa 200 wird die Neigung der Kerne zur Instabilität jedoch so stark, daß sie statistischen Gesetzen folgend verschieden schnell zerfallen. Während das schwerste natürliche Nuklid – U 238 — noch einmal relativ stabil ist und nur langsam zerfällt, kommen daher die sogenannten Transurane in natürlicher Form praktisch nicht mehr vor.

Das letzte streng stabile Nuklid ist Pb 206. Daneben kommen — etwa in Form des Nuklids U 238 — ausgesprochen langlebige, jedoch nicht streng stabile Nuklide vor, deren Halbwertszeit (siehe unten) von der Größenordnung des Alters des Weltalls sein kann. Da es also — insbesondere bei großen Massezahlen — Kerne mit ganz unterschiedlichen Zerfallswahrscheinlichkeiten gibt, darunter auch solche, für die diese Wahrscheinlichkeit dem Wert null nahekommt, ohne ihn jedoch zu erreichen, ist es nicht einfach, den Bereich stabiler Kernzustände klar abzugrenzen. Die unter dieser Prämisse als stabil oder nahezu stabil zu bezeichnenden Nuklide sind in dem Neutronen-Protonen-Diagramm in Bild 4.1 dargestellt: Neutronen- und Protonenzahl sind für kleine Kerne genau ($N = Z$) oder zumindest annähernd einander gleich; bei großen Kernen nimmt der Neutronenüberschuß zu.

Die unter Einwirkung der Kernkräfte beim Aufbau eines Kernes aus seinen zunächst weit voneinander entfernten Nukleonen an

diesen frei werdende Arbeit ist die sogenannte Bindungsenergie E_B des Kerns; sie wird nach außen abgegeben. Sie muß umgekehrt bei einer eventuellen anschließenden Zerlegung des Kerns in seine Bestandteile wieder aufgewendet werden. Beim Aufbau des Kerns erfolgt die Abgabe der Bindungsenergie nach außen in der Weise, daß an den Nukleonen ein Massendefekt Δm auftritt; die meßbare Ruhemasse m_{ges} des fertigen Atoms ist um eine geringe Differenz kleiner als die Summe der Einzel-Ruhemassen der Elementarteilchen vorher·

$$\Delta m = [Z(m_p + m_e) + Nm_n] - m_{ges}$$
$$\approx [Zm_p + Nm_n] - m_{ges} . \tag{4.1}$$

Die abgegebene Energie E_B ist nach Einstein das Äquivalent dieser Massendifferenz (mit der Lichtgeschwindigkeit $c = 3 \cdot 10^{10}$ cm/s; Energieeinheit im Bereich der Kernphysik ist das Elektronvolt; ein Elektron nimmt diese Energie an, wenn es im leeren Raum die Spannung 1 V durchfällt — 1 eV $= 1,602 \cdot 10^{-19}$ Ws):

$$E_B = \Delta mc^2 . \tag{4.2}$$

Sie äußert sich in Form von Energiequanten, die ihrerseits Wellen- oder Korpuskelcharakter haben können.

Anschaulicher als eine Betrachtung der gesamten Bindungsenergie eines Nuklids ist ihr Mittelwert E_B' je Nukleon:

$$E_B' = \frac{E_B}{A} . \tag{4.3}$$

Die Darstellung dieser mittleren Bindungsenergie abhängig von der Massezahl der Nuklide in Bild 4.2 zeigt, daß der Wert für niedrige Massezahlen gering ist, bei Massezahlen um 40 bis 100 ein flaches Maximum durchläuft und hernach wieder etwas abnimmt; im Bereich niedriger Massezahlen stellt der Heliumkern He 4 mit seiner relativ großen mittleren Bindungsenergie offenbar eine besonders stabile Konfiguration dar. Während bei den in der Atomhülle ablaufenden Vorgängen der Chemie bekanntlich Bindungsenergien in der Größenordnung 1 eV je Vorgang auftreten, ist ersichtlich, daß die bei Kernprozessen beteiligten Bindungsenergien um mehrere Zehnerpotenzen größer sind.

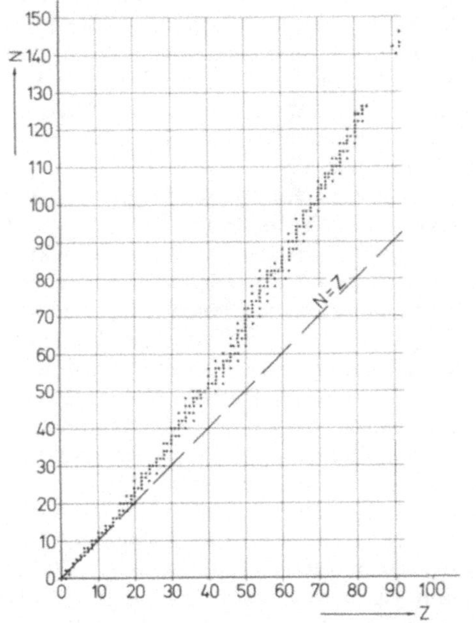

Bild 4.1. Neutronen-Protonen-Diagramm der stabilen Nuklide

Beim Aufbau des Nuklids Be 9 $(Z = 4; N = 5)$ mit der Ruhemasse $m_{ges} = 9{,}0122$ u zum Beispiel tritt nach (4.1) der Massendefekt

$$\Delta m = [4(1{,}0073 + 0{,}0005)\ \text{u} \\ + 5 \cdot 1{,}0087\ \text{u}] - 9{,}0122\ \text{u} \\ = 0{,}0625\ \text{u}$$

auf. Ihm entspricht nach (4.2) die Bindungsenergie

$$E_B = 0{,}0625 \cdot 1{,}6606 \cdot 10^{-24}\ \text{g} \left(3 \cdot 10^{10}\ \frac{\text{cm}}{\text{s}}\right)^2$$

$$= 58{,}31\ \text{MeV}\ .$$

Daraus folgt nach (4.3) je Nukleon der Mittelwert

$$E_B' = \frac{58{,}31\ \text{MeV}}{9} = 6{,}48\ \text{MeV}\ .$$

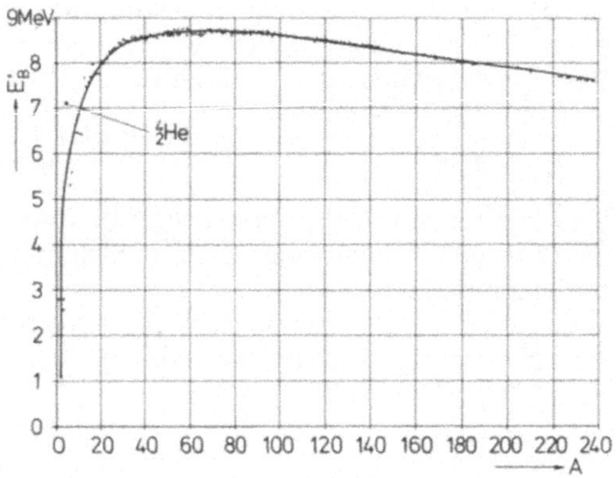

Bild 4.2. Mıttlere Bindungsenergıe der Nukleonen der natürlichen Nuklide

In diesem typischen Verlauf der mittleren Bindungsenergie abhängig von der Massezahl der Nuklide liegt im übrigen der Grund dafür, daß durch Kernspaltung oder auch durch Kernverschmelzung überhaupt Energie freigesetzt werden kann: bei der Spaltung schwerer Nuklide ist die mittlere Bindungsenergie der Nukleonen im Ausgangsnuklid kleiner als diejenige in den im Bereich des flachen Maximums angesiedelten leichteren Tochternukliden, so daß durch die Spaltung letztlich weitere Bindungsenergie frei wird; bei der Verschmelzung leichter Nuklide zu schwereren Nukliden

wird analog eine der größeren mittleren Bindungsenergie des Verschmelzungsproduktes entsprechende zusätzliche Energie freigesetzt. Nach Ablauf von Vorgängen, die noch näher zu beschreiben sein werden, äußert sich diese Energie letztlich in thermischer Form. Ihre Nutzung erfolgt daher in entsprechenden Wärmekraftwerken. Großtechnische Anwendung finden bisher Wärmekraftwerke auf der Basis von Kernspaltungsvorgängen. Sie werden heute schlechthin als Kernkraftwerke bezeichnet.

4.1.2 Natürliche Kernprozesse

Um die Jahrhundertwende isoliert man das Radium als die Quelle einer neuartigen ionisierenden Strahlung, die man Radioaktivität nennt; die Strahlung ist eine Folge von Zerfallsvorgängen der Atomkerne und kommt spontan ohne jede äußere Anregung zustande. Bald identifiziert man weitere natürliche radioaktive Nuklide. Man erkennt auch, daß die Radioaktivität vielfältige Wirkungen auf anorganische und organische Substanz haben kann. Insbesondere bewirkt sie beim menschlichen Körper somatische Veränderungen (an Zellen und Geweben) und genetische Veränderungen (an den Erbanlagen). Im Umgang mit der Radioaktivität ist daher größte Vorsicht geboten. Da sie inzwischen in Naturwissenschaft, Technik und Medizin breite Anwendung findet, hat der Gesetzgeber Verordnungen zur Einhaltung von Strahlenschutzmaßnahmen erlassen.

Die sogenannten Radionuklide gehen beim radioaktiven Zerfall in andere Nuklide über. Diese können ihrerseits wieder radioaktiv sein, so daß ganze Zerfallsreihen entstehen, bis ein stabiler Zustand erreicht wird. Bei diesen Vorgängen wird in Form der besagten Strahlung Energie abgegeben. Art und Intensität der Strahlung sind für ein Nuklid jeweils charakteristisch. Heute ist von zahlreichen natürlichen Elementen — darunter Radium, Thorium und Uran — bekannt, daß ihre Isotope sämtlich oder zum Teil radioaktiv sind. Manche Nuklide, wie zum Beispiel U 238, sind zwar grundsätzlich radioaktiv, ihre Halbwertzeit ist aber so groß, daß man sie als quasi stabil ansehen kann. Von Blei zum Beispiel gibt es sowohl stabile als auch radioaktive Isotope (vgl. im folgenden Bild 4.3).

Der Zerfall einer radioaktiven Substanz ıst ein statistischer Vorgang; das einzelne Zerfallsereignis tritt zufällig ein. In jedem Augenblick ıst die Wahrscheinlichkeit für den Zerfall eines jeden in einer radioaktiven Substanz bestimmter Art vorhandenen radioaktiven Kerns gleich groß. Die Anzahl n der abhängig von der Zeit t jeweils noch vorhandenen radioaktiven Kerne folgt einer Exponentialfunktion:

$$n(t) = n_0 \, e^{-\lambda t} \, . \tag{4.4}$$

Dabeı ıst n_0 die Anzahl der zur Zeıt $t = 0$ vorhandenen Kerne; die sogenannte Zerfallskonstante λ ist eın Maß für die Wahrscheinlichkeit des Zerfalls eines einzelnen Kerns.

Die Aktıvıtät A der Substanz, das ist die Anzahl ıhrer Zerfallsvorgänge pro Zeiteinheit, oder ihre sogenannte Zerfallsrate ist der zeitlichen Änderung der Anzahl der vorhandenen radioaktiven Kerne entgegengesetzt gleich·

$$A(t) = -\frac{dn(t)}{dt} \tag{4.5}$$

Mıt (4.4) folgt daraus

$$A(t) = \lambda n(t) \, . \tag{4.6}$$

Dıe Zerfallskonstante stellt also eıne Beziehung her zwıschen der Aktıvıtät eıner Substanz und der Anzahl der vorhandenen radioaktıven Kerne. Für kleines λ ändert sich $n(t)$ nach (4.4) nur geringfügig; dann ist nach (4.6) auch $A(t)$ nahezu konstant. Bei Substanzen mıt großer Zerfallskonstante klingt dıe Aktıvıtät schnell ab.

Eın weiteres anschauliches Maß für die Schnelligkeit der Aktivitätsabnahme radıoaktiver Substanzen ıst ihre sogenannte Halbwertszeit. Als eın wichtiges Charakteristikum für radioaktive Nuklide ist das diejenige Zeit T, in der jeweils dıe Hälfte der Anzahl n_0 der zu Beginn eınes Betrachtungszeitraumes vorhandenen radıoaktiven Kerne zerfällt. Für $n(T) = n_0/2$ folgt aus (4.4) die Beziehung

$$\frac{1}{2} = e^{-\lambda T} \, .$$

Daraus ergıbt sich der Zusammenhang

$$T = \frac{\ln 2}{\lambda} \, . \tag{4.7}$$

Halbwertszeıten haben sehr unterschıedliche Größe. Es gılt zum Beıspıel

$$T_{U\,238} = 4{,}51 \cdot 10^9 \, \text{a} \, .$$
$$T_{U\,235} = 6{,}84 \cdot 10^8 \, \text{a} \, .$$
$$T_{Ra\,226} = 1{,}6 \cdot 10^3 \, \text{a} :$$
$$T_{Rn\,222} = 3{,}82 \, \text{d} :$$
$$T_{Po\,218} = 3{,}05 \, \text{m} \, .$$
$$T_{Po\,214} = 1{,}47 \quad 10^{-4} \, \text{s}$$

In der natürlichen Radioaktıvıtät beispielsweise des Radıums sind im Magnetfeld drei Komponenten ıdentıfızıerbar: Alphateılchen (vom Magnetfeld schwach abgelenkt: posıtıv geladen, mıt großer Masse). Betateılchen (ın entgegengesetzter Rıchtung stark abgelenkt. negatıv geladen, mıt gerınger Masse) und Gammastrahlung (energıereiche elektromagnetische Wellenstrahlung: nıcht abgelenkt, ohne Ladung und Masse). Dabeı ıst das Radıum selbst nur eın Alphastrahler und unter Umständen zusätzlıch eın Gammastrahler: da seıne Zerfallsprodukte jedoch ıhrerseıts je nachdem alle dreı Strahlungsarten abgeben konnen, lıefert es — ebenso wıe ın der Regel auch andere radıoaktıve Substanzen — auf den ersten Blıck eın Gemısch aller dreı Komponenten.

Die Alphastrahlung ist unmittelbar aus Nukleonen des Strahlers bestehende Korpuskularstrahlung: je zweı Protonen und zweı Neutronen bılden zusammen eın Alphateılchen (also eınen Helıumkern $^4_2$He, eıne aufgrund ıhrer hohen Stabılıtät leıchter als etwa eın einzelnes Proton oder Neutron auszustoßende Konfıguration — vgl. Bild 4.2): seıne Reichweıte ıst gerıng (in Luft zum Beıspıel eınıge Zentimeter): seıne Anfangsenergıe ıst für das emittierende Nuklıd charakterıstisch, sie ist immer gleıch. Bei Alphastrahlung sinkt die Kernladungszahl des Strahlers. Natürliche Strahler sind großenteils Alphastrahler; zugleich kann auch Gammastrahlung auftreten. Es gılt die allgemeine Bezıehung

$$^A_Z\text{E} \xrightarrow{\alpha}{T} \, ^{A-4}_{Z-2}\text{E} + \, ^4_2\text{He}$$

oder zum Beıspıel (vgl. auch Bıld 4.3)

$$^{238}_{92}\text{U} \xrightarrow[4\,51\,10^9\,\text{a}]{\alpha} \, ^{234}_{90}\text{Th} + \, ^4_2\text{He} \, .$$

Dıe Betastrahlung (strenggenommen β^--Strahlung; siehe unten) ist ebenfalls vom Kern des Strahlers ausgehende Korpuskularstrahlung. Wenn beispielsweise die Neutronenzahl eines Kerns längs einer Zerfallsreihe bezogen auf die Zahl der gerade vorhandenen Protonen so groß wird, daß er nicht mehr stabil ist, dann kann ein Neutron durch „Betazerfall" in ein Proton, ein Elektron und ein Anti-Neutrino zerfallen (Neutrino: „kleines Neutron"); das Elektron wird als Betastrahlung ausgestoßen, die Reichweite ist größer als bei der Alphastrahlung; auch das Anti-Neutrino wird ausgestoßen (keine Ladung; keine Ruhemasse; nur geringe Wechselwirkung mit Materie); das Proton verbleibt im Kern, so daß die Kernladungszahl steigt. Die freigesetzte Energie ist für das emittierende Nuklid wieder charakteristisch und daher immer gleich. Sie verteilt sich jedoch jetzt statistisch auf Elektron und Anti-Neutrino, so daß für beide, insbesondere für das hier im Vordergrund stehende Elektron, kontinuierliche Energieverteilungen zustandekommen. Wieder kann zugleich auch Gammastrahlung auftreten. Hier gilt die allgemeine Beziehung

$$\,^A_Z E \xrightarrow[T]{\beta^-} \,^A_{Z+1} E + \,^0_{-1} e$$

oder zum Beispiel (vgl. wieder Bild 4.3)

$$\,^{234}_{90} Th \xrightarrow[21.4\,d]{\beta^-} \,^{234}_{91} Pa + \,^0_{-1} e \,.$$

Im Verlauf künstlicher Kernprozesse kann auch β^+-Strahlung auftreten. Dort kann ein Proton in ein Neutron, ein Positron ("positiv geladenes Elektron"; Ladung derjenigen des Elektrons entgegengesetzt gleich; Masse gleich derjenigen des Elektrons) und ein Neutrino (analog dem obigen Anti-Neutrino) zerfallen; Positron und Neutrino werden ausgestoßen; das Neutron verbleibt im Kern; die Kernladungszahl sinkt. Die wieder stets gleiche freigesetzte Energie verteilt sich wie oben statistisch auf Positron und Neutrino. Das Positron bleibt jedoch nicht frei bestehen; es vereinigt sich mit einem Elektron; das entstehende Korpuskelpaar zerstrahlt unter Aussendung von zwei Gammaquanten.

Die Gammastrahlung ist eine energiereiche Wellenstrahlung. Wenn ein angeregter Kern in seinen Grundzustand übergeht, kann er die freiwerdende Energie in Form von Gammastrahlung abgeben; dabei ändern sich weder Kernladungs- noch Massezahl. Die Anregung kann unter anderem die Folge gewesen sein von einem Alpha- oder Betazerfall des Kerns und geht daher oft mit einem solchen einher. Die Gammastrahlung besteht aus Energiequanten, die man auch als kurze Wellenzüge auffassen kann; ihre Energie ist wiederum für das betreffende Nuklid charakteristisch und folglich immer gleich. Es gilt die allgemeine Beziehung (m: metastabil, angeregt)

$$\,^A_Z E^m \xrightarrow[T]{\gamma} \,^A_Z E + \,^0_0 \gamma \,.$$

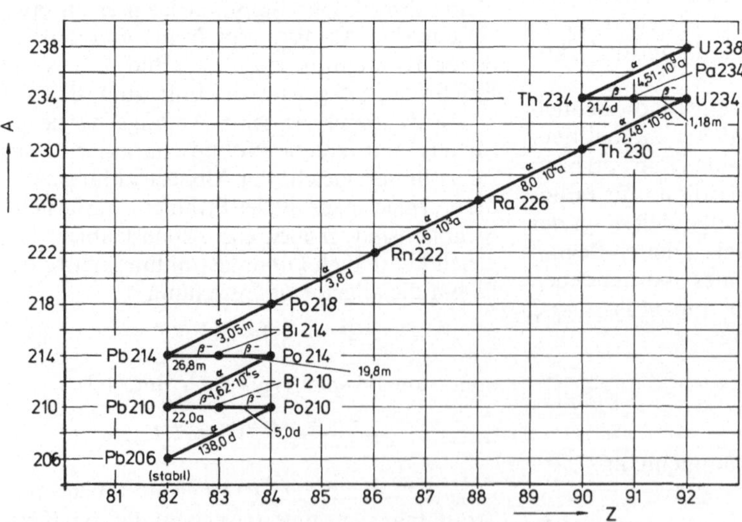

Bild 4.3. Vereinfachte Darstellung der Zerfallsreihe von U 238

Während Alpha- und auch Betastrahlung schon durch Materialschichten von wenigen Millimetern Dicke wirksam zu absorbieren sind, ist der notwendige Aufwand bei Gammastrahlung wesentlich höher (Beton, Stahl, Blei usw. in mächtigen Schichten).

Die natürlichen Nuklide mit Kernladungszahlen ab etwa 80 sind „metastabil": im Gegensatz zu weiter unten folgenden Fällen, in denen eintretende instabile Zustände zu prompten Reaktionen führen, können sie über längere Zeiträume — vgl die Halbwertszeit — in einem instabilen Zustand bestehen bleiben. Sie gehen längs der erwähnten Zerfallsreihen uber Zwischenstufen mit ganz unterschiedlichen Halbwertszeiten unter vorwiegender Aussendung von Alphastrahlung in eines der dann stabilen Blei-Isotope uber. Bild 4.3 zeigt als Beispiel die natürliche Zerfallsreihe fur U 238 (in vereinfachter Darstellung· auf einzelnen Stufen der Reihe sind anschließend jeweils verschiedene Zerfallsschritte möglich: dann ist hier immer nur der wahrscheinlichste Schritt dargestellt).

Neben dem radioaktiven Zerfall konnen die schwersten radioaktiven Nuklide auch eine spontane Kernspaltung zeigen. Die Halbwertszeit dieser Vorgänge ist jedoch nochmals wesentlich großer als diejenige für einen radioaktiven Zerfall der betreffenden Nuklide. Nennenswerte praktische Bedeutung haben diese Vorgänge nicht.

4.1.3 Künstliche Kernprozesse

Natürliche Kernprozesse laufen bei solchen Nukliden ab, die von sich aus instabil sind. Künstliche Kernprozesse lassen sich bewirken, indem man Nuklide beispielsweise mit Nukleonen „beschießt" und so instabil macht; auch die natürlichen Kernprozesse lassen sich auf diese Weise herbeiführen. Es sind zahlreiche künstliche Kernprozesse möglich; sie unterscheiden sich nach der Art der Auslösung (durch Neutronen, Protonen, Alphateilchen, Gammaquanten und andere) sowie nach der Art der daraufhin zustandekommenden Strahlung (wieder Neutronen, Protonen usw.) und deren Halbwertszeit; auch die Energie der auslösenden Elementarteil-

chen, das heißt, ihre Geschwindigkeit, kann die Art der Kernreaktion in erheblichem Maße beeinflussen. In der Technik dienen die künstlichen Kernprozesse der Herstellung radioaktiver Nuklide — etwa für medizinische Zwecke — oder der Energiegewinnung.

Als die natürliche Radioaktivität zu der Erkenntnis geführt hatte, daß die Atomkerne ihrerseits aus Elementarteilchen aufgebaut seien, begann man mit Versuchen, durch Beschießen der Kerne Kernreaktionen herbeizuführen. Zunächst gelangen einfache Kernumwandlungen, bei denen ein Kern beispielsweise ein Alphateilchen aufnahm, dadurch angeregt wurde und anschließend ein anderes Teilchen oder ein Gammaquant oder beides ausstieß. Später erwies sich das inzwischen postulierte und dann nachgewiesene Neutron aufgrund seines elektrisch neutralen Charakters als ein besonders gut brauchbares Kerngeschoß: es läßt sich dem Kern besonders leicht nähern. 1938 wiesen Hahn und Straßmann erstmals, und zwar an Uran, eine durch Neutronen ausgelöste Kernspaltung nach: da der planmäßige Neutronenüberschuß der entstehenden kleineren Kerne geringer ist als derjenige des Ausgangskerns, liefert der Vorgang neben den neuen Nukliden zugleich mehrere Spaltungsneutronen, so daß davon ausgehend eine Neutronenlawine zustandekommen kann und bei geeigneter Steuerung eine stationäre Kettenreaktion unter Energiefreisetzung möglich wird (vgl. Abschnitt 4.2.2).

Neutronenstrahlen sind wie Gammastrahlen für den Menschen sehr gefährlich. Prozeßanlagen und angeregte Substanzen bedürfen daher sorgfältigster Abschirmung und Handhabung.

Kernprozesse lassen sich auf verschiedene Weise auslosen und steuern. Im Vordergrund stehen, wie gesagt, solche Prozesse, die mit Neutronen herbeigeführt und von den anschließend frei werdenden weiteren Neutronen aufrechterhalten werden. Dabei zeigen die Neutronen mit den Kernen der einzelnen eine betrachtete Anordnung bildenden Substanzen verschiedene Reaktionen. Die wichtigsten Kernreaktionen mit Neutronen sind Neutroneneinfang (capture), Neutronenstreuung (scattering) und Kernspaltung (fission). Neutroneneinfang und — zunächst — auch Kernspaltung führen zu Neutronenabsorption: bei der Neutronenstreuung wird das Neutron nicht absorbiert.

Beim Neutroneneinfang entsteht ein angeregter Zwischenkern, der in der Regel durch Aussenden von Gammaquanten, teilweise auch von Alphateilchen oder Protonen, in einen stabilen Zustand übergeht:

$$^A_Z E + {}^1_0 n \rightarrow {}^{A+1}_Z E^m \rightarrow {}^{A+1}_Z E + {}^0_0 \gamma$$

oder

$$^A_Z E + {}^1_0 n \rightarrow {}^{A+1}_Z E^m \rightarrow {}^{A-3}_{Z-2} E + {}^4_2 He$$

oder

$$^A_Z E + {}^1_0 n \rightarrow {}^{A+1}_Z E^m \rightarrow {}^A_{Z-1} E + {}^1_1 p \, .$$

Die Neutronenabsorption bedeutet hier also einen Neutronenverlust.

Bei der Neutronenstreuung bleibt das Neutron erhalten. Zwei Arten von Wechselwirkung kommen vor: bei der Neutronenstreuung im engeren Sinne findet eine Kernreaktion statt, die dem elastischen Stoß vergleichbar ist, bei der also Energie auf den Kern übertragen wird, so daß das Neutron an Geschwindigkeit verliert; die kinetische Energie beider Teilchen insgesamt bleibt dabei erhalten; verglichen mit den übrigen Varianten ist das ein einfacher Vorgang. Bei der unelastischen Neutronenstreuung, die hauptsächlich bei höheren Neutronengeschwindigkeiten auftritt, wird das Neutron vorübergehend vom Kern absorbiert und dann wieder ausgestoßen:

$$^A_Z E + {}^1_0 n \rightarrow {}^{A+1}_Z E^m \rightarrow {}^A_Z E + {}^1_0 n + {}^0_0 \gamma \, .$$

Auch hier wird jedoch ein Teil der Energie des stoßenden Neutrons auf den Kern übertragen, so daß das Neutron hernach ebenfalls langsamer geworden ist. Die aufgenommene Energie gibt der Kern in Form eines Gammaquants wieder ab. Im Zusammenhang mit der Kernspaltung ist eine Bremsung der dort freiwerdenden Spaltungsneutronen oft erwünscht. Die Spaltungsneutronen sind zunächst sehr schnell; sie haben eine hohe Energie ($\geq 0{,}1$ MeV) und werden als „schnelle Neutronen" bezeichnet. Zur Steigerung der Wahrscheinlichkeit des Herbeiführens von

Kernspaltungen muß ihre Geschwindigkeit in sogenannten Moderatoren (siehe unten) meist etwa so weit herabgesetzt werden, daß sie sich mit der sie umgebenden Materie im thermischen Gleichgewicht befinden. Neutronen, die so weit gebremst wurden, werden als langsame oder „thermische Neutronen" bezeichnet; sie haben noch eine Energie von maximal 0,5 eV.

Von besonderer Bedeutung ist die Kernreaktion in Form der mit Neutronen bewirkten Kernspaltung. Sie läßt sich bei vielen Nukliden herbeiführen, hat aber realen Wert nur dann, wenn sich eine positive Energietönung einstellt und wenn ferner durch Freisetzung einer ausreichenden Anzahl von Spaltungsneutronen eine steuerbare Kettenreaktion möglich wird; besonders leicht ist sie an einigen der sowieso zur Instabilität neigenden schwersten Nuklide zu bewirken. Auch hier findet zunächst eine Anlagerung des Neutrons an den betreffenden Kern statt. Dabei wird die auf dieses Neutron entfallende Bindungsenergie und zusätzlich — vor allem ins Gewicht fallend bei schnellen Neutronen — seine kinetische Energie eingebracht. Beide regen den Kern zu deformierenden Schwingungen an, die zu seinem Auseinanderbrechen führen können: es entstehen dann meist zwei kleinere Kerne und abhängig von der Energie des auslösenden Neutrons und von dem speziellen zustandekommenden Spaltungsprozeß im allgemeinen zwei bis drei Spaltungsneutronen („prompte Neutronen") sowie prompte Gammastrahlung; die Spaltungsneutronen machen eine Kettenreaktion möglich. Die entstehenden Tochternuklide liegen statistisch streuend im mittleren Kernladungszahlbereich. Wegen des trotz des Ausstoßens der Spaltungsneutronen meist immer noch gegebenen unzulässig hohen Neutronenüberschusses der Tochternuklide sind diese zunächst angeregt und gehen dann in Stufen in stabile Formen über. Dabei tritt meist Betastrahlung (hauptsächlich Elektronen, teilweise auch Positronen), Gammastrahlung und ferner zum geringen Teil nochmals Neutronenstrahlung auf („verzögerte Neutronen").

Die mittlere Bindungsenergie der Nukleonen der Tochternuklide in ihrer stabilen Endform ist größer als beim Ausgangsnuklid (vgl Bild 4.2). Entsprechend liefert die Massenbilanz unter Einbeziehung des die Spaltung auslösenden Neutrons einerseits und der angefallenen Spaltungsneutronen und sonstigen Elementarteilchen andererseits zum Beispiel bei der Spaltung von U 235 einen neuerlichen Massendefekt von rund 0,215 u. Die daraus resultierende Energie von rund 200 MeV verteilt sich zu etwa 85% auf die kinetische Energie der Tochternuklide und zu je etwa 5% auf diejenige der prompten Spaltungsneutronen und die Energie der prompten Gammastrahlung zum einen, die Strahlung der Spaltprodukte zum andern und die Energie der freiwerdenden Neutrinos zum dritten. Die Neutrinos entweichen, da sie praktisch keine Wechselwirkung mit Materie zeigen; die übrige Energie wird letztlich in Wärme umgewandelt. Zur Bereitstellung einer thermischen Leistung von 1 W sind damit rund $3,3 \times 10^{10}$ Spaltungsvorgänge je Sekunde der beschriebenen Art notwendig.

Die Energie aus der Strahlung der Spaltprodukte fällt auch nach Beendigung der Kettenreaktion zunächst noch an und klingt erst allmählich ab. Sie liefert die „Nachzerfallswärme" der Kernspaltung und kann bei Leistungsreaktoren beträchtliche Werte erreichen. Ihr Auftreten stellt einen bedeutenden Unterschied gegenüber den Wärmekraftwerken aus der Basis fossiler Brennstoffe dar und erfordert bei den Kernkraftwerken besondere Systeme zur Nachzerfallswärmeabfuhr.

Die von Hahn und Straßmann erzielte erste Kernspaltung verlief nach der Beziehung

$$^{235}_{92}\text{U} + ^1_0\text{n} \rightarrow ^{236}_{92}\text{U} \rightarrow ^{89}_{36}\text{Kr} + ^{144}_{56}\text{Ba} + 3^1_0\text{n} \, .$$

Die Tochternuklide gingen hier unter Aussendung von Betastrahlung mit bestimmten Halbwertszeiten in die stabilen Nuklide Y 89 bzw. Nd 144 über.

Die Anlagerung eines Neutrons an einen Kern muß nicht zwingend zu einer Kernspaltung führen. Infolge des gewachsenen Neutronenüberschusses kann es auch zu einer Umwandlung des Neutrons in ein Proton kommen, wobei Betastrahlung auftritt. Diese sogenannte Konversion führt dann zu Nukliden höherer Kernladungszahl; soweit diese diejenige des Urans überschreitet, werden die neugebildeten Nuklide als Transurane bezeichnet. Für die schwer spaltbaren Nuklide U 238 und Th 232 hat der Vorgang besondere Bedeutung,

da er die leicht spaltbaren Nuklide Pu 239 bzw. U 233 liefert:

$$^{238}_{92}\text{U} + ^1_0\text{n} \rightarrow ^{239}_{92}\text{U} \xrightarrow[23,5\,\text{m}]{\beta^-} ^{239}_{93}\text{Np}$$

$$\xrightarrow[2,35\,\text{d}]{\beta^-} ^{239}_{94}\text{Pu} \, ;$$

$$^{232}_{90}\text{Th} + ^1_0\text{n} \rightarrow ^{233}_{90}\text{Th} \xrightarrow[22,4\,\text{m}]{\beta^-} ^{233}_{91}\text{Pa}$$

$$\xrightarrow[27,4\,\text{d}]{\beta^-} ^{233}_{92}\text{U} \, .$$

Sie sind metastabil und zerfallen mit der — allerdings hohen — Halbwertszeit von 24 000 a bzw. 162 000 a weiter.

Der Kernspaltung steht als weitere Kernprozeßvariante die Kernverschmelzung gegenüber. Während im einen Fall schwere Kerne in solche geringerer Masse gespalten werden, werden im anderen Fall leichte Kerne zu solchen größerer Masse verschmolzen; in beiden Fällen ist bei geeigneten Ausgangsnukliden Energie gewinnbar. Aufgrund seiner relativ großen mittleren Bindungsenergie spielt bei der Kernverschmelzung der Heliumkern als Zielnuklid eine besondere Rolle; er hat zudem den Vorzug, inaktiv zu sein. Unter anderem sind — über Zwischenstufen — folgende Prozeßvarianten denkbar:

$$^1_1\text{H} + ^2_1\text{H} \rightarrow ^3_2\text{He} + ^0_0\gamma + 5,49 \text{ MeV} \, ;$$

$$^1_1\text{H} + ^3_1\text{H} \rightarrow ^4_2\text{He} + ^0_0\gamma + 19,8 \text{ MeV} \, ;$$

$$^2_1\text{H} + ^2_1\text{H} \rightarrow ^3_2\text{He} + ^1_0\text{n} + 3,27 \text{ MeV} \, ;$$

$$^2_1\text{H} + ^3_1\text{H} \rightarrow ^4_2\text{He} + ^1_0\text{n} + 17,6 \text{ MeV} \, ;$$

$$^2_1\text{H} + ^3_2\text{He} \rightarrow ^4_2\text{He} + ^1_1\text{H} + 18,3 \text{ MeV} \, ;$$

$$^2_1\text{H} + ^6_3\text{Li} \rightarrow 2^4_2\text{He} + 22,4 \text{ MeV} \, .$$

Zur Realisierung einer Verschmelzung mussen die betreffenden Kerne einander wieder so weit genähert werden, daß die starke Wechselwirkung einsetzen kann. Dabei tritt hier als Folge der positiven Ladung beider Partner eine sehr ausgeprägte elektromagnetische Wechselwirkung erschwerend in Erscheinung. Die Kerne müssen daher auf außerordentlich hohe Geschwindigkeiten beschleunigt werden. Kerne mit geringer Kernladungszahl (H 1, H 2, H 3) sind dazu am besten geeignet. Vor allem aufgrund der bedeutenden Vorräte der Erde an normalem und an schwerem Wasserstoff (H 1 bzw. H 2) ist das Interesse an einer Realisierung der Kernverschmelzung zur Energiegewinnung groß (vgl. Abschnitt 6.2.1).

4.2 Leistungsreaktoren

4.2.1 Kernbrennstoffe

Leistungsreaktoren sind für die großtechnische Energieumwandlung in Kernkraftwerken konzipierte Kernreaktoren. Ihre thermische Leistung wird genutzt. Die auftretende Strahlung ist dagegen unerwünscht; ihre Handhabung speziell im Kraftwerksbetrieb und im Verfolg des gesamten Kernbrennstoffkreislaufes erfordert hohen technischen Aufwand. Im Gegensatz zu den Leistungsreaktoren dienen Forschungsreaktoren in erster Linie kerntechnischen Untersuchungen und der Materialprüfung. Dann wird die Strahlung bewußt herbeigeführt und genutzt; die thermische Energie hingegen wird in der Regel ohne weitere Nutzung abgeführt. Im folgenden werden die Leistungsreaktoren näher betrachtet.

Die zur Energiefreisetzung durch Kernspaltung verwendbaren Kernbrennstoffe zerfallen in Spaltstoffe (U 233, U 235, Pu 239) und Brutstoffe (Th 232, U 238). Die Spaltstoffe U 233 und Pu 239 kommen in der Natur praktisch nicht mehr vor; sie lassen sich indessen aus den Brutstoffen herstellen. Natürliches Thorium besteht praktisch ausschließlich aus Th 232. Auch die zur Energiefreisetzung durch Kernverschmelzung geeigneten Substanzen sind strenggenommen als Kernbrennstoffe zu bezeichnen; da entsprechende Prozesse jedoch noch nicht in großtechnischem Maßstab realisiert werden konnten, wird hierauf erst später in anderem Zusammenhang eingegangen (vgl. Abschnitt 6.2.1).

Der Spaltstoffanteil eines Kernbrennstoffes — im Falle des Natururans das Nuklid U 235 — wird im Reaktor unter Energiefreisetzung in metastabile Spaltprodukte übergeführt. Der zunächst nicht spaltbare Anteil — hier das Nuklid U 238; in anderen Fällen das Nuklid Th 232 — kann in ihrerseits dann spaltbare und im übrigen ebenfalls metastabile Nuklide — Pu 239 bzw. U 233 — konvertiert werden. Die meisten Spaltprodukte wirken neutronenabsorbierend, so daß eine Kettenreaktion mit der Zeit schon aufgrund der wachsenden Konzentration dieser Nuklide zum Erliegen kommt. Die sofortige Endlagerung solcher „abgebrannten" Kernbrennstoffe würde im allgemeinen eine Vergeudung spaltbaren oder noch konvertierbaren Materials sowie eine Erschwerung der Umstände bei der Lagerung bedeuten. Es liegt daher nahe, abgebrannte Kernbrennstoffe „aufzuarbeiten" und dabei einerseits den noch nutzbaren Spalt- bzw. Brutstoff rückzuführen („Rezyklierung"), andererseits die Abfälle für ihre Endlagerung zu konditionieren. Es entsteht dann ein Kernbrennstoffkreislauf, der drei Hauptabschnitte aufweist: die mit der Kernbrennstoffgewinnung in den Erzlagerstätten beginnende bzw. rezykliertes Material verwendende Reaktorversorgung; den eigentlichen Reaktorbetrieb; die die Rezyklierung einleitende bzw. bis zur Endlagerung der dazu möglichst hoch zu verdichtenden radioaktiven Abfälle führende Reaktorentsorgung [4.15; 4.22; 4.26]. Der gesamte Kreislauf muß strahlungsdicht ausgelegt sein, damit keine unzulässigen Mengen von Spaltprodukten in den Biozyklus geraten können; außer im Reaktor darf an keinem Punkt längs des Kreislaufes eine kritische Spaltstoffmasse zustandekommen (vgl. Abschnitt 4.2.2); in allen Abschnitten — auch im Reaktor selbst — muß die Abfuhr der Nachzerfallswärme sichergestellt sein.

Bedeutung als Kernbrennstoff haben bisher vor allem Uran und Plutonium; mit der Einführung des Hochtemperaturreaktors (vgl. Abschnitt 4.3.4) wird auch das Thorium Bedeutung erlangen.

Uran und Thorium kommen vorwiegend in Mineralform vor, zum Beispiel Uran in der Pechblende, Thorium im Monazit [4.5]. Plutonium kommt in der Natur aufgrund seiner verhältnismäßig geringen Stabilität praktisch nicht mehr vor; es fällt jedoch bei Konversionsvorgängen an. Die Aufbereitung der Uranerze liefert das Natururanoxid U_3O_8 (Triuranoctoxid; pulverförmig), in dem das allein spaltbare Nuklid U 235 zu 0,72% enthalten ist. Zur Verwendung in den bisher hauptsächlich anzutreffenden Leichtwasserreaktoren (vgl. Abschnitt 4.2.4) ist das letztere auf etwa 3% anzureichern; nur in Schwerwasserreaktoren oder in bestimmten graphitmoderierten kohlendioxidgekühlten Reaktoren ist Natururan unmittelbar einsatzfähig. Zur Anreicherung nach den bisher gebräuchlichen Verfahren wird das genannte Uranoxid zunächst in Uranhexafluorid UF_6 überführt. Die Anreicherungsverfahren (Bild 4.4) verwenden dann das UF_6 in Gasform. Das Diffusionsverfahren nutzt die größere Diffusionsgeschwindigkeit des U 235 in gewissen Membranen; zur Erzielung eines Anreicherungsgrades von 3 % sind etwa 1500 Diffusionsstufen erforderlich; die Anlagekosten sind niedrig, die Betriebskosten hoch. Das Zentrifugenverfahren nutzt die geringere Zentrifugalkraft des U 235 in sehr schnell rotierenden Zylindern; im Vergleich mit dem vorigen Verfahren sind nur etwa 10 bis 20 Stufen erforderlich; die Anlagekosten sind trotzdem hoher, die Betriebskosten jedoch geringer. Das Trenndüsenverfahren nutzt entlang einer Krummung, durch die das Gas bewegt wird, den gleichen Effekt; verglichen mit dem ersten Verfahren sind etwa 500 Stufen erforderlich: die Anlagekosten sind wieder niedrig, die Betriebskosten hoch.

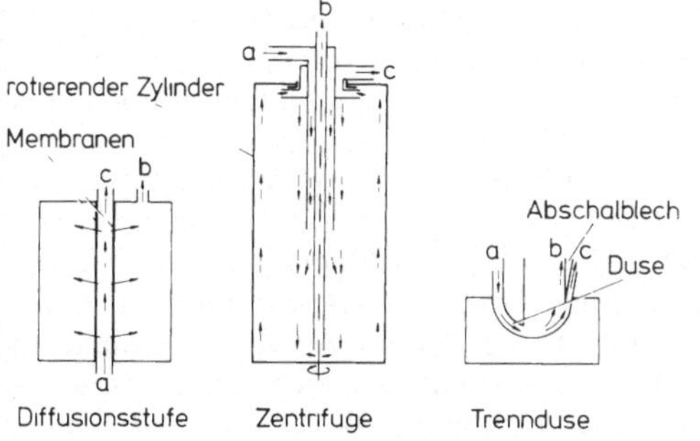

Bild 4.4. Einzelstufen von Urananreicherungsanlagen a Gaszufuhr, b angereicherte Fraktion, c abgereicherte Fraktion

Zur Herstellung der Brennelemente wird das angereicherte UF_6 zunächst in pulverförmiges Urandioxid UO_2 übergeführt, das man zu reinen Uranoxidtabletten oder im Verlauf der Rezyklierung auch zusammen mit unterschiedlichen Anteilen von Plutoniumdioxid PuO_2 zu Mischoxidtabletten sintert („pellets"; ca. 1 cm Durchmesser, ca. 1,5 cm Höhe). Aus diesen Kernbrennstofftabletten werden,

eingesetzt in gasdicht verschweißte Metallrohre, zunächst Brennstäbe aufgebaut; die Rohre sollen eine Korrosion der Tabletten verhindern und die anfallenden Spaltprodukte festhalten; das Rohrmaterial muß einen möglichst kleinen Absorptionsquerschnitt haben (vgl. Abschnitt 4.2.2) und strahlenresistent sein. Die Brennstäbe werden mit Hilfe von Distanzhaltern zu quadratischen oder — im Falle des Brutreaktors — sechseckigen Brennelementen zusammengefügt.

Speziell beim Hochtemperaturreaktor ist aus Gründen, die noch darzulegen sein werden, kein metallisches Kernbrennstoff-Hüllmaterial verwendbar. Der Kernbrennstoff — hier oxidisch oder auch karbidisch — wird vielmehr zunächst in sehr viele Teilchen zerlegt, die eine Graphitbeschichtung aus mehreren Lagen erhalten („coated particles"; Kügelchen mit ca. 0.4 mm Innendurchmesser, mit Schichten von je ca. 0,1 mm Dicke umhüllt; dann in ihrer Größe mit Feinsand vergleichbar). Die innere Lage ist poros und dient als Speicher für die anfallenden gasförmigen Spaltprodukte; ein bis zwei äußere, pyrolytisch aufgebrachte Lagen sind hochgasdicht. Die Spaltprodukte werden so wirkungsvoll zurückgehalten. Die beschichteten Teilchen werden in Graphit eingebettet und insgesamt von einer hochfesten Graphitschale umgeben, die zugleich als Moderator dient und ferner eine weitere Spaltstoffbarriere darstellt. Die so entstehenden Brennelemente erhalten Kugel- oder Stabform.

Nach Ablauf ihrer Einsatzzeit — beim Leichtwasserreaktor beispielsweise in der Größenordnung von einigen Jahren — werden die abgebrannten Brennelemente zur Vereinfachung des anschließenden Transportes und einer späteren Aufarbeitung zuerst für ca. 0,5 a im Kraftwerksbereich in wassergefüllten Abklingbecken zwischengelagert; in dieser Zeit geht ihre Aktivität auf einige Prozent des Anfangswertes zurück. In einer zentralen Wiederaufarbeitungsanlage werden dann die natürlichen und künstlichen Kernbrennstoffanteile ihrer Weiterverwendung, Spaltprodukte, Hüllmaterialien usw. der Abfallbeseitigung zugeführt. Die Abfälle werden so weit wie möglich verdichtet und verfestigt; die Verfestigungsprodukte sollen chemisch beständig und möglichst wenig wasserlöslich, gut wärmeleitfähig und ferner strahlenbeständig sein. Infolge von Kontamination mit Spaltprodukten oder aktivierten Materialien anfallende radioaktive Abfälle (Filter, Arbeitskleidung, Reinigungsmittel usw.) werden ebenso behandelt.

Für die Endlagerung wählt man tiefliegende geologische Formationen. Als besonders geeignet werden Salzstöcke angesehen; sie sind undurchlässig für Gase und Flüssigkeiten, gut wärmeleitfähig, erlauben aufgrund ihrer Standsicherheit die Anlegung großer Hohlräume und lassen infolge ihrer Fließfähigkeit keine Spalten oder Klüfte entstehen [4.18].

4.2.2 Kritischer Zustand eines Reaktors

Eine Energiefreisetzung größeren, im Betrieb wählbaren Ausmaßes durch Kernspaltungen in einem Kernreaktor erfordert hohe Spaltungsraten. Das bedeutet einen entsprechenden Neutronenbedarf; er muß gemäß der Spaltungsneutronenbilanz des Reaktors aus den anfallenden Spaltungsneutronenraten gedeckt werden. Es ist also eine steuerbare Kettenreaktion herbeizuführen.

Die augenblickliche Spaltungsneutronenbilanz eines Reaktors bestimmt die Intensität der ablaufenden Kettenreaktion und die Frage, ob diese gerade stationär oder instationär verläuft: die Spaltungsneutronen werden zum Teil in Moderator, Reflektor, Absorber, Kühlmittel und Strukturmaterialien (Hüllmaterial der Brennstäbe, Stützkonstruktionen der Brennelemente, Steuerstabführungen usw.), zum geringen Teil auch im Spaltstoff selbst parasitär absorbiert; ein anderer Teil wird in vorhandenem Brutstoff nutzbringend absorbiert; ein weiterer Teil diffundiert nach außen („Leckrate"); der verbleibende Rest steht für neuerliche Kernspaltungen zur Verfügung. Auch die in geringer Zahl vorkommenden Spaltungsvorgänge an vorhandenem Brutstoff liefern Spaltungsneutronen; diese sind zusätzlich zu berücksichtigen. Mit Hilfe der Absorbereinrichtungen des Reaktors kann seine Spaltungsneutronenbilanz im Betrieb verändert werden.

Kernspaltungen sind ebenso wie andere künstlich herbeigeführte Kernreaktionen und die natürlichen Kernprozesse statistisch determiniert: ausgehend von gegebenen Bedingungen ist ihr Eintreten jeweils mit einer bestimmten Wahrscheinlichkeit zu erwarten. Auch ihr Ablauf folgt dann statistischen Gesetzmäßigkeiten: ein Spaltungsvorgang liefert im allgemeinen 2 bis 3, seltener 1 oder bis zu 5 Spaltungsneutronen; bis zu etwa 99 % dieser Neutronen fallen prompt an, der Rest wird verzögert freigesetzt. Neben der Abhängigkeit von dem betreffenden Kernbrennstoff ist die mittlere Anzahl $\bar{v}$ der pro Spaltungsreaktion freigesetzten Neutronen schließlich eine Funktion der Energie E_n des auslösenden Neutrons bzw. seiner Geschwindigkeit:

$$\bar{v} = \bar{v}(E_n) \, . \tag{4.8}$$

Die Spaltungsneutronenrate in einem Reaktor als Ausgangsgröße für eine Bilanz ist das Produkt aus Spaltungsrate und mittlerer Spaltungsneutronenzahl je Spaltungsreaktion nach (4.8).

Die Spaltungsrate nennt die pro Zeiteinheit in einem Reaktor eintretende Anzahl von Spaltungsreaktionen. Entsprechend den drei wichtigsten Kernreaktionen mit Neutronen im Reaktor (Neutroneneinfang; Neutronenstreuung; Kernspaltung; vgl. Abschnitt 4.1.3) stellt sie zusammen mit Einfangrate und Streuungsrate die im wesentlichen zu verzeichnenden partiellen Reaktionsraten dar.

Diese partiellen Reaktionsraten ergeben sich in formal gleicher Weise aus der vorliegenden Neutronenflußdichte, der Verteilungsdichte der zu einer speziellen Reaktion fähigen Kerne und dem wirksamen Querschnitt der Kerne hinsichtlich dieser Reaktion, ihrem der Reaktion entsprechenden sogenannten (atomaren) Wirkungsquerschnitt σ gegenüber Neutronen. Dieser letztere Wert ist wieder eine statistische, im übrigen für die einzelnen Reaktionsarten unterschiedliche Größe; er ist nicht gleich dem geometrischen Kernquerschnitt, sondern meist gleich mehr oder weniger großen Vielfachen, seltener auch gleich Teilen davon (siehe unten); er ist nämlich nicht ein Maß für die Kernabmessungen, sondern ein solches eben für die obige Wahrscheinlichkeit, mit der unter gegebenen Bedingungen Kernreaktionen zu erwarten sind. Er beschreibt diejenige Fläche, die ein Kern einem herannahenden Neutron für eine bestimmte Einwirkung quasi darbietet. Er ist im übrigen eine Stoffkenngröße, die wiederum von der Energie der auslösenden Neutronen abhängt.

Ein Neutronenstrom aus n sich parallel bewegenden Neutronen pro Volumeneinheit mit der einheitlichen Geschwindigkeit v führt pro Einheit einer dazu senkrechten Durchtrittsfläche und der Zeit $n \cdot v$ Neutronen und weist damit die Neutronenflußdichte

$$\varphi = nv$$

auf Längs des Weges durch eine Substanz mit der Dichte N zu einer bestimmten Reaktion fähiger Kerne pro Volumeneinheit nimmt die so definierte Neutronenflußdichte ab, da das Auslösen einer Reaktion oft das Absorbieren eines Neutrons, immer aber mindestens eine Änderung seiner Geschwindigkeit bedeutet. In einer Schicht der Dicke dx erfährt sie die relative Änderung $d\varphi/\varphi$, die dem Produkt aus Kerndichte und Schichtdicke proportional ist: Proportionalitätsfaktor ist der der betreffenden Reaktion entsprechende Wirkungsquerschnitt σ:

$$\frac{d\varphi}{\varphi(x)} = -\sigma N\, dx \;.$$

Durch Umformen erhält man daraus die Änderung der Neutronenflußdichte längs des Weges:

$$\frac{d\varphi}{dx} = -\sigma N\varphi(x) \;.$$

Die betreffende Reaktionsrate ist dieser Änderung der Neutronenflußdichte jeweils entgegengesetzt gleich:

$$R(x) = \sigma N\varphi(x) \;. \tag{4.9}$$

Auch die Energiefreisetzung in einem Reaktor hängt damit wesentlich ab von Wirkungsquerschnitt, Teilchendichte und Neutronenflußdichte. Das Produkt

$$\Sigma = \sigma N \tag{4.10}$$

wird auch als makroskopischer Wirkungsquerschnitt bezeichnet. Dieser Wert bekommt zum Beispiel dann Bedeutung, wenn Kernbrennstoffgemische betrachtet werden.

Im übrigen behält die vorstehende Betrachtung ihre Gültigkeit, wenn man die Voraussetzung einer nach Betrag und Richtung einheitlichen Neutronengeschwindigkeit auf eine solche allein dem Betrage nach einschränkt.

Neutroneneinfang, Neutronenstreuung und Kernspaltung treten mit jeweils eigener Wahrscheinlichkeit auf, entsprechend einem Einfangquerschnitt σ_c, einem Streuquerschnitt σ_s und einem Spaltungsquerschnitt σ_f. Ihre Summe ist der totale Wirkungsquerschnitt

$$\sigma_T = \sigma_c + \sigma_s + \sigma_f \;. \tag{4.11}$$

Speziell die Werte σ_c und σ_f bilden den Absorptionsquerschnitt

$$\sigma_{ab} = \sigma_c + \sigma_f \;. \tag{4.12}$$

Analog werden die partiellen Reaktionsraten mit R_c, R_s, R_f bezeichnet. Auch die im folgenden betrachteten Moderatoren, Kühlmittel, Strukturmaterialien usw. weisen natürlich Wirkungsquerschnitte und Reaktionsraten auf.

Abhängig von der Neutronenenergie E_n können die einzelnen Wirkungsquerschnitte über mehrere Zehnerpotenzen streuen (Bild 4.5 und 4.6; es ist oft üblich, die Wirkungsquerschnitte in der Einheit barn anzugeben, die etwa gleich dem Mittelwert der geometrischen Kernquerschnitte aller Nuklide ist: 1 b $= 10^{-24}$ cm^2). Bild 4.5 zeigt (in vereinfachter Darstellung: in dem schraffierten Bereich weist der Verlauf im einzelnen zahlreiche starke Pulsationen auf, sogenannte Resonanzen), daß der Spaltungsquerschnitt von U 238 erst bei hohen Energien merkliche Werte annimmt, auch dann jedoch nur gleich Bruchteilen von 1 b oder höchstens gerade gleich diesem Wert wird: nur schnelle Neutronen, und auch diese nur mit geringer Wahrscheinlichkeit, können U 238 spalten.

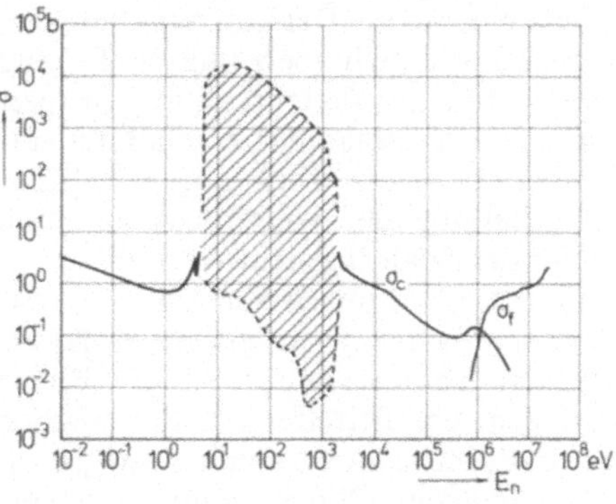

Bild 4.5. Einfang- und Spaltungsquerschnitt von U 238

Der Einfangquerschnitt ist dagegen bei mittleren Energien am größten und liegt dort teilweise um vier Zehnerpotenzen über dem mittleren geometrischen Kernquerschnitt.

Bild 4.6 vergleicht dagegen (ebenfalls in vereinfachter Darstellung) den Spaltungsquerschnitt von U 235, U 238 und Pu 239: er hat für U 235 und Pu 239 eine mit sinkender Energie deutlich steigende Tendenz und kann zwei bis drei Zehnerpotenzen größer sein als der mittlere geometrische Kernquerschnitt; für U 238 ist er verglichen mit diesen Werten auch bei hoher Energie ganz unbedeutend. Für thermische Neutronen ist also der Spaltungsquerschnitt von U 235 und Pu 239 sehr groß und folglich die Wahrscheinlichkeit für das Zustandekommen einer Spaltung hoch; bei schnellen Neutronen muß der Spaltstoff zur Erzielung nennenswerter Spaltungsraten angereichert sein.

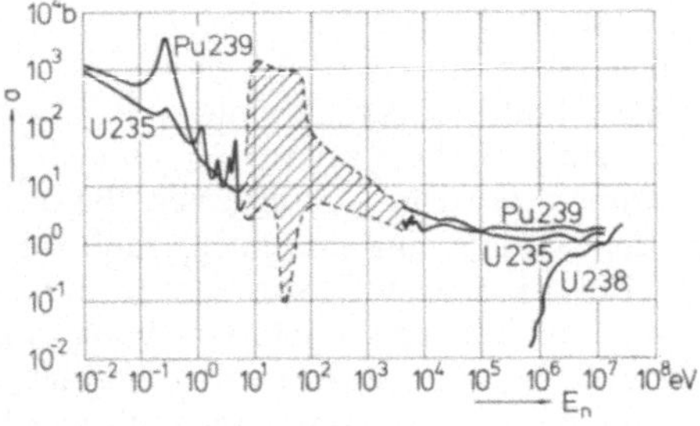

Bild 4.6. Spaltungsquerschnitt von U 235, U 238 und Pu 239

Zur Bereitstellung einer gewünschten thermischen Leistung ist im Reaktor eine entsprechende Spaltungsrate herbeizuführen. Es muß also eine stationäre Kettenreaktion entsprechender Intensität ablaufen; es muß ein entsprechender Neutronenfluß vorliegen. Zur Aufrechterhaltung der Kettenreaktion muß der gemäß der Spaltungsneutronenbilanz für neuerliche Kernspaltungen verbleibende restliche Spaltungsneutronenanteil gleich der erforderlichen Spaltungsrate sein: die Bilanz muß auf dem der betreffenden thermischen Leistung entsprechenden Niveau ausgeglichen sein. Der Neutronenfluß ist dann konstant; der Reaktor ist „kritisch".

Allgemeiner formuliert muß zur Erreichung einer stationären Kettenreaktion der sogenannte effektive Vermehrungsfaktor k_{eff} der Neutronen, das ist der Quotient aus der Anzahl der Neutronen einer beliebigen Neutronengeneration und derjenigen der vorherigen Generation, gleich 1 sein:

$$k_{\mathrm{eff}} = 1 \; .$$

Dieser Faktor ist eine zentrale Größe der Reaktortheorie. Er liefert eine Aussage über den weiteren Ablauf der Kettenreaktion und damit über die bereitgestellte Leistung: um einen Reaktor zu regeln, muß man diesen Faktor beeinflussen; das geschieht normalerweise, indem man die Absorberstäbe des Reaktors verstellt. Um die Reaktorleistung durch Intensivieren der Kettenreaktion zu erhöhen, muß man den Reaktor vorübergehend überkritisch machen, indem man die parasitäre Neutronenabsorption durch Drosseln der Wirksamkeit der Absorptionseinrichtungen reduziert. Es gilt dann

$$k_{\mathrm{eff}} > 1 \; .$$

In der überkritischen Phase hat der Neutronenfluß zugenommen; hernach ist er auf einem neuen Niveau wieder konstant. Umgekehrt senken vorübergehende unterkritische Betriebsphasen mit

$$k_{\mathrm{eff}} < 1 \; .$$

die Reaktorleistung ab. Man kann den Reaktor so ganz abschalten. Dann endet die Freisetzung der prompten Spaltungsneutronen; diejenige der verzögerten Spaltungsneutronen läuft mit gewissen Zeitkonstanten zunächst noch weiter. Die verzögerten Neutronen und die daraus resultierenden Prozesse bewirken die Freisetzung der Nachzerfallswärme des Reaktors.

Mit anderen Worten beschreibt der effektive Vermehrungsfaktor die Änderungsgeschwindigkeit der Reaktorleistung und nicht seine Leistung selbst; er kann auf verschiedenem Leistungsniveau gleich 1 sein.

Infolge verschiedener Ursachen — absichtlich herbeigeführter oder sich im Betrieb ergebender (zum Beispiel Änderungen von Druck oder Temperatur im Reaktor, Anwachsen der Konzentration von Neutronengiften) — können Abweichungen vom kritischen Zustand eintreten. Als ein relatives Maß für diese

Abweichungen — insbesondere im Zusammenhang mit dem Arbeiten der Regeleinrichtungen — dient die Reaktivität

$$\varrho = \frac{k_{eff} - 1}{k_{eff}} \, . \tag{4.13}$$

Sie beschreibt an sich die gleichen Kriterien wie der Vermehrungsfaktor. Sie ist im kritischen Zustand gleich null: die Neutronenproduktion ist dann gleich dem Neutronenverbrauch. Im überkritischen Zustand wird sie positiv: die Neutronenproduktion übersteigt dann den bisherigen Verbrauch Im unterkritischen Zustand wird sie negativ: die Neutronenproduktion reicht dann zur Aufrechterhaltung der Kettenreaktion auf dem bisherigen Niveau nicht aus: die Kettenreaktion kommt schließlich zum Erliegen.

4.2.3 Aufbau und Betriebsweise der Reaktoren

Um in einem Kernreaktor eine steuerbare Kettenreaktion herbeiführen zu konnen, sind ausgehend von seiner gewünschten thermischen Nennleistung und von dem zu verwendenden Kernbrennstoff auch die übrigen Hauptbestandteile — Moderator, Reflektor, Absorber, Kühlmittel, sonstige Strukturkomponenten — entsprechend anzuordnen und zu dimensionieren. Dabei stehen Fragen der thermischen und der mechanischen Beanspruchung vor allem des Kernbrennstoffes und seiner Umhüllung, verstärkt durch die Strahleneinwirkung, und des Neutronenhaushaltes im Vordergrund. Nach unterschiedlichen Einteilungsgesichtspunkten kommen dann schnelle oder thermische, heterogene oder homogene, nur konvertierende oder „brütende" Reaktoren zustande [4.20; 4.24]. Die Spaltungsneutronen haben bei ihrer Freisetzung zunächst eine hohe Energie; die Wahrscheinlichkeit, damit unmittelbar neuerliche Spaltungen zu erzielen, ist gering. Läßt man die Neutronen — zum Beispiel bei Natururan oder niedrig angereichertem Uran — an dem unmittelbar kaum spaltbaren Nuklid U 238 durch Streuung bremsen, dann werden sie im Verfolg dessen im mittleren Energiebereich aufgrund des dann wirksamen großen Einfangquerschnittes des U 238 zum großen Teil von ihm absorbiert (vgl. Bild 4.5), so daß nur wenige Neutronen den Bereich geringer Energie und entsprechend hoher Spaltungswahrscheinlichkeit für das Nuklid U 235 erreichen (vgl. Bild 4.6). Die Erzielung einer für eine stationäre Kettenreaktion nennenswerter Intensität ausreichenden Reaktivität ist dann schwierig. Man muß vielmehr entweder die Konzentration des Nuklids U 235 durch Anreichern so weit steigern, daß sich auch schon mit schnellen Neutronen eine ausreichende Reaktivität einstellt („schneller Reaktor"), oder man muß die Spaltungsneutronen durch Streuung an einer geeigneten zusätzlichen Substanz — einem sogenannten Moderator — möglichst rasch und unter möglichst geringem Neutronenverlust auf thermische Geschwindigkeit abbremsen bzw. moderieren, so daß aufgrund der dann höheren Spaltungswahrscheinlichkeit auch bei geringer Konzentration des Nuklids U 235 schon eine ausreichende Reaktivität zustandekommt („thermischer Reaktor"); schnelle Reaktoren erhalten keinen Moderator. Maßgebend für die Eignung einer Substanz als Moderator sind vor allem ihr Streu- und Einfangquerschnitt bzw. ihre Massezahl. Solche Substanzen, deren Kerne eine ähnliche Masse haben wie die zu moderierenden Neutronen, führen — vergleichbar den Verhältnissen beim elastischen Stoß — zu einer besonders starken Bremswirkung; dem Effekt kann aber ein großer Einfangquerschnitt nachteilig überlagert sein. Im Interesse eines möglichst kompakten Aufbaues des Reaktors erwünscht ist ferner eine hohe Teilchendichte. Geeignete Moderatorsubstanzen sind daher leichtes und schweres Wasser (H_2O; D_2O; aufgrund der geringen Kernmasse der Wasserstoffnuklide H 1 und H 2 bzw. D 2) sowie Graphit und eventuell Beryllium. Unter diesen Substanzen ist schweres Wasser wegen seines besonders geringen Einfangquerschnittes insofern am besten geeignet; es ist jedoch sehr teuer. Leichtes Wasser ist dagegen billig, hat aber einen größeren Einfangquerschnitt, so daß seine Verwendung nur in Verbindung mit schwach angereichertem Uran möglich ist. Da Wasser jedoch zugleich auch als Kühlmittel verwendet werden kann (siehe unten), entsteht insgesamt ein starker Anreiz zur

Errichtung von Leichtwasserreaktoren. Die anderen Substanzen lassen auch den Einsatz von Natururan zu. Graphit als Moderator erlaubt zudem höhere Betriebstemperaturen. Bei entsprechender Dimensionierung bewirkt die den Reaktor umgebende Moderatorschicht durch Streuung auch eine teilweise Rückdiffusion eintreffender Neutronen; sie wird dann als Reflektor bezeichnet. Bei Anwesenheit eines solchen nimmt die kritische Masse des Reaktors ab (siehe unten).

Das Kühlmittel (H_2O; D_2O; CO_2; He; Na und andere), das unter anderem hohe Wärmekapazität, gute Wärmeleitfähigkeit, chemische und Strahlungsbeständigkeit sowie geringe Neutronenabsorption aufweisen soll, ist wegen seiner immer vorhandenen Moderierwirkung stets im Zusammenhang mit dem Moderator zu sehen. Bei thermischen Reaktoren, die mit Wasser moderiert werden, ist dieses — wie gesagt — zugleich als Kühlmittel verwendbar. In schnellen Reaktoren würde bei Verwendung von Wasser als Kühlmittel seine moderierende Wirkung stören. Daher können hier entweder — wegen der hohen Massezahl ihrer Kerne — flüssige Metalle (zum Beispiel Natrium) oder — wegen ihrer geringen Teilchendichte — auch Gase (zum Beispiel Helium) als Kühlmittel verwendet werden. Da schnelle Reaktoren keinen Moderator besitzen, wird ihr Kern sehr kompakt und weist eine besonders hohe Leistungsdichte auf. Auch im Hinblick darauf sind dann insbesondere flüssige Metalle aufgrund ihrer thermischen Eigenschaften als Kühlmittel von Vorteil.

Auch die Kernbrennstoff-Hüllmaterialien sind hinsichtlich ihrer Absorptions- und Moderiereigenschaften zu prüfen: je nach dem zulässigen Wert kommen Stahl- oder Zirkonlegierungen oder Graphit in Frage.

Heutige Leistungsreaktoren sind aus Brennelementen mit gitterförmig dazwischen angeordneten Moderatorzonen aufgebaut („heterogener Reaktor"); Kernbrennstoff und anfallende Spaltprodukte sind — insbesondere gegenüber dem Kühlmittelkreislauf — hermetisch gekapselt. Andere Reaktorkonzepte verwenden ein homogenes Gemisch aus Kernbrennstoff und Moderator bzw. Kühlmittel: der Kernbrennstoff kann zum Beispiel salzförmig in Wasser gelöst werden („homo-

gener Reaktor"). Sie wurden gelegentlich als Forschungsreaktoren realisiert.

Zur Steuerung der Kettenreaktion gibt es mehrere Möglichkeiten. Man kann die Masse des spaltbaren Materials im Reaktorkern ändern; man kann die Anordnung des Moderators in der Umgebung des Kernbrennstoffes und damit seine Bremswirkung ändern; man kann die Qualität von Moderator oder Reflektor oder beiden ändern; man kann die Absorptionswirkung der Steuereinrichtungen ändern. Von Bedeutung ist vor allem die Änderung der Wirksamkeit der Steuereinrichtungen: sie bestehen aus Substanzen mit großem Einfangquerschnitt, die also Neutronen begierig absorbieren (Absorber; meist in Stabform, dann sogenannte Steuerstäbe; meist Bor, Cadmium oder auch Hafnium enthaltend), und werden mehr oder weniger weit in den Reaktorkern oder in die kernnahen Zonen des Reflektors eingefahren. Voraussetzung für eine einwandfreie Steuerbarkeit der Kettenreaktion auf diese Weise ist, daß in nichtstationären Betriebsphasen vorübergehend herbeigeführte Änderungen des Vermehrungsfaktors höchstens mit solchen Zeitkonstanten ablaufen, denen die Steuerstäbe in ihrer Beweglichkeit angepaßt werden können. In dem Zusammenhang bekommen die verzögerten Spaltungsneutronen entscheidende Bedeutung: im Gegensatz zu den prompten Spaltungsneutronen weisen sie Zeitkonstanten in der Größenordnung von mehreren Sekunden bis zu etwa einer Minute auf, die mit Steuerstäben leicht zu beherrschen sind. Man legt den Reaktor samt seinen Steuereinrichtungen dann so aus, daß sich im stationären Betrieb unter Einbeziehung der verzögerten Spaltungsneutronen immer gerade der Vermehrungsfaktor $k = 1$ ergibt; zur Herbeiführung einer Leistungserhöhung werden dagegen die Steuerstäbe so weit aus dem Reaktorkern entfernt, daß sich zwar insgesamt vorübergehend der Wert $k > 1$ einstellt, daß aber der Beitrag der prompten Neutronen allein nach wie vor nur Werte $k < 1$ liefert.

Während die Spaltungsneutronenrate einer gegebenen Spaltstoffmenge von ihrem Volumen abhängt, ist die Leckrate eine Funktion der Oberfläche. Mit wachsendem Volumen nimmt die Leckrate daher relativ ab. Im Verfolg dieser Tendenz wird bei ausreichender

Teilchendichte der spaltbaren Kerne in einem Kernbrennstoff ein Punkt erreicht, an dem eine sich selbst erhaltende Kettenreaktion einsetzt. Dann liegt die sogenannte kritische Masse des Kernbrennstoffes vor; sie hängt wesentlich von den gegebenen Bedingungen — zum Beispiel auch vom Vorliegen eines Reflektors — ab. Auch bezüglich der äußeren Abmessungen des gesamten spaltungsaktiven Kerns eines Reaktors (core) ergibt sich in Form seiner sogenannten kritischen Größe eine solche Grenze. Sie ist unter anderem eine Funktion seiner geometrischen Anordnung in Verbindung mit Moderator, Reflektor, Kühlmittel und sonstigen Strukturkomponenten

Die im Betrieb mit der Zeit anfallenden, Neutronen meist stark absorbierenden Spaltprodukte wirken als „Neutronengifte"; zudem tritt ein fortschreitender „Abbrand" des Kernbrennstoffes ein. Unter anderem aus diesen beiden Gründen käme die besagte sich selbst erhaltende Kettenreaktion dann wieder zum Erliegen. Man wählt die Größe der Reaktoren daher größer als ihre kritische Größe, so daß eine bestimmte Überschußreaktivität verfugbar ist, und unterteilt vorhandene Steuerstäbe in „Trimmstäbe" zur groben Anpassung an die infolge von Neutronengiften und Abbrand langfristig allmählich schwindende Reaktivität und „Regelstäbe" zur Feinanpassung an die laufenden betrieblichen Schwankungen des Leistungsbedarfes; die letzteren können weiterhin unterteilt sein in Regelstäbe im engeren Sinne und in Sicherheitsstäbe, die im Normalbetrieb ausgefahren bleiben. Bei wassermoderierten Reaktoren läßt sich die Trimmung zum Teil auch dadurch bewerkstelligen, daß man das Wasser in veränderlicher Konzentration mit Bor (in Form von Borsäure) als absorbierender Substanz versetzt.

Zusammenfassend läßt sich eine sich selbst erhaltende Kettenreaktion dann mit kleineren Kernbrennstoffmassen bzw. geringeren Reaktorabmessungen erreichen, wenn man die Verteilungsdichte des Spaltstoffes im Kernbrennstoff steigert oder die sonstigen Neutronenverluste verringert bzw. ihre Spaltungswahrscheinlichkeit erhöht. Eine Steigerung der Spaltstoffdichte ergibt sich durch die besagte Anreicherung — im Falle von Natururan des spaltbaren Nuklids U 235 — oder durch Beimischen anderer Spaltstoffe (zum Beispiel Pu 239). Eine Verringerung der Verluste ergibt sich durch Auswahl geeigneter, Neutronen möglichst schwach absorbierenden Materialien für Moderator, Reflektor, Kühlmittel und sonstige Strukturkomponenten. Eine Erhöhung der Reaktionswahrscheinlichkeit ergibt sich durch rasches Abbremsen der Spaltungsneutronen auf thermische Geschwindigkeit mittels der Moderatoren.

In einem spaltbaren Nuklid führen nicht alle absorbierten Neutronen zu Spaltungen; es kommen vielmehr auch Einfangvorgänge vor, die zu Konversionen fuhren. Mit den Wirkungsquerschnitten $\sigma_f(E_n)$ und $\sigma_{ab}(E_n)$ folgt daher aus (4.8) und (4.12) für die Spaltungsneutronenausbeute η, das ist die mittlere Anzahl der pro Absorptionsvorgang freigesetzten Neutronen, der Ausdruck

$$\eta(E_n) = \frac{\sigma_f(E_n)}{\sigma_{ab}(E_n)}\, \bar{v}(E_n) \tag{4.14}$$

Für Nuklidgemische sind hier wieder die entsprechenden makroskopischen Querschnitte nach (4.10) einzusetzen: der Wert η wird von der Gemischzusammensetzung abhängig.

Von den η freigesetzten Neutronen in einem Nuklidgemisch muß jeweils 1 Neutron zur Aufrechterhaltung der Kettenreaktion für neuerliche Spaltungsvorgänge aufgewendet werden; weiterhin gehen im Durchschnitt a Neutronen durch parasitäre Effekte verloren. Es verbleiben $\eta - 1 - a$ Neutronen für neuerliche Konversionsvorgänge. Die Konversionsrate C als Quotient aus der Anzahl der durch Konversion gewonnenen neuen Spaltstoffkerne und der Anzahl der durch Spaltung aufgezehrten Spaltstoffkerne ergibt sich somit zu

$$C = \eta - 1 - a \tag{4.15}$$

Reaktoren mit Konversionsraten $C \leq 1$ werden als Konverter, solche mit $C > 1$ als Brüter bezeichnet. Die Konversionsrate heißt im letzteren Fall auch Brutrate. Beim Brüter übersteigt die Anzahl der gewonnenen neuen Spaltstoffkerne die Anzahl der gespaltenen Kerne. Die Wahrscheinlichkeit für das Eintreten dieser Situation wächst mit der mittleren

Anzahl der bei einer Spaltung freigesetzten Neutronen nach (4.8); diese ist abhängig von dem vorliegenden Spaltstoff und von der Energie des spaltenden Neutrons. Je höher die Brutrate eines Reaktors ist, um so schneller kann man nach entsprechender Aufarbeitung mit dem erbrüteten Spaltstoff andere Reaktoren beladen, so daß der weitere Natururanbedarf entsprechend gemindert wird. Natürlich läßt sich auch das in Konvertern anfallende Spaltmaterial grundsätzlich nach Aufarbeitung weiter nutzbar machen.

Bild 4.7 zeigt die Abhängigkeit der Spaltungsneutronenausbeute für die Kernbrennstoffe U 233, U 235 und Pu 239 von der Energie der auslösenden Neutronen in vereinfachter Darstellung [4.4]; auftretende Resonanzen, etwa analog den Bildern 4.5 und 4.6, sind hier nicht dargestellt. Als Voraussetzung für das Erreichen von Brutraten folgt aus (4.15), daß die Spaltungsneutronenausbeute η den Wert 2 deutlich überschreitet. Für thermische Neutronen ist das vor allem bei U 233 der Fall. Bei schnellen Neutronen hingegen werden hauptsächlich U 235 und insbesondere Pu 239 aussichtsreiche Spaltungsneutronenlieferanten.

heit Bestandteil des thermischen Kreislaufes ist. Zum Schutz der Umgebung vor allem vor Einwirkungen durch Gammastrahlung und Neutronen im normalen Betrieb, zur zuverlässigen hermetischen Abkapselung in Schadensfällen sowie als Schutz gegen Einwirkungen von außen erhält der Druckbehälter, zum Teil zusammen mit den übrigen Kreislaufkomponenten, weitere Umhüllungen hauptsächlich aus Stahl oder Stahlbeton oder beidem (vgl. Abschnitt 4.3.5). Wichtigster Gesichtspunkt im Kraftwerksbetrieb ist immer eine ausreichende Kühlung des Reaktorkerns, und zwar sowohl im normalen Betrieb als auch — im Hinblick auf die Nachzerfallswärme — nach dem Stillsetzen und bei Störfällen.

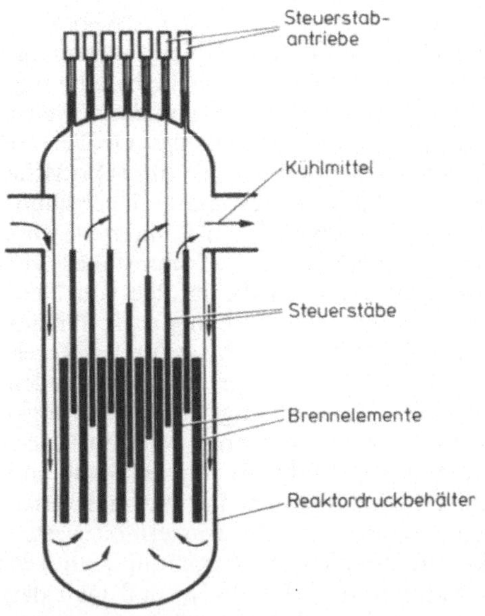

Bild 4.8. Beispiel für den Aufbau eines Kernreaktors (Druckwasserreaktor)

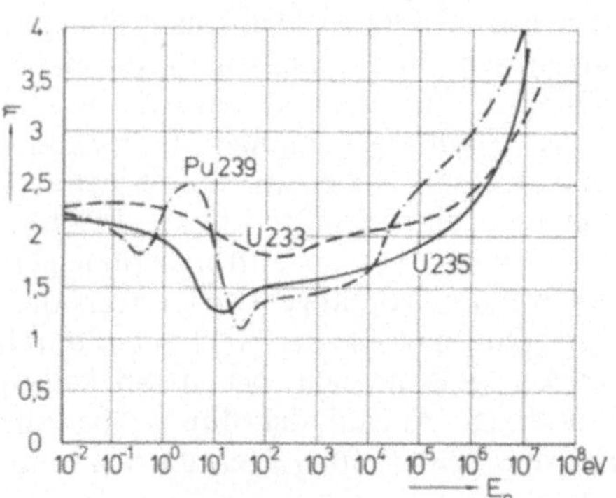

Bild 4.7. Spaltungsneutronenausbeuten

Bild 4.8 zeigt ein Beispiel für den grundsätzlichen Aufbau eines Kernreaktors, bei dem das Kühlmittel zugleich auch Moderator und Reflektor ist (hier speziell ein Druckwasserreaktor; vgl. Abschnitt 4.2.4). Die Hauptkomponenten sind in einem Reaktordruckbehälter untergebracht, der in seiner Gesamt-

Gegen Ende einer Beschickungsperiode sind Abbrand und Neutronengiftgehalt der Brennelemente so weit fortgeschritten, daß kein Vollastbetrieb mehr möglich ist. Dann sind die abgebrannten durch frische Brennelemente zu ersetzen. Da beide Effekte in den einzelnen Zonen des Reaktorkerns mit unterschiedlicher Intensität auftreten, werden dabei nach verschiedenen Strategien jeweils die am stärksten abgebrannten Brennelemente ersetzt und die Positionen der übrigen Brennelemente im Reaktorkern verändert. Bei Verwendung von kugelförmigen Brennelementen kann der Ersatz kontinuierlich erfolgen.

4.2.4 Wichtige Reaktortypen

Der Reaktor im Kernkraftwerk entspricht dem Dampferzeuger des fossil befeuerten Wärmekraftwerkes. Aus mehreren Gründen — hohe Leistungsdichten, zusätzliche Beanspruchungen der Werkstoffe durch Strahlungseinwirkung und weitere — sind die Forderungen hinsichtlich Intensität und Gleichmäßigkeit der Wärmeabfuhr hier besonders streng.

Bei den verschiedenen möglichen Unterscheidungsmerkmalen der einzelnen Reaktortypen werden heute Kühlmittel und Moderator zur Beschreibung eines Reaktors bevorzugt; Wärme- und Neutronenhaushalt eines Reaktors werden hauptsächlich durch sie bestimmt.

Die Entwicklung von Reaktortypen ist heute durch zweierlei Bestreben charakterisiert: man sucht die Prozeßparameter zu erhöhen, um so durch Steigerung des Wirkungsgrades zu einer besseren Nutzung der freigesetzten Kernenergie und entsprechend zu einer möglichst umweltfreundlichen Betriebsweise durch relative Verringerung der Fortwärmeströme zu kommen; man sucht ferner durch höhere Konversionsraten und höheren spezifischen Abbrand (das ist die pro Masseeinheit des Kernbrennstoffes freigesetzte Energie; Einheit: MWd/kg) eine bessere Nutzung des verfügbaren Kernbrennstoffes selbst zu erreichen. Im folgenden werden hauptsächlich diejenigen Reaktortypen beschrieben, die sich im großtechnischen Kraftwerksbetrieb durchgesetzt haben oder eine aussichtsreiche Position einnehmen. Technische Einzelheiten sind dabei zum Teil bereits allgemein gültig, zum Teil haben sie erst exemplarischen Charakter.

„Wassergekühlte Reaktoren" dienen hauptsächlich der Elektrizitätserzeugung, zum Teil auch der Lieferung von Wärme höchstens mittleren Temperaturniveaus. Es gibt Leichtwasser- und Schwerwasserreaktoren. Erstere werden als Druck- oder als Siedewasserreak-

toren gebaut, letztere nur als Druckwasserreaktoren.

Etwa 75 % der heute auf der Welt in Betrieb oder im Bau befindlichen Kernkraftwerke besitzen einen Leichtwasserreaktor (LWR). Er ist relativ einfach und billig. Er verwendet thermische Neutronen, nutzt das Wasser zugleich als Kühlmittel und als Moderator und wird mit auf etwa 3 % angereichertem Uran betrieben. Teilweise wird der Reaktorkern zur Erzielung einer ausgeglicheneren Leistungsdichte in Zonen unterteilt und entsprechend mit Kernbrennstoff leicht unterschiedlichen Anreicherungsgrades beladen. Das Kernbrennstoff-Hüllmaterial besteht aus einer Zirkonlegierung. Die mittlere Einsatzzeit der Brennelemente beträgt etwa 1000 Vollasttage oder rund drei Jahre. Normalerweise wird in jährlichem Rhythmus etwa ein Drittel der Brennelemente ersetzt; gleichzeitig wird die Position der übrigen Brennelemente im Reaktor zur Erzielung eines gleichmäßigeren Abbrandes geändert („Umsetzen" der Brennelemente). Unter Normalbedingungen tritt neben der Spaltungsreaktion ein schwacher Konversionseffekt auf; die Konversionsrate kann 20 bis 25 % erreichen. Wegen der niedrigen Kühlmittelaustrittstemperatur ist eine Wärmeauskopplung nur bedingt von Interesse; der thermische Wirkungsgrad dieser Kraftwerke (vgl. Abschnitt 2.5) erreicht aus dem gleichen Grund nur Werte um etwa 33,5 % netto.

Zur Zeit sind etwa 70 % aller Leichtwasserreaktoren Druckwasserreaktoren (DWR). Ihr Druckbehälter besteht aus Stahl. Der Reaktorkern wird von unten nach oben vom Wasser durchströmt; man erzielt einen spezifischen Abbrand um 31,5 MWd/kg. Die Steuerstäbe werden von oben in den Kern hinein bewegt; bei Ausfall ihres Antriebes fallen sie unter Einwirkung der Schwerkraft von selbst in den Kern (vgl. Bild 4.8). Das Wasser steht mit ca. 155 bar unter einem solchen Druck, daß bis zum Erreichen seiner Austrittstemperatur von ca. 330 °C noch kein Sieden eintritt; seine Aufwärmspanne längs des Reaktors beträgt etwa 30 K. In einem Wärmetauscher, der als Dampferzeuger fungiert, gibt es seine Energie an einen Sekundärkreislauf ab. Da Wasser aus dem Reaktor somit nicht zur Turbine gelangt, kann man ihm zur Kompensation langsamer Reaktivitätsänderungen im Reaktor Borsäure zusetzen bzw. entziehen (vgl. Abschnitt 4.2.3).

Die restlichen Leichtwasserreaktoren sind Siedewasserreaktoren (SWR). Sie arbeiten bei einem Druck von ca. 70 bar und liefern Naßdampf der betreffenden Siedetemperatur von ca. 285 °C. Da Dampfblasen schwächer moderieren als Wasser, muß der Abstand zwischen den einzelnen Brennstäben größer sein als beim Druckwasserreaktor. Über dem Reaktorkern sind ein Wasserabscheider und ein Dampftrockner anzuordnen. Schließlich werden bei größeren Leistungen Umwälzpumpen im Reaktor zur Erzeugung eines internen Zwangumlaufes erforderlich (Bild 4.9). Insgesamt steht der Reaktordruckbehälter daher jetzt zwar unter einem geringeren Druck als beim Druckwassereaktor, wird bei vergleichbarer Leistung aber größer als dort. Der Druckbehälter besteht wieder aus Stahl. Das Kühlmittel wird von unten nach oben durch den Reaktorkern gewälzt; da die flüssige Phase des Naßdampfes wieder zum Reaktorkern geführt wird und sich auf diesem Weg mit dem aus dem äußeren Kreislauf zurückströmenden Kondensat seiner dampfförmigen Phase mischt, liegt längs des eigentlichen Kerns eine Aufwärmspanne von nur etwa 10 K vor. Der erzielbare spezifische Abbrand ist mit rund 27,5 MWd/kg geringer als beim Druckwasserreaktor. Die Steuerstäbe werden von unten her in den Kern hinein bewegt, da sich jetzt über dem Kern Wasserabscheider und Dampftrockner befinden und da zudem infolge der Dampfblasenbildung die Reaktivität im oberen Kernbereich geringer ist als in seinem unteren Bereich. Als Schutz gegen Ausfälle ihres regulären Antriebes besitzen die Steuerstäbe einen zusätzlichen Antrieb mit pneumatischem Energiespeicher. Der entnommene Sattdampf wird im „Direktkreislauf" unmittelbar der Turbine zugeführt.

Schwerwasserreaktoren können aufgrund der geringen Absorptionswirkung des schweren Wassers unmittelbar mit Natururan betrieben werden. Zur Erzielung einer ausreichenden Moderierwirkung ist jedoch ein größeres Wasservolumen erforderlich als beim Leichtwasserreaktor. In der Sonderform des sogenannten Druckröhrenreaktors verwendet man das schwere Wasser nur zur Moderation, um zur Kühlung Leichtwasser oder Kohlendioxid einsetzen zu können; die Brennelemente sitzen dann zunächst in konzentrischen, das Kühlmittel führenden Rohren, die ihrerseits vom Moderator umspült werden.

„Flüssigmetallgekühlte Reaktoren" sollen vor allem eine bessere Ausnutzung des Natururans ermöglichen, indem sie mehr U 238 in Pu 239 konvertieren als in Form von U 235 oder Pu 239 aufgezehrt wird („Brutreaktor"); die Ausnutzung des Natururans läßt sich etwa um den Faktor 60 verbessern. Man gewinnt spaltbares Material zur Beladung weiterer Reaktoren. Ferner ergeben sich thermodynamisch günstigere Verhältnisse als etwa bei den Leichtwasserreaktoren: die bereitstellbaren Kühlmittelaustrittstemperaturen um 550 °C ermöglichen über einen Zwischenkreislauf (siehe unten) konventionelle Daten im angeschlossenen Wasser-Dampf-Kreislauf mit entsprechenden thermischen Wirkungsgraden für den Gesamtprozeß. Es ergeben sich Werte um etwa 38 % netto. Je nach Betriebsweise

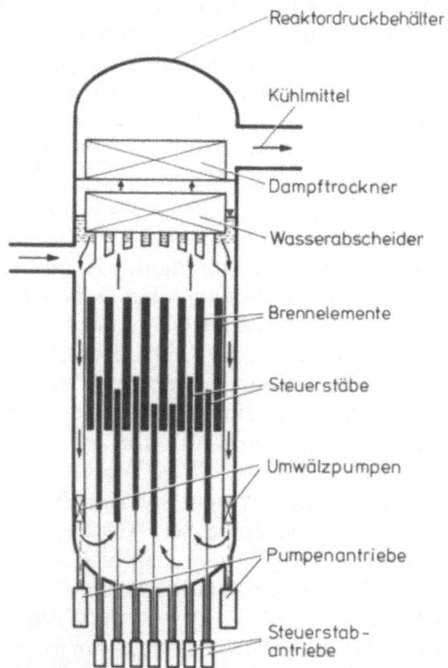

Bild 4.9. Beispiel für den Aufbau eines Siedewasserreaktors

erreichen die Brennelemente Einsatzzeiten von etwa 150 bis 600 Vollasttagen; der spezifische Abbrand kann 55 bis 75 MWd/kg und mehr erreichen.

Um den Neutronenbedarf erwünschter hoher Brutraten decken zu können, muß man Spaltungsreaktionen mit hoher Neutronenausbeute herbeiführen; dazu benötigt man schnelle Neutronen (vgl. Bild 4.7). Die Reaktoren erhalten daher keinen Moderator; auch das Kühlmittel darf nur wenig moderieren. Wasser als Kühlmittel scheidet daher aus. Geeignet ist neben Helium vor allem flüssiges Natrium. Dieses hat zugleich nur einen kleinen Einfangquerschnitt sowie günstige thermodynamische Eigenschaften und ist nur wenig korrosiv; da die Leistungsdichte dieser Reaktoren — unter anderem wegen der kompakten Bauweise infolge des Fehlens eines Moderators — sehr hoch ist, haben vor allem auch die thermischen Eigenschaften des Natriums erhebliches Gewicht. Weiterhin macht sein hoher Siedepunkt die erwähnten hohen Kühlmittelaustrittstemperaturen ohne nennenswerten Überdruck möglich; an den Natriumoberflächen des Systems wird nur ein geringer Überdruck hergestellt, dem sich der hydrostatische Druck des Systems und der Druck von den Umwälzpumpen überlagern, so daß maximal ein Druck von etwa 15 bar auftritt. Der Reaktordruckbehälter, hier ebenfalls aus Stahl, muß also kein ausgesprochener Hochdruckbehälter sein; der gesamte angeschlossene Kreislauf dieser sogenannten Schnellen Natriumgekühlten Reaktoren (SNR) steht nur unter geringem Überdruck.

Der Reaktorkern ist in Zonen angelegt (Bild 4.10): in einer zentralen Spaltzone enthalten die Brennstäbe Uran-Plutonium-Mischoxid, dessen Urananteil hoch angereichert ist; die hohe Anreicherung ist erforderlich, damit die schnellen Neutronen mit ausreichender Wahrscheinlichkeit Spaltungsreaktionen auslösen können; Konversionsvorgänge sind in der Spaltzone selten. Der umgebende Brutmantel („blanket") enthält Natururanoxid oder aus Anreicherungsanlagen stammendes abgereichertes Resturanoxid; hier sind entsprechend Spaltungsvorgänge selten. In radialer Richtung ist der Brutmantel von einem Reflektor aus Stahl umgeben. Das Natrium umströmt die Brennelemente nach Passieren eines Gasabscheiders von unten nach oben und erfährt dabei eine Aufwärmung um rund

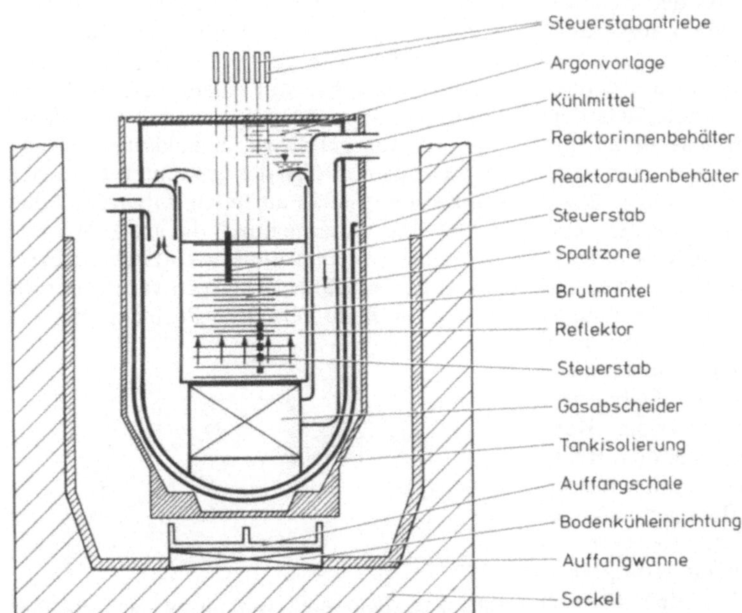

Bild 4.10. Beispiel für den Aufbau eines flüssigmetallgekühlten Reaktors

170 K; es wird stark aktiviert, so daß längs des gesamten Kreislaufes eine entsprechende Abschirmung vorzusehen ist. Da Natrium zudem eine hohe Affinität zu Wasser besitzt, wird zwischen diesem Primärkreis und dem schließlich als Dampferzeuger arbeitenden Wärmetauscher zunächst ein sekundärer Natriumkreislauf eingeschaltet; bei eventuellen Störfällen kann dann nur inaktives Natrium mit Wasser zur Reaktion kommen. Gegenüber dem Primärkreis erhält der Sekundärkreis einen etwas höheren Druck, um sicherzustellen, daß bei eventuellen anderen Störfällen kein aktiviertes Natrium in den Sekundärkreis gelangen kann. Beide Kreisläufe erhalten freie Natriumoberflächen mit inertisierender Argonvorlage; über diese Vorlage kann unmittelbar der gewünschte Überdruck eingestellt werden.

Die geringe unvermeidliche Moderierwirkung des Natriums würde bei einem Kühlmittelverlust des Reaktors ausfallen; dann wären Leistungsexkursionen möglich. Zur Vermeidung dessen ist der gesamte Primärkreislauf (in der sogenannten „Loop-Bauweise"; siehe unten) so geführt und mit Auffangwannen usw. versehen, daß der Reaktorkern auch bei einem Leck im Primärkreis voll geflutet bleibt. Aus den gleichen Gründen ist der Reaktorbehälter selbst als Doppelbehälter ausgeführt. Das Steuerstabsystem besteht aus zwei unabhängigen, jeweils für sich ausreichenden Stabgruppen; sie besitzen getrennte, über dem Reaktor angebrachte Antriebssysteme mit in jeweils eigenen Systemen erzeugten Auslösekriterien. Das Steuerstabsystem soll vor allem in der Spaltzone wirksam werden: eine Gruppe von Steuerstäben kann von oben in den Reaktorkern hineingeschoben werden; eine zweite Gruppe, die zudem zur Erzielung einer größeren Beweglichkeit bei eventuellen Kerndeformationen aus gelenkig aneinandergefügten Steuerstababschnitten aufgebaut ist, befindet sich in Ruhestellung unter dem Kern und kann von ihren ebenfalls über dem Reaktor angebrachten Antrieben in ihn hineingezogen werden. Zum Verflüssigen des Natriums vor Inbetriebnahme des Reaktors erhalten alle Natrium führenden Komponenten eine Begleitheizung. Die den Primärkreis aufnehmenden Räume, Auffangwannen usw. sind mit Stickstoff inertisiert. Zur Abführung der Nachzerfallswärme bei Störungen im Hauptkühlmittelkreislauf besitzt der Reaktor eine zusätzliche (in Bild 4.10 nicht dargestellte), ebenfalls mit Natrium arbeitende Notkühlanlage. Wenn die Hauptkühlung und beide Steuersysteme ausfallen sollten, kann Kernschmelzen eintreten, das dann im ungünstigsten Fall dazu führt, daß die geschmolzene Kernsubstanz zusammen mit Primärnatrium den Doppelbehälter durchdringt. Die Kernsubstanz sammelt sich dann in einer ebenfalls kühlbaren, zur Vermeidung des Zustandekommens einer kritischen Anordnung entsprechend unterteilten Auffangschale am Boden der Reaktorgrube („core catcher"); das spezifisch leichtere Natrium sammelt sich in der die Schale umfassenden Auffangwanne, die ebenfalls gekühlt werden kann und von einer Betonstruktur gehalten wird.

Diese Variante wird auch als Loop- oder Schleifenbauweise bezeichnet: Reaktorkern, Umwälzpumpe, Wärmetauscher zur Versorgung des Sekundärkreislaufes und verbindende Rohrleitungen bilden einen geschlossenen Kreis (Bild 4.11); als Schutz gegen ein mögliches unzulässiges Absinken des Natriumspiegels im Reaktor bei Lecks der Komponenten trifft man die besagten besonderen Maßnahmen. Bei der Pool- oder Tankbauweise bilden die genannten Komponenten einen offenen Kreis in einem wesentlich vergrößerten, doppelwandigen Gefäß, das wieder mit Natrium gefüllt ist; unzulässige Spiegelabsenkungen infolge der genannten Ursachen können dann nicht auftreten. Überdies bietet die letztere Variante durch die große Wärmekapazität des Natriums zusätzliche Sicherheiten bei Störfällen. Dagegen verursacht die erstere Variante geringere Probleme bei der

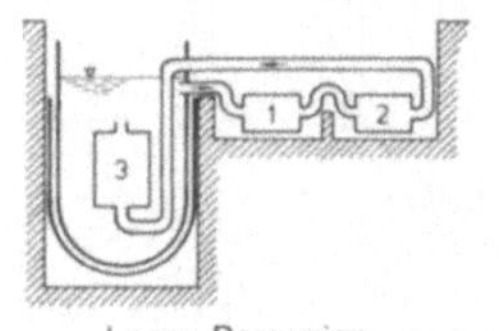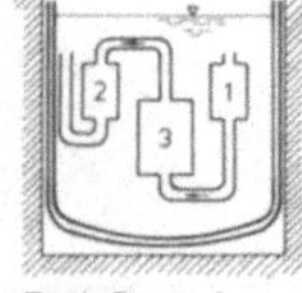

Bild 4.11. Bauweisen von flüssigmetallgekühlten Reaktoren. 1 Umwälzpumpe; 2 Wärmetauscher; 3 Reaktorkern

Herstellung des Reaktorbehälters und geringere Einengungen der Freizügigkeit bei der räumlichen Gestaltung des Primärkreislaufes.

„Gasgekühlte Reaktoren" sollen mit fortschreitender Entwicklung in erster Linie der Lieferung von Hochtemperatur-Prozeßwärme zur Kohleveredlung usw. (vgl. Abschnitt 6.2.3) und erst in zweiter Linie der Lieferung elektrischer Energie dienen. Dieses Ziel sucht man in Stufen zu erreichen. Es sind wesentlich bessere Gesamtwirkungsgrade und zugleich — da die anfallenden Fortwärmeströme relativ abnehmen — umweltschonendere Betriebsbedingungen zu erwarten. Die inzwischen realisierten Kühlmittelaustrittstemperaturen sind bereits wesentlich höher als bei den wassergekühlten und auch bei den flüssigmetallgekühlten Reaktoren. Im Zuge der stufenweisen Entwicklung werden auf dieser Basis jedoch zunächst Anlagen errichtet, die weitgehend oder ausschließlich der Lieferung elektrischer Energie allein dienen.

Ausschlaggebend bei der Entwicklung der gasgekühlten Reaktoren war anfangs das Bestreben, Natururan verwenden zu können. Die ersten kommerziellen Reaktoren (Calder Hall, 1956: 34,5 MW$_e$; und folgende) arbeiteten nach diesem Prinzip. Sie verwendeten Kohlendioxid als Kühlmittel (ca. 7,5 bar; in späteren Varianten bis auf ca. 20 bar gesteigert) und Graphit als Moderator und Reflektor; es ergaben sich Konversionsraten bis 35%. Die mit Rücksicht auf den Neutronenhaushalt als Brennelement-Hüllmaterial verwendete Magnesiumlegierung („Magnox") ließ jedoch nur Kühlmittelaustrittstemperaturen um 340 °C mit entsprechenden Auswirkungen auf die Auslegung des angeschlossenen Wasser-Dampf-Kreislaufes zu. Dieser Grenzwert zusammen mit der aufgrund der großen zustandekommenden Graphitmassen niedrigen Leistungsdichte des Reaktors und entsprechender Baugröße sowie der geringe erzielbare spezifische Abbrand führten dazu, daß dieser „Magnoxreaktor" heute nicht mehr gebaut wird.

Durch Übergang auf eine temperaturbeständigere Hüllmateriallegierung aus Stahl wurden Austrittstemperaturen um 650 °C möglich; zugleich ließen sich in dem nachgeschalteten Wasser-Dampf-Kreislauf herkömmliche Frischdampfzustände erreichen (Fortgeschrittener Gasgekühlter Reaktor — Advanced Gascooled Reactor, AGR); Leistungsdichte und Abbrand ließen sich ebenfalls steigern. Wegen des Absorptionsverhaltens der Brennstabhüllen wurde jedoch die Verwendung von angereichertem Uran (2 bis 3%) erforderlich.

Bei noch weiter gehender Steigerung der Kühlmittelaustrittstemperatur (Hochtemperaturreaktor, HTR) wird die Metallumhüllung der Brennelemente durch eine solche ebenfalls aus Graphit ersetzt (vgl. Abschnitt 4.2.1), die durch eine geeignete Druckbehandlung hochwarmfest und gasdicht gemacht wurde; der Graphit ist zugleich ein guter Wärmeleiter. Zur Vermeidung von Reaktionen des Kohlendioxids als Kühlgas mit dem Graphit muß jedoch jetzt Helium eingesetzt werden (ca. 40 bar); es hat den Vorzug, chemisch inert zu sein, nicht aktiviert zu werden und gute thermodynamische Eigenschaften aufzuweisen. Die Brennelemente werden stab- oder kugelförmig ausgeführt. Der Reaktor weist dann als Material für Brennelementhüllen, Moderator und Reflektor einheitlich nur Graphit auf; der Verzicht auf eine Metallumhüllung der Brennelemente führt zu einer Verbesserung des Neutronenhaushaltes, so daß längere Standzeiten und ein höherer Abbrand der Brennelemente möglich werden. Bisher wurden in Versuchsanlagen Kühlmittelaustrittstemperaturen von ca. 950 °C erreicht; damit werden künftig Hochtemperatur-Prozeßwärmeauskopplung und zugleich im Dampferzeuger herkömmliche Frischdampfzustände möglich. Insbesondere die Verwendung kugelförmiger Brennelemente („Kugelhaufenreaktor"; Bild 4.12) ermöglicht einen unterbrechungslosen Reaktorbetrieb über lange Zeiträume, indem laufend unten Kugeln abgezogen und nach Prüfung ihres Abbrandes oben wieder zugegeben oder durch neue Kugeln ersetzt werden; für die einzelnen Kugeln kommen auf diese Weise Gesamtdurchlaufzeiten zustande, die in der Größenordnung von drei Jahren liegen. Absorbereinrichtungen zur anfänglichen Kompensation der im Betrieb anfallenden, ihrerseits Neutronen absorbierenden Spaltprodukte können entfallen. Des weiteren können Steuerstabführungen und damit den Neutronenhaushalt des Reaktors belastende Strukturmaterialien entfallen; die aus der nun ca. 500 bis 700 K erreichenden Aufwärmspanne längs des Reaktorkerns folgenden Wärmespannungen sind zu beherrschen.

Als Kernbrennstoff wird oft ein Gemisch aus hoch angereichertem Uran (ca. 93 % U 235) und Thorium etwa im Verhältnis 1:10 verwendet. Das Th 232 wird in U 233 konvertiert; der Konversionsfaktor ist größer als bei den Leichtwasserreaktoren. Man erzielt hohe relative Abbrandwerte um 115 MWd/kg. Auch andere Kombinationen hinsichtlich des Urananreicherungsgrades zusammen mit Plutonium oder Thorium sind möglich.

Bild 4.12 zeigt als Beispiel einen gasgekühlten Reaktor als Kugelhaufenreaktor in prinzipieller Darstellung. Das Kühlmittel durchströmt den Reaktorkern von oben nach unten, da sich die jeweils frischeren Brennelemente oben befinden, die Kernreaktion dort intensiver abläuft und eine höhere Leistungsdichte zustan-

dekommt. Der Reaktorbehälter nimmt ein erhebliches Volumen an, muß daher in Spannbeton ausgeführt werden und erhält dann eine innere Stahl-Dichtungsauskleidung (liner). Es liegen zwei Arten von Steuerstäben vor: in eigenen Kanälen im kernnahen Bereich der seitlichen Reflektorzonen bewegliche sogenannte Reflektorstäbe und bei Betätigung direkt in die Kugelschüttung hineingesenkte sogenannte Abschaltstäbe. Ein Teil der Reflektorstäbe dient der laufenden Anpassung der thermischen Reaktorleistung an den Leistungsbedarf; die übrigen Reflektorstäbe werden bei Schnellabschaltungen eingesetzt. Der komplette Primärkreis mit (jeweils am Reaktorumfang mehrfach vorhandenen) Dampferzeugern und Kühlmittelgebläsen sowie mit den Steuerstabantrieben ist in dem dort außerhalb des eigentlichen Reaktors zwischen dessen Wärmedämmung und dem Reaktordruckbehälter befindlichen Raum untergebracht (vgl. Abschnitt 4.3.4).

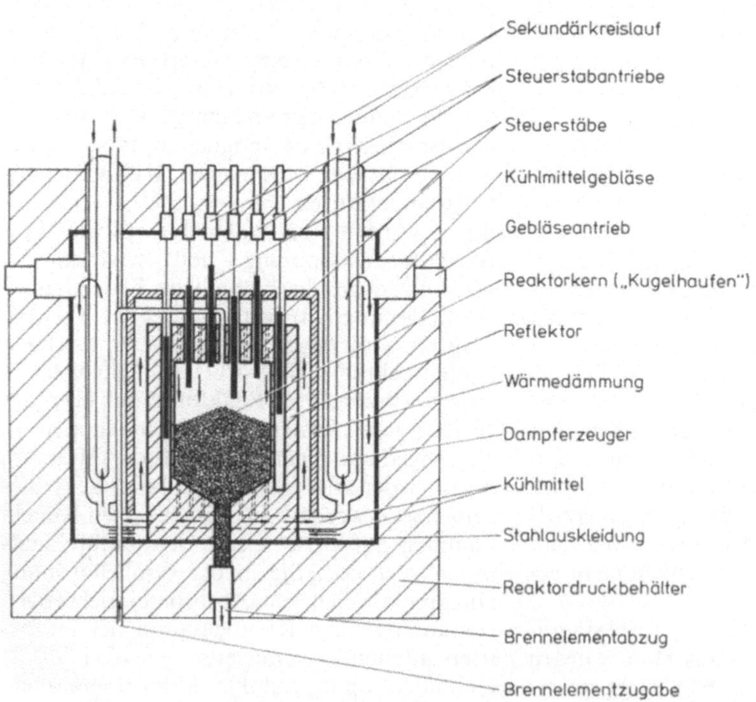

Bild 4.12. Beispiel für den Aufbau eines gasgekühlten Reaktors („Kugelhaufenreaktor")

4.3 Kraftwerksarten

4.3.1 Kraftwerke mit Druckwasserreaktor

Beim Druckwasserreaktor wird im Kühlmittel ein solcher Druck aufgebaut, daß bis zum Reaktoraustritt kein Sieden zustandekommt. Nach Passieren eines Wärmetauschers und einer Kühlmittelumwälzpumpe gelangt das Kühlmittel wieder in den Reaktor. Da dieser „Primärkreislauf" (Bild 4.13) nicht wie beim Clausius-Rankine-Prozeß in Gestalt der Turbine weiterhin ein Element aufweist, an dem planmäßig ein nennenswerter Druckabfall auftritt, so daß die dortige Speisewasserpumpe einen entsprechenden Überdruck aufbauen kann, hat die Pumpe hier nur die Funktion des Umwälzens. Der zur Vermeidung des Siedens benötigte Systemdruck muß folglich zusätzlich durch einen eigenen Druckhalter aufgebaut werden; dieser kann zur Druckregelung elektrisch beheizt und durch Einsprühen gekühlt werden.
Der Wärmetauscher trennt Primär- und Se-

kundärkreislauf. Die notwendigen Abschirmungsmaßnahmen erstrecken sich somit nur auf den begrenzten Primärbereich; da das Reaktorkühlmittel nicht zur Turbine gelangt, kann im Primärkreislauf auch Borsäure zur Trimmung verwendet werden (vgl. Abschnitt 4.2.3). Der Wärmetauscher arbeitet als Dampferzeuger für den als gewöhnlicher Wasser-Dampf-Prozeß ausgelegten Sekundärkreislauf. Bei Ausführung mit Geradrohren kann er im Zwangdurchlauf überhitzten Dampf liefern. Hinter der Hochdruckstufe der Turbine kann der Dampf nach Durchströmen eines Wasserabscheiders mit Frischdampf zwischenüberhitzt werden. Bild 4.13 beschreibt als Beispiel das Kernkraftwerk Mülheim-Kärlich bei Koblenz in vereinfachter Darstellung [4.21]. Es arbeitet mit nasser Rückkühlung des Kühlwassers für den Kondensator und weist einen thermischen Nettowirkungsgrad von 32,6 % auf. Im Hinblick auf mögliche Störfälle und abhängig von der Größe des Reaktors sind die wesentlichen Kreislaufkomponenten — Dampferzeuger, Kühlmit-

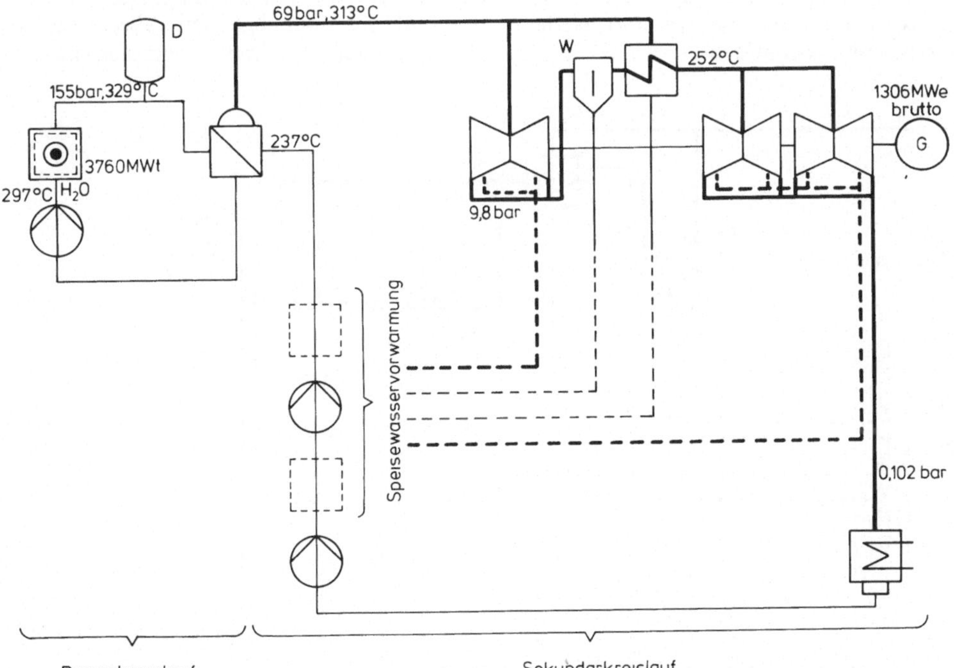

Bild 4.13. Beispiel für ein Kraftwerk mit Druckwasserreaktor D Druckhalter, W Wasserabscheider

telumwälzpumpe, Speisewasserpumpe usw. — im Kraftwerk jeweils in verschieden viele parallele Stränge unterteilt und somit mehrfach vorhanden.

4.3.2 Kraftwerke mit Siedewasserreaktor

Beim Siedewasserreaktor wird der Kühlmitteldruck so gewählt, daß längs des Reaktors Sieden einsetzt. Der anfallende Sattdampf wird dann abgezogen und meist unmittelbar der Turbine zugeführt („Direktkreislauf"); das restliche Wasser zirkuliert erneut durch den Reaktorkern. Der voluminöse Dampferzeuger des Kraftwerkes mit Druckwasserreaktor entfällt; es ist auch kein eigener Druckhalter mehr erforderlich. Die gesamte benötigte Pumpenantriebsleistung ist geringer. Der abzuschirmende Anlagenbereich erstreckt sich jedoch jetzt auch auf den gesamten Turbinen-, Kondensator- und Vorwärmerbereich. Bild 4.14 zeigt als Beispiel das Schaltbild des Kernkraftwerkes Krümmel bei Geesthacht an der Elbe (Kernkraftwerk Krümmel — KKK; [4.2]). Bei Durchlaufkühlung des Kondensators erreicht es einen thermischen Nettowirkungsgrad von 34,2 %. Wichtige Kreislaufkomponenten sind wieder mehrfach parallel vorhanden.

4.3.3 Kraftwerke mit flüssigmetallgekühltem Reaktor

Derartige Kraftwerke werden so betrieben, daß hohe Konversionsraten des eingesetzten Kernbrennstoffes zustandekommen und zugleich für den angeschlossenen Wasser-Dampf-Kreislauf herkömmliche Frischdampfzustände möglich werden. Da das hier verwendete Kühlmittel — Natrium — unter anderem den Vorzug einer relativ hohen Siedetemperatur hat (bei einem Druck von 1 bar schon ca. 880 °C; bei wenigen bar Überdruck ca. 1000 °C), genügen zur sicheren Beherrschung der angestrebten Kühlmittelaustrittstemperaturen an sich Drücke in der Größenordnung von 1 bar. Die von den Umwälzpumpen in den beiden hintereinandergeschalteten Natriumkreisläufen zur Überwindung der Strömungswiderstände aufzubauenden Drücke, vermehrt um die jeweiligen örtlichen hydrostatischen Systemdrücke, überlagern sich jedoch diesem Wert, so daß streckenweise Gesamtdrücke um 15 bar zustandekommen. Die Einhaltung des erforderlichen Mindestdruckes auch in den Kreislaufabschnitten mit dem geringsten so entstehenden Gesamtdruck, das sind die hochliegenden Abschnitte auf den Saugseiten der Umwälzpumpen, läßt sich

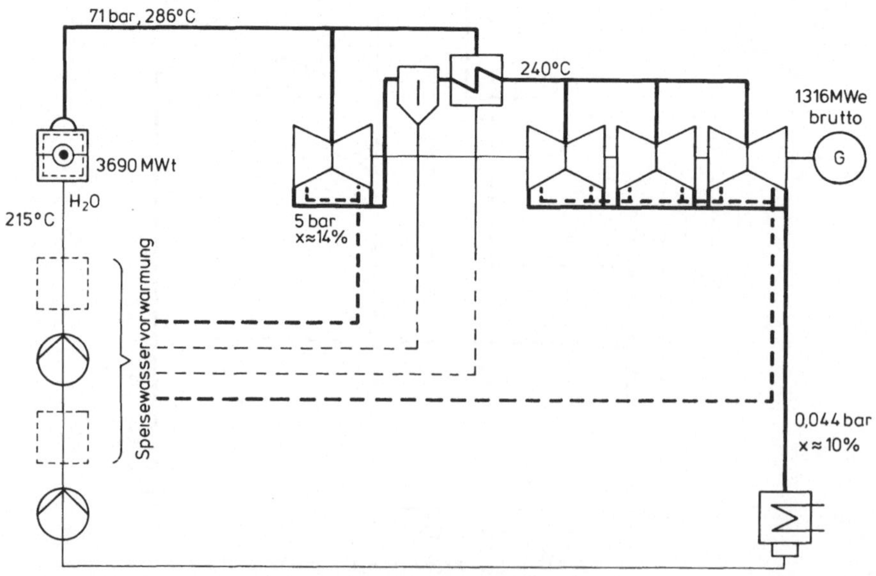

Bild 4.14. Beispiel für ein Kraftwerk mit Siedewasserreaktor

in einfacher Weise durch eine Druckregelung der Argonvorlage bewerkstelligen; eigene Druckhalter wie beim Kraftwerk mit Druckwasserreaktor werden wieder nicht erforderlich. Schließlich läßt sich auch das am Wärmetauscher zwischen Primär- und Sekundärkreislauf sicherheitshalber immer einzuhaltende Druckgefälle von der Sekundär- zur Primärseite (vgl. Abschnitt 4.2.4) mit Hilfe dieser Druckregelung der Argonvorlage herstellen.

Bild 4.15 zeigt als Beispiel das Schaltbild des Kernkraftwerkes Kalkar am Niederrhein (mit Schnellem Natriumgekühlten Reaktor, Leistung 300 MWe — SNR-300; [4.6; 4.17]): der Dampferzeuger am Beginn des Tertiärkreislaufes ist in Verdampfer und Überhitzer unterteilt; man kann wahlweise mit Durchlaufkühlung, mit Ablaufkühlung oder mit offener Umlaufkühlung des Kondensators arbeiten (vgl. Abschnitt 3.4.1); da der Kühlturm so nur zeitweise in Betrieb ist, ist ein Ventilatorkühlturm hier wirtschaftlicher als ein Naturzugkühlturm. Bei Durchlaufkühlung ergeben sich Nettowirkungsgrade um 40 %.

4.3.4 Kraftwerke mit gasgekühltem Reaktor

Diese Anlagen sollen vorrangig der Lieferung von Hochtemperatur-Prozeßwärme, daneben auch der Lieferung von elektrischer Energie und gegebenenfalls von Niedertemperatur-Prozeßwärme dienen. Die Elektrizitätserzeugung kann in einem dem primären Heliumkreislauf nachgeschalteten Wasser-Dampf-Sekundärkreislauf, dann mit konventionellen Frischdampfdaten, oder künftig möglicherweise auch unmittelbar in einer Helium-Einkreisanlage geschehen. In einer ersten Entwicklungsstufe werden allein der Elektrizitätserzeugung dienende Zweikreisanlagen gebaut [4.14]. Sie arbeiten mit Heliumdrücken um 40 bar. Bei der Trennung der Anlage in einen Primär- und einen Sekundärkreislauf

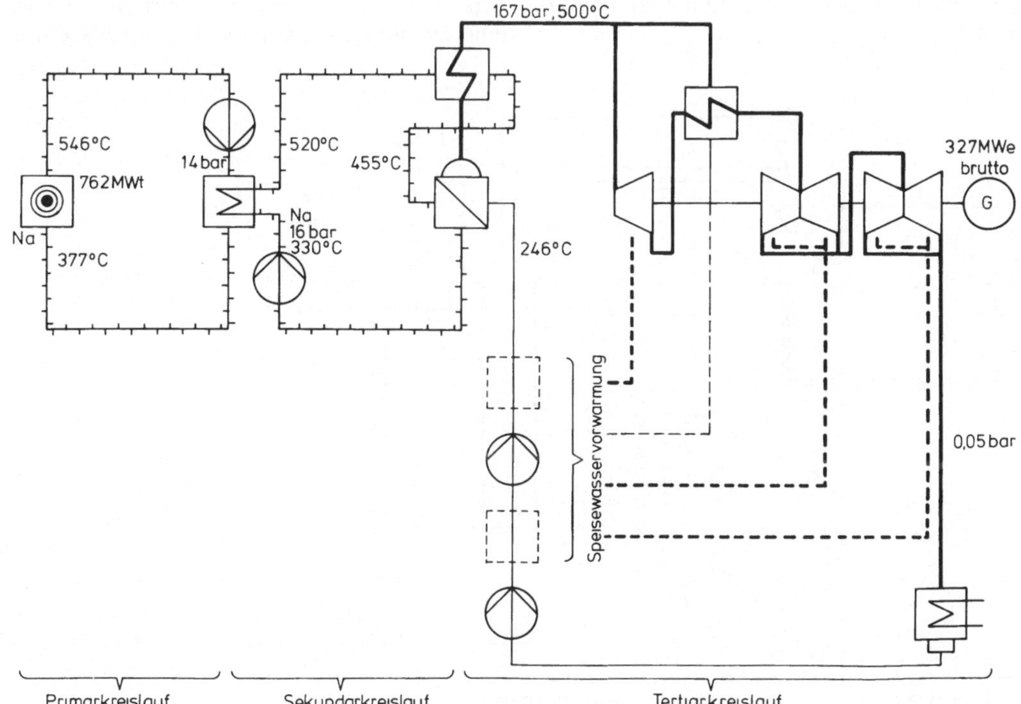

Bild 4.15. Beispiel für ein Kraftwerk mit flüssigmetallgekühltem Reaktor

bleibt der radioaktive Abschirmbereich begrenzt.

Bild 4.16 zeigt als Beispiel den Aufbau des allein der Elektrizitätserzeugung dienenden Kernkraftwerkes Uentrop-Schmehausen bei Hamm (mit Thorium-Hochtemperaturreaktor, Leistung 300 MW — THTR-300): der Dampferzeuger arbeitet im Zwangdurchlauf und mit Überhitzung und Zwischenüberhitzung; das Kühlwasser kann in einem Naturzug-Trockenkühlturm in geschlossenem Umlauf rückgekühlt werden. Man erhält einen Nettowirkungsgrad um 39,5 %.

4.3.5 Auslegungsgrundsätze

Der Kernreaktor ist eine Quelle starker Neutronenstrahlung. Außerdem ist sein „Aktivitätsinventar" — das ist die Summe aus denjenigen Anteilen der Spaltprodukte, die zunächst radioaktiv sind, und aus den unter der Einwirkung von Neutronenstrahlung und radioaktiver Strahlung in Kernbrennstoff, Brennelementhüllen, Kühlmittel und Strukturmaterialien anfallenden sogenannten Aktivierungsprodukten — eine Quelle radioaktiver Strahlung.

Zum Schutz des Betriebspersonals und der Umgebung des Reaktors ist die gesamte Strahlung möglichst nahe an ihrem Ursprung abzuschirmen („biologischer Schild"); zugleich dient eine solche Abschirmung der Verhütung vorzeitiger Ermüdungserscheinungen gewisser Komponenten selbst als Folge einer unzulässigen Strahlungseinwirkung. Das Aktivitätsinventar ist durch geschachtelte Aktivitätsbarrieren in jedem Betriebszustand sicher einzuschließen; das Kühlmittel wird überdies von Aktivierungsprodukten laufend gereinigt. Die diesbezüglichen Gesichtspunkte und Maßnahmen im einzelnen sind bei den verschiedenen Kraftwerksarten zum Teil unterschiedlich.

Zur Aufrechterhaltung der Wirksamkeit von Barrieren und Abschirmungen muß neben anderen Erwägungen (zum Beispiel Korrosionsfragen) vor allem immer eine ausreichende Wärmeabfuhr sichergestellt sein: Wärmefreisetzung in den Brennelementen und Wärmeabfuhr durch das Kühlmittel dürfen — auch während vorübergehender Ereignisabläufe („Transienten") — nicht in unzulässigem Maße divergieren. Es darf also weder eine zu hohe Wärmefreisetzung (etwa durch

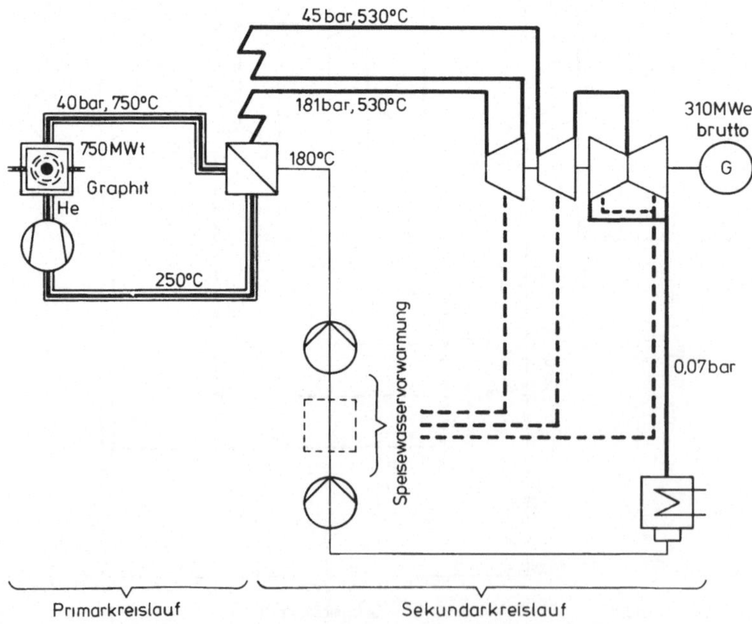

Bild 4.16. Beispiel für ein Kraftwerk mit gasgekühltem Reaktor

unbeabsichtigtes Betätigen der Steuerelemente) noch eine zu geringe Wärmeabfuhr (insbesondere durch Kühlmittelverlust) vorkommen. Auch die Nachzerfallswärme muß jederzeit — sowohl im planmäßigen Stillstand als auch nach Schnellabschaltungen im Zusammenhang mit Störfällen — vollständig abgeführt werden.

Sicherheit wird gewährleistet durch die sogenannte inhärente Sicherheit des jeweiligen Reaktortyps, durch Sicherung der Qualität der verwendeten Werkstoffe, Komponenten und Systeme bei Entwurf und Ausführung und im Betrieb sowie durch den Einbau entsprechender Sicherheitssysteme.

Inhärente Sicherheit kommt zustande, soweit die Eigenschaften von Kernbrennstoff, Moderator, Kühlmittel usw. das Zustandekommen unkontrollierter Betriebszustände aufgrund naturgesetzlicher Zusammenhänge ausschließen oder zumindest stark verzögern: Leichtwasserreaktoren verlieren bei einem eventuellen Kühlmittelverlust zugleich den Moderator, da der dann an die Stelle des Wassers tretende Dampf nur schwach moderiert; die entstehende Situation ist relativ einfach zu beherrschen. Hochtemperaturreaktoren weisen hohe thermische Kapazität und hohe Temperaturbeständigkeit der Brennelemente auf, so daß Temperatursteigerungen bei einem eventuellen Kühlmittelverlust nur langsam ablaufen und zugleich hohe Werte annehmen dürfen; Reaktionen des Kühlmittels treten nicht auf; da der Kühlmechanismus auch nach einem Druckabfall im Prinzip erhalten bleibt, kann die Nachzerfallswärme auch dann mit dem Hauptkühlsystem abgeführt werden. Vergleichbare Vorteile bieten beim Schnellen Natriumgekühlten Reaktor die hohe thermische Kapazität des Kühlmittels und der Betonstrukturen der beiden Sicherheitsbehälter (siehe unten) sowie — auch im drucklosen Zustand — die hohe Siedetemperatur des Kühlmittels; da jedoch hier bei einem eventuellen Kühlmittelverlust dessen leichte Moderierwirkung und die daraus resultierende Bremswirkung auf die Neutronen, die hier für den erwünschten Reaktionsablauf schnell sein müssen, entfallen würde, so daß der Reaktor sich im Normalbetrieb nicht im Zustand größtmöglicher Reaktivität befindet, sind zusätzliche Sicherheitsmaßnahmen erforderlich. Vor allem werden zwei diversitäre Abschaltsysteme vorgesehen (vgl. Abschnitt 4.2.4).

Die eingangs erwähnten Barrieren sind passive Sicherheitssysteme. Bei sich abzeichnenden oder eintretenden Störungen greifen überdies aktive Sicherheitssysteme ein (zum Beispiel Abschaltsystem, Notkühlsystem, Nachkühlsystem).

Die Zuverlässigkeit der Sicherheitssysteme läßt sich durch Anwendung der Prinzipien der Redundanz und der Diversität steigern. Man erzielt Redundanz (lt. redundantia = Überfülle), wenn ein zum Herbeiführen einer sicherheitsgerichteten Funktion erforderliches Element mehrfach vorgesehen wird (zum Beispiel Anordnen mehrerer Ventile in Reihe zum Unterbrechen einer Stoffströmung). Diversität ergibt sich, wenn man zum Auslösen einer solchen Funktion möglichst weitgehend unterschiedliche Kriterien heranzieht und auf unterschiedlichen Wegen und mit unterschiedlichen Mitteln zur Wirkung bringt (zum Beispiel durch Erfassen verschiedenartiger Prozeßgrößen, soweit möglich, oder zumindest durch Einsatz verschiedenartiger Meßverfahren usw.).

Die aktiven Sicherheitssysteme werden bei Bedarf vom sogenannten Reaktorschutzsystem in Tätigkeit gesetzt, das seinerseits entsprechende Kriterien aus der laufenden Überwachung der wesentlichen Prozeßgrößen herleitet. Zur Vermeidung von Fehlauslösungen der Sicherheitssysteme als Folge von fehlerhaft zustandekommenden oder auch fehlerhaft ausbleibenden Signalen der Überwachungseinrichtungen wendet man oft das „Zwei-von-drei-Prinzip" an: man bildet die Signale voneinander unabhängig dreimal und bewirkt dann eine Auslösung, wenn ein Signal mindestens zweifach eingeht [4.25].

Als erste der genannten Aktivitätsbarrieren fungiert der Kernbrennstoff selbst, der bezüglich der in seinem Inneren anfallenden Spaltprodukte unmittelbar eine erhebliche Rückhaltefähigkeit aufweist. Die gasdichte Brennstoffhülle aus Metall oder Graphit stellt eine zweite Barriere dar. Der Reaktordruckbehälter zusammen mit den übrigen Komponenten des Primärkreislaufes bildet als „druckführende Umschließung" dieses Kreislaufes die dritte Barriere („Primärumschließung"); sie soll im Normalbetrieb das vorhandene Aktivitätsinventar sicher umschließen. Als weitere Barriere folgt der Sicherheitsbehälter („containment"); er tritt in Störfällen als „Sicherheitsumschließung" in Funktion, um auch dann eine Umschließung zu gewährleisten; er muß — auch beim Auslegungsstörfall (früher „größter anzunehmender Unfall" GAU) — die zustandekommenden Drücke auffangen. Eine letzte Barriere dient schließlich dem Schutz gegen Einwirkungen von außen (Erdbeben, Flugzeugabsturz, Außenexplosion und weitere); zur Erzielung einer solchen Schutzwirkung werden oft auch Komponenten, die mehrfach vorhanden sind, räumlich getrennt untergebracht. In gewissen Fällen können aufeinanderfolgende Barrieren auch zu einer gemeinsamen Barriere zusammengefaßt werden (siehe unten).

Beim *Druckwasserreaktor* bilden der Reaktordruckbehälter aus Stahl und die übrigen Komponenten des Primärkreislaufes (Dampferzeuger, Umwälzpumpen, Kühlmittelleitungen, Druckhalter) gemeinsam die Primärumschließung für Brennelemente und Kühlmittel (Bild 4.17, dort vereinfacht dargestellt; [4.11; 4.12]). Betonstrukturen dienen anschließend der Abschirmung dieses Systems und gewisser weiterer Bereiche im Normalbetrieb und zusätzlich als Splitterschutz für den Sicherheitsbe-

hälter bei Störfällen. Der stählerne Sicherheitsbehälter ist kugelförmig als gasdichter Volldruckbehälter ausgebildet; im Gegensatz zu dem beim Siedewasserreaktor angewendeten Konzept kann er bei Kühlmittelverlust-Störfällen unmittelbar den anfallenden Dampf aufnehmen, ohne daß der entstehende Überdruck den Wert von einigen bar übersteigt. Außerhalb der Abschirmung ist der Sicherheitsbehälter im Betrieb begehbar. Eine Betonhülle („Reaktorgebäude") dient schließlich als Schutz gegen äußere Einwirkungen und zugleich als Sekundärabschirmung insbesondere bei Störfällen. Durch Herstellen eines ständigen leichten Unterdruckes im Bereich

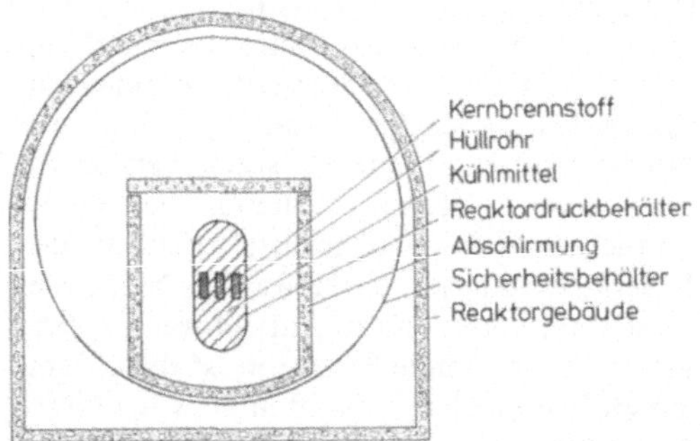

Bild 4.17. Prinzipielle Anordnung eines Druckwasserreaktors

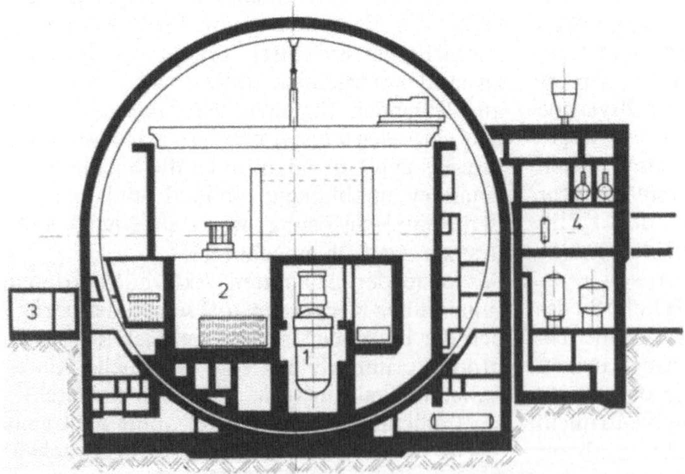

Bild 4.18. Anordnung des Reaktors beim Kernkraftwerk Mülheim-Kärlich. 1 Reaktordruckbehälter, dahinter die Konturen eines Dampferzeugers; 2 Brennelement-Lagerbecken; 3 Einfahrt; 4 Armaturen. (BBC)

Bild 4.19. Kernkraftwerk Biblis. (RWE). Luftaufnahme: Aero-Lux, Frankfurt/M.; Freigabe: Reg.-Präs Darmstadt, Nr 2327/82)

zwischen Sicherheitsbehälter und Reaktorgebäude sowohl gegenüber dem Inneren des Sicherheitsbehälters als auch gegenüber der Umgebung wird die Wirksamkeit der Barrieren unterstützt: eventuelle Leckagen aus dem Sicherheitsbehälter werden erfaßt und erst nach Filterung kontrolliert über den Abluftkamin in die Umgebung geleitet; unkontrollierte Aktivitätsaustritte in die Umgebung werden so verhindert.

Bild 4.18 zeigt als Beispiel den Druckwasserreaktor des Kernkraftwerkes Mülheim-Kärlich samt seinen Abschirmungen und Barrieren.

Bild 4.19 zeigt als Beispiel ein Kernkraftwerk mit Druckwasserreaktoren (1×1200 MW; 1×1300 MW); wie Kühlwasserrücklauf und Kühltürme erkennen lassen, arbeitet das Kraftwerk gerade mit reiner Durchlaufkühlung (vgl. Abschnitt 3.4.1).

Die Strukturen des *Siedewasserreaktors* sind denen des Druckwasserreaktors in vieler Hinsicht ähnlich (Bild 4.20). Da hier jedoch der Direktkreislauf vom Reaktor zur Turbine usw. ein vergleichsweise großes Kühlmittelvolumen bedingt, würde das Erfassen des Kühl-

mittelverlust-Störfalles ohne zusätzliche Maßnahmen für einen Volldruck-Sicherheitsbehälter zu einem sehr großen Volumen führen, wogegen der Sicherheitsbehälter für den Normalbetrieb bei einem zwar größeren Reaktordruckbehälter als beim Druckwasserreaktor wegen des Entfallens von Dampferzeugern,

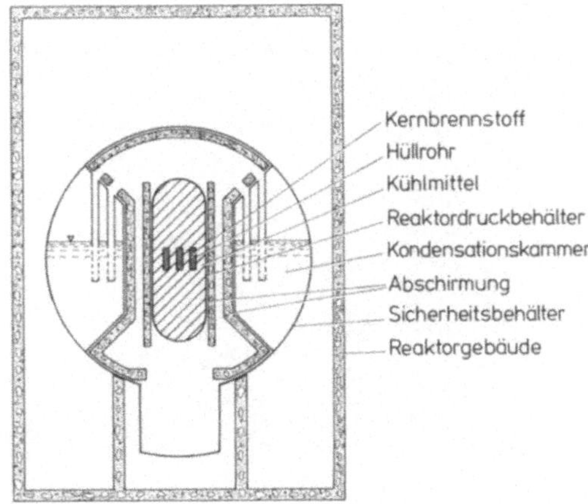

Bild 4.20. Prinzipielle Anordnung eines Siedewasserreaktors

Kühlmittelpumpen und Druckhalter gerade kleiner bemessen werden kann als dort. Der Sicherheitsbehälter des Siedewasserreaktors erhält daher ein zusätzliches Druckabbausystem: im Störfall kann der anfallende Kühlmitteldampf über an ihren Enden perforierte Rohre in eine teilweise mit Wasser gefüllte, ihrerseits kühlbare Kondensationskammer geleitet werden; auch bei kleinem Volumen des Sicherheitsbehälters bleibt der entstehende Überdruck dann infolge der eintretenden Kondensation des Dampfes niedrig („Teildruck-Sicherheitsbehälter"). Der außerhalb der Kondensationskammer verbleibende Bereich des Sicherheitsbehälters wird auch als Druckkammer bezeichnet.

Als Maßnahme gegen Störfälle in demjenigen Bereich des Direktkreislaufes, der sich beim Siedewasserreaktor — ebenfalls entsprechend abgeschirmt — außerhalb des Sicherheitsbehälters erstreckt, erhalten die Frischdampfleitungen Schnellschlußventile, die Kondensatleitungen Rückschlagklappen. Der nach einem solchen Störfall vom Reaktor zunächst noch weiter gelieferte Dampf wird über Entlastungsventile ebenfalls den Kondensationskammern zugeleitet.

Neuere Konzepte für Siedewasserreaktoren sehen statt des kugelförmigen Sicherheitsbehälters aus Stahl einen Spannbetonzylinder mit innenliegender Stahl-Dichthaut (liner) vor. Die Kondensationskammer kann dann in statisch günstigerer Weise seitlich am Zylinderboden angeordnet werden.

Bild 4.21 zeigt als Beispiel die Unterbringung des Siedewasserreaktors beim Kernkraftwerk Krümmel.

Beim *flüssigmetallgekühlten Reaktor* ist der

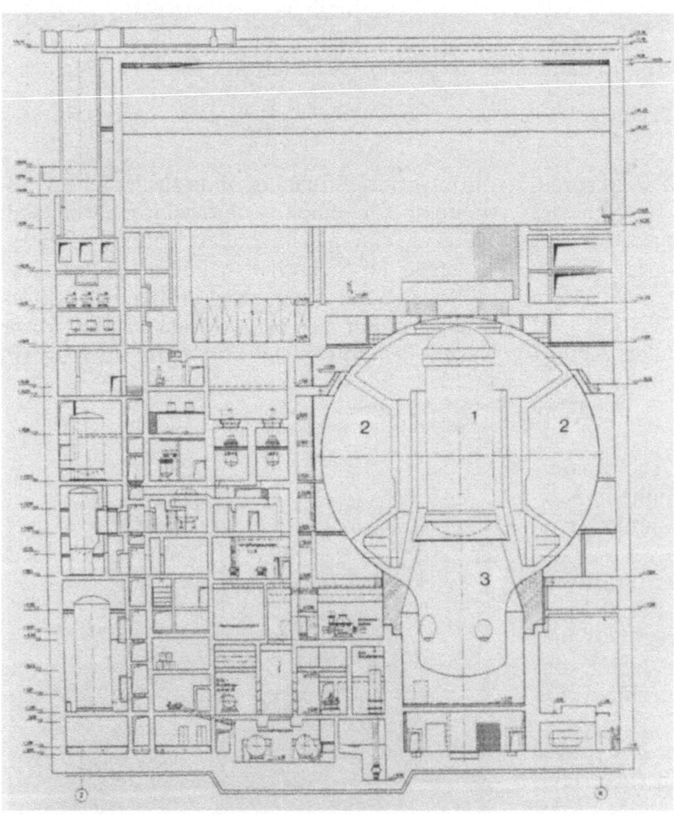

Bild 4.21. Anordnung des Reaktors beim Kernkraftwerk Krümmel. 1 Reaktordruckbehälter; 2 Kondensationskammer, 3 Sicherheitsbehälter. (KWU)

Sicherheitsbehälter in zwei aufeinanderfolgende Barrieren unterteilt [4.8; 4.25]. In der Loop-Bauweise werden Umwälzpumpen, Wärmetauscher und verbindende Rohrleitungen des Primärkreislaufes zur Vermeidung eines eventuellen „Trockenfallens" des Reaktorkerns bei Kühlmittelverlust-Störfällen so geführt und gegebenenfalls mit Natrium-Auffangwannen versehen, daß der Natriumspiegel im Reaktor dann nicht unter den sogenannten Notspiegel sinken kann; aus dem gleichen Grund ist der Reaktordruckbehälter selbst in einen Innenbehälter und einen zusätzlichen Außenbehälter unterteilt (vgl. Bild 4.11). Der gesamte Primärkreislauf wird dann von zwei ineinandergeschachtelten Barrieren aus Beton umschlossen, dem primären und dem sekundären Sicherheitsbehälter (inneres bzw. äußeres containment; Bild 4.22): der primäre Behälter grenzt den inneren, zum Schutz gegen Reaktionen eventuell austretenden Primärnatriums mit Stickstoff inertisierten Bereich von dem äußeren, im Normalbetrieb begehbaren Bereich ab. Er dient auch der Abschirmung im Normalbetrieb und hat außerdem die Funktion, den sekundären (eigentlichen) Sicherheitsbehälter in Störfällen vor starker Erwärmung und Beeinträchtigungen seiner Dichtheit zu schützen; auf seiner Innenseite trägt er selber als Schutz gegen austretendes Natrium eine Stahlauskleidung. Beide Betonhüllen stellen ferner eine hohe zusätzliche thermische Kapazität dar. Auf seiner Außenseite trägt der sekundäre Sicherheitsbehälter in geringem Abstand eine Stahl-Dichthaut; in dem entstehenden Spalt wird durch Absaugen in das Innere des sekundären Sicherheitsbehälters („reventing") ein leichter Unterdruck hergestellt. Eventuelle Leckagen werden so erfaßt und können schließlich nach Filterung kontrolliert in die Umgebung geleitet werden. Als Schutz gegen Einwirkungen von außen sowie zur zusätzlichen Abschirmung in Störfällen wird der sekundäre Behälter dann von einem Reaktorgebäude aus Beton umgeben. Bei der Pool-Bauweise (vgl. Bild 4.11) enthält der Innentank als Primärumschließung das gesamte primäre

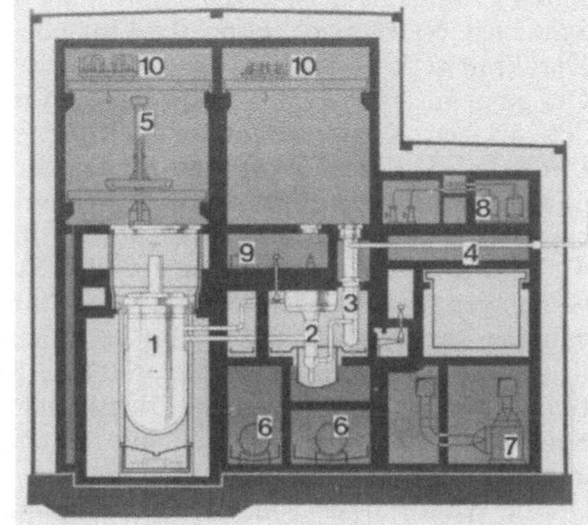

Bild 4.23. Anordnung des Reaktors beim Kernkraftwerk Kalkar. 1 Reaktordruckbehälter, 2 Primärkreislauf-Umwälzpumpe; 3 Primärkreislauf/Sekundärkreislauf-Wärmetauscher; 4 Sekundärkreislauf-Rohrleitung; 5 Brennelement-Wechselmaschine; 6 Natriumablaßtank; 7 Stickstoffsystem; 8 Argonsystem; 9 Personenschleuse; 10 Laufkran; hellgrau grundierte Räume. innerer Bereich, mit Stickstoff inertisiert; dunkelgrau grundierte Räume: äußerer Bereich. (SBK/Interatom)

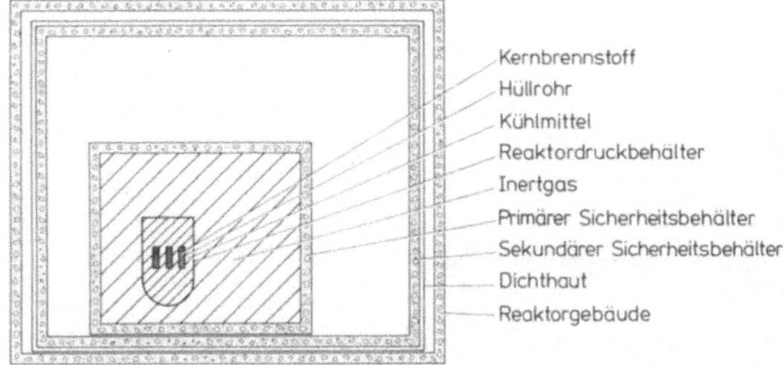

Bild 4.22. Prinzipielle Anordnung eines flüssigmetallgekühlten Reaktors

Natrium samt den darin eingebetteten Komponenten des hier offenen und damit drucklosen Primärkreislaufes; die Primärumschließung wird hier auch als intermediäres containment bezeichnet. Der Außentank wird Bestandteil des primären Sicherheitsbehälters. Das Reaktorgebäude aus Beton fungiert gleichzeitig als sekundärer Sicherheitsbehälter und als Schutz gegen Einwirkungen von außen; hier wird wieder ein leichter Unterdruck aufgebaut.

Bild 4.23 zeigt als Beispiel die Anordnung des Schnellen Natriumgekühlten Reaktors beim Kernkraftwerk Kalkar.

Der *gasgekühlte Reaktor* wird gemeinsam mit den übrigen Komponenten seines (offenen) Primärkreislaufes und mit zusätzlichen Strömungsleit- und Wärmeabschirmelementen in einem Druckbehälter untergebracht (vgl. Bild 4.12; [4.14]). Bei den sich ergebenden Abmessungen wird dieser Behälter statt als Stahlbehälter sicherheitstechnisch und wirtschaftlich günstiger als Spannbetonzylinder ausgeführt; er erhält dann eine innere Dichthaut aus Stahlblech und wirkt zugleich als Abschirmung.

Da die Wandstärken von 4,5 bis 5 m zusam-

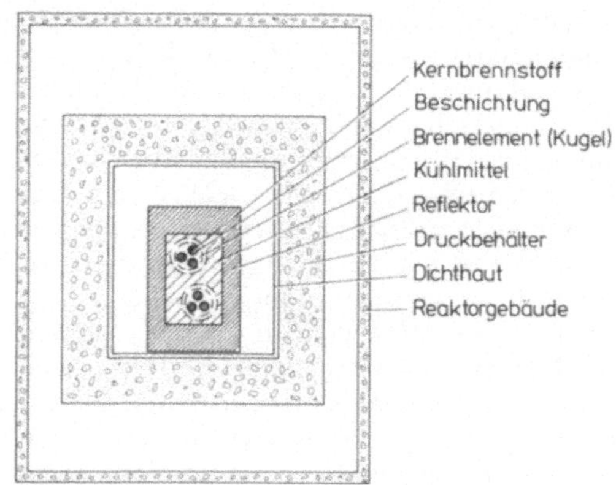

Bild 4.24. Prinzipielle Anordnung eines gasgekühlten Reaktors

men mit der Armierung ein Bersten des Behälters ausgeschlossen erscheinen lassen, wird ein zusätzlicher Sicherheitsbehälter entbehrlich (Bild 4.24). Zum Erfassen eventueller Leckagen wird im Raum zwischen Druckbehälter und Reaktorgebäude wieder ein leichter Unterdruck hergestellt.

Bild 4.25 zeigt als Beispiel die Unterbringung des Hochtemperaturreaktors beim Kernkraftwerk Uentrop-Schmehausen.

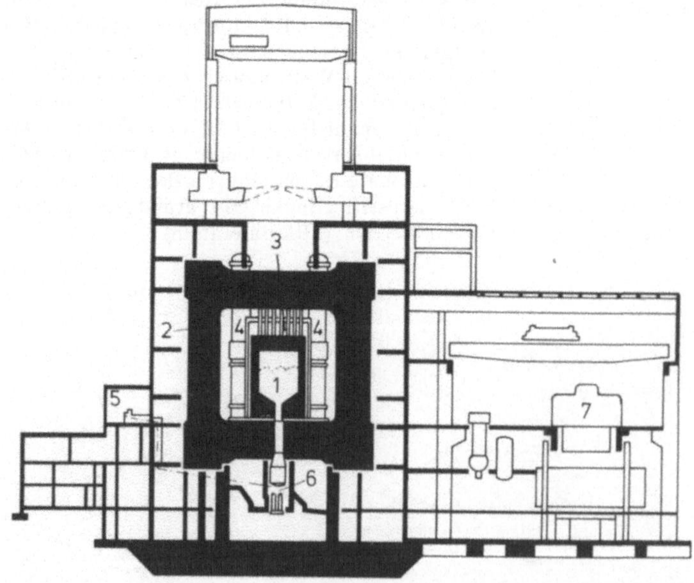

Bild 4.25. Anordnung des Reaktors beim Kernkraftwerk Uentrop-Schmehausen. 1 Reaktorkern („Kugelhaufen"); 2 Reaktordruckbehälter; 3 Steuerstäbe; 4 Dampferzeuger; 5 Brennelementzugabe; 6 Beschickungsanlage; 7 Turbogeneratorsatz. (BBC)

5 Wasserkraftwerke

5.1 Wasser als Träger mechanischer Energie

5.1.1 Leistungsvermögen eines Wasserdargebotes

Längs seines Kreislaufes in der Natur nimmt Wasser gegenüber dem Niveau der Weltmeere stets aufs Neue potentielle Energie an, die dann nach dem Sammeln der entsprechenden Niederschläge in den Wasserläufen unter gewissen Voraussetzungen zur großtechnischen Umwandlung in Sekundärenergien zur Verfügung steht (vgl. Abschnitt 2.2). Auch im Verlauf der Gezeitenbewegungen der Weltmeere tritt potentielle Energie auf.

Die Wassermenge pro Zeiteinheit, die ein Wasserlauf an einem bestimmten Punkt führt, wird als das dortige Wasserdargebot bezeichnet. Von der Quelle zur Mündung des Wasserlaufes nimmt es normalerweise prinzipiell zu; abhängig von der Zeit treten Pulsationen auf.

Ohne weiteres wird die potentielle Energie des Wassers in den Wasserläufen durch Erosionswirkung im Flußbett und durch Wirbelbildung „aufgezehrt"; letztlich wird sie dabei in thermische Energie auf einem Niveau nahe der Umgebungstemperatur umgewandelt. Mittels Wasserrädern verschiedener Bauform gelingt es dem Menschen seit vielen Jahrhunderten, das der potentiellen Energie entsprechende Arbeitsvermögen eines Wasserdargebotes über gewisse Gefällestrecken zu allerdings meist bescheidenen Teilen zu nutzen. Heute läßt sich die Nutzbarkeit längs geeigneter Flußstrecken nach Vergleichmäßigen der Strömung, Senkung der Strömungsgeschwindigkeit und Glättung der die Strömung führenden Wandungen (Flußbegradigungen bzw.

Anlegung von Kanälen; Vergrößerung der Strömungsquerschnitte usw.) ganz wesentlich steigern: in Wasserkraftwerken wird die potentielle Energie meist mehr oder weniger großer Anteile von Wasserdargeboten mittels Wasserturbinen und Generatoren bei hohen Wirkungsgraden in elektrische Energie umgewandelt; der relative Umfang der umgewandelten Anteile hängt von weiteren Gegebenheiten ab.

Die sogenannte Rohleistung eines Wasserkraftwerkes folgt aus dem Energieumsatz pro Zeiteinheit:

$$P_{\text{roh}} = \frac{E}{t} .$$

Der Energieumsatz ist gleich der Arbeit W, die eine Wassermasse m unter Einwirkung der Erdbeschleunigung g über die Fallhöhe H leisten kann. Mit Wasservolumen V und Dichte ϱ gilt dann auch

$$P_{\text{roh}} = \frac{W}{t} = \frac{mgH}{t} = \frac{\varrho V g H}{t} . \tag{5.1}$$

Mit dem Turbinendurchfluß $Q_{\text{T}} = V/t$ folgt

$$P_{\text{roh}} = \varrho Q_{\text{T}} g H .$$

Nach Berücksichtigung der Energieverluste in Rohrleitungen usw., Turbinen, Generatoren und Transformatoren durch den Kraftwerkswirkungsgrad η erhält man die Nutzleistung

$$P = \eta \varrho Q_{\text{T}} g H \tag{5.2}$$

des Wasserkraftwerkes; in neuzeitlichen Anlagen erreicht der Wirkungsgrad je nach deren Größe Werte um 80 bis 91%. Mit dem Mittelwert $\eta \approx 85\%$ folgt schließlich näherungsweise die zugeschnittene Größengleichung

$$P \approx 8 \left(\frac{Q_{\text{T}}}{\text{m}^3/\text{s}} \right) \left(\frac{H}{\text{m}} \right) \text{kW} . \tag{5.3}$$

Maßgebend ist also das Produkt aus Durchfluß und Fallhöhe. Im allgemeinen lassen sich in Gebirgslagen vor allem große Fallhöhen erzielen, während in den Niederungen in erster Linie der Durchfluß große Werte annimmt. Mit Rücksicht auf die vorhandene Infrastruktur (Bebauung, Verkehrswege usw.) sind die Möglichkeiten zur Nutzung von Wasserdargeboten jedoch vor allem in letzterem Fall meist stark eingeschränkt.

5.1.2 Arbeitsvermögen eines Speicherinhaltes

Neben dem allgemeinen Zweck, ein Wasserdargebot zu fassen und über eine Gefällestrecke verfügbar zu machen, kann man einen Speicherraum auch einsetzen, um die natürlichen Pulsationen des Wasserdargebotes auszugleichen oder um die betreffende Energieumwandlung in Zeiten hohen Bedarfes zu verlegen (Tagstunden oder Winterhalbjahr oder Trockenjahr) oder um Kombinationen dieser beiden Gesichtspunkte zu realisieren. Neben dem natürlichen Zufluß können die Speicherräume auch in Schwachlastzeiten der Öffentlichen Elektrizitätsversorgung durch Hochpumpen von Wasser künstlich gefüllt werden („Pumpspeicherwerke"; vgl. Abschnitt 5.3.3). In jedem Fall repräsentiert der Speicherinhalt eine bestimmte Energiemenge. Sie bedeutet analog (5.1) das Roharbeitsvermögen

$$W_{\mathrm{roh}} = mgH = \varrho VgH .$$

Als Fallhöhe ist hier die Höhendifferenz zwischen dem Massenschwerpunkt des Speicherinhaltes und dem Unterwasserspiegel einzusetzen. Mit dem Kraftwerkswirkungsgrad η folgt daraus die Nutzarbeit

$$W = \eta \varrho VgH . \tag{5.4}$$

Diese Beziehung liefert analog (5.3) die zugeschnittene Größengleichung

$$W \approx \frac{\left(\dfrac{V}{\mathrm{m}^3}\right)\left(\dfrac{H}{\mathrm{m}}\right)}{400}\ \mathrm{kWh} . \tag{5.5}$$

5.2 Entwurf von Wasserkraftwerken

5.2.1 Vorarbeiten

Wasserkraftwerke sind durch relativ hohe Anlagekosten und niedrige Betriebskosten gekennzeichnet. Oft liegen sie von den Verbrauchszentren weit entfernt. Da ihre Kenngrößen (nutzbare Wassermenge, erzielbare Fallhöhe, zeitlicher Verlauf des Wasserdargebotes, geographische Lage usw.) vorgegeben sind, stellen sie — im Gegensatz etwa zu den thermischen Kraftwerken — meist sehr individuell strukturierte Anlagen dar. Technische und wirtschaftliche Bedingungen der Errichtung und des Betriebes eines in Aussicht genommenen Wasserkraftwerkes sind zuvor entsprechend zu prüfen [5.4; 5.7; 5.9 bis 5.12].

Oft läßt sich ein wirtschaftlicher Betrieb nur dadurch erreichen, daß die für das Wasserkraftwerk erforderlichen wasserbaulichen Anlagen zugleich — und gegebenenfalls entsprechend erweitert — zusätzliche Funktionen übernehmen, zum Beispiel im Zusammenhang mit Hochwasserschutz, Schiffahrt, Fischerei, Wasserversorgung, Wassersport und anderem. Insbesondere große Speicherbecken bekommen dabei oft wachsende Bedeutung. Der Ausbau abgelegener Wasserdargebote kann auch eine Ansiedlung energieintensiver Industrien in seiner Nähe auslösen.

Als Grundlagen für die einleitenden Betrachtungen dienen in erster Linie: gewässerkundliche Unterlagen (Angaben über den zeitlichen Verlauf des Wasserdargebotes an dem betrachteten Punkt längs des Flußlaufes für eine möglichst große zusammenhängende Reihe von Jahren, Daten des Geschiebe-, Treibzeug- und Eisanfalles); Geländeunterlagen und bodenkundliche Unterlagen (Lagepläne mit Höhenschichtlinien, Bodenaufschlüsse usw.); Unterlagen zur Landeskultur und rechtliche Unterlagen (Bodenbenutzungskarten, Verkehrswege, Rechte Dritter, Landschaftsschutz); energiewirtschaftliche Unterlagen (Entfernung zu den Verbrauchsschwerpunkten, zeitlicher Verlauf des Elektrizitätsbedarfes).

Die Vorarbeiten dienen der Beschaffung bzw. der Aufstellung dieser Unterlagen. Zeitabhängigen Betrachtungen wird dabei oft das sogenannte Hydrologische oder Abflußjahr zugrundegelegt; das ist der Zeitraum vom 1. November des Vorjahres bis zum 31. Oktober des Berichtsjahres. Man geht dabei von der Erfahrung aus, daß ein Gebiet im allgemeinen im Laufe des Frühherbstes seine Wasservorräte weitgehend abgegeben hat, so daß dann wasserwirtschaftlich gesehen sozusagen ein neuer Bilanzzeitraum beginnt.

5.2.2 Ausbauzufluß und Ausbaufallhöhe

Ein wesentliches Kriterium für die Ausbauwürdigkeit eines Wasserdargebotes ist die nutzbare Wassermenge.
Der einem betrachteten Punkt längs eines Flußlaufes zuströmende „Zufluß" ist gleich dem „Abfluß" des betreffenden Einzugsgebietes; er weist zeitliche Pulsationen auf, deren Umfang und Verlauf auch von Jahr zu Jahr im allgemeinen sehr unterschiedlich sind. Als Ausbauzufluß des Wasserkraftwerkes wählt man, wie im folgenden noch näher dargelegt wird, einen bestimmten Anteil des mittleren Hochwasserabflusses; er wird realisiert in Form der sogenannten Schluckfähigkeit der Turbinen des Wasserkraftwerkes.

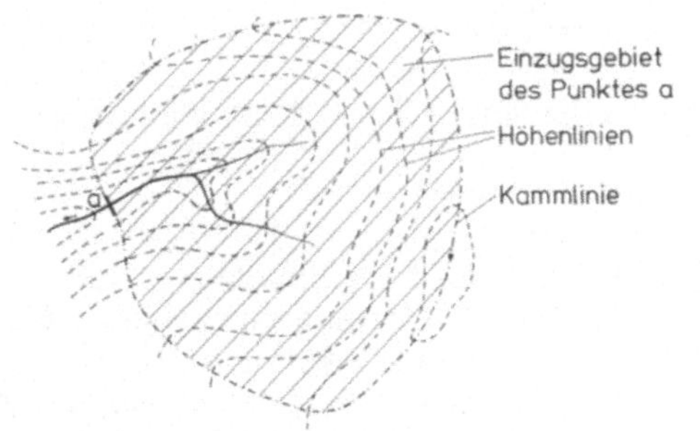

Bild 5.1. Einzugsgebiet eines Punktes an einem Wasserlauf

Der Abfluß eines Einzugsgebietes hängt unter anderem ab von der Fläche des Gebietes (Bild 5.1) und von den auftretenden Niederschlägen. Die das Einzugsgebiet begrenzende (oberirdische) Wasserscheide kann bei Vorliegen geneigter wasserundurchlässiger Schichten von der daraus resultierenden unter-

irdischen Wasserscheide abweichen (Bild 5.2); maßgebend ist dann die letztere. Ein Einzugsgebiet kann so vergrößert oder verkleinert werden.

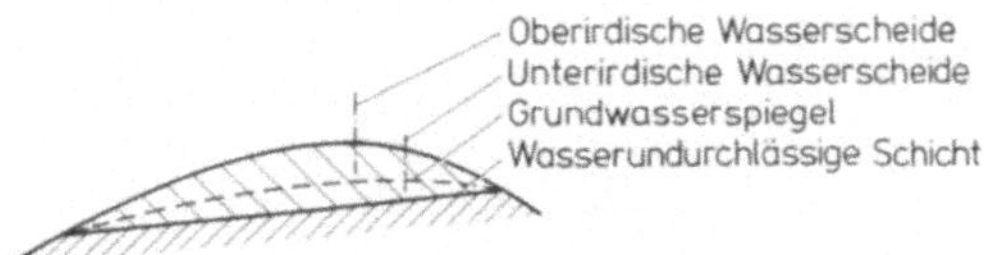

Bild 5.2. Oberirdische und unterirdische Wasserscheide

Niederschläge und Abfluß eines Einzugsgebietes stehen nur in mittelbarem Zusammenhang: die Niederschläge fließen nur zum Teil sofort ab. In Naßzeiten treten vielmehr durch Bildung von Reserven Abflußverzögerungen auf; in Trockenzeiten kommt durch Inanspruchnahme der Reserven vermehrter Abfluß zustande. Zusätzliche Abflußverzögerungen treten in der kalten Jahreszeit auf durch Bildung von Schnee und Eis. Ferner gehen Teile des Niederschlages für die Abflußbildung endgültig verloren (zum Beispiel durch unmittelbare Verdunstung, durch Verdunstung auf dem Weg über den Pflanzenwuchs, durch vermehrte Verdunstung infolge von Bewässerungsmaßnahmen). Man kann also in der Tat nur sehr bedingt von den Niederschlägen auf den Abfluß schließen; eine genauere Erfassung muß vielmehr unmittelbar durch Abflußmessungen erfolgen. Je größer ein Einzugsgebiet ist, um so ausgeglichener ist im allgemeinen der Abflußverlauf.
Durch Überleitung des Wasserdargebotes benachbarter Einzugsgebiete kann ein betrachtetes Einzugsgebiet vergrößert werden (Bild 5.3). Dabei kann unter Umständen auch ein Hochpumpen über begrenzte Höhendifferenzen wirtschaftlich sein.
Dem fundierten Entwurf eines Wasserkraftwerkes sind Aufzeichnungen des zeitlichen Verlaufes des Wasserdargebotes über einen möglichst langen zusammenhängenden Zeitraum (20 Jahre oder mehr) zugrundezulegen. Sie werden mit einem Schreibpegel erfaßt, der primär den Pegelstand h des Wasserlaufes mißt. Die Abhängigkeit des Abflusses Q vom Pegelstand wird anhand von Messungen am

Ort des Pegels ermittelt und in der sogenannten Abflußkurve $Q = Q(h)$ des Pegels niedergelegt.

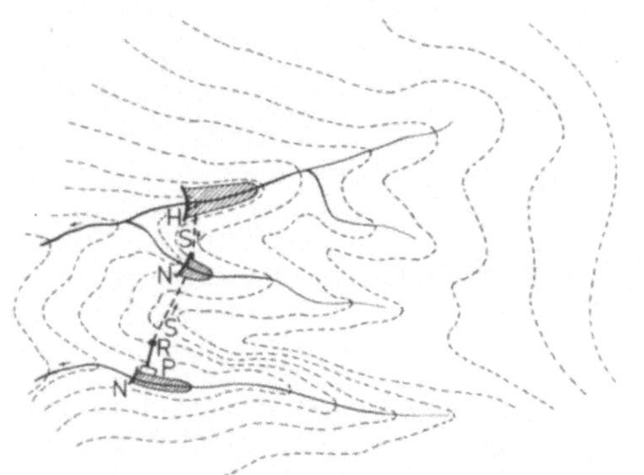

Bild 5.3. Vergrößerung eines Einzugsgebietes. H Hauptwasserfassung; N Nebenwasserfassung; P Pumpwerk; R Rohrleitung; S Stollen

Für den Durchfluß Q eines Querschnittes A gilt mit Volumen V, Weg s, Zeit t und Geschwindigkeit v allgemein die Beziehung

$$Q = \frac{V}{t} = \frac{As}{t} = Av \, .$$

Wenn die Geschwindigkeit nicht über den gesamten Querschnitt konstant ist, ist das Integral zu bilden; wenn die Richtung der Geschwindigkeit nicht überall mit der Flächennormalen übereinstimmt, ist ihre Normalkomponente v_n einzusetzen:

$$Q = \int_A v_n \, dA \, . \tag{5.6}$$

Neben anderen Methoden kann man Abflußmessungen in Wasserläufen mit einem sogenannten Meßflügel anstellen (zum Beispiel nach Woltmann; Bild 5.4); zur elektrischen Erfassung seiner Drehzahl schließt er nach je einer oder mehreren Umdrehungen einen Kontakt. Der Meßflügel ist so gestaltet, daß unmittelbar die Normalkomponente der Strömungsgeschwindigkeit, das heißt, ihre Komponente in Richtung der Meßflügelachse, erfaßt wird. Zur Messung werden geeignete Punkte im Flußbett ausgewählt.
Zur Durchführung solcher Messungen wird zunächst längs eines Meßquerschnittes senk-

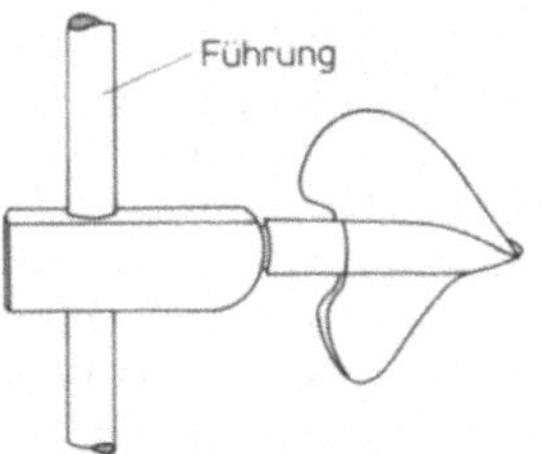

Bild 5.4. Meßflügel

recht zur Hauptströmungsrichtung des Wasserlaufes sein Bett ausgelotet. Alsdann nimmt man über Breite b und die jeweilige Tiefe h' des Gewässers verteilt (Horizontalkomponente $x = 0 \dots b$; Vertikalkomponente $y = 0 \dots h'(x)$) eine ausreichende Anzahl von Meßwerten $v_n(x; y)$ auf, über die anschließend in zwei Schritten nach der Beziehung

$$Q \approx \sum_x \left[\sum_y v_n(x; y) \, \Delta y \right] \Delta x \tag{5.7}$$

näherungsweise integriert wird; die Integration kann zum Beispiel graphisch vorgenommen werden. Die Auswahl der Werte x_i kann entsprechend den Hauptbrechpunkten der Sohle erfolgen (Bild 5.5). Der erste Auswertungsschritt liefert dann Zwischenwerte

$$f(x_i) \approx \sum_y v_n(x_i; y) \, \Delta y \, .$$

Der zweite Schritt liefert die Abflußmenge

$$Q \approx \sum_x f(x_i) \, \Delta x \, .$$

Zur Aufstellung der Abflußkurve $Q(h)$ des Pegels müssen die Messungen bei verschiedenen Pegelständen h wiederholt werden.
Aus den Aufzeichnungen des Pegels lassen sich dann Aussagen über das Wasserdargebot entnehmen; der Verlauf für ein Jahr wird als Abflußganglinie des betreffenden Jahres bezeichnet (Bild 5.6). Sie wird zur Erleichterung der anschließenden Erörterungen zunächst zur Abflußdauerlinie abstrahiert, indem man die Ordinatenwerte der Ganglinie der Größe nach ordnet.
Wegen der großen Unterschiede, die der zeitliche Verlauf des Wasserdargebotes eines Flusses von Jahr zu Jahr aufweisen kann, werden weiterhin die Abflußdauerlinien einer mög-

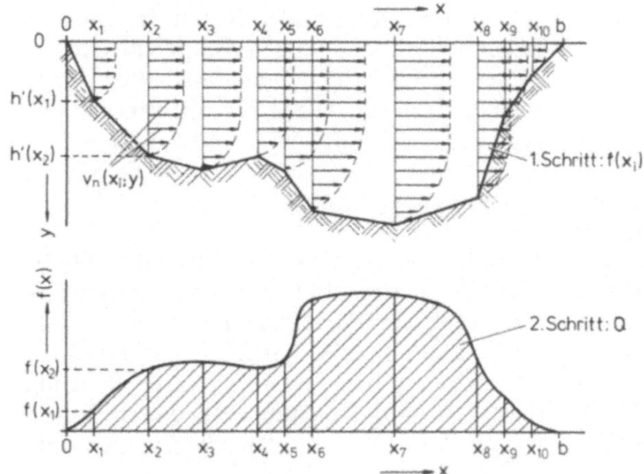

Bild 5.5. Beispiel für eine Abflußmessung und deren Auswertung

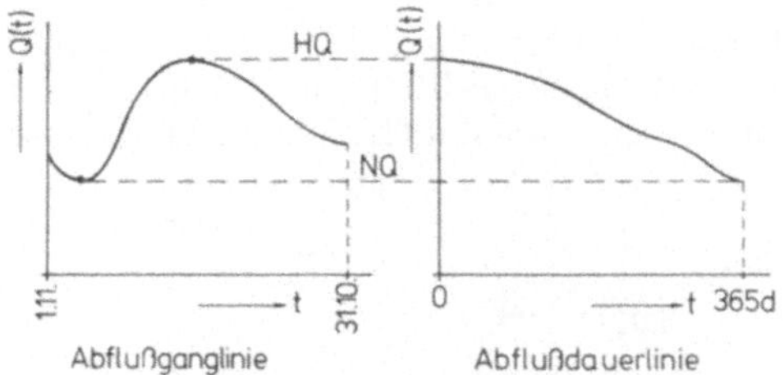

Bild 5.6. Gang- und Dauerlinie eines Abflusses

lichst großen Zahl von aufeinanderfolgenden Jahren durch Mittelung zur „Abflußdauerlinie für das Regeljahr" zusammengefaßt (Bild 5.7). Diese Kennlinie nennt zugleich den mittleren Hochwasserabfluß *MHQ* und den mittleren Niedrigwasserabfluß *MNQ*, sie liefert ferner den mittleren Abfluß *MQ*. Sie wird schließlich unter anderem ergänzt durch

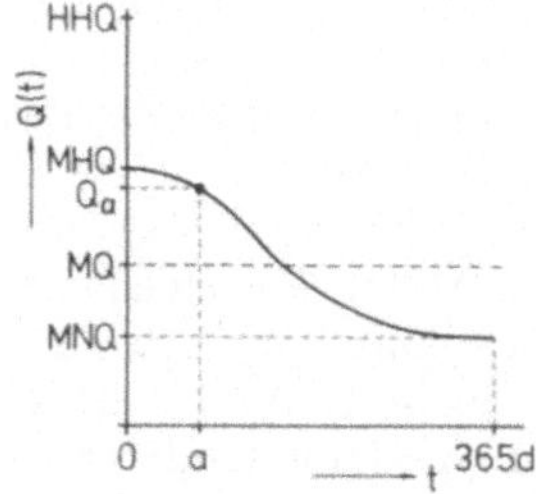

Bild 5.7. Abflußdauerlinie für das Regeljahr

den für die infragekommenden wasserbaulichen Anlagen selbst und ihre nähere Umgebung (Gefahr des Rückstaues) besonders wichtigen höchsten beobachteten Hochwasserabfluß *HHQ*.

Anhand dieser Abflußdauerlinie und abhängig davon, ob der Hauptabfluß in Zeiten großen oder in Zeiten geringen Elektrizitätsbedarfes anfällt, wählt man den Ausbauzufluß Q_a, für den das Wasserkraftwerk dimensioniert werden soll. Er bestimmt den Ausbaugrad

$$f = \frac{Q_a}{MQ} \tag{5.8}$$

des Wasserlaufes. Insbesondere bei Kraftwerken ohne nennenswerte Speichermöglichkeit ist diese Größe oder auch die aus dem Ausbauzufluß resultierende Anzahl a derjenigen Tage, an denen im Regeljahr überschüssiger Abfluß auftritt, von erheblichem Einfluß auf die Wirtschaftlichkeit der Anlagen.

Das zweite Kriterium für die aus einem Wasserdargebot bereitstellbare Leistung ist die sogenannte Kraftwerksfallhöhe. Sie wird durch Anlegen eines Stauwerkes (Wehr oder Talsperre; gegebenenfalls mit verbindenden Rohrleitungen oder Kanälen und weiteren Maßnahmen) als Höhenunterschied zwischen einem Oberwasserspiegel und einem Unterwasserspiegel bereitgestellt. Beide Wasserspiegel sind im Betrieb Schwankungen unterworfen: der Unterwasserspiegel sinkt mehr oder weniger stark mit schwindender Wasserführung; der Oberwasserspiegel kann zum Beispiel bei Hochwasser seinen Nennwert übersteigen, speziell bei aus Talsperren gespeisten Kraftwerken schwankt er vor allem mit dem unterschiedlichen Füllungsgrad des Speicherraumes. Die Ausbaufallhöhe ist definiert als diejenige Kraftwerksfallhöhe, die sich beim Ausbauzufluß maximal zwischen beiden Wasserspiegeln einstellt.

Die wasserwirtschaftlichen, geländemäßigen usw. Gegebenheiten zur Anlegung eines Wasserkraftwerkes können sehr unterschiedlich sein. Bei Anlagen mit kleiner Ausbaufallhöhe — unter anderem dadurch charakterisiert, daß das eigentliche Kraftwerk meist unmittelbar am Stauwerk oder nur wenig davon entfernt errichtet wird — macht man diese durch Stauen des Oberwassers, Senken des Unterwassers, Anlegen einer Wasserumleitung oder Kombinationen dieser Prinzipien zugänglich (Bild 5.8); eine Umleitung kann zum Beispiel

Infolge der auftretenden Reibungsverluste ist bei allen Fallhöhen die im Betrieb an den Turbinen verfügbare sogenannte Nutzfallhöhe kleiner als die vorliegende Kraftwerksfallhöhe (vgl. die Abschnitte 5.3.1 und 5.3.2).

5.2.3 Leistungsplan

Vor allem Kraftwerke mit kleinen Fallhöhen verfügen meist nicht über nennenswerten Speicherraum. Sie müssen den anfallenden Zufluß im Rahmen ihrer Möglichkeiten immer sofort abarbeiten; überschüssiges Wasser geht über das Wehr. Ihr Vollstau muß dauernd erhalten bleiben. Diese Kraftwerke arbeiten daher mit stark schwankendem Durchfluß und werden deshalb zur Erzielung eines besseren Teillastverlaufes insbesondere des Turbinenwirkungsgrades — auch zur Erleichterung der Maschinenwartung — statt eines einzigen Maschinensatzes meist mit zwei bis drei gleichen Sätzen ausgerüstet; in Sonderfällen ergibt sich aus anderen Gründen auch die Not-

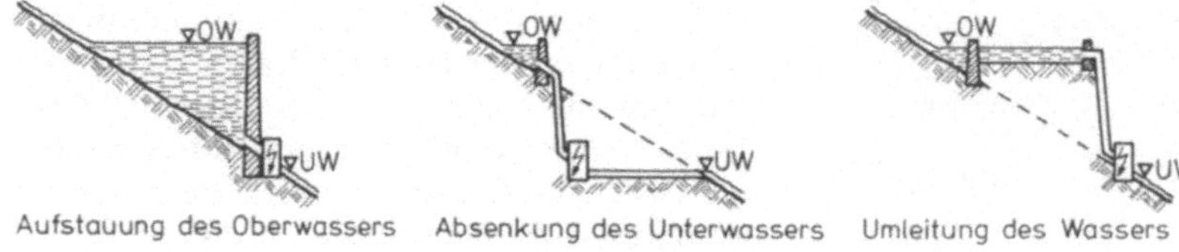

Bild 5.8. Ausbauformen kleiner Gefällestrecken

eine Flußschleife abschneiden und damit vor allem die Gefälleverluste infolge Reibung wesentlich vermindern, sie kann in Gelände mit ungeeignetem Untergrund durch Abdichten der Umleitung insbesondere erhöhte Sickerverluste infolge des Staues unterbinden oder in bebautem Gelände die Überflutung großer Flächen durch den Stau vermeiden. Die gesamte Kraftwerksfallhöhe steht dann meist unmittelbar am Krafthaus an (vgl. Abschnitt 5.3.1).

Für Anlagen mit großer Fallhöhe ist unter anderem die oft weite räumliche Entfernung zwischen Stauwerk und Kraftwerk typisch. Sie wird durch Stollen oder Rohrleitungen überbrückt und kann Längen von 10 km und mehr erreichen (vgl. Abschnitt 5.3.2).

wendigkeit zur Erstellung einer noch wesentlich größeren Anzahl von Einheiten (Gezeitenkraftwerke; vgl. Abschnitt 5.3.4). Ausgehend von der Abflußdauerlinie für das Regeljahr stellt man zur genaueren Beurteilung und Bewertung des Leistungsdargebotes des Wasserkraftwerkes seinen sogenannten Leistungsplan auf (Bild 5.9).

Die Kraftwerksfallhöhe als Differenz aus Oberwasser- und Unterwasserspiegel ist in Teilbereichen annähernd konstant; bei großem Zufluß nimmt sie infolge Ansteigens des Unterwasserspiegels ab. Das hat auch Auswirkungen auf den Turbinendurchfluß: er sinkt bei großem Zufluß wieder unter den Ausbauzufluß Q_{I}. Der Wirkungsgradverlauf zeigt Schwankungen entsprechend der Anzahl n

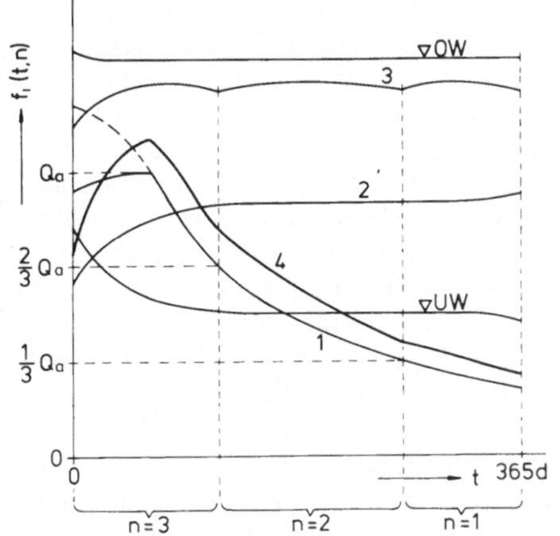

Bild 5.9. Leistungsplan eines Wasserkraftwerkes mit drei gleich großen Maschinensatzen 1 Durchfluß. 2 Kraftwerksfallhohe. 3 Gesamtwirkungsgrad. 4 Leistung

der in Betrieb befindlichen Maschinensätze; speziell bei großem Zufluß nimmt er infolge der sinkenden Kraftwerksfallhöhe ebenfalls stärker ab. Der Verlauf des Leistungsdargebotes ergibt sich dann als Produkt aus Fallhöhe, Durchfluß und Wirkungsgrad.

Analog der Konstruktion der Abflußdauerlinie aus der Abflußganglinie (Bild 5.6) läßt sich umgekehrt mit Hilfe der Zusammenhänge zwischen der hier zugrundegelegten Abflußdauerlinie für das Regeljahr bzw. ihres

tatsächlich genutzten Anteiles und einer angenäherten Abflußganglinie für das Regeljahr aus obigem Verlauf des Leistungsdargebotes die Ganglinie des Leistungsdargebotes für das Regeljahr näherungsweise aufstellen (Bild 5.10). Sie erlaubt eine endgültige Bewertung des Energiedargebotes.

5.2.4 Ausgleich und Speicherung von Wasserdargeboten

In Spitzenzeiten des Elektrizitätsbedarfes (Tagesspitzen; Winterhalbjahr) dargebotene Energie wird höher bewertet als solche in Schwachlastzeiten. Es liegt daher nahe, zu prüfen, ob sich das Energiedargebot eines Wasserkraftwerkes durch Anlegen eines Wasserspeichers ausgleichen bzw. speziell in die Spitzenzeiten verlegen läßt. Je nach den Gegebenheiten muß dabei weiterhin permanent eine sogenannte Restwassermenge für den Unterlauf des abgesperrten Gewässers abgegeben werden.

Für in Frage kommende Wasserdargebote in Gebirgslagen lassen sich dazu oft Möglichkeiten ausfindig machen: unter gewissen weiteren Voraussetzungen (Zugänglichkeit, Untergrund und andere) lassen sich dann in scharf eingeschnittenen, wenig genutzten Tälern Talsperren anlegen, die relativ große Speicherräume erbringen. Unter Umständen sind auch die Voraussetzungen dafür gegeben, durch Ausbau eines solchen Wasserkraftwer-

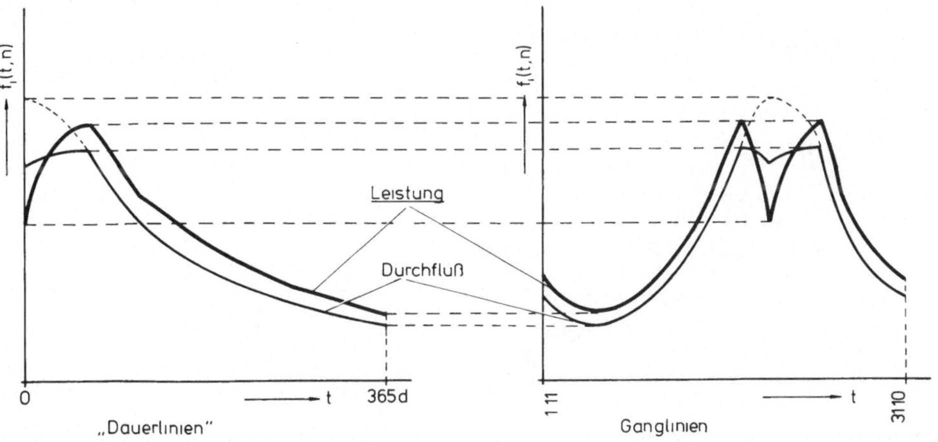

Bild 5.10. Ganglinie eines Leistungsdargebotes

kes zum Pumpenspeicherwerk zusätzlich in Schwachlastzeiten Wasser hochzupumpen und so überschüssige Schwachlastenergie aus dem Öffentlichen Elektrizitätsversorgungsnetz auf dem Umweg über die potentielle Energie des hochgepumpten Wassers für Spitzenzeiten zu speichern.

In den Niederungen ist dagegen eine Anlegung von Speicherräumen, die den dort auftretenden Wasserdargeboten angemessen wären, im allgemeinen kaum möglich. Eine gewisse Ausnahme bilden Kraftwerkstreppen; sie können unter Umständen durch Anlegen eines Kopfspeichers und eines Ausgleichspeichers für sogenannten Schwellbetrieb ausgebaut werden (Bild 5.11).

Kraftwerkstreppen bestehen aus mehreren aufeinanderfolgenden Staustufen geringer Fallhöhe mit jeweils eigenem Kraftwerk; das Unterwasser einer Stufe bildet sofort das Oberwasser der nächsten Stufe. Ohne außerhalb des eigentlichen Flußbettes allzu viel Gelände in Anspruch zu nehmen, wird so unter Mitnutzung unterwegs einmündender weiterer Wasserläufe die Gesamtfallhöhe aller Stufen nutzbar gemacht.

Bei Schaffung der Voraussetzungen für einen Schwellbetrieb erfordert die Vergrößerung der beiden Endspeicher zusätzlichen Aufwand. Der Kopfspeicher kann dann etwa das Wasser der Nachtstunden sammeln; alle Kraftwerke bis auf das letzte (siehe unten) sind währenddessen stillgesetzt. In den anschließenden Tagstunden kann der Speicherinhalt über alle Stufen außer der letzten schwallartig

abgearbeitet werden. Der Ausgleichspeicher fängt den Schwall auf; sein Kraftwerk arbeitet unterbrechungslos und mit entsprechend geringerer Leistung sowohl in den Tag- als auch in den Nachtstunden, um so für den weiteren Flußlauf die Wasserführung wieder auszugleichen. Das Wasserdargebot eines Zeitraumes von 24 h wird also zur Nutzung auf einen kürzeren Zeitraum zusammengedrängt und über das Gesamtgefälle abgearbeitet; es kommt bei begrenztem Speicherraum eine wesentlich vermehrte Leistung zustande. Allerdings wird auf diese Weise in der Regel kein wirklicher Spitzenbetrieb gefahren; ein solcher wäre schon aufgrund der raschen Aufeinanderfolge von Schwall- und Sunkwellen, die sich bei häufiger Änderung des Durchflusses der Kraftwerkskette längs der einzelnen Staustufen insbesondere bei geringeren Wassertiefen ausbilden und in störender Weise überlagern können, problematisch. Es wird vielmehr in erster Linie eine Erhöhung der gesicherten Leistung des betreffenden Verbundsystems erzielt.

5.3 Aufbau und Betrieb von Wasserkraftwerken

5.3.1 Niederdruckanlagen

Wasserkraftwerke nutzen Kombinationen aus einem Durchfluß und einer Fallhöhe. Beide Werte streuen in weiten Bereichen; es kom-

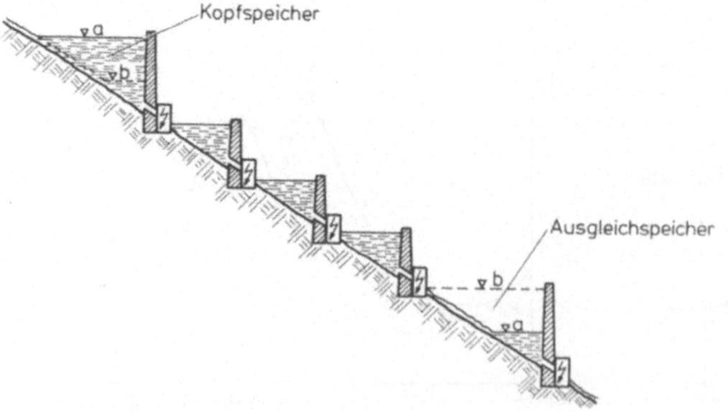

Bild 5.11. Kraftwerkskette für Schwellbetrieb. a Wasserspiegel zu Beginn der Betriebszeit; b Wasserspiegel am Ende der Betriebszeit

men die verschiedensten Varianten zustande. Ein möglicher Einteilungsgesichtspunkt für Wasserkraftwerke ist ihre Fallhöhe bzw. der daraus resultierende vor den Turbinen anstehende Druck. Man unterscheidet dann Niederdruck- und Hochdruckanlagen; der Übergang zwischen beiden Bereichen ist fließend; er liegt bei Fallhöhen von etwa 20 bis 50 m.

Wesentliche Bestandteile eines Wasserkraftwerkes, zum Teil nur bei bestimmten Arten erforderlich werdend, sind das Stauwerk samt seinem Stauraum und den zugehörigen Verschluß- und Hochwasserentlastungsanlagen, die Triebwasserleitungen mit weiteren Verschlußanlagen sowie gegebenenfalls mit einem Druckentlastungsorgan („Wasserschloß"; vgl. Abschnitt 5.3.5) und schließlich das Krafthaus mit den Energiewandlern und die Hochspannungsschaltanlage.

Niederdruckanlagen verfügen meist über keinen nennenswerten Speicherraum, dessen Inhalt etwa unter Inkaufnahme von Schwankungen des Oberwasserspiegels willkürlich in Anspruch genommen werden könnte. Das sogenannte Stauziel muß vielmehr dauernd erhalten bleiben, damit andernfalls nicht mit sinkender Fallhöhe schnell große Leistungsminderungen eintreten. Diese Kraftwerke müssen daher in ihrer Leistungsabgabe immer dem gerade vorliegenden Zufluß folgen und werden — im Gegensatz zu den später zu betrachtenden Speicherkraftwerken — auch als Laufkraftwerke bezeichnet.

Bei Fallhöhen bis etwa 20 m wird die Stauanlage einer Niederdruckanlage im allgemeinen unmittelbar durch Krafthaus, Wehr und gegebenenfalls Schleusen gebildet; bei größeren Fallhöhen wird ein Erddamm oder eine Mauer errichtet, die man über kurze Rohrleitungen mit dem Krafthaus verbindet. Das Wehr, über seine Breite oft in getrennt zu betätigende Abschnitte unterteilt, muß in der Lage sein, nach seinem Umlegen, Absenken oder Ziehen das höchste Hochwasser *HHQ* und eventuellen Eisgang gefahrlos abzuführen. Falls der nach Anlegung von Krafthaus und Schleusen verbleibende Rest der Flußbreite dazu nicht ausreicht, kann man das Krafthaus und eventuell auch die Schleusen in dazu anzulegenden Buchten unterbringen; Bild 5.12 zeigt ein Beispiel mit zwei Maschinensätzen.

Man kann das Krafthaus auch im unteren Teil des Wehrkörpers selbst unterbringen; dann kommt man zur überströmbaren Bauweise (siehe unten). Oft sind die wasserbaulichen Anlagen mit Rücksicht auf die Wanderungsbewegungen der Fische — beispielsweise zur Laichzeit — durch einen sogenannten Fischpaß zu ergänzen; eine entsprechende Anzahl von Becken werden in Stufen von beispielsweise ca. 0,2 m Höhe so hintereinander angeordnet, daß sich eine kleine Wassermenge vom Oberwasser aus von Becken zu Becken in das Unterwasser ergießt; die Fische sind in der Lage, die entstehenden Schwellen zu überwinden.

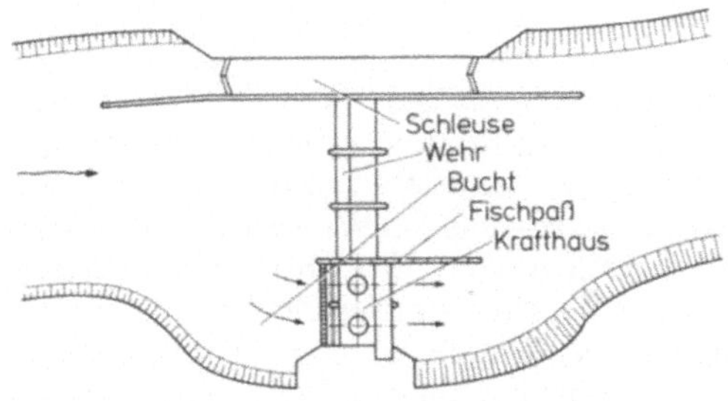

Bild 5.12. Laufkraftwerk in Buchtenbauweise

Die beiden Haupt-Krafthausformen sind das geschlossene Krafthaus und dasjenige in Freiluftbauweise; Bild 5.13 zeigt ein Beispiel für die erstere Variante. Niederdruckanlagen werden meist mit Kaplan- oder auch Propeller-Turbinen, bei relativ großer Fallhöhe auch mit

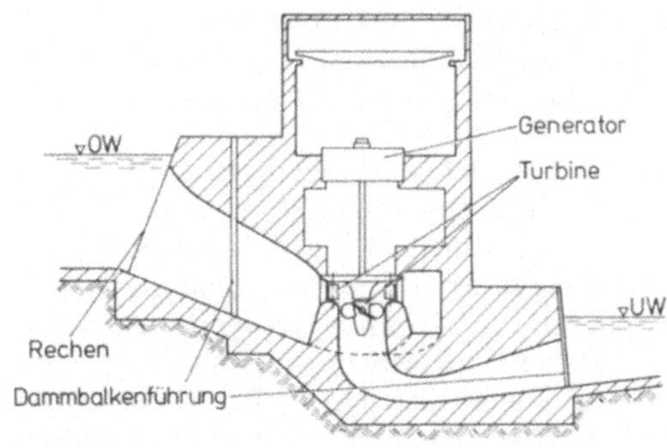

Bild 5.13. Laufkraftwerk mit geschlossenem Krafthaus

Francis-Turbinen ausgerüstet (vgl. Abschnitt 5.4.1). Oberwasserseitig erhalten sie zum Schutz der Turbinen einen Rechen. Als betriebsmäßiges Verschluß- und Regulierorgan dient, wie im einzelnen später noch dargelegt wird, der sogenannte Leitapparat der Turbine und — sofern dieses verstellbar ist — das Laufrad. Für Wartungszwecke kann das Kraftwerk ober- und unterwasserseitig beispielsweise durch Absenken von Dammbalken längs dafür vorgesehener Führungen abgeschlossen und dann leergepumpt werden; oberwasserseitig kann man die Dammbalken auch zu einer Fallschütze zusammenfassen, die in Notfällen automatisch ausgelöst wird.

Vor allem im unteren Fallhöhenbereich — mit Kaplan- oder Propeller-Turbinen nutzbar — ergibt sich oft eine besonders vorteilhafte Wasserführung, wenn man von der stehenden Wellenanordnung zur horizontal oder leicht gegen die Horizontale geneigt liegenden Anordnung übergeht. Wegen der typischen Art der sich so ergebenden Wasserführung werden die Turbinen dann als Rohrturbinen bezeichnet. Der Wirkungsgrad erreicht besonders gute Werte, wenn auch bei der Propellerturbine nur in einem schmalen Betriebsbereich; die Krafthausabmessungen schrumpfen, da parallele Maschinensätze jetzt besonders dicht aufeinander folgen können; für ein und dieselben Laufradabmessungen steigt die Schluckfähigkeit der Turbinen. Allerdings ist die so mit einem Maschinensatz bereitstellbare Leistung auf Werte um 10 MW begrenzt.

Es gibt zwei Rohrturbinenvarianten [5.6]: im einen Fall wird der Generator axial mit dem Turbinenlaufrad fluchtend in einem birnenförmigen Gehäuse untergebracht („umströmter Generator"); im anderen Fall wird er außen am Umfang des Turbinenlaufrades angebracht („durchströmter Generator"; siehe unten). Der umströmte Generator wird abhängig von der Turbinendrehzahl zum Teil zur Reduzierung seiner Abmessungen über ein ebenfalls in dem Gehäuse sitzendes Getriebe angetrieben. Bild 5.14 zeigt die Anordnung eines umströmten Generators mit Getriebe: die Generatorbirne ist in diesem Beispiel über einen Schacht im Betrieb begehbar. Der durchströmte Generator wird im Gegensatz zum umströmten Generator in seiner Gestaltung praktisch nicht durch radiale Gren-

zen eingeengt; seine Kühlung ist — ebenfalls teilweise im Gegensatz zum umströmten Generator — immer ganz unproblematisch (vgl. Bild 5.16).

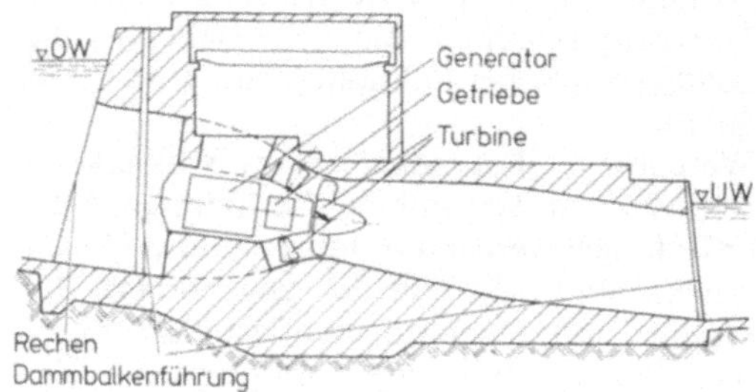

Bild 5.14. Laufkraftwerk mit Rohrturbine mit umströmtem Generator

Speziell bei kleinen Fallhöhen kann die Turbine ferner auch nach dem Heberprinzip arbeiten (Bild 5.15). Sie läßt sich dann verhältnismäßig hoch anordnen; die Aufwendungen für den Fundamentaushub des Krafthauses sind gering. Außerdem bietet sich dann durch Belüften der Heberkammer über ein Ventil eine besonders einfache Möglichkeit für den Turbinenschnellschluß in Störungsfällen.

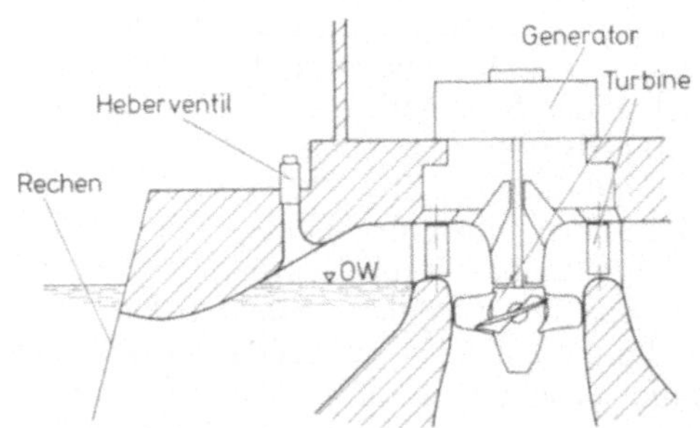

Bild 5.15. Laufkraftwerk mit Turbine in Heberanordnung

Beim überströmbaren Kraftwerk liegt schon wegen der geringen lichten Höhe des entstehenden Maschinenhauses der Einsatz der Rohrturbine nahe. Bild 5.16 zeigt eine derartige Anlage mit durchströmtem Generator und schwach gekrümmtem Saugschlauch (vgl. Abschnitt 5.4.1); der eigentliche Wehrkörper wird durch eine aufgesetzte und umlegbare Stauklappe überstaut. Das Polrad des Generators ist auf das Turbinenlaufrad geschrumpft. Die Abdichtung des Laufrades gegenüber dem Generator erfordert besondere Sorgfalt.

Bild 5.17 zeigt als Beispiel ein Niederdruck-Wasserkraftwerk in Buchtenbauweise mit geschlossenem Krafthaus samt Wehren und Schleusenanlage (4,4 m; 4×100 m^3/s; $4 \times 4,1$ MW).

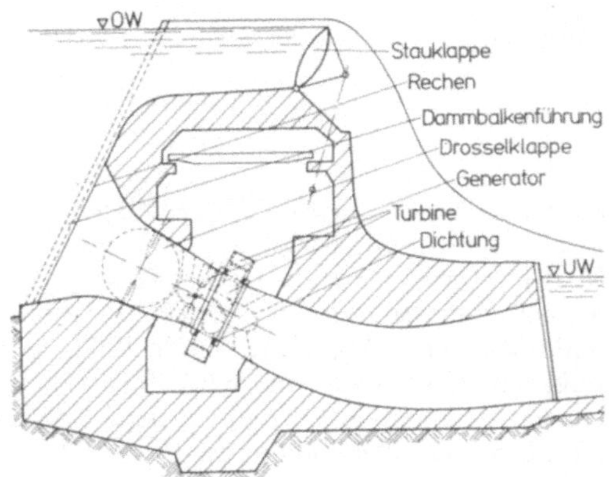

Bild 5.16. Laufkraftwerk in uberstrombarer Bauweise mit Rohrturbine mit durchstromtem Generator

5.3.2 Hochdruckanlagen

Hochdruckanlagen verfügen meist über beträchtlichen Speicherraum. Sie sind daher für den Einsatz zur Spitzendeckung prädestiniert und werden folglich auch als Spitzenkraftwerke bezeichnet. Der Oberwasserspiegel erfährt bei einer solchen Betriebsweise Schwankungen im Bereich der durch das eigentliche Stauwerk, eine Talsperre, erzeugten Stauhöhe; sie erreichen die Größenordnung von 100 m oder mehr. Diese Stauhöhe wird jedoch durch Nutzung zusätzlichen Gefälles bis zum Krafthaus meist wesentlich, oft um eine Zehnerpotenz und mehr, vergrößert. Die angesichts dieser Fallhöhenverhältnisse aus den Schwankungen resultierenden Leistungsminderungen sind daher meist gering und fallen hier gegenüber den Vorteilen, die eine derartige Spitzendeckung erbringt, wenig ins Gewicht.

Unter anderem abhängig von der Talform, dem Baugrund, den Möglichkeiten zur Baustoffbeschaffung und Fragen des Landschaftsschutzes werden die Talsperren als Staudämme oder als Staumauern ausgeführt. Der Staudamm wird angeschüttet oder angespült und mit einer Dichtungsschicht versehen; er gewinnt Standfestigkeit durch seine Masse und nimmt ein entsprechend breites Profil an. Die Staumauer wird in Beton gegossen oder

Bild 5.17. Wasserkraftwerk Neef an der Mosel (RWE). Luftaufnahme Aero-Lux, Frankfurt/M ; Freigabe: Reg -Pras. Darmstadt, Nr 427/80)

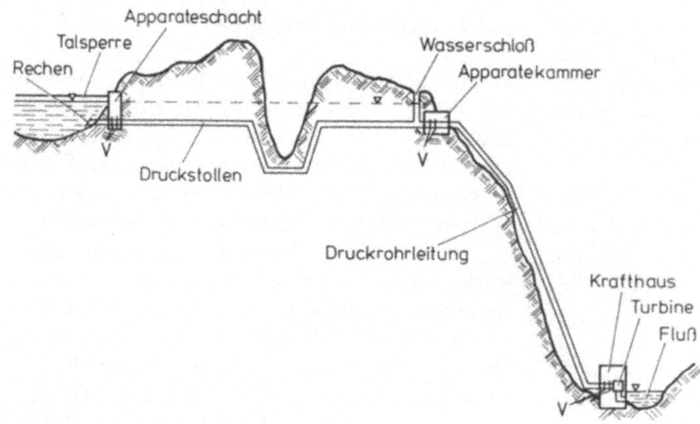

Bild 5.18. Speicherkraftwerk. V Verschlußorgan

(seltener) gemauert; sie wird als Gewichts- oder als Bogenstaumauer oder als Kombination beider Prinzipien ausgeführt. Die Gewichtsstaumauer gewinnt ihre Standfestigkeit ähnlich dem Staudamm im wesentlichen aufgrund ihrer Masse; ihr Profil ist noch relativ breit. Die Bogenstaumauer gewinnt ihre Festigkeit, indem sie sich gegenüber dem anstehenden Wasser wölbt und so die aus der Wasserfüllung resultierenden Kräfte auf die Talflanken überträgt; sie nimmt ein schlankes Profil an.

Um anfallendes Hochwasser auf einem definierten und entsprechend armierten Weg ohne Gefährdung der Talsperre selbst und ihrer Fundamente abführen zu können, erhält sie einen sogenannten Hochwasserüberfall, und zwar meist einfach durch entsprechendes Absenken der Talsperrenkrone in einem schmalen Bereich. Er mündet am Fuß der Talsperre in ein Tosbecken, das mit robusten Höckern oder ähnlichem versehen ist und bewirken soll, daß das dort ankommende Wasser seine beträchtliche kinetische Energie durch Wirbelbildung in Wärme umsetzt. Zur gelegentlichen Entleerung, eventuell auch zum Ausspülen angeschwemmter Geröllmassen, die sonst mit der Zeit den Stauraum verkleinern würden, erhalten die Talsperren ferner einen Grundablaß; er führt ebenfalls in das Tosbecken.

Der Betriebsauslaß der Talsperre erhält einen Rechen sowie einen Betriebsverschluß und einen vorgeschalteten Notverschluß. Die Fortleitung des Wassers erfolgt auf möglichst kurzem Wege mittels Druckstollen bzw. Druckrohrleitung; möglichst nahe vor dem Krafthaus wird meist zur Druckentlastung bei Schnellschlüssen ein Wasserschloß angeschlossen (vgl. Abschnitt 5.3.5). Bild 5.18 zeigt ein Beispiel für eine Hochdruckanlage, bei der weiterhin dort, wo hinter dem Wasserschloß der Druckstollen in die Druckrohrleitung übergeht, in einer Apparatekammer und ferner am Eintritt der Druckrohrleitung in das Krafthaus jeweils nochmals ein Betriebs- und ein Notverschluß eingebaut wurden; als Regulierverschluß dienen die betreffenden Elemente der Turbinen selbst (vgl. Abschnitt 5.4.1).

Aus verschiedenen Gründen (Schutz vor Steinschlag und Lawinen, Landschaftsschutz, beengte Verhältnisse im Tal, während der Errichtung Möglichkeit zum Fortführen der Bauarbeiten auch während der kalten Jahreszeit und andere) wird das Krafthaus zuweilen auch als Kaverne angelegt (Bild 5.19). Je unmittelbarer es dann unter dem Stauraum angeordnet

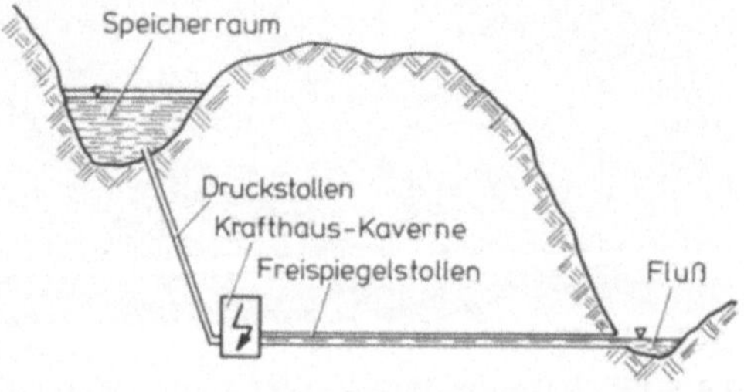

Bild 5.19. Speicherkraftwerk in Kavernenbauweise

wird, um so kürzer wird der Druckstollen; die Wasserabfuhr kann über geringen oder keinen Druck führende und damit weniger aufwendige Stollen (zum Teil als Freispiegelstollen betreibbar) erfolgen.

5.3.3 Pumpspeicherwerke

Da der Belastungsverlauf im Öffentlichen Netz pulsiert, steht dort in den Schwachlastzeiten überschüssige elektrische Energie zur Verfügung. Ihre unmittelbare großtechnische Speicherung zur Verwendung in den Spitzenzeiten ist auf wirtschaftliche Weise nicht möglich. Wenn nicht zur Spitzendeckung sowieso in reichlicherem Maße ausbaufähige Wasserkräfte zur Verfügung stehen, ist dagegen eine mittelbare Speicherung dieser zunächst überschüssigen Energie auf dem Umweg über eine andere Sekundärenergieform („Reversible Sekundärenergiespeicherung") in geeigneten Anlagen oft wirtschaftlicher als die Errichtung zusätzlicher thermischer Kraftwerke zur Spitzendeckung. Man setzt dazu Pumpspeicherwerke ein. Sie wandeln die elektrische Energie vorübergehend in potentielle Energie von Wasser um, das aus einem Tiefbecken in ein Hochbecken gepumpt wurde; als Tiefbecken wählt man eine geeignete, entsprechend angestaute Flußstrecke. Das Verfahren ist weit verbreitet; es hat den Vorzug, daß das als Energieträger verwendete Wasser leicht bereitzustellen und zu handhaben ist und liefert zwischen wiedergewonnener und aufgewendeter elektrischen Energie Gesamtwirkungsgrade von 75 bis 77%. Wie die Speicherkraftwerke können die Pumpspeicherwerke auftretenden Belastungsschwankungen feinfühlig folgen; sie stellen außerdem für das Verbundsystem eine Momentanreserve bei anderweitigen Kraftwerksausfällen dar. Es gibt reine Pumpspeicherwerke und solche mit zusätzlichem natürlichen Zufluß in das Hochbecken. Im ersteren Fall kann das Hochbecken auch auf einer Bergkuppe angelegt werden. Schließlich ist in dem Zusammenhang auch die moderne Luftspeicher-Gasturbinenanlage zu erwähnen (Abschnitt 3.2.2): sie besitzt einen Großraumspeicher, der mit komprimierter Luft gefüllt wird.
Bild 5.20 zeigt ein Beispiel für die Einsatzweise eines Pumpspeicherwerkes, das den Inhalt seines Hochbeckens im Tagesrhythmus umwälzt; der im Hochbecken verfügbare Speicherraum ist hier, bezogen auf die installierte Leistung, verhältnismäßig klein. Anlagen mit relativ gesehen wesentlich größer bemessenem Speicherraum können im Jahres- oder gegebenenfalls auch im Mehrjahresrhythmus bewirtschaftet werden. Je nach der vorgesehenen Einsatzweise kann die installierte Turbinenleistung auch größer gewählt werden als die installierte Pumpenleistung.

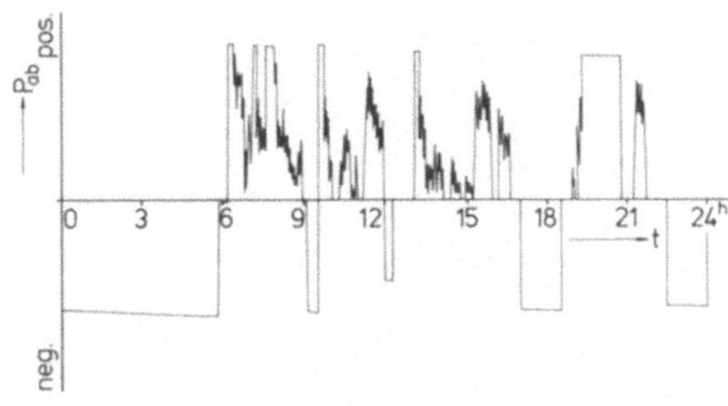

Bild 5.20. Beispiel für die Einsatzweise eines Pumpspeicherwerkes im Tagesrhythmus

In seiner klassischen Variante verfügt das Pumpspeicherwerk über drei Haupt-Energiewandler: die elektrische Maschine, die wahlweise als Generator oder als Motor arbeitet, die Turbine und die Pumpe (Bild 5.21). Als Turbine wird je nach der Fallhöhe die Francis- oder die Pelton-Turbine eingesetzt. Die Pumpe ist einer in ihrer Wirkungsrichtung umgekehrten Francis-Turbine ähnlich; solange die Drehzahl des Maschinensatzes im Generator- und im Motorbetrieb gleich gewählt wird, muß die Pumpe meist mehrere Stufen erhalten. Da die Turbine in Form des verstellbaren Leitapparates bzw. der Düsennadel über ein eigenes Regulierorgan verfügt, genügt dort zulaufseitig der nur in den Endstellungen betreibbare Kugelschieber. Das Leitrad der Pumpe ist dagegen starr, so daß dort druckseitig als Regulierorgan ein Ringschieber benötigt wird (vgl. Abschnitte 5.4.1 und 5.3.5). Wenn beim Betrieb einer der beiden hydraulischen Maschinen die jeweils andere — selbstverständlich von Wasser entleert — mitläuft, entstehen zusätzliche Verluste, die durch Abkuppeln zu vermeiden wären. Da zu Spitzenzeiten verfügbare Energie im Gegensatz zu Schwachlastenergie hoch bewertet wird, ist das Einfügen einer Kupplung auf der Seite der Pumpe zur Minderung der Energieverluste im Turbinenbetrieb eine wirtschaftliche Maßnahme; die im analogen Fall im Pumpbetrieb erzielbaren Kosteneinsparungen für Schwachlastenergie rechtfertigen diese Maßnahme dort jedoch nicht.

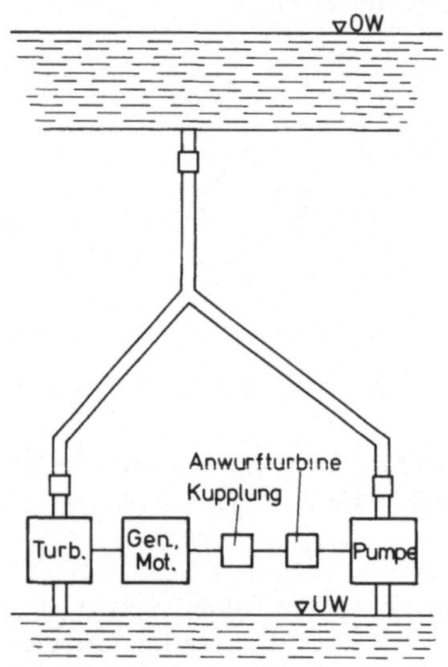

Bild 5.21. Pumpspeicherwerk

Will man die Pumpe zur Zeitersparnis bei laufendem Maschinensatz ankuppeln können, dann benötigt sie überdies eine Vorrichtung zum Hochfahren. Dazu sieht man eine kleine Pelton-Turbine oder eine hydraulische Kupplung vor.

Statt Pumpe und Turbine als zweier getrennter hydraulischen Maschinen setzt man in neueren Anlagen teilweise auch sogenannte Pumpturbinen ein. Es sinken dann die Aufwendungen für den Maschinensatz und die zugehörigen Absperrorgane samt Verteilrohr sowie die Abmessungen des Krafthauses. Zwischen beiden Betriebsarten wird jedoch jeweils eine Drehrichtungsumkehr erforderlich, so daß die Umschaltzeit wächst; man kann einen solchen Maschinensatz dann auch nur noch bedingt als Momentanreserve bewerten. Ferner läßt sich das jeweilige Wirkungsgradoptimum der

beiden Betriebsarten einer solchen Maschine meist nicht bei ein und derselben Drehzahl erreichen; man muß dann vielmehr entweder Minderungen akzeptieren oder die elektrische Maschine zum Erreichen unterschiedlicher Drehzahlen im Generator- und im Motorbetrieb umschaltbar ausführen.

Die Maschinensätze können horizontal oder vertikal angeordnet werden. Im ersten Fall ergeben sich Montagevorteile und eine übersichtlichere Anordnung; es entsteht jedoch erhöhter Grundflächenbedarf. Im zweiten Fall sind die Verhältnisse umgekehrt. Bei stark schwankendem Unterwasserspiegel greift man meist mit Rücksicht auf die pumpenseitig einzuhaltende Mindestzulaufhöhe zur zweiten Variante.

Auch bei Gezeitenkraftwerken kann ein überlagerter Pumpbetrieb in Frage kommen (vgl. Abschnitt 5.3.4). Da hier aufgrund der vorliegenden Fallhöhenverhältnisse Kaplan-Turbinen verwendet werden, ist grundsätzlich statt einer Drehrichtungsumkehr auch ein Verstellen der Laufschaufeln über die Ruhelage hinaus in eine Pumpstellung möglich. Weil jedoch — jedenfalls bei der Einbeckenanlage — sowieso Wartezeiten auftreten, kann man auch hier ebenfalls mit Drehrichtungsumkehr arbeiten.

5.3.4 Gezeitenkraftwerke

Erde und Mond kreisen um ihren gemeinsamen Schwerpunkt; aufgrund der Massenverhältnisse beider Weltkörper liegt er nahe beim Erdmittelpunkt. In den Weltmeeren erzeugen die Gravitationswirkung des Mondes einerseits, die aus der besagten Rotationsbewegung folgende Zentrifugalkraft andererseits zwei umlaufende Flutwellen (sowie entsprechende Wirkungen auf die Lufthülle der Erde und auch auf den Erdkörper selbst): die von der Gravitationswirkung erzeugte Flutwelle ist dem Mond zugewandt, die zweite ist ihm abgewandt. Die Einwirkung der Sonne beeinflußt diese Erscheinungen merklich: wenn Sonne und Mond in Konjunktion oder in Opposition stehen (Neumond bzw. Vollmond), verstärken sich ihre Wirkungen zur Springflut, zur Zeit ihrer Quadraturen schwächen sie sich (Nippflut). Die Verteilung von Land und Wasser an der Erdoberfläche, speziell Meerengen, Buchten usw., können die Gezeitenbewegungen nochmals stark beeinflussen: es entstehen dann unter Umständen bedeutende Stauwirkungen. So beträgt der Tidenunterschied an der deutschen Nordseeküste im Mittel etwa 2,5 m; an der Bay of Fundy in Kanada können bei Springflut 21 m zustandekommen. Gezeitenkraftwerke sind damit den Niederdruckanlagen zuzuordnen.

Der Verlauf der Gezeitenbewegung ist im allgemeinen annähernd sinusförmig. Typisch ist, daß er nicht den Rhythmus des das irdische Leben bestimmenden Laufes der Erde um die Sonne folgt, sondern dem Lauf des Mondes um die Erde. Daraus resultiert der Umstand, daß die Gezeitenbewegungen täglich zyklisch verschoben auftreten; der zeitliche Abstand zwischen zwei Flutwellen beträgt etwa 12,5 h Da das Energiedargebot eventueller Gezeitenkraftwerke entsprechend pulsiert — gegebenenfalls mit gänzlichen Unterbrechungen; siehe unten —, läßt es sich folglich nur bedingt in die Ganglinie des Energiebedarfes eines Gebietes einfügen; abhängig von seinem zeitlichen Verlauf ist das Dargebot von unterschiedlichem Wert.

Möglichkeiten zur Nutzung der Gezeitenenergie in Gezeitenkraftwerken sind an den Küsten der Weltmeere zu suchen. Kraftwerksanlagen dieser Art können unter der Voraussetzung ausreichenden Tidenhubes bei möglichst geringen Unterschieden zwischen Springflut und Nippflut sowie unter der weiteren Voraussetzung günstiger geographischer Verhältnisse (zum Beispiel Vorliegen einer von steil aufragendem Gelände umgebenen Bucht oder einer ebensolchen Trichtermündung eines

Flusses) angelegt werden. Ihre relativen Anlagekosten sind sehr hoch, was die Tatsache, daß der Wert der dargebotenen Energie, wie gesagt, schwankt und teilweise nur gering ist, weiter belastet.

Die Einbeckenanlage erhält einen Damm mit Krafthaus und Wehr; sie kann für einen Betrieb in nur einer Richtung — zum Beispiel vom Becken zum Meer — oder in beiden Richtungen ausgerüstet werden (Bild 5.22). Bei der Zweibeckenanlage wird das Becken durch einen weiteren Damm in zwei Teilbecken unterteilt; eine von mehreren denkbaren Varianten besteht hier darin, die beiden Außendammhälften jeweils mit einem Wehr zu versehen und das Krafthaus in den Zwischendamm einzufügen (Bild 5.23).

Voraussetzung dafür, das Kraftwerk in Gang setzen zu können, ist bei der Einbeckenanlage das Vorliegen der sogenannten Mindestfallhöhe; abhängig vom Tidenverlauf einerseits und vom Leerungs- bzw. Füllungsverlauf des Beckens andererseits wird dieser Wert zeitweise unterschritten. In dieser Zeit kann das Kraftwerk nicht arbeiten; es entstehen Wartezeiten, in denen man das Becken entweder jeweils nur mit Auflaufen der Flut wieder füllen (Betrieb in einer Richtung) oder zusätzlich mit Erreichen der Ebbe jeweils wieder leeren muß (Betrieb in beiden Richtungen; mit jeweils entsprechend erhöhtem Turbinendurchfluß bzw. daraus resultierend erhöhter Leistung). Sobald hernach mit dem Fortschreiten der Tide die Mindestfallhöhe wieder überschritten wird, ist eine Wartezeit zu Ende.

Bei der Zweibeckenanlage wird jeweils das eine Becken mit Auflaufen der Flut wieder auf seinen   entsprechenden Höchstwasserstand,

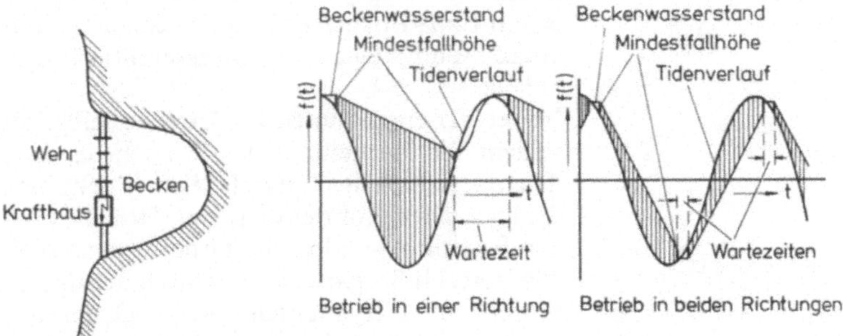

Bild 5.22. Gezeitenkraftwerk mit einem Becken

das andere Becken mit Erreichen der Ebbe auf seinen Tiefstwasserstand gebracht. Bei entsprechend gewähltem Turbinendurchfluß liegt zwischen beiden Becken immer mindestens die Mindestfallhöhe vor. Es treten keine Wartezeiten mehr auf; das Leistungsdargebot unterliegt jedoch noch Pulsationen.

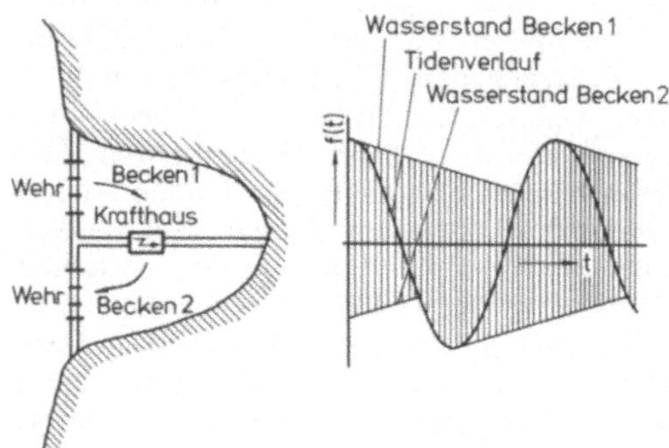

Bild 5.23. Gezeitenkraftwerk mit zwei Becken

Im Jahre 1966 wurde an der Mündung der Rance bei St. Malo in Nordfrankreich ein Gezeitenkraftwerk in Betrieb genommen (maximaler Tidenhub: 13,5 m; Speicherraum: $184 \cdot 10^6$ m³; Leistung: $24 \cdot 10$ MW). Es ist als eine in beiden Richtungen arbeitende Einbeckenanlage angelegt; zur besseren Anpassung des Verlaufes des Energiedargebotes an

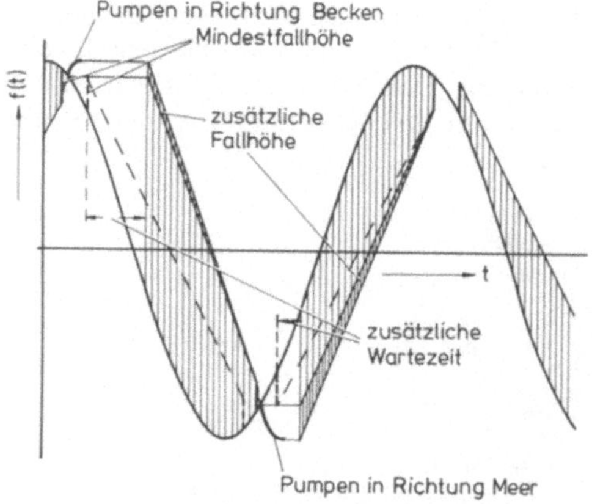

Bild 5.24. Beispiel für die zeitliche Verlagerung des Energiedargebotes eines Gezeitenkraftwerkes mit überlagertem Pumpbetrieb

den Verlauf des Bedarfes kann ein Pumpbetrieb überlagert werden. Bild 5.24 zeigt, wie beispielsweise während zweier aufeinanderfolgenden Halbperioden das Leistungsdargebot um zusätzliche Wartezeiten verlagert und ferner die Fallhöhe und zugleich das verfügbare Wasservolumen durch Pumpen in Richtung Becken bzw. Meer vergrößert werden; die Arbeitsweise, die sich wie in Bild 5.22 ohne zusätzliche Maßnahmen ergäbe, ist zum Vergleich gestrichelt eingezeichnet. Die Vielfalt der Variationsmöglichkeiten in dieser Hinsicht ist groß.

5.3.5 Fassung und Leitung des Wassers

Das in einem Wasserkraftwerk über ein gewisses Gefälle zu nutzende Wasser wird an einer Wasserfassung bereitgestellt; sie besteht in der Regel aus der Stauanlage und dem Einlaufbauwerk. Als Stauanlage errichtet man ein Wehr oder eine Talsperre (Abschnitte 5.3.1 und 5.3.2).

Für Niederdruckanlagen genügt meist ein Wehr. Zusammen mit dem Krafthaus und gegebenenfalls mit einer Schleusenanlage sperrt es den eigentlichen Flußquerschnitt ab; nennenswerte zusätzliche Teile des Talquerschnittes werden im allgemeinen nicht in Anspruch genommen. Kleine Wehre sind oft starr; größere Wehre werden meist beweglich ausgeführt und können dann notfalls gezogen, abgesenkt oder umgelegt werden. Das Triebwasser der Niederdruckanlagen wird dem Stauraum im Bereich des Krafthauses entnommen und strömt diesem unmittelbar zu.

Die Talsperre schließt demgegenüber einen Talquerschnitt bis in Höhen ab, die wesentlich über dem Wasserspiegel des Flußlaufes liegen. Sie erhält einen Betriebsauslaß, der in einem Einlaufbauwerk beginnt, einen Grundablaß und eine Hochwasserentlastungsanlage.

Neben der eingestauten Flußstrecke selbst geschieht die Fortleitung des Wassers je nach den Gegebenheiten durch Kanal, Stollen, Schacht oder Rohrleitung; der Stollen kann ein Freispiegel- oder ein Druckstollen sein. Als Verschlußorgane insbesondere der druckführenden Leitungsabschnitte — Druckstollen, Schacht, Rohrleitung — kommen hauptsächlich Flachschieber, Drosselklappe, Kugel-

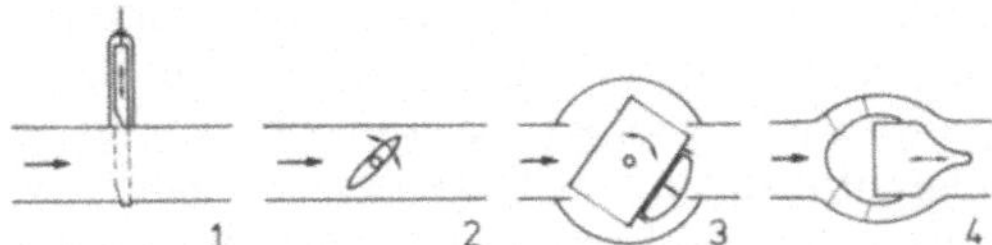

Bild 5.25. Verschlußorgane. 1 Flachschieber; 2 Drosselklappe, 3 Kugelschieber, 4 Ringschieber

schieber und Ringschieber infrage (Bild 5.25). Der Flachschieber ist ein besonders einfaches Verschlußorgan. Er erfordert jedoch mit wachsenden Abmessungen schnell große Verstellkräfte; er ist nur bei kleinen Anlagen anzutreffen. Auch die Drosselklappe ist ein einfaches Element; der zum Öffnen nötige Druckausgleich geschieht hier durch eine Umgehungsleitung. Der Kugelschieber besteht aus einem rohrförmigen Drehkörper in einer kugelförmigen Ausbuchtung der Rohrleitung; er weist — nach Erreichen der Öffnungsendstellung — besonders geringe Strömungsverluste auf. Die Abdichtung im geschlossenen Zustand erfolgt durch eine bewegliche Abschlußplatte, der zu diesem Zweck über eine Umgehungsleitung der anstehende Wasserdruck zugeführt wird; zum Öffnen wird sie ebenfalls zunächst von diesem Druck entlastet. Nur der Ringschieber kann auch in Zwischenstellungen betrieben werden; er wird daher zugleich auch als Regulierorgan eingesetzt. In einer länglichen Ausweitung des Rohres tragen Stützrippen ein Gehäuse, in dem ein Plunger arbeitet. Dieser Schieber ist verhältnismäßig leicht verstellbar. Allerdings entstehen beim Nenndurchfluß etwas größere Strömungsver-

luste als beim Kugelschieber oder auch bei der Drosselklappe.

Das Wasserschloß kommt in verschiedenen Bauformen und Abarten vor (Bild 5.26). Es soll rasche Belastungsänderungen im Kraftwerk erleichtern und insbesondere beim Schnellschluß einem möglichst großen Teil der in der Rohrleitung strömenden Wassersäule gestatten, seine kinetische Energie durch Auspendeln in diesem Schacht gefahrlos in Reibungswärme umzuwandeln. Je nach den speziellen Erfordernissen hinsichtlich des entstehenden Schwingungsverhaltens kommen neben dem einfachen Schachtwasserschloß auch Formen mit Dämpfung oder erweitertem Nutzraum usw. vor. Gegebenenfalls erhält das Wasserschloß einen Überlauf.

5.3.6 Regelung

Wasserturbinen erfordern zur Regelung hohen Kraftaufwand. Zu seiner Deckung sieht man eine unabhängige Energiequelle vor, zum Beispiel einen Druckölspeicher. Der Regler, zum Beispiel ein Fliehkraftpendel, wirkt dann nur auf einen Steuerschieber zwischen diesem Speicher und einem Servomotor, der seinerseits das Regulierorgan der Turbine verstellt (mittelbare Regelung; Bild 5.27). Da das entstehende System schwingen kann, fügt man zur Dämpfung eine Rückführung ein, die starr oder nachgebend auf die Verbindung zwischen Fliehkraftpendel und Steuerschieber einwirkt und Regelvorgänge so jeweils vorzeitig beendet. Die Folge sind bleibende Regelabwei-

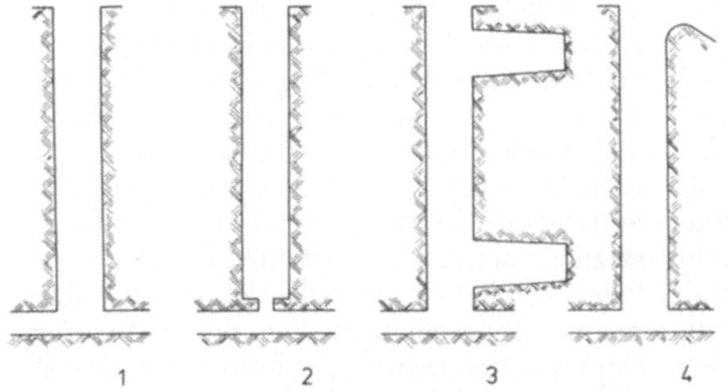

Bild 5.26. Wasserschlosser. 1 Schachtwasserschloß; 2 gedampftes Schachtwasserschloß, 3 Zweikammer-Wasserschloß; 4 Schachtwasserschloß mit Überlauf

chungen; ihre Beseitigung erfordert weitere ergänzende Einrichtungen.

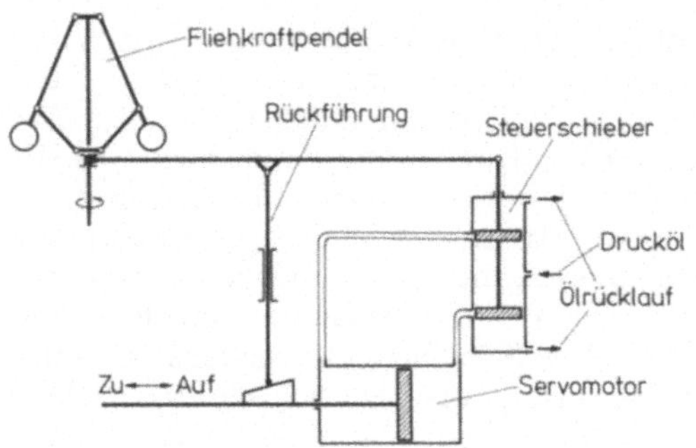

Bild 5.27. Mittelbare Regelung mit starrer Rückführung

5.4 Energiewandler der Wasserkraftwerke

5.4.1 Wasserturbinen

In Form einfacher ober- oder unterschlächtiger Wasserräder hat der Mensch schon im Altertum Wasserkraftmaschinen gebaut; durch intermittierendes Füllen und Leeren von Schaufelkammern am Radumfang setzte er dabei unmittelbar die aus der potentiellen Energie des Wassers resultierende Gewichtskraft ein.

Die modernen Wasserturbinen sind demgegenüber Strömungsmaschinen: sie arbeiten mit einem kontinuierlichen Wasserstrom. Sie nutzen die bei Umlenkung des zuvor in einer Leitvorrichtung beschleunigten Wassers im Laufrad, zum Teil auch bei neuerlicher Beschleunigung des Wassers im Laufrad dort entstehenden Trägheitskräfte zur Drehmomentbildung. Durch Einwirkung dieser Kräfte auf das bewegte Laufrad wird also dort Arbeit geleistet. Meist fungiert die Leitvorrichtung zugleich als Regulierorgan; sie läßt sich dann gegebenenfalls ganz schließen. Die Gestaltung der Schaufeln soll eine möglichst stoß- und wirbelfreie Strömung ermöglichen [5.7; 5.8; 5.11; 5.13; 5.14].

Verglichen mit Wasserdampf hat Wasser unter anderem eine größere Dichte und eine geringere Expandibilität. Wasserturbinen weisen daher unter sonst vergleichbaren Bedingungen eine größere Leistungsdichte auf als Dampfturbinen. Im Gegensatz zu diesen besitzen sie meist nur eine, allenfalls wenige Stufen; der Schaufelabstand am Umfang eines Rades ist vergleichsweise groß. Während bei Dampfturbinen aufgrund der hohen Eintrittstemperatur des Dampfes und aufgrund der mit Rücksicht auf die dann schrumpfenden Abmessungen erwünschten hohen Drehzahl der Frage der auftretenden Fliehkräfte besondere Aufmerksamkeit zu widmen ist, ist bei Wasserturbinen vor allem die Gefahr des Auftretens von Kavitationserscheinungen zu beachten (siehe unten); sie führt zu oft erheblichen Einschränkungen der zulässigen Grenzwerte für Drehzahl und Fallhöhe. Da die kinetische Energie des in den oft langen Rohrleitungen strömenden Wassers im Schadensfall nur ein verhältnismäßig langsames Schließen auch der Notverschlußorgane erlaubt, kommen im Gegensatz zu den Dampfturbinen unter Umständen hohe Durchgangsdrehzahlen zustande (vgl. Abschnitt 5.4.2).

Heutige Wasserturbinen erreichen Leistungen um 800 MW und mehr. Wesentlich größere Leistungen erscheinen möglich.

Man kann die Wasserturbinen nach verschiedenen Gesichtspunkten einteilen: nach der Art der Beaufschlagung (radial, axial, tangential); nach dem Grad der Beaufschlagung (vollbeaufschlagt, teilbeaufschlagt); nach dem Druckgefälle längs des Laufrades (Überdruck, Gleichdruck); nach ihrer Bauart (Francis-Turbine; Kaplan-Turbine, mit der Sonderform Propellerturbine; Pelton-Turbine).

Die Francis-Turbine ist eine vollbeaufschlagte Überdruckturbine mit radialer Zuströmungsrichtung des Wassers in das Laufrad. Sie wird bei Fallhöhen bis ca. 400 bis 800 m eingesetzt. Dem Laufrad sind eine Einlaufspirale aus Stahlblech oder Beton und das verstellbare Leitrad vorgeschaltet; im Durchtritt zwischen Spirale und Leitschaufeln werden meist zusätzlich starre Stützschaufeln angeordnet. Dem Laufrad nachgeschaltet ist der sogenannte Saugschlauch, der durch Eröffnen eines wachsenden Querschnittes für das abströmende Wasser zum Erreichen einer möglichst vollständigen Ausnutzung seiner kinetischen Energie dessen Geschwindigkeit bis zum

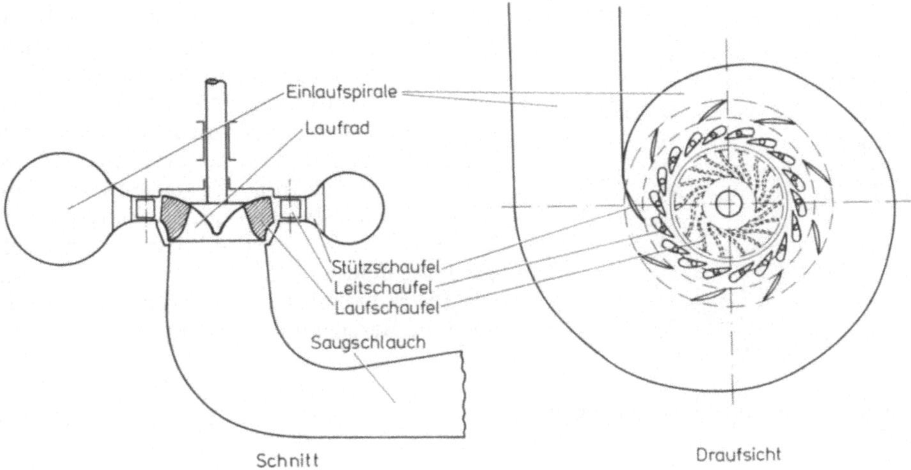

Bild 5.28. Francis-Turbine mit Einlaufspirale aus Stahlblech

Austritt in das Kraftwerks-Unterwasser möglichst weit abbremsen soll (Bild 5.28). Der Wasserfaden reißt also längs der Turbine nicht ab. Neben dem Leitrad tritt auch längs des Laufrades ein Druckabfall auf. Da folglich die Kraftwirkung im Laufrad nicht allein durch Änderung der zuvor aufgebauten gerichteten Geschwindigkeit nach Betrag und Richtung („Aktionswirkung"), sondern zugleich auch infolge des weiteren Druckabfalles („Reaktionswirkung") zustandekommt, wird diese Turbine auch als Reaktionsturbine bezeichnet. Da ferner die grundsätzliche Umlenkung des Wassers längs der Turbine in die notwendig axiale Richtung zumindest teilweise innerhalb des Laufrades erfolgen muß, nimmt dieses Konturen an, die es nicht gestatten, die einzelnen Laufschaufeln zur Anpassung an regulierende Verstellungen des Leitrades ebenfalls verstellbar zu machen. Der Wirkungsgradverlauf weist daher ein verhältnismäßig ausgeprägtes Maximum auf (Bild 5.32).

Je nachdem, ob die besagte Umlenkung in die axiale Richtung teilweise erst nach Verlassen des Laufrades, weitgehend innerhalb des Laufrades oder teilweise schon vor Eintritt in das Laufrad erfolgt, unterscheidet man drei typische Bauformen des Francis-Laufrades (Bild 5.29). Die Auswahl zwischen ihnen trifft man ausgehend von den Daten des vorliegenden Wasserdargebotes in erster Linie abhängig von der gegebenen Fallhöhe (vgl. auch Tabelle 5.01).

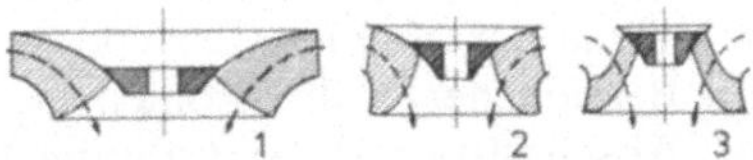

Bild 5.29. Laufradformen der Francis-Turbine. 1 Langsamläufer, 2 Normalläufer, 3 Schnelläufer

Ausgehend von den Betrachtungen zur Francis-Turbine kann man die Kaplan-Turbine als ein Aggregat deuten, bei dem die Umlenkung des Wassers in die axiale Richtung restlos vor seinem Eintritt in das Laufrad erfolgt. Das Laufrad wandert dann in den Bereich rein axialer Strömung des Wassers mit konstantem Radius der Wasserführung (Bild 5.30); dort können auch die Laufschaufeln verstellbar ausgeführt werden, und zwar mittels eines Servomotors in der Laufradnabe, der durch Öldruck längs der zweifach durchgängigen Turbinenwelle verstellt wird. Man erzielt eine gute Anpaßbarkeit auch an stark schwankende Wasserführung und einen flachen Wirkungsgradverlauf; die Turbine ist daher auch aus dieser Sicht insbesondere für kleine Fallhöhen prädestiniert. Sie findet normalerweise Einsatz bei Fallhöhen bis ca. 25 m, in Fällen mit stark schwankender Wasserführung auch bei größeren Gefällen bis ca. 100 m.

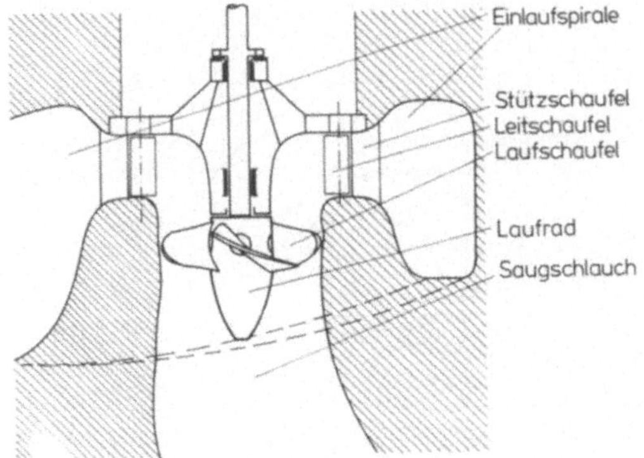

Bild 5.30. Kaplan-Turbine mit Einlaufspirale aus Beton

Die Propellerturbine ist eine Sonderform der Kaplan-Turbine. Ihr Laufrad, vereinzelt auch ihr Leitrad, wird zur Erzielung einer möglichst einfachen Konstruktion starr ausgeführt. Der Wirkungsgradverlauf bekommt dann ein sehr ausgeprägtes Maximum. Die Propellerturbine ist — dann neben der Kaplan-Turbine — vor allem im Bereich der Rohrturbinen anzutreffen (vgl. Abschnitt 5.3.1), bei Fallhöhen bis ca. 20 m. Ohne Einlaufspirale und ohne nennenswerte Umlenkungen des Wassers vor bzw. hinter der Turbine ergeben sich insofern vorteilhafte Auswirkungen auf den Wirkungsgrad.

Die Pelton-Turbine ist eine teilbeaufschlagte Gleichdruckturbine mit tangentialer Zuströmungsrichtung des Wassers zum Laufrad Sie ist geeignet für große Fallhöhen bis ca. 2000 m und mehr. Als Leitvorrichtung besitzt sie eine bis bei horizontaler Welle maximal zwei, bei vertikaler Welle maximal sechs Düsen, deren Durchtrittsquerschnitt mittels Düsennadeln reguliert werden kann. Nach Umlenkung an den Laufschaufeln ist der austretende Wasserstrahl praktisch zum Stillstand gekommen, ehe er über eine Höhe von ca. 1 bis 2 m im freien Fall in das Unterwasser gelangt (Bild 5.31). Der Wasserfaden reißt hier also hinter dem Laufrad ab. Schon mit Rücksicht auf diesen „Freifall" ist die Pelton-Turbine normalerweise größeren Fallhöhen vorbehalten, da der betreffende Fallhöhenverlust dann nicht mehr so stark ins Gewicht fällt. Am Laufrad wird nur eine „Aktionswir-

kung" hervorgerufen; die Turbine wird daher auch als Aktionsturbine bezeichnet. Da sich hier nicht wie bei den vollbeaufschlagten Turbinen die Zuströmungsrichtung des Wassers in das Laufrad abhängig von der Stellung einer Leiteinrichtung ändert, sondern stets gleich bleibt, ergibt sich trotz des starren Laufrades ein guter Teillastverlauf des Wirkungsgrades. Da ferner der Wasserstrahl nach Austritt aus der Düse dem Laufrad ohne weitere Führung frei zuströmt, führt diese Turbine schließlich auch die Bezeichnung Freistrahlturbine.

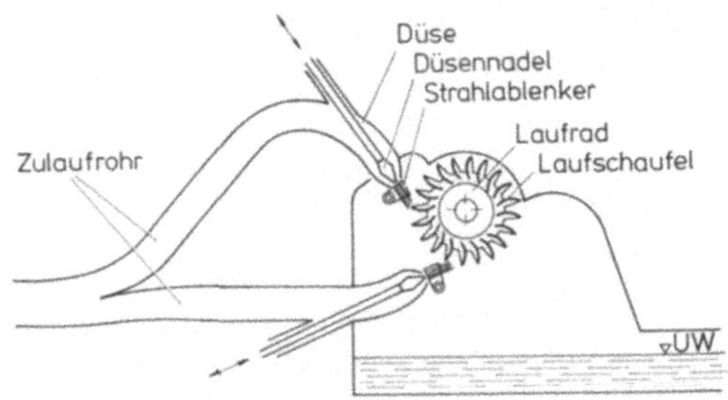

Bild 5.31. Pelton-Turbine mit zwei Düsen

Bei den vorkommenden Fallhöhen ist die hinter dem Wasserschloß verbleibende restliche Rohrleitungsstrecke im Falle der Pelton-Turbinen noch so lang, daß auch die kinetische Energie dieses Teilstückes der strömenden Wassersäule beim Schnellschluß große Probleme aufwerfen würde. Jede Düse erhält daher zusätzlich einen Strahlablenker, der immer dann, wenn zur Leistungsminderung oder im Schadensfall rasche Drosselungen der Beaufschlagung des Laufrades erforderlich werden, sofort eingerückt wird, einen entsprechenden Teil oder den ganzen Wasserstrahl sofort vom Laufrad weglenkt und hernach in dem Maße, in dem die Düsennadel mit ihrer zulässigen Geschwindigkeit regulierend eingreift, wieder in seine Ruhestellung gebracht wird.

Die Pumpen der Pumpspeicherwerke sind den Francis-Turbinen ähnlich. Aus hydraulischen Gründen müssen sie jedoch schon von relativ geringen Förderhöhen an meist mehrstufig aufgebaut werden (für eine Förderhöhe von ca. 1000 m zum Beispiel fünf Stufen). Sie wurden im übrigen ebenso wie die Pumptur-

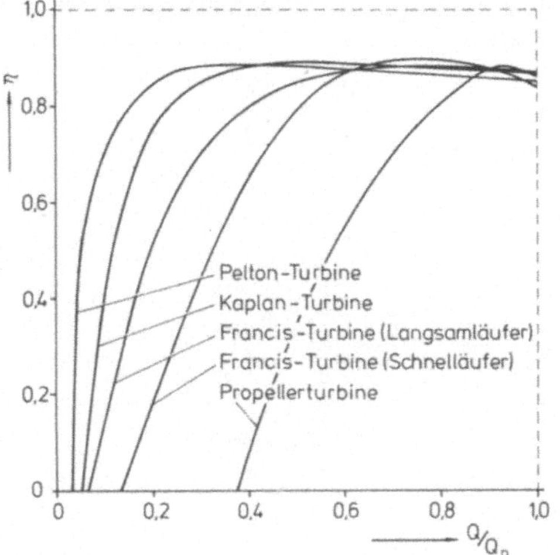

Bild 5.32. Wirkungsgradverlauf der Wasserturbinen

binen bereits im Zusammenhang mit dem Pumpspeicherwerk behandelt (vgl. Abschnitt 5.3.3).

Die Energieumwandlung in den Wasserkraftwerken ist verlustbehaftet: in Rohrleitungen, Turbine, Generator usw. treten Verluste auf. Speziell ist im Betrieb die unmittelbar an der Turbine wirksame sogenannte Nutzfallhöhe um das Äquivalent der Reibungsverluste in den Rohrleitungen und ihren Verschlußorganen usw. geringer als die geodätische Fallhöhe.

Den Zusammenhang zwischen Druck, Höhenlage und Geschwindigkeit bei der stationären, reibungsfreien Strömung einer Flüssigkeit vernachlässigbarer Expandibilität — beispielsweise Wasser — durch eine Rohrleitung veränderlichen Querschnittes, jedoch ohne Einrichtungen zum Energieaustausch mit der Umgebung, beschreibt die Hydrodynamische Druckgleichung nach Bernoulli:

$$p + g\varrho H + \frac{\varrho}{2} c^2 = \text{const} .$$

Nach Division durch die Dichte ϱ nimmt sie die Einheit einer Energie oder Arbeitsfähigkeit pro Masseeinheit an und ist dann eine spezielle Form des Energieerhaltungssatzes:

$$\frac{p}{\varrho} + gH + \frac{c^2}{2} = \text{const} .$$

Weiterhin nach Division durch die Erdbeschleunigung g ergibt sich formal eine Fallhöhe:

$$\frac{p}{\varrho g} + H + \frac{c^2}{2g} = \text{const} . \tag{5.9}$$

Ihre Summanden lassen sich deuten als „Druckhöhe" $p/(\varrho g)$ (das ist die Höhe einer ruhenden Flüssigkeitssäule, die den hydrostatischen Druck p bewirkt), „Ortshöhe" H und „Geschwindigkeitshöhe" $c^2/(2g)$ (das ist diejenige Höhe, aus der die Flüssigkeit frei fallen müßte, um die Geschwindigkeit c anzunehmen).

Durch Einfügen einer Turbine in die Rohrleitung gewinnt man die Möglichkeit, der strömenden Flüssigkeit Energieanteile zu entnehmen und umzuwandeln. Die Summe aus Druck-, Orts- und Geschwindigkeitshöhe am Austritt dieser Turbine ist dann geringer als diejenige an ihrem Eintritt; als Differenz aus beiden ergibt sich die Nutzfallhöhe H_{nutz}:

$$\left(\frac{p_{\text{ein}}}{\varrho g} + H_{\text{ein}} + \frac{c_{\text{ein}}^2}{2g} \right)$$

$$= \left(\frac{p_{\text{aus}}}{\varrho g} + H_{\text{aus}} + \frac{c_{\text{aus}}^2}{2g} \right) + H_{\text{nutz}} .$$

Daraus folgt allgemein

$$H_{\text{nutz}} = \frac{p_{\text{ein}} - p_{\text{aus}}}{\varrho g} + (H_{\text{ein}} - H_{\text{aus}})$$

$$+ \frac{c_{\text{ein}}^2 - c_{\text{aus}}^2}{2g} . \tag{5.10}$$

Die aus Nutzfallhöhe und Turbinendurchfluß resultierende Leistung vermindert sich dann weiterhin um die hydraulischen und die me-

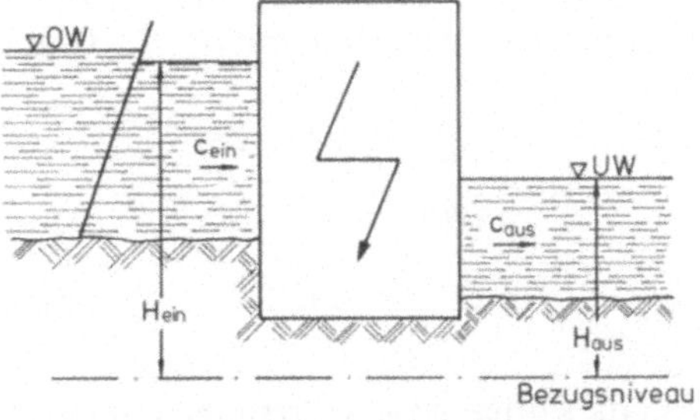

Bild 5.33. Nutzfallhöhe einer Niederdruckanlage

chanischen Verluste der Turbine und um die Verluste des Generators.

Für Niederdruckanlagen (Bild 5.33) folgt mit $p_{\text{ein}} = p_{\text{aus}}$ aus (5.10) speziell die Beziehung

$$(H_{\text{nutz}})_{\text{ND}} = (H_{\text{ein}} - H_{\text{aus}}) + \frac{c_{\text{ein}}^2 - c_{\text{aus}}^2}{2g}.$$

$$(5.11)$$

Für Hochdruckanlagen mit Überdruckturbine (Bild 5.34) gilt (5.10) unmittelbar. Mit dem Überdruck $p_{\text{u}} = p_{\text{ein}} - p_{\text{aus}} = p_{\text{ein}} - 1$ bar am Ort der eintrittsseitigen Messung gegenüber dem Druck der äußeren Atmosphäre folgt auch

$$(H_{\text{nutz}})_{\text{HD},\ddot{U}} = \frac{p_{\text{u}}}{\varrho g} + (H_{\text{ein}} - H_{\text{aus}})$$

$$+ \frac{c_{\text{ein}}^2 - c_{\text{aus}}^2}{2g}.$$

$$(5.12)$$

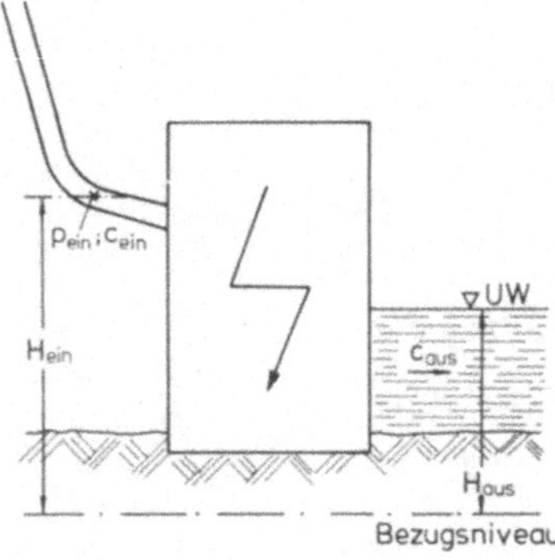

Bild 5.34. Nutzfallhöhe einer Hochdruckanlage mit Überdruckturbine

Für Hochdruckanlagen mit Gleichdruckturbine (Bild 5.35) ist zusätzlich der Freifall H_{f} zu berücksichtigen. Weiterhin mit $c_{\text{aus}} = 0$ gilt dann

$$(H_{\text{nutz}})_{\text{HD, G}} = \frac{p_{\text{u}}}{\varrho g} + (H_{\text{ein}} - H_{\text{aus}})$$

$$+ \frac{c_{\text{ein}}^2}{2g} - H_{\text{f}}.$$

$$(5.13)$$

Da man die Differenz aus Ortshöhendifferenz $H_{\text{ein}} - H_{\text{aus}}$ und Freifall H_{f} oft gegenüber der

Druckhöhe $p_{\text{u}}/(\varrho g)$ vernachlässigen kann, gilt hier auch

$$(H_{\text{nutz}})_{\text{HD; G}} \approx \frac{p_{\text{u}}}{\varrho g} + \frac{c_{\text{ein}}^2}{2g}.$$

$$(5.14)$$

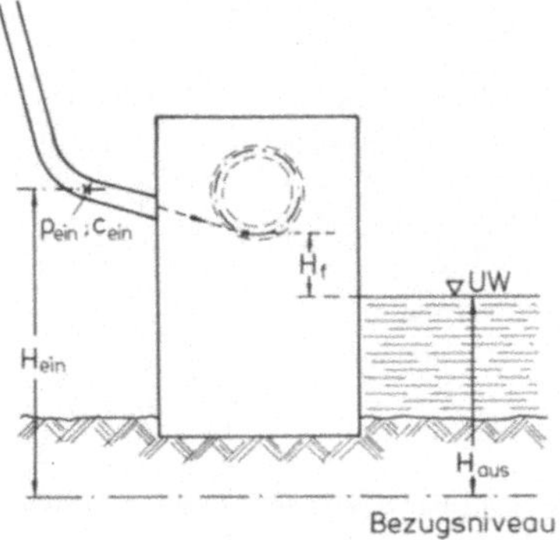

Bild 5.35. Nutzfallhöhe einer Hochdruckanlage mit Gleichdruckturbine

Die unmittelbar am Turbinenlaufrad freigesetzte Energie ist um die hydraulischen Verluste der Turbine (wasserseitige Reibungsverluste und andere) geringer als das Äquivalent der anstehenden Nutzfallhöhe.

Bild 5.36 zeigt Ausschnitte von Leitrad und Laufrad einer Überdruckturbine in vereinfachter Darstellung samt den zugehörigen Geschwindigkeitsplänen: im Leitrad nimmt das stetig strömende Wasser die gerichtete Geschwindigkeit $\vec{c}_1$ an; es verläßt das Leitrad mit dem Leitrad-Austrittswinkel α_1 gegenüber der Umfangslinie der Leitschaufel-Abström-kanten. Gegenüber den Laufschaufel-Zuströmkanten, die sich mit der Umfangsgeschwindigkeit

$$\vec{u}_1 = \vec{\omega} \times \vec{r}_1$$

vor den Abströmkanten vorbeibewegen, nimmt es die Relativgeschwindigkeit

$$\vec{w}_1 = \vec{c}_1 - \vec{u}_1 \qquad (5.15)$$

an; zur Erreichung von Stoßfreiheit soll der resultierende Laufrad-Eintrittswinkel β_1 mit dem Anstellwinkel der Zuströmkanten übereinstimmen. Im Laufrad wird das Wasser an den bewegten Schaufeln umgelenkt: seine Geschwindigkeit wird dem Betrage oder der

Richtung nach oder auch nach beidem geändert. Im Bereich der Laufschaufel-Abströmkanten entsteht die Relativgeschwindigkeit $\vec{w}_2$, die sich mit der Umfangsgeschwindigkeit

$$\vec{u}_2 = \vec{\omega} \times \vec{r}_2$$

der Abströmkanten selbst zu der absoluten Geschwindigkeit

$$\vec{c}_2 = \vec{w}_2 + \vec{u}_2 \qquad (5.16)$$

addiert. Zur Vermeidung von Energieverlusten beim Austritt soll der entstehende Austrittswinkel α_2 möglichst bei $90°$ liegen (siehe unten).

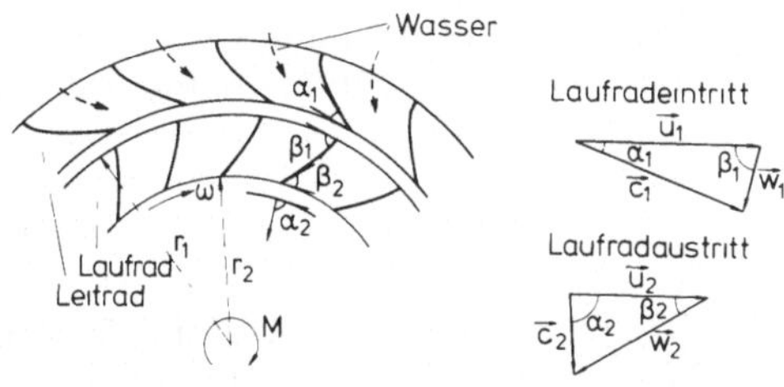

Bild 5.36. Strömungsverhältnisse in einer Wasserturbine

Beide genannten Forderungen werden im allgemeinen nur in einem begrenzten Leistungsbereich erfüllt: bei Absenkung der Leistung gegenüber diesem Bereich wird durch Schließen des Leitrades laufradeintrittsseitig der Winkel α_1 verkleinert und zugleich wegen sinkender Reibungsverluste in den Rohrleitungen die Geschwindigkeit $\vec{c}_1$ dem Betrage nach erhöht, so daß sich auch der Winkel β_1 ändert; laufradaustrittsseitig sinkt wegen des reduzierten Durchflusses bei starrem Laufrad die Geschwindigkeit $\vec{w}_2$ dem Betrage nach, wodurch die Geschwindigkeit $\vec{c}_2$ eine Tangentialkomponente in Drehrichtung des Laufrades annimmt, so daß dem Wasser beim Verlassen des Laufrades noch unnötig viel Energie innewohnt. Bei Erhöhung der Leistung ergeben sich laufradeintrittsseitig Änderungen in der umgekehrten Richtung, die ebenfalls Auswirkungen auf den Winkel β_1 haben; laufradaustrittsseitig nimmt die Geschwindigkeit $\vec{c}_2$ jetzt eine Tangentialkomponente entgegen der Drehrichtung des Laufrades an, was eben-

falls Nichtausnutzung von Energieteilbeträgen bedeutet.

Die Laufradleistung wird, wie schon gesagt, weiterhin vermindert um die mechanischen Reibungsverluste der Turbine und um die Verluste des Generators. Der Gesamtwirkungsgrad der Wasserturbinen liegt bei etwa 80 bis 90 % (relativ kleine bzw. relativ große Aggregate).

5.4.2 Kriterien zur Turbinenauswahl

Bei Auswahl der zur Nutzung eines Wasserdarbietens am besten geeigneten Turbinentype sind verschiedene Randbedingungen zu beachten oder auszuwählen und zur Koinzidenz zu bringen. Unter anderem beeinflußt die zu wählende Drehzahl der Turbine die Abmessungen des Generators und auch der Turbine selber: beide schrumpfen mit wachsender Drehzahl; zugleich wächst jedoch bei der Turbine die Kavitationsgefahr (siehe unten). Ferner sucht man das Wirkungsgradmaximum abhängig von gegebener Durchflußdauerlinie und gewähltem Ausbauzufluß bzw. für den Ausbau gewählter Turbinenanzahl in den Bereich des am häufigsten vorkommenden Abflußwertes zu legen. Schließlich ergeben sich allgemein für die einzelnen Turbinentypen bzw. speziell die Laufradformen vorteilhafte oder auch unzulässige Fallhöhenbereiche [5.4; 5.13; 5.14].

Turbinen für kleine und mittlere Leistungen sind heute weitgehend standardisiert. Turbinen für große Leistungen sind dagegen praktisch immer Einzellösungen. Dann ergibt sich die Frage nach geeigneten Kriterien zur Auswahl der optimalen Laufradform und weiterer Daten.

Geometrisch ähnliche — „strömungsähnliche" — Laufräder (zum Beispiel schnelläufige Francis-Laufräder, vierflüglige Kaplan-Laufräder usw.) je unterschiedlicher Daten bilden sogenannte Modellreihen. An Laufrädern einer Modellreihe gemessene oder für projektierte Aggregate errechnete Daten lassen sich aufgrund hydraulischer Proportionalitäten innerhalb der Modellreihe („Modellgesetze") auf Laufräder mit anderen Daten übertragen. Durch geeignete Reduzierung lassen sich aus bestimmten Daten von Modellturbinen oder von ausgeführten Aggregaten in engen Bereichen streuende laufradspezifische Kennwerte herleiten, die umgekehrt als Auswahl- oder Dimensionierungskriterien für geplante Anlagen herangezogen werden können.

Ausgangsgrößen für derartige Betrachtungen sind die vorliegenden Werte von Durchfluß Q und Fallhöhe H sowie die gewünschte Drehzahl n. Statt des Durchflusses wird auch die von Durchfluß und Fallhöhe abhängige Leistung P verwendet. Schließlich hat im späteren Verlauf auch der für eine gegebene Fallhöhe den Durchfluß bestimmende Laufradaußendurchmesser D Bedeutung als eine Ausgangsgröße.

Die Reduzierung der Drehzahl eines Laufrades hinsichtlich Fallhöhe und Leistung führt auf die (ältere) sogenannte spezifische Drehzahl n_s. Diese hat jedoch den Nachteil einer gewissen Unschärfe, da sie aufgrund des Zusammenhanges $P \sim QH\eta$ auch vom Turbinenwirkungsgrad abhängt, der seinerseits eine gewisse Streubreite aufweist. Statt dessen sieht man daher heute meist die spezifische Drehzahl n_q vor, die sich durch Reduzierung der Drehzahl hinsichtlich Fallhöhe und Durchfluß ergibt und vom Wirkungsgrad unabhängig ist. Bei Annahme eines Wertes für den Wirkungsgrad läßt sich der jeweils eine Wert der spezifischen Drehzahl aus dem jeweils anderen Wert bestimmen. Man gewinnt in jedem Fall, wie gesagt, einen laufradspezifischen Kennwert.

Die Reduzierung bezüglich der Fallhöhe ist in beiden Fällen erforderlich. Sie ist im ersten Fall für Drehzahl und Leistung, im zweiten Fall für Drehzahl und Durchfluß vorzunehmen, insgesamt also im folgenden für Drehzahl, Durchfluß und Leistung. Die Laufradabmessungen bleiben dabei unverändert.

Bei stoßfreiem Betrieb sind Umfangsgeschwindigkeit u und Absolutgeschwindigkeit c an den Laufradkanten einander proportional:

$$c \sim u \, . \tag{5.17}$$

Aus (5.9) und (5.10) folgt ferner

$$H \sim c^2$$

und daraus mit (5.17)

$$u \sim H^{1/2} \tag{5.18}$$

bzw. mit $u = \omega r = 2\pi rn$ weiterhin

$$n \sim H^{1/2} \, .$$

Die Reduzierung auf die Fallhöhe $H_H = 1$ m liefert dann für die reduzierte Drehzahl die zugeschnittene Größengleichung

$$n_H = n \left(\frac{H}{m} \right)^{-1/2} . \tag{5.19}$$

Bei unveränderten Laufradabmessungen ändert sich also die Drehzahl einer Turbine mit der Fallhöhe proportional der Potenz $H^{1/2}$. Weiterhin ist der Durchfluß der Absolutgeschwindigkeit proportional:

$$Q \sim c \, .$$

Mit (5.17) und (5.18) gilt dann auch

$$Q \sim H^{1/2} \, . \tag{5.20}$$

Die Reduzierung auf die Fallhöhe H_H liefert für den reduzierten Durchfluß die zugeschnittene Größengleichung

$$Q_H = Q \left(\frac{H}{m} \right)^{-1/2} . \tag{5.21}$$

Auch der Durchfluß einer Turbine ändert sich also für unveränderte Laufradabmessungen mit der Fallhöhe proportional der Potenz $H^{1/2}$.

Die Leistung ist schließlich dem Produkt aus Q und H proportional:

$$P \sim QH \, .$$

Mit (5.20) folgt dann

$$P \sim H^{3/2} \, . \tag{5.22}$$

Die Reduzierung liefert für die reduzierte Leistung die zugeschnittene Größengleichung

$$P_H = P \left(\frac{H}{m} \right)^{-3/2} . \tag{5.23}$$

Die Leistung einer Turbine ändert sich also bei unveränderten Laufradabmessungen mit der Fallhöhe proportional der Potenz $H^{3/2}$.

Zur Herleitung der spezifischen Drehzahl n_s ist die Drehzahl n_H nun weiterhin, wie angekündigt, bezüglich der Leistung zu reduzieren. Dabei bleiben nun die Fallhöhe und folglich alle Geschwindigkeiten unverändert, dafür ändern sich die Laufradabmessungen.

Wegen der Konstanz der Fallhöhe ist jetzt nur der Beitrag des Durchflusses zur Leistung von der Reduzierung betroffen:

$$P \sim Q \, .$$

Der Durchfluß seinerseits ist nun einem vorliegenden Querschnitt A bzw. dem Quadrat des betreffenden Radius r bzw. mit $u = 2\pi rn$ = const dem Reziprok des Quadrates der Drehzahl proportional:

$$Q = \frac{1}{n^2} \,. \tag{5.24}$$

Damit gilt auch

$$P \sim \frac{1}{n^2} \,. \tag{5.25}$$

Die weitere Reduzierung auf die Leistung $P_{\mathrm{H,P}} = 1\ \mathrm{PS}$ liefert dann mit (5.19) und (5.23) die zugeschnittene Größengleichung

$$n_{\mathrm{H,P}} = n_{\mathrm{H}} \left(\frac{P_{\mathrm{H}}}{\mathrm{PS}}\right)^{1/2}$$

$$= \left[n \left(\frac{H}{\mathrm{m}}\right)^{-1/2} \right] \left[\frac{P \left(\frac{H}{\mathrm{m}}\right)^{-3/2}}{\mathrm{PS}} \right]^{1/2}$$

Die gesuchte spezifische Drehzahl n_{s} ist gleich dieser bezüglich Fallhöhe und Leistung reduzierten Drehzahl:

$$n_{\mathrm{s}} = n \left(\frac{P}{\mathrm{PS}}\right)^{1/2} \left(\frac{H}{\mathrm{m}}\right)^{-5/4} \tag{5.26}$$

Diese Laufradkenngröße ist deutbar als diejenige Drehzahl, die ein dem betrachteten Laufrad mit der Drehzahl n strömungsähnliches Laufrad annimmt, das so dimensioniert ist, das es bei der Fallhöhe $H_{\mathrm{H}} = 1\ \mathrm{m}$ gerade die Leistung $P_{\mathrm{H,P}} = 1\ \mathrm{PS}$ abgibt. Sie ist jedoch, wie gesagt, über die Leistung auch vom Turbinenwirkungsgrad abhängig und weist eine entsprechend größere Unschärfe auf.

Zur Vermeidung dessen verwendet man heute meist die durch Reduzierung bezüglich Fallhöhe und Durchfluß gewinnbare spezifische Drehzahl n_{q}. Dann ist die Drehzahl n_{H} nach (5.19) statt bezüglich der Leistung nun noch bezüglich des Durchflusses zu reduzieren, und zwar wieder für unveränderte Fallhöhe, jedoch geänderte Laufradabmessungen. Mit $Q_{\mathrm{H,Q}} = 1\ \mathrm{m}^3/\mathrm{s}$ folgt aus (5.24) mit (5.19)

und (5.21) die zugeschnittene Größengleichung

$$n_{\mathrm{H,Q}} = n_{\mathrm{H}} \left(\frac{Q_{\mathrm{H}}}{\mathrm{m}^3/\mathrm{s}}\right)^{1/2}$$

$$= \left[n \left(\frac{H}{\mathrm{m}}\right)^{-1/2} \right] \left[\frac{Q \left(\frac{H}{\mathrm{m}}\right)^{-1/2}}{\mathrm{m}^3/\mathrm{s}} \right]^{1/2} \,.$$

Die spezifische Drehzahl n_{q} ist nun gleich dieser bezüglich Fallhöhe und Durchfluß reduzierten Drehzahl:

$$n_{\mathrm{q}} = n \left(\frac{Q}{\mathrm{m}^3/\mathrm{s}}\right)^{1/2} \left(\frac{H}{\mathrm{m}}\right)^{-3/4} \tag{5.27}$$

Sie ist in analoger Weise deutbar als diejenige Drehzahl, die ein strömungsähnliches Laufrad annimmt, das bei der Fallhöhe $H_{\mathrm{H}} = 1\ \mathrm{m}$ gerade den Durchfluß $Q_{\mathrm{H,Q}} = 1\ \mathrm{m}^3/\mathrm{s}$ aufweist.

Ausgehend von Durchfluß, Fallhöhe und Drehzahl bilden n_{q} bzw. n_{s} die Grundlage zur Auswahl der für ein zu nutzendes Wasserdarbieten am besten geeigneten Laufradform. Eine Auswahl dieser Werte sowie der Grenzfallhöhe H_{grenz} und des Kavitationsbeiwertes σ der Wasserturbinen findet sich in Tabelle 5.1. Die Grenzfallhöhe berücksichtigt den Umstand, daß mit wachsender Fallhöhe bzw. entsprechend steigenden Strömungs- und Umfangsgeschwindigkeiten usw. für die einzelnen Laufradformen in je unterschiedlichem Maße die Kavitationsgefahr wächst. Der (experimentell zu gewinnende) Kavitationsbeiwert liefert Aussagen über die in diesem Zusammenhang zulässige Saugschlauchhöhe. Einzelheiten bezüglich der Kavitation folgen weiter unten.

Zu einer aus den drei genannten Größen errechneten spezifischen Drehzahl n_{q} bzw. n_{s} nennt die Tabelle also die insofern passende Laufradform. Wenn sich bezüglich gegebener Fallhöhe und Grenzfallhöhe Divergenzen ergeben, sind die gewünschte Drehzahl oder die zum Abarbeiten des ausgewählten Gesamtdurchflusses vorgesehene Anzahl der zu installierenden Maschinensätze und damit der Turbinendurchfluß zu modifizieren (siehe unten).

Tabelle 5.1. Kennwerte von Wasserturbinen ([5.2], Auszug)

Laufradform	n_q (m^{-1})	n_s (m^{-1})	H_{grenz} (m)	σ
Pelton-Turbinen				
eindüsig	3 ... 9	10 ... 30	1800 ... 350	—
(bei n Düsen gilt: $(n_q)_n = n_q \sqrt{n}$; $(n_s)_n = n_s \sqrt{n}$)				
Francis-Turbinen				
Langsamläufer	18 ... 37	60 ... 125	700 ... 410	0,04 ... 0,06
Normalläufer	37 ... 67	125 ... 225	410 ... 150	0,06 ... 0,12
Schnelläufer	67 ... 104	225 ... 350	150 ... 64	0,12 ... 0,27
Kaplan-Turbinen				
8-flüglig	83 ... 158	280 ... 530	50	0,30 ... 0,55
5-flüglig	137 ... 238	460 ... 800	20	0,80 ... 1,20
3-flüglig	199 ... 318	670 ... 1070	6	1,80 .. 3,50

Ähnlich wie diese beiden Kennwerte läßt sich auch das Kennfeld eines Laufrades zum sogenannten Einheitsdiagramm reduzieren und so für eine Modellreihe allgemein gültig darstellen. Es wird gebildet aus speziellen Kennlinien einzelner Laufräder durch Reduzierung der betreffenden Daten hinsichtlich Fallhöhe und Laufradaußendurchmesser. Es beschreibt dann — wieder mit einer gewissen Streubreite — prinzipiell die Betriebseigenschaften einer Laufradform in dessen gesamtem Betriebsbereich und findet Verwendung bei Auswahl und Auslegung des Laufrades für einen gegebenen Anwendungsfall. Dazu lassen sich die für zunächst unveränderte Laufradabmessungen hinsichtlich der Fallhöhe reduzierten Werte von Drehzahl und Durchfluß nach (5.19) bzw. (5.21) weiterhin für nun konstante Fallhöhe auch hinsichtlich des Laufradaußendurchmessers D reduzieren.

Von dem Reduzierungsschritt bezüglich der Fallhöhe bei unveränderten Laufradabmessungen wurde der Laufraddurchmesser voraussetzungsgemäß nicht betroffen:

$$D_H = D \, . \tag{5.28}$$

Bei dem anschließenden Reduzierungsschritt bezüglich des Laufraddurchmessers bei unveränderter Fallhöhe bleiben wieder alle Geschwindigkeiten konstant. Aus $u = \pi D n$ = const folgt speziell

$$n \sim D^{-1} \, . \tag{5.29}$$

Die Reduzierung auf den Durchmesser $D_{H;D}$ = 1 m liefert dann die zugeschnittene Größengleichung

$$n_{H;D} = n_H \left(\frac{D_H}{m} \right) \, .$$

Mit (5.19) und (5.28) folgt daraus

$$n_{H;D} = n \left(\frac{H}{m} \right)^{-1/2} \left(\frac{D}{m} \right) \, . \tag{5.30}$$

Diese Größe ist deutbar als diejenige Drehzahl, die ein dem betrachteten Laufrad mit der Drehzahl n strömungsähnliches Laufrad mit dem Durchmesser $D_{H;D}$ = 1 m an der Fallhöhe H_H = 1 m annimmt.
Analog ist der Durchfluß dem Querschnitt bzw. dem Quadrat des Durchmessers proportional:

$$Q \sim D^2 \, . \tag{5.31}$$

Die Reduzierung auf $D_{H;D}$ = 1 m liefert hier entsprechend die zugeschnittene Größengleichung

$$Q_{H;D} = Q_H \left(\frac{D_H}{m} \right)^{-2} \, .$$

Mit (5.21) und (5.28) folgt daraus

$$Q_{H,D} = Q \left(\frac{H}{m} \right)^{-1/2} \left(\frac{D}{m} \right)^{-2} \, . \tag{5.32}$$

Diese Größe ist deutbar als derjenige Durchfluß, den ein strömungsähnliches Laufrad

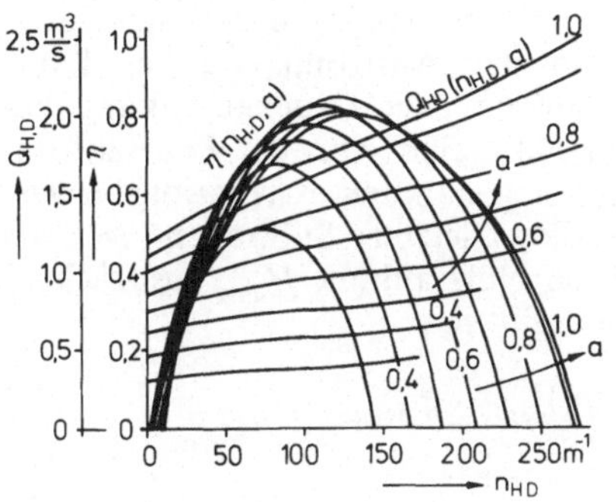
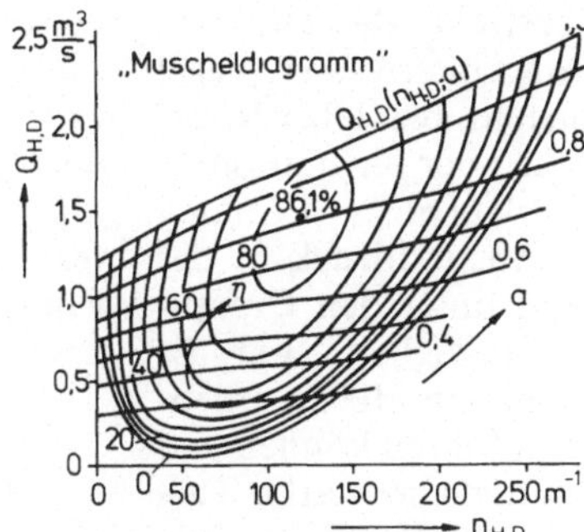

Bild 5.37. Beispiel fur die Konstruktion des Kennfeldes eines Laufrades

mit dem Durchmesser $D_{H\text{-}D} = 1$ m an der Fallhöhe $H_H = 1$ m aufnimmt.

Die Meßreihen $Q(n)$ und $\eta(n)$ eines Laufrades, parametriert nach der Leitradöffnung a, lassen sich mit (5.30) und (5.32) hinsichtlich Fallhöhe und Durchfluß reduzieren und als Kurvenscharen $Q_{H,D}(n_{H,D})$ und $\eta(n_{H,D})$ darstellen (linkes Dagramm in Bild 5.37). Diese liefern das Kennfeld $\eta(Q_{H,D}; n_{H,D})$ des Laufrades als „Einheitsdiagramm" der betreffenden Modellreihe (rechtes Diagramm in Bild 5.37; wegen seiner typischen Konturen auch als „Muscheldiagramm" bezeichnet).

Hat man nun für ein mit einer gewünschten Drehzahl und einer veranschlagten Anzahl von Maschinensätzen zu nutzendes Wasserdarbieten anhand der spezifischen Drehzahl n_q (bzw. n_s) Hinweise auf die unter diesen Bedingungen voraussichtlich günstigste Laufradform erhalten, dann ist — wie gesagt — zunächst zu prüfen, ob sich mit dieser Laufradform keine Divergenzen hinsichtlich der vorliegenden Fallhöhe ergeben. Das Kennfeld der betreffenden Laufradform gestattet es dann weiterhin, das Laufrad so zu dimensionieren, daß das Wirkungsgradoptimum bei einem gewünschten Durchflußwert auftritt; abhängig von der vorliegenden Abflußdauerlinie wird man dazu in der Regel denjenigen Durchfluß wählen, der am häufigsten vorkommt. Der Wert $Q_{H,D}(\eta_{max})$ liefert dann mit (5.32) den zu wählenden Laufradaußendurchmesser D. Die des weiteren aus $n_{H,D}(\eta_{max})$ mit (5.30) folgende Drehzahl muß wieder mit der eingangs gewünschten Drehzahl übereinstimmen. Die zur Aufstellung des Leistungsplanes für die übrigen interessierenden Durch-

flußwerte zustandekommenden Wirkungsgradwerte lassen sich schließlich nach Festlegung des Durchmessers D und der Drehzahl n sowie nach Errechnen der Werte $n_{H,D}$ und $Q_{H,D}$ nach (5.30) und (5.32) ebenfalls dem Kennfeld entnehmen.

Die Kurven $\eta(n_{H,D}; a)$ in Bild 5.36 zeigen im übrigen, welche Drehzahl das Laufrad bei voller Leitradöffnung $(a = 1)$ in unbelastetem Zustand annimmt. Es beschleunigt sich dann so weit, bis die zugeführte Energie durch Stoßverluste usw. ganz im Bereich der Turbine aufgezehrt wird („Durchgangsdrehzahl" n_d; $\eta \approx 0$). Die auf die geschilderte Weise zustandekommende Festlegung der Betriebsdrehzahl n einer Turbine führt dann bezüglich der Durchgangsdrehzahl zu den Relationen nach Tabelle 5.2. Da bei einem Schnellschluß im Schadensfall aufgrund der hohen kinetischen Energie der strömenden Wassersäule unter Umständen erheblich erschwerende Randbedingungen Berücksichtigung finden müssen, so daß die Durchgangsdrehzahl jedenfalls auftreten kann, ist der Auslegung von Turbine und Generator dieser Wert zugrundezulegen.

Mit Rücksicht auf Gründungskosten, Fragen der Hochwassergefährdung und Möglichkeiten zur Entleerung der Turbinen für War-

Tabelle 5.2. Durchgangsdrehzahlen der Wasserturbinen

Francis-Turbine	$n_d = 1{,}6$	$2{,}2n$
Kaplan-Turbine	$n_d = 2{,}1$	$.. 2{,}9n$
Pelton-Turbine	$n_d = 1{,}7$	$1{,}9n$

tungszwecke ist man bestrebt, die Turbinen
möglichst hoch über dem Unterwasserspiegel
anzuordnen. Dann entsteht bei Überdruck-
turbinen jedoch die Gefahr der Kavitation.
Kavitation kommt im Verlauf einer Strömung
dort zustande, wo der Absolutdruck in der
Strömung vorübergehend unter den Dampfdruck der strömenden Flüssigkeit sinkt. Es
bilden sich dann Dampfblasen, die zu erheblichen Volumenzunahmen führen können und
ein Abreißen der Strömung und starke Tur-
bulenzen bewirken, so daß der Wirkungsgrad der Energieumwandlung sinkt. Sobald
die Dampfblasen anschließend — etwa auf
dem Weg des Wassers längs einer Lauf-
schaufeloberfläche — wieder kondensieren,
entstehen lokal begrenzt heftige Druckpul-
sationen, die mechanische Zerstörungen durch
Erosion der benachbarten Schaufeloberfläche
sowie Beeinträchtigungen der Laufruhe zur
Folge haben.
Zur Vermeidung der Kavitation muß man
die auslösenden unzulässigen Druckabsenkun-
gen vermeiden. Daher ist vor allem längs des
Saugschlauches der Turbine die Saughöhe
H_s von der Turbine bis zum Unterwasserspiegel begrenzt. Der zulässige Wert ergibt sich als
Differenz aus der mindestens zu erwartenden
atmosphärischen Druckhöhe $(p_a)_{min}/(\varrho g)$ (von
Witterungsbedingungen und Höhenlage ab-
hängig, auf Meeresniveau etwa 10 m betra-
gend; vgl. auch (5.9)) und der höchstens zu
erwartenden Dampfdruckhöhe $(pd)_{max}/(\varrho g)$
(von der Temperatur abhängig), zusätzlich

vermindert in dem Maße, in dem der Saugschlauch an der Abströmkante des Laufrades planmäßig eine Druckabsenkung bewirkt; mit Hilfe eines von der Laufradform
abhängigen sogenannten Kavitationsbeiwertes σ läßt dieser letztere Subtrahend sich als
Funktion der Nutzfallhöhe H_{nutz} ausdrücken.
Insgesamt ergibt sich

$$H_s \leqq \frac{(p_a)_{min} - (p_d)_{max}}{\varrho g} - \sigma H_{nutz} \, .$$

Tabelle 5.1 zeigt, daß Kombinationen aus
Kavitationsbeiwert und Nutzfallhöhe (als
einem bestimmten Anteil der dort genannten
Grenzfallhöhe H_{grenz}) möglich sind, die zu
negativen Saughöhen führen. Die Turbine
muß dann tiefer angeordnet werden als der
Unterwasserspiegel.

5.4.3 Wasserkraftgeneratoren

Neben ihren elektrischen Daten sind Drehzahl, Durchgangsdrehzahl, Anordnung mit
vertikaler oder horizontaler Welle, Anordnung und Funktion der einzelnen Lager längs
des Maschinensatzes, Transport und Mon-
tage wichtige Einflußgrößen für Aufbau und
Gestaltung der Wasserkaftgeneratoren. Ihre
Leistung erreicht heute 800 MVA und mehr.
Im allgemeinen ist der Generator mit der
Turbine direkt gekuppelt. Dann bestimmt die
Turbinendrehzahl die Drehzahl des Generators und damit seine Polpaarzahl und aus-

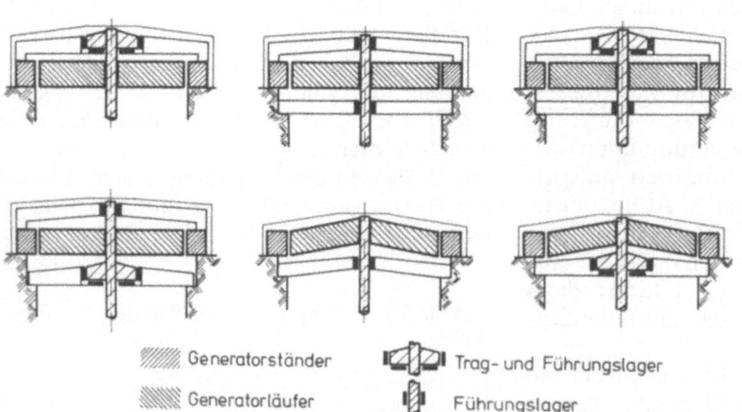

Bild 5.38. Bauformen für Wasserkraftgeneratoren mit vertikaler Welle

gehend von der Leistung seine sonstigen Abmessungen. Es kommen die verschiedensten Drehzahlen vor. Der Generator muß hinsichtlich der auftretenden Fliehkräfte für die betreffende Durchgangsdrehzahl ausgelegt sein.

In erster Linie Erwägungen hinsichtlich Turbinenanordnung und Rohrleitungsführung, auch hinsichtlich der Montagemöglichkeiten, beeinflussen die Wahl zwischen vertikaler und horizontaler Welle. Anzahl, Funktion und Anordnung der Lager eines Maschinensatzes, speziell die Eingliederung des Traglagers (im Bereich des Generators oder im Bereich der Turbine), Zugänglichkeit der Lager, Höhenlage des Generatorschwerpunktes und weitere Gesichtspunkte einerseits sowie die verschiedenen möglichen Generatorkonstruktionen andererseits bedingen einander gegenseitig. Bild 5.38 zeigt einige Kombinationen für vertikale Wellenanordnung. Bei horizontaler Wellenanordnung werden der Generator und seine Stehlager entweder auf einer gemeinsamen Grundplatte oder getrennt errichtet; bei kleinen Leistungen herrscht die erste, bei großen Leistungen die zweite Variante vor.

Normalerweise werden die Wasserkraftwerke mit Synchrongeneratoren ausgerüstet. Kleinere, zumal fernbediente Anlagen können auch Asynchrongeneratoren erhalten. Diese können jedoch nur in ein bereits Spannung führendes Netz einspeisen. Ferner ist Vorsorge zu treffen zur Bereitstellung der nötigen Magnetisierungsblindleistung (von diesem Netz her, aus eigenen Kondensatorbatterien; durch eine Drehstrom-Erregermaschine).

6 Weitere Reserven und Verfahren für die Energieversorgung

6.1 Bisher wenig genutzte Energiereserven

6.1.1 Regenerative Energiereserven

Bisher wurden zur Deckung des Energiebedarfes hauptsächlich fossile Brennstoffe, Kernbrennstoffe und Wasserkräfte herangezogen. Dabei handelt es sich bei den Brennstoffen um gespeicherte, nicht regenerative Energiereserven, die es gestatten, an beliebigem Ort und zu beliebiger Zeit mit praktisch beliebiger Leistung Sekundärenergie bereitzustellen. Bei den Wasserkräften hingegen handelt es sich um regenerative Energiereserven, die man an vorgegebenem Ort und abhängig von einem individuell pulsierenden Dargebot mit außerdem im Einzelfall jeweils festliegender Höchstleistung zur Umwandlung in Sekundärenergie heranziehen kann.

Über ihr meist pulsierendes Dargebot hinaus sind die regenerativen Energiereserven von Ausnahmen abgesehen durch geringe Leistungsdichten charakterisiert (vgl. Abschnitt 2.2); im Sonderfall der Wasserkräfte wurde die Leistungsdichte der Niederschläge von der Natur durch Sammeln in den Wasserläufen bereits in erheblichem Maße erhöht.

Angesichts drohenden Energiemangels sowie aus Erwägungen hinsichtlich des Umweltschutzes und aus weiteren Gründen bemüht man sich inzwischen, auch bisher wenig genutzte Energiereserven zur Deckung des Energiebedarfes heranzuziehen. Diese sind sowohl nicht regenerativer als auch regenerativer Art [6.1; 6.4; 6.5; 6.15 bis 6.17; 6.32]. Im folgenden werden zunächst die wesentlichen aus der Sicht interessierenden regenerativen Energiereserven knapp umrissen.

Die *Sonnenstrahlung* stammt aus in der Sonne ablaufenden Kernverschmelzungsvorgängen. Sie steht in einem Abstand von der Sonne gleich dem mittleren Radius der Erdbahn extraterrestrisch, das heißt, außerhalb der irdischen Atmosphäre, mit der spektralen Strahlungsflußdichte E_λ nach Bild 6.1 permanent zur Verfügung; außerhalb des sichtbaren Lichtes schließt sich im Bereich kleiner Wellenlängen das ultraviolette, im Bereich großer Wellenlängen das infrarote Licht an. Das Integral dieses Spektrums liefert die extraterrestrische Solarkonstante 1,353 kW/m².

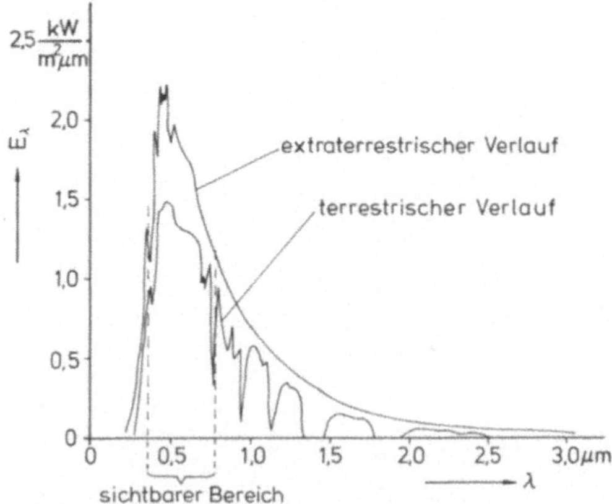

Bild 6.1. Spektrale Strahlungsflußdichte der Sonnenstrahlung

Bis zum Erreichen der Erdoberfläche wird dieser Wert durch Streu- und Absorptionsprozesse in der Atmosphäre gemindert; die terrestrische Solarkonstante (senkrechter Einfall, wolkenloser Himmel) beläuft sich dementsprechend noch auf ca. 1 kW/m².

In äquatorfernen Zonen wird dieser Wert infolge des längeren Weges der Strahlung durch die Atmosphäre und infolge größerer mittlerer Bewölkungsdichte weiter gemindert. Wenn man darüberhinaus die jahreszeitlichen Schwankungen des Dargebotes aufgrund der Bewegung der Erde auf ihrer Bahn um die Sonne und die täglichen Schwankungen aufgrund der Eigendrehung der Erde berücksichtigt, ergibt sich zum Beispiel für Mitteleuropa im Jahresmittel eine Leistungsdichte von rund 0,12 kW/m².

Diese direkte Strahlung, eben die „Sonnenstrahlung", weist eine einheitliche Richtung auf und ist folglich zur Nutzung beispielsweise gezielt reflektierbar. Daneben tritt als weitere Komponente diffuse Strahlung auf, die sogenannte Himmelsstrahlung. Sie ist eine Folge der besagten Streuvorgänge, trifft aus allen Richtungen des Raumes ein und ist nicht gezielt reflektierbar; sie ist schwächer als die direkte Strahlung. Die Summe beider Komponenten wird auch als Globalstrahlung bezeichnet.

Windenergie wohnt den Luftmassen dann inne, wenn sie infolge atmosphärischer Vorgänge in Bewegung versetzt wurden und dann kinetisch Energie aufweisen.

Eine mit der Geschwindigkeit c bewegte Luftmasse m hat die kinetische Energie

$$E = m \frac{c^2}{2}. \tag{6.1}$$

Ein den Querschnitt A in der Zeit t passierender Massestrom

$$\dot{m} = \frac{m}{t} = \frac{\varrho V}{t} = \varrho A c$$

der Dichte ϱ repräsentiert mit (6.1) die Leistung

$$P = \frac{E}{t} = \dot{m} \frac{c^2}{2} = \varrho A \frac{c^3}{2}. \tag{6.2}$$

Da ein solcher Massestrom nach Passieren eines Windrades als Energiewandler auch weiter transportiert werden muß, kann er dort nicht bis zum Stillstand abgebremst werden; es muß vielmehr eine Restgeschwindigkeit erhalten bleiben. Dem Massestrom können daher nur Teile der Leistung nach (6.2) entzogen werden.

Meeresenergie liegt in mehrerlei Form vor. Räumlich benachbarte warme bzw. kalte Strömungen oder Schichtungen weisen einen Temperaturgradienten auf, dessen Integral in tropischen Meeren zwischen Oberflächen- und Tiefenwasser Werte um 25 bis 30 K erreichen kann. Meeresströmungen oder Meereswellen weisen mechanische Energie auf. Die Gezeitenenergie wird in einigen Fällen bereits genutzt.

Geothermische Energie stammt aus der Ursprungswärme der Erde und aus den in der Erde ablaufenden natürlichen Kernprozessen. Der resultierende Temperaturgradient beläuft sich in Europa unter Normalbedingungen in oberflächennahen Schichten beispielsweise auf ca. 3 K/100 m. Bei Vorliegen von geologischen Anomalien kann er auch wesentlich größer sein.

In den dem Menschen mit technischen Mitteln zugänglichen oberflächennahen Erdschichten bis in Tiefen von einigen 1000 m findet sich die thermische Energie hauptsächlich vor gebunden an heißes, nicht geschmolzenes trokkenes Gestein (hot dry rock). Die Schichten können auch Wasser bzw. Dampf führen. In Einzelfällen treten Heißwasser oder Dampf auch als natürliche Vorkommen zutage oder werden durch Erbohren zugänglich gemacht.

Biomasse entsteht durch die Photosynthese von Kohlendioxid und Wasser unter Aufnahme weiterer Stoffe (Stickstoff, Phosphor usw.) beim Wachsen organischer Substanz auf dem Land und im Wasser (Pflanzen, Algen). Von der Entstehung bis schließlich zu ihrem Zerfall in Form pflanzlicher oder tierischer Substanz kann sie in der belebten Natur zahlreiche Stadien durchlaufen.

Biomasse in Form landwirtschaftlicher Erzeugnisse dient meist unmittelbar oder mittelbar der Ernährung des Menschen. In anderen Formen (Holz, Leder usw.) kann Biomasse auch anderweitig verwendet werden. Die Rückstände fallen an in Form von Abfällen, Dung, Müll, organischem Schutt und anderem. Grundsätzlich wohnt ihnen noch umwandelbare Energie inne. Sie kann durch direkte Verbrennung nutzbar gemacht werden oder durch thermische Zersetzung unter Luftabschluß („Pyrolyse") bzw. durch Vergärung unter Luftabschluß; die beiden letzteren Verfahren liefern flüssige oder gasförmige Brennstoffe.

Umgebungswärme liegt vor in Form der thermischen Energie von Oberflächenwasser, Grundwasser, Luft, Erdreich, soweit sie aus Sonnenstrahlung oder aus Fortwärmeströmen technischer Prozesse stammt. Auch die potentielle Energie der strömenden Gewässer wird in den Flußbetten durch Reibung in Umgebungswärme umgewandelt.

6.1.2 Nichtregenerative Energiereserven

Hier sind als fossile Energieträger hauptsächlich Ölschiefer und die Öl- oder Teersande [6.4], als nukleare Energieträger ferner Deuterium und Lithium zu nennen.

Ölschiefer ist ein feinkörniges Gestein, das ähnlich wie Schiefer eine blättrige Struktur aufweist. Er enthält sogenanntes Kerogen, das ist eine organische Substanz, die durch Erhitzen des Ölschiefers auf einige 100 °C als Schieferöl ausgeschieden werden kann. Dazu ist der Ölschiefer entweder bergmännisch abzubauen oder das Schieferöl ist durch Erhitzen des Ölschiefers in situ unmittelbar fließfähig und damit förderbar zu machen. Man bemüht sich vor allem, Verfahren zur Gewinnung in situ zu entwickeln.

Bei den *Ölsanden* handelt es sich um sandige Formationen, in die im Verlauf langer Zeiträume Öl eingesickert ist, das später seine Fließfähigkeit durch Verlieren gewisser leichtflüchtiger Komponenten einbüßte, so daß es jetzt eine zähe, asphaltartige Konsistenz aufweist. Auch hier bemüht man sich neben der bergmännischen Förderung vor allem um thermische in-situ-Verfahren.

Deuterium und Lithium erhalten Bedeutung im Zusammenhang mit der aussichtsreich erscheinenden Deuterium-Tritium-Kernverschmelzungsreaktion (vgl. Abschnitt 6.2.1). Während das Deuterium (H 2 bzw. D 2) in natürlicher Form unmittelbar in Wasser vorkommt (HDO; D_2O), ist das benötigte Tritium (H 3 bzw. T 3) zuvor aus Lithium durch Brutprozesse zu erzeugen.

6.2 Neuartige Verfahren zur Energieumwandlung

6.2.1 Erzeugung elektrischer Energie

In letzter Zeit werden zahlreiche neuartige Verfahren zur Erzeugung elektrischer oder thermischer Energie theoretisch und praktisch geprüft. Im folgenden werden aus diesem Bereich zunächst Verfahren zur Erzeugung elektrischer Energie beschrieben. Wenn diese Verfahren auch teilweise mit einer thermischen Ausgangsstufe arbeiten, dienen sie doch zumindest vorrangig dem Zweck der Elektrizitätserzeugung.

Sonnenkraftwerke befinden sich in zwei Varianten in der Erprobung [6.13; 6.15; 6.30]. Beim sogenannten Turmkonzept reflektiert ein System von ebenen Spiegeln die Sonnenstrahlung auf einen an der Spitze eines Turmes (von beispielsweise ca. 45 m Höhe) angeordneten Hohlraumabsorber als Brennpunkt. Abhängig vom Sonnenstand werden die Spiegel von einem Prozeßrechner kontinuierlich nachgeführt. Zur Vermeidung gegenseitiger Abschattung der Spiegel insbesondere bei niedrigem Sonnenstand müssen sie in einem solchen Abstand voneinander aufgestellt werden, daß die benötigte Gesamtgrundfläche wesentlich größer wird als die Summe der Spiegelflächen. Der Absorber wird mit flüssigem Natrium gekühlt, das dabei zum Beispiel von 270 auf 530 °C erwärmt wird und hernach in einem Wärmetauscher einen normalen Wasser-Dampf-Kreislauf heizt. In Anbetracht des niedrigen Dampfdruckes von Natrium kann das System so bei einem Druck von wenigen bar betrieben werden und konstruktiv entsprechend leicht ausgelegt sein. Es erscheint auch denkbar, mit Luft als Kühlmittel zu arbeiten und anschließend im Direktkreislauf eine Gasturbine zu speisen.

Das sogenannte Farmkonzept besteht statt dessen aus zahlreichen Parabolzylinderreflektoren, in deren Brennachse jeweils ein Absorberrohr angeordnet ist. Da jeder Reflektor sein eigenes Absorberrohr heizt, sind die Anforderungen an die Präzision der Fokussierung geringer als beim Turmkonzept. Da die erzielbare Verdichtung der Sonnenstrahlung jedoch niedriger ist als dort, ergeben sich auch nur niedrigere Temperaturen. In den Absorbern kann zum Beispiel ein Thermoöl auf ca. 300 °C erwärmt werden.

Bei beiden Varianten ist zu prüfen, in welchem Maße zur Überbrückung möglicher kurzer Zeiten gedämpfter Sonnenstrahlung thermische Speicher oder eine fossile Stützfeuerung vorzusehen sind.

Die hier ebenfalls zu nennende *Solarzelle* nutzt den photoelektrischen Effekt und umgeht damit die mechanische Zwischenstufe der Elektrizitätserzeugung. Aus Kostengründen ist sie bisher Sonderfällen vorbehalten, zum Beispiel in der Raumfahrt oder zur Speisung von Signalbojen [6.18].

Windkraftwerke werden zur Zeit ebenfalls eingehend erprobt [6.1; 6.13; 6.17]. Als denkbare Varianten kommen das gewöhnliche horizontalachsige Windrad und das Vertikalachsrad nach Darrieus in Frage (Bild 6.2). Im ersten Fall wird das Windrad mit wenigen — meist zwei oder drei — aerodynamisch optimierten Blättern ausgerüstet, die zur Leistungsanpassung verstellbar sind; wechselnder Windrichtung ist das Windrad nachzuführen. Im zweiten Fall ist man dagegen von der Windrichtung unabhängig, kommt außerdem mit beidseitig gehaltenen Blättern und einfacher Energieabnahme am Rotorfuß zu einer robusteren Konstruktion

für das Windrad, muß jedoch eine Anlaufvorrichtung vorsehen, da das Rad erst von einer Mindestdrehzahl an einen Leistungsüberschuß entwickelt, und kann auch keine Verstellung der Blätter zur Leistungsanpassung vornehmen. Der Wirkungsgrad ist etwas geringer als beim horizontalachsigen Windrad.

Beide Windradtypen müssen bei Windgeschwindigkeiten oberhalb eines Grenzwertes stillgesetzt werden.

In vereinfachter Betrachtung folgt die Leistung des Horizontalachs-Windrades mit dem Satz von der Erhaltung des Impulses aus der Kraft F eines Massestromes gegebener Geschwindigkeit c_1 bzw. c_2 vor bzw. hinter dem Windrad nach der Beziehung

$$F = \frac{mc_1 - mc_2}{t} = \dot{m}(c_1 - c_2)\,.$$

Mit der mittleren Geschwindigkeit $\bar{c}$ beim Durchtritt durch das Windrad folgt daraus die von ihm aufgenommene Leistung

$$P_{\text{auf}} = F\bar{c} = \dot{m}(c_1 - c_2)\bar{c}\,. \tag{6.3}$$

Die Bedingung, daß diese Leistung gleich der von dem Luftstrom abgegebenen Leistung

$$P_{\text{ab}} = \dot{m}\,\frac{c_1^2 - c_2^2}{2}$$

sein muß, liefert für die Geschwindigkeit $\bar{c}$ den Wert

$$\bar{c} = \frac{c_1 + c_2}{2}\,. \tag{6.4}$$

Mit dem Durchtrittsquerschnitt A des Windrades folgt ferner der Massestrom

$$\dot{m} = \frac{m}{t} = \frac{\varrho V}{t} = \varrho A \bar{c}\,. \tag{6.5}$$

Diese Beziehung mit (6.4) in (6.3) eingesetzt liefert dann den Ausdruck

$$P_{\text{auf}} = \varrho A(c_1 - c_2)\left(\frac{c_1 + c_2}{2}\right)^2$$

$$= \varrho A\,\frac{c_1^3}{4}\left(1 + \frac{c_2}{c_1}\right)\left[1 - \left(\frac{c_2}{c_1}\right)^2\right]\,.$$

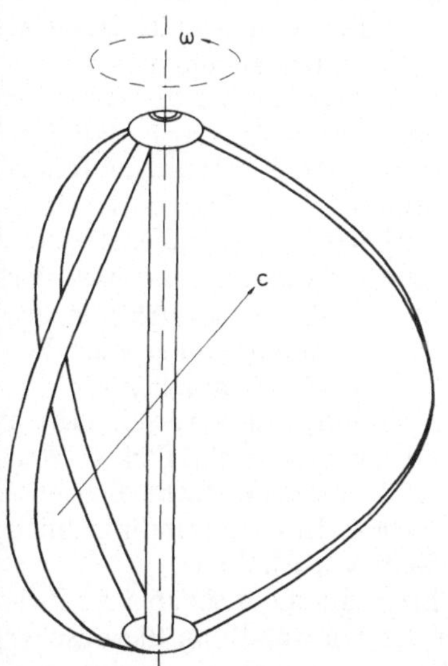

Bild 6.2. Vertikalachs-Windrad nach Darrieus

Die aufgenommene Leistung läßt sich also hinsichtlich des Geschwindigkeitsverhältnisses c_2/c_1 optimieren. Mit $(c_2/c_1)_{opt} = {}^1/_3$ erhält man

$$(P_{auf})_{max} = \varrho A c_1^3 \frac{8}{27} \, .$$

Ein Vergleich mit der Leistung P_{ungest} der ungestörten Strömung analog (6.2) liefert dann den Zusammenhang

$$(P_{auf})_{max} = \frac{16}{27} P_{ungest} \, .$$

Er nennt den mit dem Windrad der ungestörten Strömung maximal entnehmbaren Leistungsanteil. Mit dem Wirkungsgrad η der Anordnung folgt daraus die tatsächliche Windradleistung

$$P_{tats} = \eta(P_{auf})_{max} = \frac{16}{27} \eta P_{ungest} \, . \qquad (6.6)$$

Die Leistungsabgabe eines Windrades ändert sich also mit der 3. Potenz der Windgeschwindigkeit in der ungestörten Strömung vor dem Windrad. Im praktischen Betrieb sind folglich entsprechende Leistungspulsationen zu erwarten.

Die *Brennstoffzelle* vermeidet, verglichen mit dem Wärmekraftwerk, bei der Umwandlung chemischer Bindungsenergie in elektrische Energie die thermische und die mechanische Zwischenstufe durch „Energiedirektumwandlung" (auch „kalte Verbrennung" genannt; [6.31]). Der normale Vorgang der Oxidation eines Brennstoffes unter Abgabe

thermischer Energie wird hier in zwei Teilvorgänge zerlegt, die in Anwesenheit eines Katalysators an Elektroden ablaufen und es gestatten, die bei der Oxidation zwischen Brennstoff und Oxidationsmittel ausgetauschten Elektronen unter Energieabgabe über einen äußeren Kreis zu führen.

Bild 6.3 zeigt als Beispiel die Wasserstoff-Sauerstoff-Brennstoffzelle mit alkalischem Elektrolyten; die Elektroden sind porös und lassen durch Gasdiffusion Berührungen zwischen Gas, Elektrolyt und Katalysator zustandekommen.

An der den Brennstoff (H_2) aufnehmenden Elektrode läuft der Vorgang

$$H_2 + 2\,OH^- \rightarrow 2\,H_2O + 2e^-$$

ab; das gebildete Wasser tritt in den Elektrolyten ein. An der das Oxidationsmittel (O_2) aufnehmenden Elektrode läuft dagegen unter Aufnahme von Wasser aus dem Elektrolyten der Vorgang

$$\frac{1}{2}\,O_2 + H_2O + 2\,e^- \rightarrow 2\,OH^-$$

ab. Per Saldo hat somit die Reaktion

$$H_2 + \frac{1}{2}\,O_2 \rightarrow H_2O$$

stattgefunden.

Wasserstoff und Sauerstoff werden der Zelle zugeführt, das anfallende überschüssige Wasser ist dem Elektrolyten zu entziehen. Der typische Unterschied gegenüber Primär- oder Sekundärelement besteht also darin, daß dort ein einmalig gespeicherter Vorrat an Reaktionsstoffen vorhanden ist, der bei der Entladung aufgezehrt wird, während hier unter der Voraussetzung dauernder Zufuhr der Reaktionsstoffe und dauernder Abfuhr des Reaktionsproduktes ein kontinuierlicher Betrieb über längere Zeiträume möglich ist.

Brennstoffzellen können mit verschiedenen Brennstoffen, Oxidationsmitteln, Elektrolyten usw. arbeiten und unterschiedliche Betriebstemperaturen haben. Ihre Anwendung blieb bisher Sonderfällen vorbehalten.

Weitere Verfahren, die die mechanische Zwischenstufe bei der Umwandlung thermischer Energie in elektrische Energie vermeiden, sind unter anderem *Magnetohydrodynamischer Ge-*

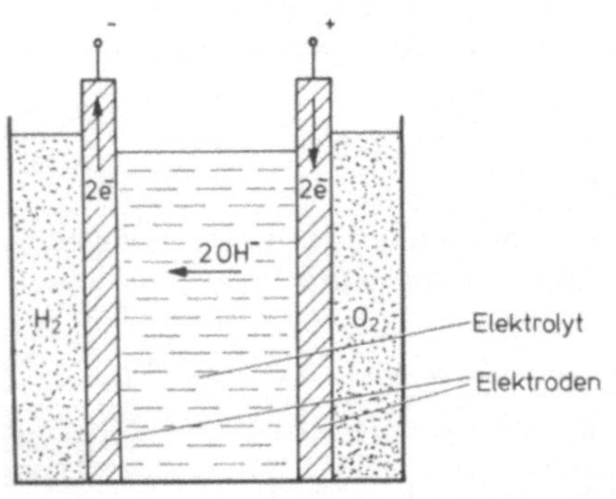

Bild 6.3. Wasserstoff-Sauerstoff-Brennstoffzelle

nerator (MHD-Generator) und Thermoelektrischer Generator. Der MHD-Generator arbeitet mit einem sehr heißen Plasma, das mit hoher Geschwindigkeit $\vec{c}$ durch ein starkes Magnetfeld $\vec{B}$ bewegt wird (Bild 6.4). Dabei kommt eine Kraftwirkung $\vec{F}_+$; $\vec{F}_-$ auf die Ladungen zustande, die sie trennt; an geeigneten Elektroden kann ein Gleichstrom abgenommen werden [6.21].

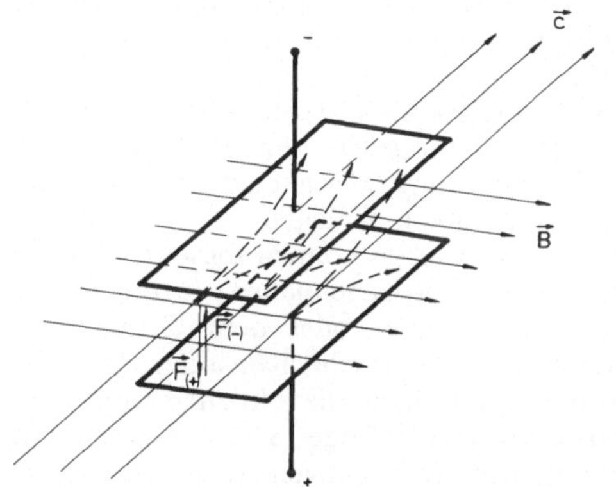

Bild 6.4. Prinzip des Magnetohydrodynamischen Generators

Es ist denkbar, das Arbeitsgas anschließend in einem Wärmetauscher zur Beheizung eines gewöhnlichen Wasser-Dampf-Kreislaufes zu verwenden, so daß insgesamt ein besserer Umwandlungswirkungsgrad bei der Erzeugung elektrischer Energie zustandekommt. Es wird auch erwogen, das Gas im geschlossenen Kreislauf über einen Hochtemperaturreaktor zu führen. Problematisch ist die erforderliche hohe Starttemperatur des Prozesses (2600 bis 3000 K) und auch die daraus resultierende Aggressivität des Plasmas.

Der *Thermoelektrische Generator* nutzt den Seebeck-Effekt: an der Berührungsstelle verschiedenartiger metallischer Leiter tritt eine Spannung auf. Wenn man die beiden Leiter zu einem Kreis schließt und die zweite Berührungsstelle auf einer niedrigeren Temperatur hält, kommt ein Strom zustande. Erwünscht sind eine hohe elektrische und eine niedrige thermische Leitfähigkeit der Leiterwerkstoffe. Die Nutzung des Effektes zur Temperaturmessung mittels Thermoele-

menten ist weit verbreitet. Im Energiebereich hat das Verfahren bisher in Sonderfällen Anwendung gefunden.

Ähnlich wie bei der Spaltung schwerer Atomkerne ist auch bei der Verschmelzung leichter Kerne durch einen Massendefekt Freisetzung von Energie möglich, zum Beispiel für die Wasserstoffisotope Deuterium und Tritium nach der Beziehung

$$^2_1\mathrm{H} + {}^3_1\mathrm{H} \rightarrow {}^4_2\mathrm{He} + {}^1_0\mathrm{n} + 17{,}6 \ \mathrm{MeV} \ .$$

Zur Nutzung dieses Effektes bemüht man sich, *Kernverschmelzungsverfahren* zu entwickeln [6.5; 6.19; 6.25; 6.35].

Voraussetzung für das Zustandekommen von Kernverschmelzungen — etwa nach der vorstehenden Beziehung — ist, daß die Reaktionsstoffe zur Überwindung der Coulombschen Abstoßungskräfte zwischen den Kernen auf eine sehr hohe Temperatur gebracht werden (Größenordnung $100 \cdot 10^6$ K); zur Erzielung einer ausreichenden Wahrscheinlichkeit des Eintretens derartiger Reaktionen wird ferner eine gewisse Mindestteilchendichte benötigt. Bei Temperaturen der genannten Größenordnung liegen die Substanzen hochionisiert und mit ausgeprägter elektrischer Leitfähigkeit als Plasma vor.

Aufheizung und insbesondere Einschließung eines solchen Plasmas sind schwierig. Die Einschließung muß so bewerkstelligt werden, daß das Plasma von seinen begrenzenden Wandungen ferngehalten wird, so daß die Intensität seiner Einwirkung auf die Wandungen eine gewisse Grenze nicht überschreitet.

Aussichtsreich erscheint der sogenannte geschlossene magnetische Einschluß nach dem Tokamak-Prinzip. Das Gas befindet sich dann in einem zu einem geschlossenen Ring gebogenen Rohr kreisförmigen Querschnittes (,,Torus") und wird zum Plasma aufgeheizt. Durch eine um das Rohr gelegte, gleichmäßig über den gesamten Ring verteilte Hauptwicklung wird im Inneren des Rohres parallel zu seiner Achse ein Magnetfeld erregt (,,toroidales Feld" B_t; Bild 6.5). Da die Flußdichte dieses Feldes über den Rohrquerschnitt nicht konstant ist, so daß ohne weiteres kein stabiler Plasmaeinschluß möglich wäre, wird durch einen von einer Zusatzwicklung aufgebauten Zusatzfluß Φ_{zus} ein starker Plasmastrom

$I(\Phi_{zus})$ in Richtung des Rohres induziert, dessen Magnetfeld („poloidales Feld" B_p) sich dem Hauptfeld in einer solchen Weise zu einem Summenfeld B_Σ überlagert, daß die resultierenden magnetischen Feldlinien längs des Rohres einen Drall bekommen und in langgezogenen Spiralen umlaufen. Die Ionen des Plasmas folgen diesen Feldlinien ihrerseits ebenfalls spiralig; unter bestimmten Bedingungen wird in pulsendem Betrieb ein jeweils stabiler „magnetischer Einschluß" des Plasmas möglich.

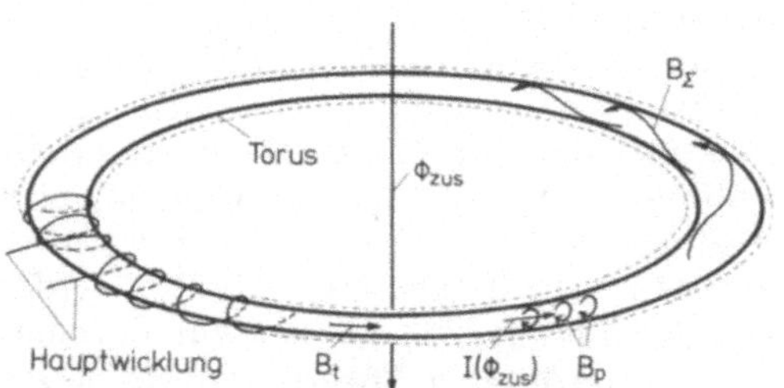

Bild 6.5. Kernverschmelzungs-Versuchsanlage nach dem Tokamak-Prinzip

Das Stellarator-Prinzip arbeitet statt des im Plasma zur Stabilisierung induzierten Stromes mit über langgezogene äußere Windungen gegensinnig an dem Rohr entlanggeführten Strömen. Das so ebenfalls zustandekommende zusätzliche Magnetfeld einer entsprechend modifizierten Form („helikales Feld") überlagert sich wieder dem Hauptfeld (Bild 6.6).

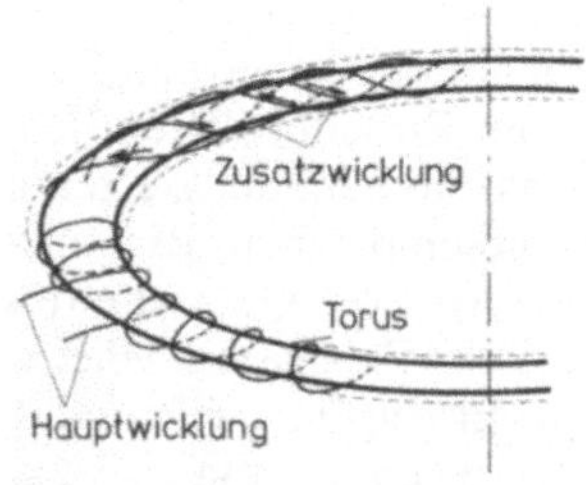

Bild 6.6. Kernverschmelzungs-Versuchsanlage nach dem Stellarator-Prinzip

Auch in künftigen Kernverschmelzungsreaktoren wird die freigesetzte Energie schließlich in thermischer Form zur weiteren Verwendung zur Verfügung stehen.

6.2.2 Erzeugung thermischer Energie

Die Auskopplung von Wärme verschiedenen Temperaturniveaus (Niedertemperaturwärme, Hochtemperaturwärme) aus Wärmekraftwerken wurde bereits im Verlauf der Kapitel 3 und 4 behandelt. Darüberhinaus werden zur Wärmeversorgung auch reine Heizwerke errichtet.

Als neuartig in dem Zusammenhang ist die großtechnische Nutzung der Sonnenstrahlung und der Umgebungswärme anzusehen [6.23; 6.30].

Bei Nutzung der Sonnenstrahlung können die Anlagen so ausgelegt sein, daß sie nur die direkte Strahlung oder auch die diffuse Strahlung aufnehmen. Anlagen zur Nutzung der Umgebungswärme können diese der Außenluft, dem (oberflächennahen) Erdreich, dem Oberflächenwasser oder dem Grundwasser entnehmen; hauptsächlich im industriellen Bereich kommt auch die Nutzung von Fortwärmeströmen infrage. Die technisch-wirtschaftlichen Bedingungen im einzelnen sind stark von der geographischen Breite, auf der man eine Nutzung der einen oder der anderen Art in Erwägung zieht, abhängig.

Ohne weiteres nehmen der direkten Sonnenstrahlung ausgesetzte Flächen eine erhöhte Temperatur an; sie strahlen dann ihrerseits mehr oder weniger große Teile der aufgenommenen Energie wieder ab. Die sich einstellende Temperatur hängt unter anderem ab von dem Ausmaß, in dem eventuell mittels Reflektoren eine Strahlungsverdichtung vorgenommen wird. Anlagen zur Nutzung der direkten Sonnenstrahlung für die Erzeugung von Niedertemperaturwärme (Brauchwasser, Raumheizung) arbeiten in der Regel ohne Strahlungsverdichtung; sie nehmen die Strahlung in sogenannten Kollektoren auf, die ihrerseits zum Abtransport der Energie beispielsweise mit Wasser gekühlt werden. Die Temperatur der Kollektoren bleibt mit Werten um 60 bis 70 °C relativ niedrig. Einrichtungen zur Nachführung der Kollektoren können entfallen. Erwünscht ist für die Kollektoren ein hoher Absorptionsgrad bei geringen Verlusten durch Wärmeleitung, Konvektion und Abstrahlung. Zur Erzielung eines hohen Absorptionsgrades erhalten sie eine geschwärzte Oberfläche. Neben einer entsprechenden Isolierung auf der Rückseite usw. gegen Verluste durch Wärmeleitung werden sie ferner auf der Vorderseite zur Begrenzung der Konvektionsverluste abgedeckt, zum Beispiel mit Glas. Zur Begrenzung der Abstrahlungsverluste schließlich muß die Abdeckung ein geeignetes Transmissionsspektrum besitzen: sie soll die auftreffende Sonnenstrahlung möglichst ungehindert übertragen, die emittierte (langwellige) Wärmestrahlung dagegen zurückhalten.

Bei Anlagen, die die Umgebungswärme nutzen, muß die Temperatur der die Wärme aufnehmenden Komponente unter die Umgebungstemperatur abgesenkt werden. Dazu fügt man die Komponente in einen Wärmepumpenkreislauf ein; man bezeichnet sie meist als Absorber. Je nach ihrer Anordnung — offen oder verdeckt — kann sie zugleich auch direkte und diffuse Sonnenstrahlung aufnehmen. Im allgemeinen sind bei diesen Verfahren nur mäßige Temperaturerhöhungen sinnvoll ([6.3; 6.20]; vgl. Abschnitt 3.1.7). Auch hier wird somit Niedertemperaturwärme verfügbar gemacht.

Sowohl bei der Nutzung der Sonnenstrahlung als auch bei der Nutzung der Umgebungswärme treten tages- und jahreszeitlich sowie von der Witterung bedingte Schwankungen auf. Bei der Sonnenstrahlung kommen überdies kurzzeitige sporadische Pulsationen infolge atmosphärischer Vorgänge (Wolkenbildung) hinzu. Zu erwägen ist daher die Anlegung eines Wärmespeichers oder die zeitweilige Einschaltung einer Zusatzheizung — bei Kollektoranlagen eventuell auch einer Wärmepumpe — oder beides. Es kommen so zahlreiche Schaltungs- und Betriebsvarianten zustande.

Speziell bei Nutzung der Umgebungswärme mittels Wärmepumpe arbeitet eine Anlage ohne jegliche Zusatzheizung im „monovalenten" Betrieb. Sie muß dann — im Hinblick auf die gerade bei den tiefen Umgebungstemperaturen der kalten Jahreszeit erhöhten Anforderungen an das bereitzustellende Temperaturniveau — für eine große Temperaturanhebung ausgelegt sein und nimmt überdies auch in den Zeiten der Jahreshöchstlast des Öffentlichen Elektrizitätsnetzes von dort Antriebsenergie auf. Anlagen mit Zusatzheizung arbeiten dagegen „bivalent". Wenn die Wärmepumpenanlage zeitweise von einer nachge-

schalteten Zusatzheizung unterstützt wird (im Gegensatz zu dem folgenden Alternativbetrieb als Parallelbetrieb bezeichnet), kann die erstere für eine geringere Temperaturanhebung dimensioniert werden, nimmt entsprechend weniger Antriebsleistung auf und arbeitet ferner mit einer besseren Heizleistungszahl. Wenn Wärmepumpenanlage und Zusatzheizung alternativ eingesetzt werden, ist die Leistung der Zusatzheizung entsprechend zu erhöhen, arbeitet jedoch — da Zeiten mit geringer Teillast dann nicht vorkommen — immer mit gutem Wirkungsgrad, während zugleich das Netz von der Leistungsaufnahme der Wärmepumpe in den Spitzenzeiten ganz entlastet wird.

Angesichts des hohen Anteiles des Niedertemperaturwärmebedarfes am gesamten Energiebedarf bestehen starke Anreize für eine forcierte Weiterentwicklung der oben skizzierten Verfahren.

6.2.3 Anderweitige Sekundärenergieträger

Erdgas und insbesondere Erdöl haben aus mehreren Gründen vielfältige Anwendung gefunden. Inzwischen sind ihre nutzbaren Reserven im Schwinden begriffen. Zum Teil lassen sich jedoch die aus ihnen produzierten Sekundärenergieträger — im Bereich des Erdöls zum Beispiel die Treibstoffe — bisher kaum ersetzen. Man bemüht sich daher, Erdgas und gewisse Erdölderivate künstlich herzustellen. Ausgangsstoffe entsprechender Prozesse sind meist Kohle und Wasserdampf.

Die Prozesse werden summarisch unter dem Begriff der Kohleveredlung zusammengefaßt. Dabei umfaßt die Kohleveredlung im engeren Sinne Verfahren zur Kohlevergasung und zur Kohleverflüssigung [6.2; 6.11; 6.23; 6.28; 6.29; 6.33]. Zur Kohlevergasung gibt es verschiedene eingeführte Methoden; andere Methoden befinden sich in der Entwicklung. Im Bereich der Kohleverflüssigung bemüht man sich um wirtschaftlich arbeitende Verfahren. Auch die Verbrennung der Kohle zum Zwecke der Überführung ihrer chemischen Bindungsenergie in thermische oder elektrische Energie ist strenggenommen als eine Kohleveredlung zu bezeichnen. Die Prozesse der Kohleveredlung im engeren

Sinne verlaufen endotherm: zu ihrer Durchführung ist Energie aufzuwenden. Stellt man diese Energie aus der zu veredelnden Kohle selbst durch Verbrennung bereit („autothermer Prozeß"), dann wird rund ein Drittel der eingesetzten Kohle auf diese Weise aufgezehrt. Man strebt daher an, die Energie in thermischer Form von außen zuzuführen („allothermer Prozeß"). Als geeignete Anlage zur Bereitstellung dieser Energie zeichnet sich der Hochtemperaturreaktor ab. Der Einsatz nuklearer Hochtemperaturwärme gestattet es, die Kohlenvorräte zu schonen und die Atmosphäre von der Kohlendioxidfracht, die dem andernfalls zur Prozeßwärmebereitstellung zu verfeuernden Kohleanteil entspräche, zu entlasten.

Hinsichtlich dieser Frage der Bereitstellung der benötigten Prozeßenergie, aber auch hinsichtlich der Verwendbarkeit bestimmter Kohlearten, der Vergasungsmittel (Wasser, Wasserstoff; auch Luft oder Sauerstoff), der Möglichkeiten zur Aufbereitung und Reinigung der anfallenden Produkte usw., schließlich hinsichtlich der Art der Produkte selber — verschiedene gasförmige oder flüssige Kohlenwasserstoffe — wurden zahlreiche Verfahrensvarianten entwickelt; andere befinden sich noch in der Entwicklung. Ein besonderer Vorteil, der sich bietet, besteht oft darin, daß die Produkte relativ leicht zu entschwefeln sind; ihre spätere Verwendung ist dann entsprechend umweltfreundlich.

Die Produktion von künstlichem Erdgas (weitgehend reines Methan; SNG — substitute natural gas) kann unter anderem unmittelbar durch Kohlevergasung mittels Wasserstoff, den der Prozeß selber aus Wasser liefert („Hydrierende Vergasung"), oder durch „Methanisierung" anderer Kohlegase (Schwachgas, Synthesegas), die durch Kohlevergasung mit Wasserdampf gewonnen werden, erfolgen. Auch im Bereich der Kohleverflüssigung arbeitet man an Verfahren zur wirtschaftlichen Veredlung der Kohle auf unmittelbarem oder auf mittelbarem Wege.

Auch Wasserstoff selbst wird möglicherweise in Zukunft Bedeutung als Sekundärenergieträger gewinnen [6.10; 6.11; 6.26; 6.34]. Er läßt sich in großen Mengen aus Wasser gewinnen sowie leicht transportieren und auch speichern; er ist umweltschonend zur Elektrizitätserzeugung und als Kraftstoff verwendbar. Allerdings ist Wasserstoff explosiv und wirft so Sicherheitsfragen auf. Man strebt zur großtechnischen Wasserzerlegung vor allem thermo-chemische Prozesse an, das sind Prozesse, denen nur Wasser und thermische Energie zugeführt werden und bei denen intern weitere Substanzen in zyklischer Aufeinanderfolge mehrere Reaktionen durchlaufen bzw. bewirken. Der Energiebedarf könnte aus Kernenergie oder aus Sonnenenergie gedeckt werden. Elektrolytische Wasserzersetzung kommt dann infrage, wenn elektrische Energie sehr billig zur Verfügung steht.

6.3 Neuartige Sekundärenergiesysteme

6.3.1 Energietransport

Ein Transport von Energie läßt sich auf verschiedene Weise bewerkstelligen: elektrische oder thermische Energie (Heißwasser, Heißdampf) wird leitungsgebunden transportiert; flüssige oder gasförmige Brennstoffe lassen sich leitungsgebunden oder auch mit Fahrzeugen transportieren. Daneben kommen weitere Formen des Energietransportes vor. Vor allem der Transport thermischer Energie bleibt wegen des notwendigen Isolationsaufwandes für die Leitungen auf relativ kurze Entfernungen beschränkt. Der Energietransport in Form von Elektrizität kann aufwendiger sein als in anderer Form.

Bestrebungen zu verstärkter Energieersparnis durch Kraft-Wärme-Kopplung in den Wärmekraftwerken sowie zum Umweltschutz lassen es oft wünschenswert erscheinen, auch weiträumige Versorgungsgebiete mit unter Umständen geringerer Verbrauchsdichte zentral mit Wärme zu versorgen [6.9; 6.22; 6.24].

Bei der Umwandlung von Primärenergiedarboten abgelegener Zonen — zum Beispiel bei Wasserspaltung mittels Sonnenenergie — wird sich möglicherweise Wasserstoff als Energieträger für den Transport zu den Verbrauchszentren als anderen Energieträgern überlegen erweisen. Der Transport könnte dann leitungsgebunden oder je nach den

Gegebenheiten — nach Verflüssigung — eventuell auch mittels Tankschiffen erfolgen.

Die erwähnten Beschränkungen hinsichtlich der möglichen Größe eines Wärmeversorgungsgebietes aufgrund des Aufwandes für die Wärmeisolation der Leitungen entfallen, wenn man zum Energietransport in Form von „Latentwärme" übergeht [6.27 bis 6.29]. Dazu ist zwischen dem Ort der Wärmebereitstellung und dem Ort des Wärmebedarfes mit einem chemisch reversibel reagierenden Gas ein geschlossener Kreislauf anzulegen. Man kann beispielsweise die Reaktion

$$CH_4 + H_2O \rightleftarrows 3\,H_2 + CO$$

am Ort der Wärmeeinkopplung durch Methanspaltung in Richtung auf das Gemisch $3\,H_2 + CO$, durch Methanisierung am Ort der Wärmeauskopplung in Richtung auf das Gemisch $CH_4 + H_2O$ ablaufen lassen (ADAM/EVA-Verfahren; bei der Wärmeeinkopplung: EVA = Einzelrohr-Versuchsanlage; bei der Wärmeauskopplung: ADAM = Anlage zur dreistufigen adiabaten Methanisierung). Das Temperaturniveau bei der Wärmeeinkopplung liegt bei 800 bis 900 °C, dasjenige bei der Wärmeauskopplung bei 500 bis 600 °C; das Druckniveau liegt bei 40 bis 65 bar. Das Gas wird hernach jeweils nutzbar auf Umgebungstemperatur gekühlt; beim Transport entstehen keine Wärmeverluste. Der bei der Auskopplung anfallende H_2O-Anteil wird ausgeschieden und nicht mit zurücktransportiert, sondern bei der anschließenden neuerlichen Einkopplung frisch zugeführt. Bei gleichem Temperaturniveau ist der Energieinhalt des Gemisches $3\,H_2 + CO$ größer als derjenige des Gemisches $CH_4 + H_2O$: die bei der Wärmeeinkopplung zugeführte thermische Energie wird „latent" zum Ort der Wärmeauskopplung transportiert. Die thermische Energie wurde dazu vorübergehend in chemische Bindungsenergie umgewandelt.

6.3.2 Speicherung elektrischer Energie

Der zeitliche Verlauf des Energiebedarfes in einem Versorgungssystem pulsiert. Er läßt sich nur in Grenzen vergleichmäßigen. Während die Speicherung fossiler Primär- oder Sekundärenergieträger durch Lagerhaltung einfach ist, ist die unmittelbare Speicherung elektrischer Energie praktisch kaum und diejenige thermischer Energie nur bedingt möglich. Daher muß die Energiebereitstellung durch die ein derartiges Versorgungssystem speisenden Energiewandler, nämlich die Kraftwerke, in jedem Augenblick dem Bedarf angepaßt werden. Die Kraftwerke sind die kostspieligsten und empfindlichsten Komponenten eines Versorgungssystems.

Man bemüht sich, den Belastungsverlauf der Wärmekraftwerke durch Speicherung elektrischer (und gegebenenfalls auch thermischer) Energie auszugleichen; (die Wasserkraftwerke müssen dagegen entweder aus anderen Gründen grundsätzlich im Grundlastbereich eingesetzt werden oder sie sind ausdrücklich zur Spitzendeckung vorgesehen und eingerichtet — vgl. Abschnitt 2.6). Sie erfahren dann geringere Belastungspulsationen mit entsprechenden Auswirkungen auf Wirtschaftlichkeit und Verschleiß und können bei besserer Auslastung für eine geringere Leistung bemessen werden. Es ist also überschüssige Schwachlastenergie für Spitzenzeiten zu speichern. Zusätzliche Bedeutung bekommt insbesondere die Speicherung elektrischer Energie im Zusammenhang mit den Erörterungen zum Einsatz bisher wenig genutzter Energiereserven (Sonnenenergie, Windenergie).

Unmittelbar kann eine Speicherung bei elektrischer Energie bisher nur in kleinen, von Ausnahmen abgesehen großtechnisch bedeutungslosen Mengen geschehen, und zwar mit Hilfe der klassischen Akkumulatoren. Varianten mit neuartigen Materialkombinationen, teilweise bei erhöhter Betriebstemperatur, zur Erzielung höherer Energiedichte, Leistungsdichte und Lebensdauer befinden sich in der Entwicklung oder Erprobung [6.6; 6.12].

Zur mittelbaren Speicherung elektrischer Energie auf dem Umweg über die potentielle Energie in ein Hochbecken gepumpten Wassers werden in großem Umfang Pumpspeicheranlagen eingesetzt. Die Möglichkeit zu ihrer Errichtung ist jedoch an gewisse topographische Voraussetzungen geknüpft. Neuerdings werden auch Luftspeicheranlagen gebaut; ihre Errichtung ist an geologische Voraussetzungen gebunden (vgl. Abschnitte 5.3.3 und 3.2.2).

Eine mittelbare Speicherung elektrischer Energie ist in den Wärmekraftwerken auch in Form thermischer Energie möglich (vgl. Abschnitt 6.3.3).

Elektrische Energiespeicher sollen unabhängig vom Ladezustand jederzeit mit in weiten Grenzen variabler Leistung be- oder entladen werden können. Sie sollen möglichst verlustarm sein und umweltfreundlich betrieben werden können. Neben den vorstehend erwähnten elektrischen, hydraulischen, pneumatischen oder thermischen Möglichkeiten sind dazu grundsätzlich auch mechanische, chemische oder magnetische Verfahren denkbar [6.9; 6.23]. An der Entwicklung derartiger Methoden, die wirtschaftlich anwendbar sind, wird gearbeitet; die Erfüllung der genannten Forderungen ist dabei nicht immer einfach.

In mechanischer Form sucht man elektrische Energie in Schwungradanlagen zu speichern, die mit einer wahlweise als Motor oder als Generator betreibbaren elektrischen Maschine gekuppelt sind.

Brennstoffzellen könnten in Umkehrung ihrer in Abschnitt 6.2.1 beschriebenen Einsatzweise auch zur elektrochemischen Zerlegung von Wasser verwendet werden.

In magnetischer Form wäre eine Speicherung elektrischer Energie in supraleitenden Spulen denkbar. Derartige Anlagen müßten jedoch durch laufende Kühlung dauernd in supraleitendem Zustand gehalten werden.

6.3.3 Speicherung thermischer Energie

Bei der unmittelbaren Speicherung thermischer Energie stehen Fragen nach der erzielbaren Energiedichte der Speicher und nach ihrer thermischen Isolierung im Vordergrund.

Zur Kurzzeitspeicherung thermischer Energie im Rahmen der in kleineren Wärmekraftwerksblöcken und Heizkraftwerken vorkommenden Leistungen bzw. Energien sind zwei Verfahren geläufig, die Gefällespeicherung (Ruths-Speicher) und die Gleichdruckspeicherung.

Zum Ausgleich von Pulsationen des Wärmebedarfes beispielsweise bei Heizkraftwerken kann man den Wasser-Dampf-Kreislauf vor dem Wärmetauscher mit einem Gefällespeicher puffern. Der Speicher ist je nach seinem Ladezustand in unterschiedlichem Maße, bis

zu ca. 95 %, mit siedendem Wasser, darüber entsprechend mit Dampf gefüllt (Bild 6.7). Bei sinkendem Wärmebedarf nimmt er unter leichtem Druckanstieg Überschußdampf auf, der dann kondensiert; bei steigendem Wärmebedarf gibt er unter leichter Druckabsenkung durch Ausdampfen wieder Dampf ab. Zum Ausgleich der Speisewasserförderung bei der Be- oder Entladung des Speichers wird gegebenenfalls ein entsprechender Speisewasservorratsbehälter erforderlich.

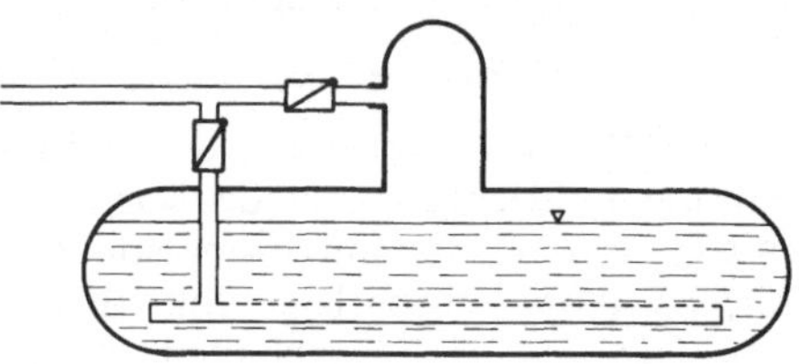

Bild 6.7. Gefällespeicher

Gleichdruckspeicher können zum Beispiel Vorwärmstrecken in normalen Dampfkraftwerken parallelgeschaltet werden; sie bestehen aus einem Speicherraum, der in diesem Fall eine Schicht kalten und darüber eine Schicht erwärmten Speisewassers enthält und sowohl warmes Speisewasser aufnehmen und entsprechend kaltes Speisewasser abgeben kann als auch umgekehrt. Bei geringem Elektrizitätsbedarf wird unter Erhöhung der Anzapfdampfmengen längs der Turbine auch der Speisewasserstrom längs der Vorwärmstrecke erhöht, und zwar durch zusätzliche Speisewasserentnahme am kalten Ende des Speichers; das so anfallende überschüssige vorgewärmte Speisewasser wird dem Speicher an seinem Warmen Ende wieder zugeführt. Bei erhöhtem Elektrizitätsbedarf werden die Anzapfdampfmengen und entsprechend der Speisewasserstrom längs der Vorwärmstrecke gedrosselt; ein Teil des kalten Speisewassers wird vor der Vorwärmstrecke abgezweigt und dem Speicher an seinem kalten Ende zugeführt, das Äquivalent wird ihm am warmen Ende entnommen. Man kann das Verfahren auch als eine Speicherung elektrischer Energie in thermischer Form bezeichnen.

Angesichts der Bemühungen, zum Zwecke der Energieersparnis die Kraft-Wärme-Kopplung verstärkt anzuwenden und in ausgedehnteren Versorgungsgebieten möglicherweise einen thermischen Saisonausgleich vorzunehmen, erreicht das Bedürfnis nach thermischen Energiespeichern andere Größenordnungen. Durch eine derartige Wärmespeicherung in den Verbrauchsschwerpunkten läßt sich auch die Auslastung der Kraftwerke steigern. Eine Nutzung der Sonnenenergie für thermische Zwecke, auch die Speicherung von Fortwärmeströmen der warmen Jahreszeit, können ebenfalls zu derartigen Bestrebungen führen. Dabei kann, zumal mit Rücksicht auf den Isolationsaufwand der Speicher, eine Speicherung auch auf einem solchen Temperaturniveau in Frage kommen, von dem ausgehend die spätere Nutzung der gespeicherten Energie auf dem Weg über Wärmepumpen zu erfolgen hat.

Erwünscht sind Speichersubstanzen mit hoher spezifischer Wärmekapazität [6.8; 6.9; 6.23; 6.34]. Als Substanzen, die im festen Aggregatzustand verwendet werden, kommen zum Beispiel Steinschüttungen in Frage, die von Luft oder einem Thermoöl als Wärmetransportmittel durchströmt werden. In flüssiger Form können Wasser oder derartige Öle selber als Wärmespeicher dienen. Bei Ausnutzung des Phasenwechsels beispielsweise gewisser Salze kann man zusätzlich die betreffende Verflüssigungswärme, während deren Zuführung bekanntlich keine weitere Temperaturerhöhung eintritt, als „Latentwärme" speichern.

7 Anhang

7.1 Physikalische Größen und Einheiten

Das System der Maße, Gewichte usw. war Resultat einer historischen Entwicklung, die beispielsweise innerhalb einzelner Sprachräume oder sonstiger Regionen oft einen unterschiedlichen Verlauf genommen hatte. Störende Konsequenzen daraus insbesondere im internationalen Verkehr wurden mit der Zeit neben den teils unterschiedlichen Definitionen die betreffenden Umrechungsfaktoren.

Für die sogenannten Basisgrößen (Länge, Masse, Zeit usw.) hat die Conférence Générale des Poids et Mesures (CGPM — Generalkonferenz für Maß und Gewicht) 1954 in dem Bestreben, das Meßwesen zu vereinheitlichen, als Grundlage des Système International d'Unité (SI — Internationales Einheitensystem) Basiseinheiten festgelegt und definiert. In Übereinstimmung damit wurden dann entsprechende nationale Gesetzeswerke erlassen [7.4].

Basiseinheiten des SI sind Meter, Kilogramm, Sekunde, Ampere, Kelvin, Mol und Candela als Einheiten der Basisgrößen Länge, Masse, Zeit, elektrische Stromstärke, thermodynamische Temperatur, Stoffmenge und Lichtstärke [7.1].

Abgeleitete SI-Einheiten ergeben sich aus ihnen „kohärent", das heißt, mit dem Zahlenfaktor 1; zum Beispiel:

für die Kraft das Newton: $1\,N = 1\,kg\,m/s^2$

für den Druck das Pascal: $1\,Pa = 1\,N/m^2$

für Energie, Arbeit, Wärmemenge das Joule: $1\,J = 1\,N\,m$

für Leistung, Wärmestrom das Watt: $1\,W = 1\,J/s$

Durch Vorsilben der Einheitennamen können

Vielfach oder Teile der Einheit ausgedrückt werden:

Zehner-potenz	Vorsatz	Zeichen
10^{18}	Exa	E
10^{15}	Peta	P
10^{12}	Tera	T
10^{9}	Giga	G
10^{6}	Mega	M
10^{3}	Kilo	k
10^{2}	Hekto	h
10^{1}	Deka	da
10^{-1}	Dezi	d
10^{-2}	Zenti	c
10^{-3}	Milli	m
10^{-6}	Mikro	μ
10^{-9}	Nano	n
10^{-12}	Piko	p
10^{-15}	Femto	f
10^{-18}	Atto	a

Besondere Bedeutung unter anderem im Kraftwerksbereich hat die Kohärenz zwischen den Einheiten für thermische, mechanische und elektrische Energie:

$$1\,J = 1\,N\,m = 1\,W\,s\,.$$

Besondere Bedeutung im Bereich der gesamten Energieversorgung haben ferner aufgrund der großen dort vorkommenden Leistungen und Energiemengen die Vorsilben Mega, Giga, Tera, Peta, Exa.

Da die in Physik und Technik vorkommenden Drücke (Akustik, Meteorologie, Energietechnik usw.) einen großen Bereich von Zehnerpotenzen umfassen und sich bei alleiniger Verwendung der Einheit Pascal teilweise unhandliche Zahlenwerte ergeben würden, wurde

Tabelle 7.1. Beziehungen zwischen Druckeinheiten

1 Pa = 1 Pa	$= 10^{-5}$ bar	$\approx 1{,}02 \cdot 10^{-5}$ at	$\approx 0{,}987 \cdot 10^{-5}$ atm
1 bar = 10^5 Pa	= 1 bar	$\approx 1{,}02$ at	$\approx 0{,}987$ atm
1 at $\approx 0{,}981 \cdot 10^5$ Pa	$\approx 0{,}981$ bar	≈ 1 at	$\approx 0{,}968$ atm
1 atm $\approx 1{,}013 \cdot 10^5$ Pa	$\approx 1{,}013$ bar	$\approx 1{,}033$ at	≈ 1 atm

Tabelle 7.2. Beziehungen zwischen Energieeinheiten

1 J = 1 J	$\approx 0{,}278 \; 10^{-6}$ kWh	$\approx 0{,}239 \cdot 10^{-3}$ kcal	$\approx 0{,}377 \cdot 10^{-6}$ PSh	$\approx 0{,}102$ kpm
1 kWh = $3{,}6 \cdot 10^6$ J	= 1 kWh	≈ 860 kcal	$\approx 1{,}36$ PSh	$\approx 0{,}367 \; 10^6$ kpm
1 kcal $\approx 4{,}19 \; 10^3$ J	$\approx 1{,}16 \; 10^{-3}$ kWh	≈ 1 kcal	$\approx 1{,}58 \; 10^{-3}$ PSh	≈ 427 kpm
1 PSh $\approx 2{,}65 \; 10^6$ J	$\approx 0{,}735$ kWh	≈ 632 kcal	≈ 1 PSh	$\approx 0{,}27 \; 10^6$ kpm
1 kpm $\approx 9{,}81$ J	$\approx 2{,}72 \; 10^{-6}$ kWh	$\approx 2{,}34 \; 10^{-3}$ kcal	$\approx 3{,}7 \cdot 10^{-6}$ PSh	≈ 1 kpm

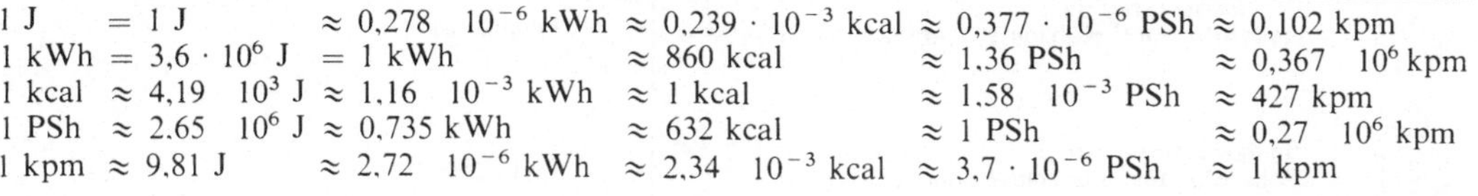

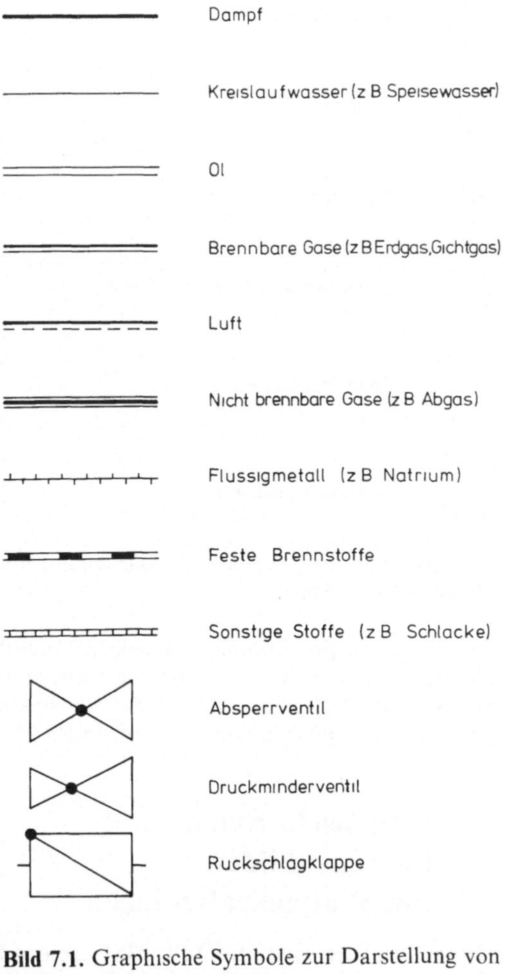

Bild 7.1. Graphische Symbole zur Darstellung von Stoffen und Absperrarmaturen

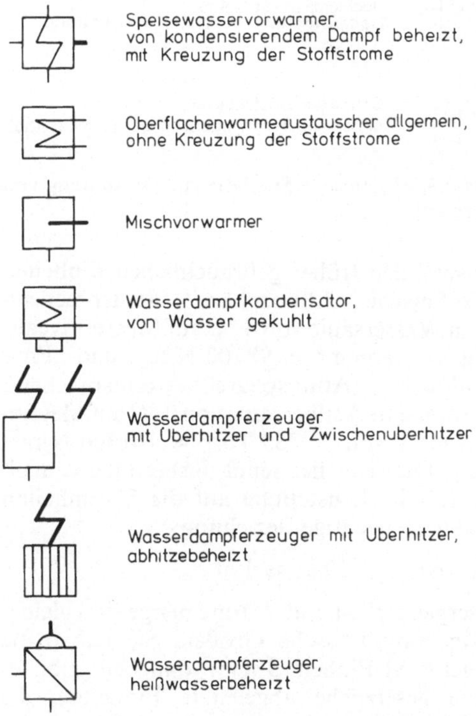

Bild 7.2. Graphische Symbole zur Darstellung von Warmetauschern und Dampferzeugern

hier als „besonderer Name" zusätzlich das Bar zugelassen:

$$1 \text{ bar} = 10^5 \text{ Pa} .$$

Tabelle 7.1 nennt die Beziehungen zwischen den Druckeinheiten Pascal und Bar und zum

Tabelle 7.3. Beziehungen zwischen Leistungseinheiten

1 W	= 1 W	= 3,6 kJ/h	$\approx$ 0,86 kcal/h	$\approx 1,36 \cdot 10^{-3}$ PS	$\approx$ 0,102 kpm/s
1 kJ/h	$\approx$ 0,278 W	$\approx$ 1 kJ/h	$\approx$ 0,239 kcal/h	$\approx 0,378 \cdot 10^{-3}$ PS	$\approx$ 0,0283 kpm/s
1 kcal/h	$\approx$ 1,16 W	$\approx$ 4,19 kJ/h	$\approx$ 1 kcal/h	$\approx 1,58 \cdot 10^{-3}$ PS	$\approx$ 0,119 kpm/s
1 PS	$\approx$ 735 W	$\approx 2,65 \cdot 10^3$ kJ/h	$\approx$ 632 kcal/h	$\approx$ 1 PS	= 75 kpm/s
1 kpm/s	$\approx$ 9,81 W	$\approx$ 35,3 kJ/h	$\approx$ 8,43 kcal/h	$\approx 13,3 \cdot 10^{-3}$ PS	$\approx$ 1 kpm/s

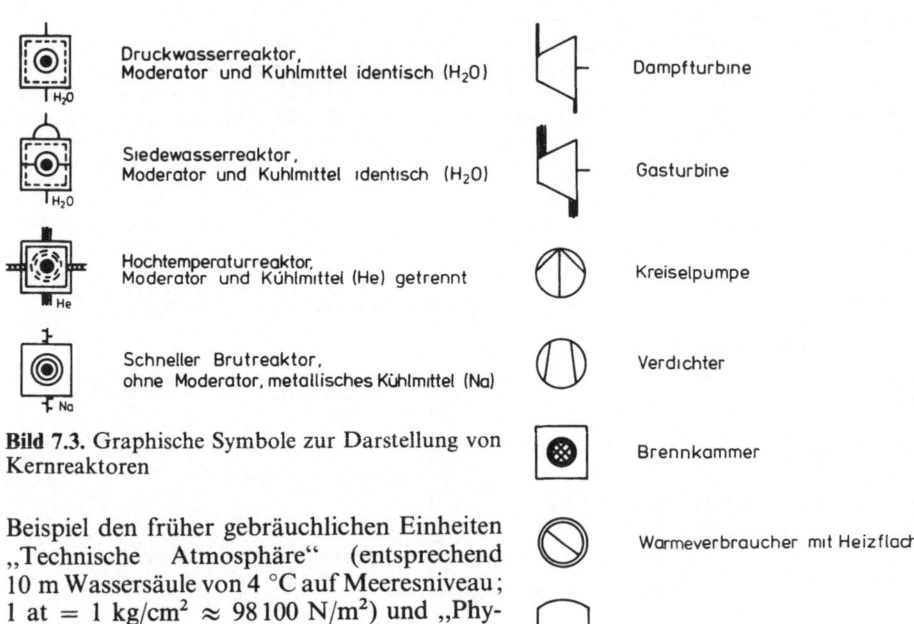

Bild 7.3. Graphische Symbole zur Darstellung von Kernreaktoren

Beispiel den früher gebräuchlichen Einheiten „Technische Atmosphäre" (entsprechend 10 m Wassersäule von 4 °C auf Meeresniveau; 1 at = 1 kg/cm² $\approx$ 98100 N/m²) und „Physikalische Atmosphäre" (entsprechend 760 mm Quecksilbersäule von 0 °C auf Meeresniveau; 1 atm = 760 Torr $\approx$ 101300 N/m²) [7.2]. Die Tabelle nennt insbesondere auch die für die Umstellung auf die SI-Einheiten praktisch wichtige Beziehung

$$1 \text{ bar} \approx 1,02 \text{ at} \approx 1 \text{ at} .$$

Energie, Arbeit und Wärmemenge sind gleichartige physikalische Größen. Sie haben die gleiche SI-Einheit Joule; daneben gibt es auch gesetzliche abgeleitete Einheiten, die nicht kohärent sind (zum Beispiel die Kilowattstunde). Tabelle 7.2 nennt die Beziehungen zwischen den Energieeinheiten Joule und Kilowattstunde und den früher gebräuchlichen Einheiten „Kilokalorie", „Pferdestärkenstunde" und „Kilopondmeter" [7.2]. Leistung und Wärmestrom sind ebenfalls gleichartige physikalische Größen. Sie haben die SI-Einheit Watt; daneben gibt es wieder auch nicht kohärente Einheiten (zum Beispiel

Bild 7.4. Graphische Symbole zur Darstellung von Maschinen und Apparaten

das Kilojoule pro Stunde). Tabelle 7.3 nennt die Beziehungen zwischen den Leistungseinheiten Watt und Kilojoule pro Stunde sowie einigen früher gebräuchlichen Einheiten [7.2].

7.2 Graphische Symbole für Schaltbilder von Wärmekraftanlagen

Diese Symbole sind in DIN 2481 genormt [7.3]. Die Bilder 7.1 bis 7.4 zeigen Auszüge.

Literaturverzeichnis

1 1 Offizieller Bericht uber die Internationale Elektrotechnische Ausstellung in Frankfurt a M 1891, hrsg. vom Vorstand der Ausstellung, 2 Bde. Frankfurt· Sauerländer 1893

1.2 Ottonis de Guericke Experimenta Nova (ut vocantur) Magdeburgica de Vacuo Spatio. Amsterdam Jansson zu Waesberge 1672; Übersetzung von Schimank, H Otto von Guerickes neue (sogenannte) Magdeburger Versuche uber den leeren Raum Verein Deutscher Ingenieure (VDI), Dusseldorf 1968

1.3 Siemens, W.: Über die Umwandlung von Arbeitskraft in elektrischen Strom ohne permanente Magnete, in· Siemens, W · Wissenschaftliche und technische Arbeiten, 2 Bde, 2 Aufl Berlin 1889, hier: Bd. 1, S 208–210

1 4 Stückelberger, A.· Antike Atomphysik, Texte zur antiken Atomlehre und zu ihrer Wiederaufnahme in der Neuzeit. Munchen: Heimeran 1979

2 1 Begriffsbestimmungen in der Energiewirtschaft, Teil 1: Elektrizitatswirtschaftliche Grundbegriffe. Vereinigung Deutscher Elektrizitätswerke (VDEW), 5. Ausg Verlags- und Wirtschaftsgesellschaft der Elektrizitätswerke (VWEW), Frankfurt 1978.

2 2 Die Elektrizitätswirtschaft in der Bundesrepublik Deutschland. Statistischer Bericht des Referats Elektrizitätswirtschaft im Bundesministerium für Wirtschaft, jährlich erscheinend in Elektrizitätswirtsch.

2.3 Energieflußbild der Bundesrepublik Deutschland (1980); jährlich veröffentlicht von: Rhein.-Westf. Elektrizitätswerk AG (RWE), Abt. Anwendungstechnik, Essen.

2 4 Survey of Energy Resources 1980; The World Energy Conf. London 1980.

2.5 Terminologie Utilisée dans les Statistiques de l'Industrie Électrique, 3. Aufl. Union Internationale des Producteurs et Distributeurs d'Énergie Électrique (UNIPEDE). Gap (Frankreich) 1976.

2.6 World Energy Resources 1985–2020: Renewable Energy Resources; The World Energy Conf. Guildford und New York 1978.

2 7 World Energy Resources 1985–2020: World Energy Demand; The World Energy Conf Guildford und New York 1978.

2.8 Bischoff, G., Gocht, W.. Das Energiehandbuch, 4. Aufl. Braunschweig, Wiesbaden· Vieweg 1981

2.9 Grathwohl, M.: Energieversorgung, Ressourcen Technologien Perspektiven. Berlin, New York: de Gruyter 1978.

2.10 Heß, H · Erlauterungen zum Energieflußbild der Bundesrepublik Deutschland 1981 Elektrizitätswirtsch 82 (1983) 145–150

2.11 King Hubbert, M.: The Energy Resources of the Earth Sc. Am 225 (1971) 60–70

2 12 Musil, L.: Allgemeine Energiewirtschaftslehre. Wien, New York· Springer 1972.

2.13 Schaefer, H : Struktur und Analyse des Energieverbrauchs der Bundesrepublik Deutschland. Gräfelfing· Resch 1980.

3 1 Energie und Exergie, die Anwendung des Exergiebegriffs in der Energietechnik. Verein Deutscher Ingenieure (VDI), Düsseldorf 1965.

3 2 Hütte, des Ingenieurs Taschenbuch; Theoretische Grundlagen; 28. Aufl. Berlin· Ernst & Sohn 1955.

3 3 Leittechnik in Kraftwerken. ETG-Fachber. 9 (1981).

3 4 Survey of Energy Resources 1980. The World Energy Conf., London 1980.

3.5 Alwers, E ; Merz, K.: Luftgekühlte Turbogeneratoren; BBC-Nachr. 60 (1978) 117–123.

3 6 Atzger, J., et al.. Verfahren zur Rauchgasentschwefelung; Jb. d. Dampferzeugungstech., 4. Ausg., 1980/81. Essen: Vulkan 1980, S. 722 bis 736.

3.7 Baehr, H D.· Thermodynamik, eine Einführung in die Grundlagen und ihre technischen Anwendungen, 5. Aufl., Berlin, Heidelberg, New York· Springer 1981.

3.8 Bischoff, G.; Gocht, W.: Das Energiehandbuch, 4. Aufl. Braunschweig, Wiesbaden: Vieweg 1981.

3 9 Bohn, T., Bitterlich, W.: Grundlagen der Energie- und Kraftwerkstechnik. Gräfelfing: Resch, und Tech. Überwachungsverein (TÜV) Rheinland, Köln 1982.

3.10 Brückner, H.; Wittchow, E.: Kombinierte

Gas-/Dampfturbinenprozesse: Wirtschaftliche Stromerzeugung aus Gas und Kohle, Brennst. Wärme Kraft 31 (1979) 214–218.

3.11 Denzel, P.: Dampf- und Wasserkraftwerke. Mannheim: Bibl. Inst. 1968.

3.12 Dibelius, G.; Pitt, R.; Ziemann, M.: Die Gasturbine im Wandel technologischer und wirtschaftlicher Entwicklungen. VGB Kraftwerkstechnik 61 (1981) 75–82.

3.13 Geissler, Th.: Art, Zusammensetzung und Kennzeichnung der Brennstoffe; Jb. d. Dampferzeugungstech. 3. Ausg., 1976/77. Essen: Vulkan 1976, S. 40–52.

3.14 Gunkel, J.; Huber, E.; Jensch, K.: Technisches und energetisches Betriebsverhalten von BHKW-Kleinaggregaten. Brennst. Wärme Kraft 34 (1982) 404–410.

3.15 Hanbaba, P.; Mötz, F.: Führung von Kraftwerken mit Hilfe rechneraufbereiteter Informationen. BBC-Mitt. 66 (1979) 652–661.

3.16 Happoldt, H.; Oeding, D.: Elektrische Kraftwerke und Netze. 5. Aufl. Berlin, Heidelberg, New York: Springer 1978.

3.17 Hein, K.: Kraft-Wärme-Kopplung mit Verbrennungsmotoren. VDI-Ber. 392 (1981) 51 bis 59.

3.18 Herbst, L.; Hinz, W.: Wartengestaltung in Kraftwerken. BBC-Nachr. 63 (1981) 436–443.

3.19 Herbst, L.; Hinz, W.: Ergonomie von Kraftwerken. BBC-Nachr. 63 (1981) 444–450.

3.20 Ka.: Quecksilberdampf-Kraftanlage. Elektrotech. Z. 45 (1924) 121.

3.21 Kriese, S.: Exergie in der Kraftwerkstechnik. Essen: Vulkan 1971.

3.22 Läge, K.: Turbogeneratoren, der Weg zu heutigen Grenzleistungen. Energie 25 (1973) 249–257.

3.23 Lehmann, J.: Luftspeicher-Gasturbinen-Kraftwerke. BBC-Nachr. 63 (1981) 14–20.

3.24 Löffel, H.: Möglichkeiten der Kraftwärmekopplung. VDI-Ber. 414 (1981) 13–21.

3.25 Marquardt, K.: Hyperfiltration und Ultrafiltration. Jb. d. Dampferzeugungstech., 3. Ausg. 1976/77. Essen: Vulkan 1976, S. 486–502.

3.26 Musil, L.; Knizia, K.: Die Gesamtplanung von Dampfkraftwerken, 3. Aufl., Bd. 1. Knizia, K.: Die Thermodynamik des Dampfkraftprozesses. Berlin, Heidelberg, New York: Springer 1966.

3.27 Peter, F.; König, H. H.; Schüller, K. H.: Stand und Entwicklung der Technik thermischer Kraftwerke. Brennst. Wärme Kraft 33 (1981) 207—215.

3.28 Petermann, H.: Einführung in die Strömungsmaschinen. 2. Aufl., Berlin, Heidelberg, New York: Springer 1983.

3.29 Pfleiderer, C.; Petermann, H.: Strömungsmaschinen, 4. Aufl. Berlin, Heidelberg, New York: Springer 1972.

3.30 Rösch, P.; Merhof, W.: Bürstenloser Erregersatz für Turbogeneratoren. BBC-Nachr. 59 (1977) 83–88.

3.31 Schaefer, H.: Elektrische Kraftwerkstechnik. Berlin, Heidelberg, New York: Springer 1979.

3.32 Schilling, H. D.: Die Wirbelschichtfeuerung, Einsatzmöglichkeiten für die Strom- und Wärmeerzeugung aus Kohle. Brennst. Wärme Kraft 30 (1978) 425–430.

3.33 Schmidt, E.: Properties of Water and Steam in SI-Units: Berlin, Heidelberg, New York: Springer und München: Oldenbourg 1969.

3.34 Schmidt, E.; Stephan, K.; Mayinger, F.: Technische Thermodynamik, Grundlagen und Anwendungen, Bd. 1: Einstoffsysteme. 11. Aufl. Berlin, Heidelberg, New York: Springer 1975.

3.35 Schmolz, H.; Weckbach, H.: Robert Mayer, sein Leben und Werk in Dokumenten. Weißenhorn: Konrad 1964.

3.36 Schröder, K.: Große Dampfkraftwerke, 3 Bde. Berlin, Göttingen, Heidelberg: Springer 1959–1968.

3.37 Schüller, K. H.: Probleme der Wärmeabfuhr großer Kondensations-Blockeinheiten. Atomwirtsch. 19 (1974) 87–91.

3.38 Schüller, K. H.: Pneumatisches Speicherkraftwerk ohne Brennstoffzufuhr. Elektrizitätswirtsch. 76 (1977) 833–838.

3.39 Steimle, F.: Der Einsatz von Wärmepumpen zur Abwärmeverwertung und Energieeinsparung: VDI-Ber. 236 (1975) 201–206.

3.40 Thomas, H. J.: Flugtriebwerke in Kraftwerken. Energie u. Tech. 17 (1965) 92–98.

3.41 Thomas, H. J.: Thermische Kraftanlagen. Berlin, Heidelberg, New York: Springer 1975.

3.42 Unbehauen, H.: Aufgaben der Leittechnik im Wärmekraftwerk. Brennst Wärme Kraft 30 (1978) 243–245.

3.43 Waldmann, H., et al.: Neue Technologien der Energieumwandlung (Kohleveredlung, Wärmekraftkopplung, Fernwärme, Wärmepumpe). VDE-Fachber. 31 (1980) 23–36.

4.1 D'Ans, J.; Lax, E.: Taschenbuch für Chemiker und Physiker; 3. Bd.: Eigenschaften von Atomen und Molekeln, 3. Aufl. Berlin, Heidelberg, New York: Springer 1970.

4.2 Banz, P.; Lange-Stalinski, K.; Mitschel, H.: Das 1300-MW-Kernkraftwerk Krümmel. Atomwirtsch. 20 (1975) 66–73.

4.3 Barth, P.; Wangerin, W.: Reaktorgebäude für Siedewasserreaktoren. Jb. Bautech. Kraftwerksbau, 1. Ausg. 1976/77. Essen: Vulkan 1976, S. 126–144.

4.4 Bergmann, L.; Schäfer, C.: Experimental-

physik, 4. Bd.: Aufbau der Materie, 2. Aufl.
Berlin: de Gruyter 1981.

4.5 Bischoff, G ; Gocht, W.· Das Energiehandbuch, 4. Aufl Braunschweig, Wiesbaden:
Vieweg 1981.

4.6 Brandstetter, A.; Guthmann, E. Das Proto-
typ-Kernkraftwerk SNR-300; Atomwirtsch.
17 (1972) 368–371.

4 7 Brandstetter, A., Hübel, H.: Sicherheitskon-
zept und zugehörige Konstruktionsmerkmale
des SNR-300. Atomwirtsch. 17 (1972) 371 bis
374.

4 8 Brandstetter, A · Der Schnelle Brutreaktor
Tech Mitt 71 (1978) 439–446

4 9 Brandstetter, A. Die Pool- und Loop-Bauweise als Primarkreisanordnung bei natriumgekühlten Schnellbrütern, Energiewirtsch. Tagesfragen 31 (1981) 898–903

4 10 Braunbek, W · Grundbegriffe der Kernphysik, 3 Aufl. Munchen: Thiemig 1971

4 11 Brodehl, A., Welzbacher, T Reaktorgebaude
fur Druckwasserreaktoren. Jb. Bautech
Kraftwerksbau. 1. Ausg. 1976/77 Essen. Vulkan 1976, S. 144–153

4 12 Bucka, H : Atomkerne und Elementarteilchen. Berlin, New York. de Gruyter 1973.

4 13 Emmendorfer, D , Hocker, K. H.: Theorie
der Kernreaktoren, 2 Bde. Mannheim. Bibl
Inst 1969

4 14 Harder, H , Simon, M.. Entwicklungsstand
des Hochtemperaturreaktors BBC-Nachr. 62
(1980) 363–371.

4.15 Jelinek-Fink, P · Die Aufbereitung von Kernbrennstoffen Jb d Dampferzeugungstech.,
3. Ausg 1976/77 Essen. Vulkan 1976, S 102
bis 111

4 16 Lederer, B. J , Wildberg, D. W.. Reaktor-
handbuch. Munchen: Thiemig 1981.

4 17 Mayer, G.: Schneller Brutreaktor SNR-300,
Funktion und Sicherheit. Ges f. Reaktorsicherheit (GRS), Stellungnahmen zu Kernenergiefragen, Bd. S 29, Köln 1979.

4 18 Merz, E.: Realisierung der geologischen Endlagerung radioaktiver Abfälle. Energiewirtsch
Tagesfragen 32 (1982) 156–161.

4 19 Müller-Christiansen, K.; Wollesen, M.: Plutonium Ges. f. Reaktorsicherheit (GRS), Stellungnahmen zu Kernenergiefragen, Bd S 27,
Köln 1979.

4 20 Oldekop, W.: Einführung in die Kernreaktor-
und Kernkraftwerkstechnik, 2 Bde. München:
Thiemig 1975.

4.21 Peter, F.: Die Gesamtanlage des RWE-Kern-
kraftwerks Mülheim-Kärlich. Atomwirtsch.
20 (1975) 246–253.

4 22 Pirk, H.: Die nukleare Entsorgung von Leichtwasserreaktoren. Jb. d Dampferzeugungs-

tech., 4. Ausg. 1980/81 Essen: Vulkan 1980,
S. 100–112.

4.23 Schüller, K. H · Prozeßdampf- und Fernwär-
meauskopplung aus Kernkraftwerken mit
Leichtwasserreaktoren. BBC-Nachr. 63 (1981)
174–179.

4.24 Smidt, D.: Reaktortechnik, 2 Bde. Karlsruhe:
Braun 1971

4.25 Smidt, D : Reaktorsicherheitstechnik. Berlin,
Heidelberg, New York: Springer 1979.

4 26 Warnemünde, R., May, H : Der Kernbrennstoffkreislauf einschließlich wesentlicher Si-
cherheitsaspekte. Ges. f. Reaktorsicherheit
(GRS), Stellungnahmen zu Kernenergiefragen, Bd. S 23. Köln 1978.

4 27 Ziegler, A.: Lehrbuch der Reaktortechnik,
Bd. 1· Reaktortheorie. Berlin, Heidelberg,
New York, Tokyo· Springer 1983.

5.1 Begriffsbestimmungen in der Energiewirtschaft, Teil 3: Begriffe der Wasserkraftwirt-
schaft Vereinigung Deutscher Elektrizitätswerke (VDEW), 5. Ausg Verlags- und Wirtschaftsgesellschaft der Elektrizitätswerke
(VWEW), Frankfurt 1982.

5 2 Hutte, des Ingenieurs Taschenbuch; Maschi-
nenbau, Teil A, 28 Aufl., Berlin. Ernst &
Sohn 1954

5 3 Bär, G.; Spielbauer, M.: Aufgaben und Mog-
lichkeiten der hydraulischen Pumpspeiche-
rung, Energiewirtsch. Tagesfragen 31 (1981)
54–59.

5 4 Denzel, P.· Dampf- und Wasserkraftwerke
Mannheim: Bibl. Inst. 1968.

5.5 Holfeld, H.; Lottes, G.: Wasserkraftreserven
in der Welt und ihre Nutzungsmöglichkeiten
VDE-Ber. 34 (1982) 53–61.

5 6 Höller, K.; Miller, H.: Rohrturbinen fur Nie-
derdruck-Kraftwerke; Elektrotech. Z. 100
(1979) 1316–1318.

5.7 Mosonyi, E : Wasserkraftwerke, 2 Bde., 2.
Aufl. Verein Deutscher Ingenieure (VDI),
Düsseldorf 1966.

5.8 Pfleiderer, C.; Petermann, H.: Strömungsmaschinen, 4. Aufl. Berlin, Heidelberg, New
York· Springer 1972.

5.9 Press, H.: Stauanlagen und Wasserkraftwerke, Teil 1: Talsperren, 2. Aufl.; Berlin, München: Ernst & Sohn 1966

5.10 Press, H.: Stauanlagen und Wasserkraftwerke, Teil 2. Wehre, 2 Aufl., Berlin, München:
Ernst & Sohn 1966.

5.11 Press, H · Stauanlagen und Wasserkraftwerke,
Teil 3: Wasserkraftwerke, 2 Aufl. Berlin,
München: Ernst & Sohn 1967.

5.12 Press, H.: Wasserwirtschaft, Wasserbau und
Wasserrecht. Düsseldorf: Werner 1966.

5 13 Quantz, L.; Meerwarth, K · Wasserkraft-

maschinen, 11. Aufl. Berlin, Göttingen, Heidelberg: Springer 1963, Nachdruck 1974.

5.14 Raabe, J.: Hydraulische Maschinen und Anlagen, 4 Bde. Verein Deutscher Ingenieure (VDI), Düsseldorf 1968/70.

5.15 Traupel, W.: Thermische Turbomaschinen; 2 Bde., 3. Aufl. Berlin, Heidelberg, New York: Springer 1977/1981.

5.16 Wundt, W.: Gewässerkunde. Berlin, Göttingen, Heidelberg: Springer 1953.

6.1 Energie vom Wind. Berichtsband der Tagung d. Dtsch. Ges. f. Sonnenenergie (DGS) am 7./8. 6. 77 in Bremen. DGS, München 1977.

6.2 Achenbach, E., et al.: Anwendung von Hochtemperaturreaktoren zur Erzeugung von Prozeßwärme; Atomkernenerg. Kerntech. 38 (1981) 145–150.

6.3 Bach, K.: Wärmepumpen. 2. Aufl. Grafenau: Expert 1980.

6 4 Bischoff, G.; Gocht, W.: Das Energiehandbuch, 4. Aufl. Braunschweig, Wiesbaden: Vieweg 1981.

6.5 Eidens, J.; Wolf, G. H.: Zur Technologie eines Fusionsreaktors. Atomwirtsch. 27 (1982) 138–144.

6.6 Fischer, W.: Weiterentwicklung der Elektrospeicher für Fahrzeuge. Energiewirtsch. Tagesfragen 32 (1982) 1063–1069.

6.7 Fricke, J.; Borst, W. L.: Energie. München, Wien: Oldenbourg 1981.

6.8 Gilli, P. V.; Beckmann, G.: Spitzenlastdeckung durch thermische Energiespeicherung. VDI-Ber. 236 (1975) 125–131.

6 9 Grathwohl, M.: Energieversorgung — Ressourcen, Technologien, Perspektiven. Berlin, New York: de Gruyter 1978.

6 10 Gretz, J.: Umwandlung von Sonnenenergie in Wasserstoff und andere Brennstoffe. Haus d. Tech. Vortragsveröff. 448 (1981) 28–34.

6.11 van Heek, K. H.: Kohlevergasung zur Produktion von Wasserstoff. Haus d. Tech. Vortragsveröff. 448 (1981) 10–18.

6.12 Kiehne, H. A.: Stand der Entwicklung bei Elektrospeichern für Fahrzeuge. Energiewirtsch. Tagesfragen 32 (1982) 1060–1063.

6.13 Köthe, H. K.: Praxis solar- und windelektrischer Energieversorgung. Verein Deutscher Ingenieure (VDI), Düsseldorf 1982.

6.14 Kostrzewa, S.: Technologien zur Nutzung regenerativer Energien. VDE-Fachber. 31 (1980) 37–51.

6.15 Kuczera, M.: Stand der Solartechnik. Brennst. Wärme Kraft 33 (1981) 90–97.

6.16 Lüttig, G.: Die Erdwärme und ihre voraussichtliche Rolle bei der Energiedeckung der Zukunft. Brennst. Wärme Kraft 30 (1978) 275–281.

6.17 Molly, J. P.: Windenergie in Theorie und Praxis. Karlsruhe: Müller 1978.

6.18 Niekisch, E. A.: Solarzellen: Stand der Entwicklung, Entwicklungstendenzen, Anwendungsmöglichkeiten. Brennst. Wärme Kraft 30 (1978) 353–362.

6.19 Pinkau, K.; Schumacher, U.: Fusionsforschung mit magnetischem Plasmaeinschluß. Atomwirtsch. 27 (1982) 131–138.

6.20 Richarts, F.; Michler, K.: Wärmepumpenanlagen für die Raumheizung. Verein Deutscher Ingenieure (VDI), Düsseldorf 1982.

6.21 Rietjens, L. H. Th.: Gründe für die Weiterentwicklung des MHD-Verfahrens. VGB Kraftwerkstechnik 62 (1982) 22–26.

6.22 Rudolph, R.; Grüning, F.; Purper, G.: Fernwärme. Tech. Überwachungsverein (TÜV) Rheinland, Köln 1982.

6.23 Rummich, E.: Nichtkonventionelle Energienutzung; Nachdruck. Wien, New York: Springer 1981.

6.24 Sauer, E.; Zeise, R.: Energietransport, -speicherung und -verteilung. Gräfelfing: Resch, und Tech. Überwachungsverein (TÜV) Rheinland, Köln 1983.

6.25 Schmidt, W.: Fusion durch Trägheitseinsperrung mittels leichter Ionen. Atomwirtsch. 27 (1982) 144–148.

6.26 Schütz, G. H.: Thermochemische Prozesse der Wasserstoffgewinnung. Haus d. Tech. Vortragsveröff. 448 (1981) 22–28.

6.27 Schulten, R.: Neue Sekundärenergiesysteme. Tech. Mitt. Haus d. Tech. 70 (1977) 355–358.

6.28 Schulten, R.: Der Beitrag der Kernenergie. VDI-Ber. 392 (1981) 9–14.

6.29 Speich, P.: Die Vergasung von Kohle und der Energietransport mit Hilfe thermochemischer Prozesse. Jb. d. Dampferzeugungstech. 4. Ausg. 1980/81. Essen: Vulkan 1980, S. 68–80.

6.30 Stoy, B.: Wunschenergie Sonne. 2. Aufl. Heidelberg: Energie 1978.

6.31 v. Sturm, F.: Brennstoffzellen, Stand und Entwicklungstendenzen. Elektrotech. Z., Ausg. A 99 (1978) 615–624.

6.32 Thielheim, K. O.: Primary Energy. Berlin, Heidelberg, New York: Springer 1982.

6.33 Waldmann, H., et al.: Neue Technologien der Energieumwandlung (Kohleveredlung, Wärmekraftkopplung, Fernwärme, Wärmepumpe); VDE-Fachber. 31 (1980) 23–36.

6.34 Wendt, H.: Die elektrolytische Herstellung von Wasserstoff. Haus d. Tech. Vortragsveröff. 448 (1981) 18–22.

6.35 Wienecke, R.: Auf dem Wege zum Fusionsreaktor; in: Forschung in der Kraftwerkstechnik 1977. VGB Kraftwerkstechnik, Tagungsberichtsband (1977) 7–16.

7.1 DIN 1301, Teil 1: Einheiten; Einheitennamen, Einheitenzeichen; Okt. 1978.

7.2 DIN 1301, Teil 3· Einheiten, Umrechnungen für nicht mehr anzuwendende Einheiten, Okt. 1979.

7 3 DIN 2481 Warmekraftanlagen; Graphische Symbole; Juni 1979.

7.4 Haeder, W.; Gartner, E.· Die gesetzlichen Einheiten in der Technik Berlin, Köln, Frankfurt Beuth 1970